植物病理学习题及解答

何月秋　孔宝华　主编

科学出版社
北　京

内 容 简 介

本书内容与普通植物病理学及农业植物病理学教材的内容相对应。包括植物病害系统，植物病害致病病原的发展规律、致病性及抗性、流行与预测，植物病害的诊断和鉴定及植物病害的防控，大田作物、薯类作物、蔬菜、油料作物、烟草、果树和花卉的病害，并以附录形式列出了考研常考的植物病害病原的拉丁学名及病毒英文名和常考的植物病害病原图。适合植物保护相关专业的本科生、教师、科研人员及农业技术推广人员用于学习和参考。

图书在版编目(CIP)数据

植物病理学习题及解答/何月秋，孔宝华主编. —北京：科学出版社，2011.3

ISBN 978-7-03-030279-3

Ⅰ.①植… Ⅱ.①何…②孔… Ⅲ.①植物病理学-高等学校-解题 Ⅳ.①S432.1-44

中国版本图书馆 CIP 数据核字(2011)第 022600 号

责任编辑：张静秋 贺窑青 / 责任校对：纪振红
责任印制：张 伟 / 封面设计：耕者设计工作室

科 学 出 版 社 出版
北京东黄城根北街 16 号
邮政编码：100717
http://www.sciencep.com
北京凌奇印刷有限责任公司 印刷
科学出版社发行 各地新华书店经销
*
2011 年 3 月第 一 版 开本：787×1092 1/16
2023 年 3 月第二次印刷 印张：17 3/4
字数：420 000

定价：59.80 元

(如有印装质量问题，我社负责调换)

编写委员会

主　编　何月秋　孔宝华

副主编　周惠萍　胡先奇

编写人员（按姓氏拼音排序）

蔡　红　陈海如　陈建斌　陈兴全　何霞红
何永宏　何月秋　胡先奇　黄　琼　姬广海
孔宝华　李成云　李　凡　孙　雁　王　扬
王云月　吴德喜　谢　勇　杨根华　杨　静
杨艳丽　赵明富　周惠萍　朱书生　朱有勇

前　言

普通植物病理学是植物保护的专业基础课，是学习植物病理学的入门课程。该课程的要求是学习和掌握植物病害的概念，致病病原真菌、原核生物、病毒、线虫和寄生性植物的性状与分类以及它们与植物病害的关系，植物病害对农业生产的影响，植物病害侵染过程，植物病害循环，病原物与寄主的关系，植物的抗性，群体发病的规律，流行与预测以及病害诊断和防治的基本原则等。为学习农业植物病理学、植物病原真菌学、植物病原细菌学、植物病毒学、植物线虫学、植物病害流行学、植物免疫学、高级植物病理学等多门课程奠定基础，同时为植物病理学研究奠定基础。普通植物病理学课程知识点多，随着科学技术的发展，普通植物病理学与其他多个学科交叉发展，而且内容更新较快。例如，随着分子生物学的发展，植物病理学在病原学、植物抗性机理研究及检测和防控等方面均有新的发展。植物病理学与信息技术及计算机技术的结合，极大地推动了植物病理学的发展，给植物病理学注入了新的内涵。所以如何在普通植物病理学这门课程中把本学科的知识点和学科发展的前沿介绍给学习者显得非常重要。

自2001年以来，我国教育部非常重视高等学校的教学质量，启动了“高等学校本科教学质量与教学改革工程”。其中，精品课程建设被列为21世纪“高等学校本科教学质量与教学改革工程”的重要内容之一，体现了国家对高等教育的重视。教材是教学的依托，是教学质量的根本保证。云南农业大学的普通植物病理学课程2005年被评为校级和省级精品课程，2007年被评为国家级精品课程。教材建设是我们精品课程建设中的一项重要内容。鉴于全国植物病理学已有多本教材，但少有关于植物病理学习题解答之类，能够帮助学习者系统学习、巩固和深入思考植物病理学问题的习题及解答方面的书籍，我们决定整理植物病理学的热门知识点及学科发展的前沿问题，编写《植物病理学习题及解答》这本书，旨在帮助高等农业院校的学生学习植物病理学，帮助考研的学生系统掌握植物病理学的学科知识。同时，为从事植物病理学科研及从事植物保护的基层工作者提供参考。

本书内容与普通植物病理学及农业植物病理学教材的内容相对应。还以附录的形式列出了考研常考的植物病害病原的拉丁学名及病毒英文名，常考的植物病害病原图，以方便学习者学习和查阅。

参加本书编写的有何月秋和王云月（第一章绪论），孔宝华（第二章植物病害系统），朱书生和谢勇（第三章植物病原菌物），黄琼、姬广海和蔡红（第四章植物病原原核生物），李凡、孔宝华和陈海如（第五章植物病毒），胡先奇和王扬（第六章植物病原线虫及原生动物、第七章寄生性植物和第八章非侵染性病害），周惠萍（第九章植物病害的侵染过程和第十章植物病害循环），李成云和杨静（第十一章病原的寄生性与致病性和第十二章寄主的抗性），孔宝华（第十三章植物病害的流行和第十四章植物病害流行的预测），周惠萍和陈兴全（第十五章植物病害的诊断鉴定），姬广海、谢勇、吴德喜、何月秋、朱有勇和何霞红（第十六章植物病害综合防控策略），周惠萍和陈建斌[第十七章大田作物病害（水稻、麦类、玉米病害）]，杨艳丽（第十八章马铃薯病害及薯类病害），蔡红[第十九章蔬菜病害Ⅰ（十字花科蔬菜、茄科蔬菜病害）]，陈兴全[第二十章蔬菜病害Ⅱ（葫芦科植物、豆科蔬菜、芹菜、葱、姜、蒜病害）]，杨艳丽[第二十一章油料作物（大豆、花生、油菜）病害]，赵明富（第二十二章棉花、甘蔗和甜菜病害），吴德喜（第二十三章烟草病害），何永宏[第二十四章果树病害Ⅰ（苹果、梨、桃病害）]，朱书生和黄琼[第二十五章果树病害Ⅱ（葡萄、柿子、枣树和猕猴桃、山楂和石榴病害）]，李凡和杨根华（第二十六章花卉病害），孙雁（第二十七章种子病害），孔宝华和陈兴全（附录Ⅰ常考植物病害病原拉丁学名及病毒英文名）及孔宝华（附录Ⅱ常考植物病害病原图）。

在整个编写过程中，所有编写人员认真负责、相互学习、多次修改。科学出版社的编辑也给予了大力支持，使本书得以出版，在此对参与本书编写、修改、出版的各位同志表示衷心感谢！

编　者

2009年10月

目　　录

前言
第一章　绪论 …… 1
第二章　植物病害系统 …… 12
第三章　植物病原菌物 …… 16
第四章　植物病原原核生物 …… 40
第五章　植物病毒 …… 49
第六章　植物病原线虫及原生动物 …… 71
第七章　寄生性植物 …… 79
第八章　非侵染性病害 …… 83
第九章　植物病害的侵染过程 …… 87
第十章　植物病害循环 …… 92
第十一章　病原的寄生性与致病性 …… 96
第十二章　寄主的抗性 …… 102
第十三章　植物病害的流行 …… 112
第十四章　植物病害流行的预测 …… 123
第十五章　植物病害的诊断鉴定 …… 129
第十六章　植物病害综合防控策略 …… 146
第十七章　大田作物病害（水稻、麦类、玉米病害） …… 177
第十八章　马铃薯病害及薯类病害 …… 191
第十九章　蔬菜病害Ⅰ（十字花科蔬菜、茄科蔬菜病害） …… 197
第二十章　蔬菜病害Ⅱ（葫芦科植物、豆科蔬菜、芹菜、葱、姜、蒜病害） …… 203
第二十一章　油料作物（大豆、花生、油菜）病害 …… 214
第二十二章　棉花、甘蔗和甜菜病害 …… 223
第二十三章　烟草病害 …… 227
第二十四章　果树病害Ⅰ（苹果、梨、桃病害） …… 234
第二十五章　果树病害Ⅱ（葡萄、柿子、枣树和猕猴桃、山楂和石榴病害） …… 239
第二十六章　花卉病害 …… 248
第二十七章　种子病害 …… 254
主要参考文献 …… 261
附录Ⅰ　常考植物病害病原拉丁学名及病毒英文名 …… 265
附录Ⅱ　常考植物病害病原图 …… 268

第一章　绪　　论

【习题】

一、名词解释

1. 病因；2. 病因学；3. 病原生物；4. 症状；5. 病状；6. 病征；7. 综合征；8. 并发征；9. 复合侵染；10. 隐症

二、问答及论述题

1. 植物病害的定义是什么？
2. 植物病害的外部病状有哪些类型？
3. 植物病害常见的内部症状有哪些类型？
4. 植物病害的病原有哪些？
5. 如何理解寄生性、致病性和抗病性的概念？
6. 植物病害的类型有哪几种？各有什么特点？
7. 植物病理学是如何诞生的？
8. 爱尔兰饥馑、孟加拉灾荒产生的原因及后果如何？
9. 如何认识植物病理学的历史，认识科学技术的进步是植物病理学科发展的关键？
10. 举出几位您熟悉的植物病理学家及他们的主要贡献。

【解答】

一、名词解释

1. 病因（cause of disease）：引起植物偏离正常生长发育状态而表现病变的因素。它包括生物因素和非生物因素。前者包括病原生物和植物本身遗传缺陷，后者包括大气、水体、土壤等非生命体因素。

2. 病因学（etiology）：又称病原学。是一门研究事件发生因果关系的学问。在植物病理学上就专门研究有关病害的成因及解决方法的科学。

3. 病原生物（pathogen）：指除植物自身外，其他生物因素影响植物正常生长发育，引起病害的生物。它包括菌物（真菌）、原核生物、病毒、类病毒、原生动物、线虫、寄生性植物等。

4. 症状（symptom）：是植物受病原生物或不良环境因素的侵扰后，植物内部的生理活动和外观的生长发育所显示的某种异常状态。

5. 病状（symptom）：是指植物受到病原物或非生物因子影响后，植物本身局部或整株出现的不正常现象。

6. 病征（sign）：是指病部产生特征性的病原生物子实体或自身及繁殖体等。
7. 综合征（syndrome）：指植物罹病后，同时或先后表现不同类型的症状。
8. 并发征（complex disease）：指由于两种或多种病害同时在一株植物上发生时，出现多种不同类型的症状。
9. 复合侵染（complex infection）：指多种病原物同时或先后侵染寄主植物，引起植物病害的侵染现象。
10. 隐症（masking of symptom）：指一种病害的症状出现后，由于环境条件下的改变，或者使用农药治疗以后，原有症状逐渐减退直至消失的现象。但隐症植物体内仍有病原物存在，一旦环境条件恢复或农药作用消失后，植株上症状又会重新出现。

二、问答及论述题

1. 植物病害的定义是什么？

植物在自然界里的生长与发育会遇到各种各样的挑战与威胁。任何影响植物健康生长和发育的因素都有可能影响它的产量与质量，从而影响它的利用价值。不适宜的土壤结构、养分状况、水分供应、微生物区系等，不良的大气物理环境和化学环境，各种有害生物的侵袭与破坏等，都可能导致植物不能正常生长和发育，严重时可导致植物死亡。植物因受到不良条件或有害生物的影响超过它的忍耐限度而不能保持平衡时，植物的局部或整体的生理活动或生长发育就出现异常状态，这种植物表现异常的现象就是植物病害。引起植物发生病害的这些因素，统称为病原。

2. 植物病害的外部病状有哪些类型？

病状是植物受病原生物或不良环境因素的侵扰后，其内部的生理活动和外观的生长发育所显示的某种异常状态。常见的病状有很多种，归纳起来有 5 类，即变色、坏死、萎蔫、腐烂和畸形。

（1）变色（discoloration）是罹病植物的色泽发生改变。大多出现在病害发生的初期，尤其在病毒病中最为常见。一种形式是整个叶片或叶片的一部分均匀变色，主要表现为褪绿（chlorosis）和黄化（yellowing）。褪绿是由于叶绿素的减少而使叶片表现为浅绿色。当叶绿素的量减少到一定程度就表现为黄化。另一种形式是叶片不是均匀地变色，而是形成不规则的深绿、浅绿、黄绿或黄色部分相间，轮廓清晰的杂色病组织，即花叶（mosaic）。有时变色部分的轮廓不很清楚，形成称作斑驳（mottle）的症状。斑驳症状在果实上也很常见。此外，田间还偶尔发现叶片不形成叶绿素的白化苗，这多半因遗传缺陷所致。

（2）坏死（necrosis）是细胞和组织的死亡，因受害部位不同而表现各种症状。坏死发生在叶片上常表现为叶斑（leaf spot）和叶枯（leaf blight）。植物根茎可以发生各种形状的坏死斑。幼苗近土面茎组织的坏死，有时会引起所谓猝倒（damping off）和立枯（blight）。果树和树木的枝干上有一种溃疡（canker）症状，坏死的主要部位是木质部，病部稍微凹陷，周围的寄主细胞有时木栓化，限制病斑进一步扩展。

（3）腐烂（rot）是植物组织被较大面积的分解和破坏。根、茎、叶、花、果都可发生腐烂，幼嫩或多汁、多肉的组织则更容易发生。腐烂与坏死有时是很难区别的。一般来说，腐烂是整个组织和细胞受到破坏和消解，而坏死则多少还保持原有组织的轮廓。腐烂可分为干腐、湿腐和软腐。

（4）萎蔫（wilt）。植物的萎蔫有各种原因。茎基的坏死和腐烂、根的腐烂或根的生理活性受到破坏，使根部水分不能及时输送到顶梢，致使地上部枝叶表现萎垂。典型的萎蔫症状是指植物根茎的维管束组织受到破坏而发生的凋萎现象，而根茎的皮层组织还是完好的。凋萎如果只在高温强光照条件下发生，早晚仍能恢复则称为暂时性萎蔫，凋萎出现后不能恢复则称为永久性萎蔫。萎蔫的程度和类型亦有区别，有青枯、枯萎、黄萎等。

（5）畸形（malformation）指植株受病原物产生的激素类物质的刺激而表现的异常生长现象。可分为增生、增大、减生和变态四种。增生（hyperplasia）是病组织的薄壁细胞分裂加快，数量迅速增多，使局部组织出现肿瘤或癌肿，如马铃薯的癌肿、桃根癌病等；细小的不定芽或不定根的大量萌发成为丛枝或发根也是增生的结果。增大（hypertrophy）是病组织的局部细胞体积增大，但数量并不增多，如根结线虫在根部取食时，线虫头部周围的根细胞因受线虫分泌毒素的影响，刺激增大而形成巨形细胞，外表略呈瘤状凸起。稻苗受恶苗病菌侵染后，茎部细胞伸长而瘦小但细胞数并无增加，成为黄叶高脚苗。减生（hypoplasia）是病部细胞分裂受阻，生长发育减慢，造成植株的矮缩、矮化、小叶、小果等症状的现象。其他矮缩（dwarf）是由于茎秆或叶柄的发育受阻，叶片卷缩，如水稻矮缩病；矮化（stunt）是枝叶等器官的生长发育均受阻，器官受害程度减少比例相仿，植株变矮的现象，如玉米矮化病等。变态或变形是指病株的花器变态成叶片状，如花变叶（phyllody）、叶变花、扁枝和蕨叶（fern leaf）等。

3. 植物病害常见的内部症状有哪些类型？

植物在罹病后，除在外部形态上发生病变外，其内部也常发生变化。例如，受病毒侵染时，植物细胞内常有内含体（inclusion，inclusion body）出现；当受侵染维管束的真菌侵染时，在组织内常有侵填体（tylose，tylosis）和胼胝质（callose）增加的现象。内含体形态多样，常呈风轮状、环状和带状颗粒，可在光学显微镜下看到。根据组成，内含体可分为不定形内含体和晶体状内含体，前者由病毒粒体和寄主细胞成分混合组成，后者一般是由病毒粒体整齐排列堆叠而成。侵填体又称填充体，它是由木质部的薄壁细胞穿过纹孔向邻接的导管或管胞腔内长出的瘤状突起。其储藏的单宁、树脂等物质能增强木质部的硬度，最终使导管或管胞液流透性降低，失去输导能力，并对病菌在导管内的扩展起到物理屏障作用。胼胝质是围绕每个筛孔的边缘积累的碳水化合物。当胼胝质在筛管端壁上越积越多时，会形成被称为胼胝体（callosity）的垫状物。温带的树木在进入冬季时，胼胝质形成，堵塞筛管的筛孔。但到翌年春季，这种胼胝体被酶溶解而恢复其运输功能。在抗病品种中，当病原物侵入时，其筛管也形成大量胼胝体，从而堵塞筛管，阻止病菌扩展。

4. 植物病害的病原有哪些？

概括地说，引起植物偏离正常生长发育状态而表现病变的因素统称为“病原”。植物发生病害的原因很多，既有不适宜的环境因素，包括各种物理因素与化学因素，又有生物因素。没有生物参与，仅有物理、化学、遗传缺陷等因素引起的病害称为非侵染性病害。由生物侵染引起的植物病害称为侵染性病害。引起侵染性病害的生物统称为病原物（pathogen）。病原物的种类很多，有动物界的线虫和原生动物，有植物界的寄生藻和寄生性种子植物，有菌物界的真菌和黏菌，有原核生物界的细菌、放线菌和支原体，还有病毒界的病毒和类病毒。

5. 如何理解寄生性、致病性和抗病性的概念？

寄生性是寄生物从寄主体内夺取养分和水分等生活物质以维持生存和繁殖的特性。一种生物生活在其他活的生物上，以获得它赖以生存的主要营养物质，这种生物称为寄生物（parasite）。供给寄生物以必要生活条件的生物就是它的寄主（host）或宿主（parasitifer）。寄生是生物的一种生活方式。这两种生物之间存在的密切关系是寄生关系。植物病害的病原物都是寄生物，但寄生的程度不同。有的是只能从活的植物细胞和组织中获得所需要的营养物质的专性寄生物，其营养方式为活体营养型（biotroph）。有的是除营寄生生活外，还可在死的植物组织上生活，或者以死的有机质作为生活所需要的营养物质的非专性寄生物，这种以死亡的有机体作为营养来源的寄生物称为死体营养型（necrotroph）。只能从死有机体上获得营养的寄生物称腐生物（saprogen）。在植物病原物中，如真菌中的锈菌、白粉菌、霜霉菌等，以及寄生在植物上的病毒和种子植物，都是专性寄生的活体营养型。绝大多数植物病原真菌和植物病原细菌都是非专性寄生的，但它们寄生能力的强弱有所不同。寄生能力很弱的接近于腐生物，寄生能力很强的则接近于专性寄生物。

致病性是病原物所具有的破坏寄主并引起病害的特性。寄生物从寄主吸取水分和营养物质，对寄主起着一定的破坏作用。但是，一种病原物的致病性并不能完全从寄生关系来说明，它的致病作用是多方面的，如病原物的产物以及植物对这些产物的反应，都可以对植物造成极大的破坏作用。一般来说，寄生物就是病原物，但不是所有的寄生物都是病原物。例如，豆科植物的根瘤细菌和许多植物的菌根真菌都是寄生物，但并不是病原物。寄生物和病原物并不是同义词，寄生性的强弱和致病性的强弱没有一定的相关性。专性寄生的锈菌的致病性并不比非专性寄生的强，如引起腐烂病的病原物大都是非专性寄生的，有的寄生性虽弱，但是它们的破坏作用却很大。

抗病性是植物抵抗病害的特性。植物是在长期进化过程中，对变化着的环境产生了很强的适应性，对一些不良条件产生了忍耐性和抵抗性，这种适应、忍耐和抵抗性有时统称为抗逆性。无论是对非侵染性病害或是侵染性病害，植物都具有一定程度的抵抗能力，可称为广义的抗病性。有人把植物对非侵染性病害的抵抗性称为忍耐性或抗逆性，如对低温、霜冻、烟害的抗性；而把植物对侵染性病害的抵抗性称为狭义的抗病性，如水稻对稻瘟病菌的抗性。

6. 植物病害的类型有哪几种？各有什么特点？

植物病害的类型有不同的分类方法。按照植物或作物类型分为：果树病害、蔬菜病害、大田作物病害、牧草病害、森林病害、花卉病害等；按照寄主受害部位可分为：根部病害、茎部病害、叶部病害和果实病害等；按照病害症状表现可分为：腐烂型病害、斑点或坏死型病害、花叶或变色型病害等；按病原生物类型又分为：真菌病害、细菌病害、病毒病害等；按传播方式和介体分为：种传病害、土传病害、气传病害和介体传播病害等。但最客观也最实用的分类方法是按照病因类型来区分的。它的优点是既可知道发病的原因，又可知道病害发生特点和防治的对策等。根据这一原则，植物病害分为两大类，第一类是有病原生物因素侵染造成的病害，称为侵染性病害，因为病原生物能够在植株间传染，因而又称传染性病害；另一类是没有病原生物参与，只是由于植物自身的原因或由于外界环境条件的恶化所引起的病害，这类病害在植株间不会传染，因此称为非侵染性病害或非传染性病害。

7. 植物病理学是如何诞生的？

植物病理学是一门研究植物发生病害的原因、病害的表现和危害、发生流行规律以及如何控制病害的生物科学。有关植物病理学的近代史大致是从 1845 年开始的，距今仅 160 多年。德巴利（De Bary）是病原学说的创始人，被尊称为植物病理学之父。1845 年爱尔兰饥馑发生后，大家对马铃薯为何会死亡不了解，德巴利花了 5 年进行研究，于 1861 年证实马铃薯死亡是由一种疫病菌侵染所致。他还提出黑粉病和霜霉病是真菌侵染的结果。之后，针对这些病原从致病机理及防治等方面进行了深入研究，从而产生了植物病理学，即马铃薯晚疫病引起爱尔兰大饥荒催生了植物病理学。

8. 爱尔兰饥馑、孟加拉灾荒产生的原因及后果如何？

农业是国民经济的基础，古今中外都不乏因缺粮而出现饥荒的教训。历史上最有名的是 1845～1846 年的爱尔兰饥馑（Irish famine），由于爱尔兰岛上居民的主要粮食作物马铃薯发生了严重的疫病而绝产，饿死了几十万人，迫使 150 万人逃荒而移居到美国，引起整个西北欧人心恐慌。1942 年孟加拉大面积水稻因发生胡麻叶斑病而失收，引起了著名的 1942～1943 年孟加拉饥荒（Bengal famine），到 1943 年饿死了 200 多万人。

爱尔兰饥馑、孟加拉饥荒等历史上植物病害造成的灾难使人们认识到植物病害对农业生产的重要性，从而使人们开始注重研究植物病理学问题，推动了植物病理学的发展。

9. 如何认识植物病理学的历史，认识科学技术的进步是植物病理学科发展的关键？

有关植物病理学的近代史大致是从 1845 年开始的，至今已有 160 多年，从 20 世纪起发展很快，取得了许多重大进步。大体上以病因学、病害流行学、病理生理学和病害防治学等几个分支学科领域的发展较为突出。

自 18 世纪后期，许多科学家冲破宗教信仰的束缚，对植物病害的本质进行了广泛的研究，并做出了有价值的贡献。法国的 Tillet（1755）经过实验证明小麦腥黑穗病是由一种“黑粉”传染所致，其后法国的 Prévost（1807）确证这种病原物是一种真菌，成为第一个用事实证明引发植物病害直接原因的人，这也是病原学说的开端之一。

1845 年爱尔兰饥馑发生后，德巴利花了 5 年进行研究，于 1861 年证实马铃薯晚疫病是由一种疫病菌侵染所致。他还提出，黑粉病和霜霉病是真菌侵染的结果，而且提出锈菌有转主寄生现象。但有关病原物的详细描述是在显微镜诞生以后的事。

继 Pasteur 和 Koch（1867）发现动物炭疽病的病原是细菌，并由 Robert Koch 提出了著名的柯赫氏法则之后，Burrell（1877）在美国证明了梨和苹果的火疫病为细菌所致。美国 Smith 从 1895 年起在植物细菌性病害的研究方面做出了大量的杰出贡献，在有关植物细菌方面写了100多篇论文。

植物病毒病害很早就受到人们的注意，但对病毒的认识是从19世纪末才开始的。病毒是仅次于真菌的一类重要病原物。德国人Mayer（1866）发现烟草花叶病可由汁液传播，证明这种病害是一种传染性病害。

英国Needham（1743）第一个报道了小麦籽粒内的植物寄生线虫，并于1913～1932年系统地研究了植物寄生线虫，对线虫的分类学、形态学和方法做出了很大贡献。

20世纪70年代之后，由于生态学的发展，植物病理学界也随之提出了植物病害系统的概念以及较为科学的病害综合防治策略，使植物病理学迈入了成熟发展的阶段。

科学技术的发展带动了很多学科的发展。20世纪80年代以来，更多的是用生物技术、遗传工程和分子生物学的理论和方法研究植物病害发生的机制，阐明植物病害过程中寄主与病原物相互识别的分子基础，寄主、病原物与病程有关的基因结构、表达和调控机制。近年来以DNA重组技术为基础开展的植物抗病基因工程，以及对植物病原物进行分子标记用于病原物的群体遗传学研究和病害流行学研究取得了惊人的进展，并催生了分子植物病理学。由此可见科学技术进步是学科发展的关键。

10. 举出几位您熟悉的植物病理学家及他们的主要贡献。

1）德巴利（De Bary）——病原学说的创始人

德巴利（De Bary，1831～1888），德国人。植物学家和真菌学家，先后确定了黑粉菌、锈菌（1853年）和马铃薯晚疫病菌（1861年）是植物病害的病原生物，他描述了许多黑粉菌和锈菌的显微结构、发育及其与发病植物组织的关系，1865年报道了锈菌的转主寄生现象和多型现象。著有《菌形动物》、《真菌形态学和生理学》、《黑粉菌》、《地衣》等专著，创立了植物病害的病原生物学说，被称为近代真菌学的奠基人。成为公认的植病病原学说创始人，植物病理学之父。

2）库恩（Julis Khün）——第一个植物病理学家，植物病理专业的创始人

库恩（Julis Kühn，1825～1910），德国人。37岁被聘为德国哈雷大学教授，从事植物病理学的教学和研究，被誉为第一个植物病理学家，植物病理专业的创始人。1858年出版了《作物病害，其原因和防治》，是植物病理学的第一部完备的教科书，是植物病理学诞生的标志。

3）萨卡度（Saccardo P A）——伟大的真菌学家

萨卡度（Saccardo P A，1845～1920），意大利人。他将世界上已发表的真菌进行了收集整理，用拉丁文汇编成《真菌汇刊》26卷，为真菌分类学的发展做出了巨大贡献。尤其在半知菌的传统分类上，普遍是采用萨卡度的分类系统。该系统的特点以形态学为基础，将形态相似的半知菌归为一类，而不考虑它的系统发育关系。

4）史密斯（Smith E F）——植物病原细菌学之父

史密斯（Smith E F），美国人。他确认梨火疫病由细菌引起，以大量事实和实验结果证实了病原细菌的侵染性，他写的《细菌和植物病害的关系》等奠定了植物病原细菌学，被美国人尊称为“细菌学之父”，他写的《植物病原细菌导论》是这一领域最早的教科书。

5）米拉德（Millardet P M A）——波尔多液的发明人

米拉德（Millardet P M A），法国人。1882年发明了波尔多液，1885年正式提出用波尔多液可有效地防治葡萄霜霉病，从而开创了植病药剂防治，是杀菌剂发展史上的一大进步。事实表明，古老的波尔多液可有效防治数百种植物病害，是迄今仍广泛使用的杀菌剂。

6）别杰林克（Beijerinck M W）——病毒学之父

别杰林克（Beijerinck M W）在1898年发现烟草花叶病（TMV）的致病因子经酒精沉淀处理后仍然不丧失侵染活性，并能在琼脂凝胶中扩散，能通过细菌过滤器，但只能在感染细胞内增殖而不能在机体外培养。他将这种致病因子称为传染活液（contagium vivum fluidum），或称为病毒（virus）。别杰林克的研究报告被认为是植物病毒学的起点，从而开创了病毒学独立发展的历程。

7）库柏（Cobb N A）

库柏（Cobb N A）1907年在美国农业部内建立了第一个线虫学研究机构，是第一个对线虫病害和病原线虫的形态、分类做出卓越贡献的线虫学家。

8）斯塔克曼（Stakman E C）——生理小种的提出者

斯塔克曼（Stakman E C）在1914年提出了生理小种（physiological race）及品种抗性的小种专化性和非小种专化性的概念。他指出，在同一专化型内的菌株，尽管在形态上没有差异，但其致病性状和反应也有不同，从而提出用生理小种的术语来描述病菌的分化，与此相对应的是小麦品种的抗性就区分为小种专化性抗性和非小种专化性抗性。

9）麦金尼（Mckinney H H）——交互保护作用的发现者

麦金尼（Mckinney H H）在1929年首先发现烟草感染了烟草花叶病毒（TMV）的绿色花叶株系后，再接种黄色株系就不能产生黄色株系的症状。这种植物系统性地感染病毒的某一株系后，可以免受同种病毒其他株系侵染的现象一般被称为交互保护作用。在此基础上，近几十年来人们利用弱毒株系已较成功地防治了许多病毒强毒株系引起的危害。

10）范德普郎克（Van der Plank J E）——植物病害流行学科的奠基人

范德普郎克（Van der Plank J E）著有《植物病害：流行和控制》一书。他在1963年提出了植物有两种抗性的理论：垂直抗性（vertical resistance）和水平抗性（horizontal resistance），并提出病害流行的单利和复利模式，促进了植物病害流行学研究进入“动态-定量阶段”和“理论-综合阶段”。他认为垂直抗性是小种专化的、抗性很强的、受少数几个主基因控制的抗性，水平抗性是对病原菌所有小种都有抵抗作用、受多个微效基因控制的抗性。

高又曼（Gaumann E）1946年提出在寄主植物与病原物互作中还存在着过敏性抗性的观点也被许多研究者所证实，植物为了抑制和抵抗病原菌的侵染，将受侵染点附近的细胞杀死以阻止其蔓延。

11）土居养二（Doi Y）——首次证明桑萎缩病的病原物为植原体

1967年，土居养二（Doi Y）最早在电镜下正式确认了桑萎缩病的病原是类菌原体，属于一种难培养的原核生物，当时称为类菌原体（mycoplasma like organism,

MLO)。1992 年人们将侵染植物，并引起病害的类菌原体单独建立了一个新属，即植原体属（*Phytoplasma*）。

12）弗洛尔（Flor H H）——基因对基因假说提出者

弗洛尔（Flor H H）经历十余年对亚麻-亚麻锈病（*Melampsora lini*）体系的研究，于 1956 年提出基因对基因假说（gene-for-gene hypothesis）：“对应于寄主方面的每一个决定抗病性的基因，病菌方面也存在一个决定致病性的基因。寄主-寄生物（病原物）体系中，任何一方的每个基因，都只有在另一方面相对应基因的作用下才能被鉴定出来。”弗洛尔的这个基因对基因假说，进一步揭示了品种抗性的专化性和抗性变化的规律。大量的经典遗传学研究证明，该假说目前至少在 40 余种植物-病原物相互作用系统中是正确的。

13）迪内（Diener T O）——类病毒的发现者

迪内（Diener T O）在 1971 年首次报道引起马铃薯纺锤形块茎病的病原体是一种较低分子质量的 RNA。他通过多种化学方法提纯了这种小分子的核酸（RNA），但该 RNA 没有蛋白质外壳，且在感染的植物组织中未见到病毒样颗粒。这种小分子 RNA 能在敏感细胞内自我复制，并不需要辅助病毒。由于其结构和性质都与已知的病毒不同，故 Diener T O 等把它称作类病毒。类病毒的发现在分子病毒学史上是一个重要事件，它不仅揭示了自然界存在着比病毒更简单的生物，而且也使人们加深了对生命起源的认识。

14）契尔通（Chilton M D）——农杆菌遗传转化宿主植物细胞机理的证实者

契尔通（Chilton M D）在 1977 年首次阐述了农杆菌（*Agrobacterium tumefaciens*）可以遗传转化宿主植物细胞的机理。证实了冠瘿土壤杆菌能将细菌体内质粒的部分遗传物质（tDNA）导入寄主细胞并插入植物的染色体中，从而导致寄主细胞不断分裂形成癌肿的现象。

15）纽（New P B）和科尔（Kerr A）——发明用 K84 菌株防治根癌病新技术

纽（New P B）和科尔（Kerr A）在 1972 年最早研制出用非致病菌株 K84 防治癌肿杆菌的新技术。他们利用放射土壤杆菌 *Agrobacterium radiobacter* K84 菌株产生土壤杆菌素 Agrocin 84（A84），可选择性抑制致病性的放射土壤杆菌而对非致病性菌株没有影响，成功地防治核果类果树根癌病。该技术已在全球推广使用。

16）沈寅初——井岗霉素的主要创制者

沈寅初是我国创制生物农药的杰出代表，著有《井冈霉素》一书。他成功地研制出我国第一个用量最少、对环境最安全、对人畜无毒害的井冈霉素新农药，为我国生物农药产业的建立奠定了基础和示范作用。在生物防治方面，中国在井冈霉素的生产和应用方面居世界之首，迄今仍是防治水稻纹枯病的主要药种。继研制出井冈霉素后，他带领的团队又开发出高效工业微生物的育种技术、高纯度产品的生产和催化技术等，为我国生物农药制剂的深度研发做出了重大贡献。

17）韦忠民——Harpin 蛋白的首次发现者

韦忠民，华裔博士，因发现过超敏蛋白（Harpin）而获得 2001 年度美国总统化学挑战奖。1992，韦忠民等首次从梨火疫病菌（*Erwinia amylovora*）中发现并克隆和表

达出了由 *Hrp N* 基因编码的能激发植物过敏反应的一种新蛋白质，并命名为 Harpin Ea，此后该领域成为分子植物病理学的一个研究热点。韦忠民首次提出了 Harpin 激发植物过敏反应（hypersensitive response，HR）与抗病性的关系，提出了过敏蛋白具有诱导植物抗病的功能，揭示了植物是如何识别病原菌的侵染并做出反应、诱导产生系统获得抗性的奥秘，被认为是科学上的重大突破。韦忠民等还开发和研制成功了具有抗病防虫功能的广谱无公害微生物蛋白农药 Messenger，是生物农药中最具代表性的新产品之一，也是当前国际上利用高技术手段开发生物农药最成功的例子，被称为是“植物保护和农产品安全生产上的一次绿色革命”。

18）戴芳澜——中国植物病理学科的奠基人和中国真菌学的创始人之一

戴芳澜（1893～1973 年）是著名真菌学家和植物病理学家。20 世纪 30 年代编写了《中国经济植物名录》和 9 篇《中国真菌杂录》，为我国真菌的分类工作奠定了基础。他准确预见到“真菌分类学的未来必然以遗传学为核心”，将真菌的个体发育纳入系统发育来综合考虑。他还规划和促进中国科学院微生物研究所的真菌研究室开展了真菌各个领域的研究。他采用国际间公认而合理的命名方案，使在中国记录的真菌名称根据同物异名的优先权而获得了合理的归类。1979 年出版了遗著《中国真菌总汇》，该巨著对我国真菌学的发展、真菌资源的开发和利用起到了极大的促进作用。戴芳澜建立的以遗传为中心的真菌分类体系，确立了中国植物病理学科研系统，对近代真菌学和植物病理学在我国的形成和发展起了开创和奠基的作用。

19）俞大绂——我国植物病理学科奠基人之一

俞大绂（1901～1993 年）是著名植物病理学家、微生物学家和教育学家，中国科学院院士，农业微生物学家和农业教育家。20 世纪 20～30 年代，开展了禾谷类作物抗病育种及种子消毒研究，育成抗黑粉病的小麦品种、抗荚疫病的大豆品种、抗稻瘟病的水稻品种等，为发展我国植物病理学奠定了基础。他首先报道了小麦秆黑粉菌具有生理分化特性，开创了我国生理小种研究的先河。30 年代，他首先对粟病害和蚕豆病害进行了多方面的研究并出版了专著，成为我国经典资料。40 年代，他对我国作物病毒病害和细菌病害作了开拓性的研究工作，首先研究并发表了《中国植物病毒病害的观察》及《豌豆耳突花叶病毒》、《蚕豆细菌性茎枯病》等多篇研究论文。50 年代初期为防治苹果树腐烂病做出了杰出贡献，在谷子红叶病、柑橘溃疡病的防治方面也取得了成果，并且在病毒病害的深入研究以及学科发展方面也做出了贡献。20 世纪 50 年代中期，主持开创了我国植物抗病工作并于 1959 年在北京农业大学参与创立了我国第一个农业微生物专业。在我国首先开展赤霉素的研究，培养出优良菌种，研究出发酵工艺流程及提纯技术。60 年代以后，他主持开展了真菌的遗传变异，特别是异核现象的研究，在微生物遗传学方面开辟了新领域。他和他的同事们先后以水稻恶苗病菌、玉米叶斑病孺孢菌、棉花枯萎病菌和炭疽病菌为材料，研究真菌变异性、异核现象、致病力及准性重组等，证明异核菌株系在赤霉素产量和寄生力上均有差异。

20）裘维蕃——著名植物病理学家、中国植物病毒学的奠基人之一、中国食用菌分类与栽培研究的先驱

裘维蕃（1919～2000 年）是我国著名植物病理学家，中国科学院院士。1945 年，

第一次对美国瓜类黑腐病害作了详尽的探讨。他是真菌菌丝细胞异核现象最早的发现和报道者之一，并首先阐明异核现象是细胞突变的根源之一。他提出了诱发壳二孢属（*Ascochyta*）的有性世代球腔菌属（*Mycospharella*）的方法，订正了该菌学名。他创制了植物病情指数演算公式。裘维蕃是中国植物病毒学的奠基人之一。于20世纪50年代，确认了白菜孤丁病（病毒病）和甜菜黄化病（病毒病）的病因、传播媒介、来源，提出了有效防治措施。早在1964年，他证明了灰飞虱是小麦丛矮病的传染媒介。1980年，他研制出能在植物体外抑制多种植物病毒的增抗剂，后来在生产上得到推广使用。裘维蕃在国内首创了北风菌（平菇）和金针菇的栽培方法，写成了中国近代第一本关于食用菌的专著《中国食用菌及其栽培》。1941年，他的高等担子菌分类研究的论文在美国发表后引起国际学术界的重视，被称为“当时世界上研究蘑菇分类的七专家之一”。

21）李振岐——中国小麦条锈病研究的开拓者和主要奠基人之一

李振岐（1922～2007年）是我国著名植物病理学家和小麦锈病专家，中国工程院院士。长期从事农业植物病理学和植物免疫学教学及小麦条锈病和植物免疫研究，在国内首先揭示了西北地区小麦条锈病菌的越夏、越冬和流行传播规律，提出了防治途径，为开展全国小麦条锈病流行体系研究奠定了坚实基础。主持研究了我国小麦品种抗条锈性丧失规律，揭示了病菌小种毒性变异为引起品种抗锈性丧失的主要原因，而品种植株群体遗传分化与山区低温是引起变异的重要诱因，并提出了控制对策和建议。他首次明确突变和异核作用为小麦条锈菌毒性变异的主要途径，初步建立了我国小麦条锈菌DNA分子遗传标记体系，研究了我国小麦条锈菌的寄主范围和专化型，揭示了秦岭植物锈菌区系，并系统研究了我国大型真菌的多样性，发现了不少新专化型与新种。他还是国内最早开设植物免疫学课程的创始人之一，主编了我国第一本《植物免疫学》及《中国小麦锈病研究》、《小麦病害防治》、《小麦病虫草鼠害综合治理》等大型专著和教材，建立了麦类病害数据库等植物病害研究资料数据库等。

22）曾士迈——中国植物病害免疫学和流行学交叉研究领域的开拓者

曾士迈（1926～）是我国当代著名植物病理学家，中国工程院院士。1961年，他针对小麦品种对条锈病的抗性“丧失”现象，提出“大区品种配置”以使品种抗病性持久化的设想。20世纪70年代，率先介绍了植物水平抗病性的概念，研究出小麦条锈病水平抗病性综合鉴定方法，并带动了其他病害水平抗病性的研究。在不断研究植物抗病性遗传规律和不同类型抗病性的应用效果的同时，以寄主品种与病原物小种互作的群体遗传学为核心，开始从宏观治理的高度探索抗病育种方向、抗病性遗传管理和品种抗病性持久化问题。他在抗病性持久化研究中采用的系统模拟方法受到国内外广泛的重视，对促进植物免疫学与流行学交叉研究起到了推动作用。1987年，提出“植保系统工程”新观点，应用系统论的原理和方法解决植物保护的认识和管理问题，开辟了植保研究和科学管理的新局面。将系统分析方法引入植病流行研究，在国内率先研究植病流行的电算模拟，研制出多种病害的预测、决策、防治效果系列模型，与安徽农业大学杨演教授共同编著了国内第一本《植物病害流行学》，独著了《植保系统工程导论》，促进了病害预测技术和植物保护学科的新发展。

23）谢联辉——植物病理学和病毒学领域国际知名教授

谢联辉（1935～）是我国当代植物病理学和病毒学领域国际知名教授，中国科学院院士。先后发现植物病毒新种1个、新的传毒介体1种，报道了中国病毒新记录11个。1973年以来，系统研究了中国水稻病毒病的病原种类、分布、危害、传播、测报与治理，并做出了突出贡献。例如，发现了水稻簇矮病毒，以及中国新记录水稻齿矮病毒和东格鲁病毒等，被誉为“对世界病毒的研究做出了新贡献”的科学家。这些病毒的及时发现和有效控制，已获得了较好的经济和社会效益。他还比较全面地研究了中国水仙、甘蔗、烟草、番茄和香蕉等植物的病毒种类、分布、发生和防治对策并颇有建树。近年来还拓展了动物病毒和天然药物的研发，在对虾病毒鉴定、水体病毒检测及抗病毒、抗肿瘤生物活性物质研发方面取得了较大的进展。

24）田波——中国著名植物病毒学家

田波（1931～）是我国当代著名的植物病毒学家，中国科学院院士。在植物病毒和类病毒的生物学、生化和分子生物学等方面做出了突出贡献。早期主要从事植物病毒和抗病毒转基因植物研究，阐明了温度对马铃薯病毒性退化的影响，制订了我国马铃薯无病毒种薯繁殖体系。1983年，在国际上首次报道了应用卫星RNA防治黄瓜花叶病毒获得成功，并提出了一种卫星RNA防病的分子机理和学说，为防治病毒病开辟了新的途径，受到国内外的广泛重视；领导课题组构建了黄瓜花叶病毒卫星RNA和外壳蛋白双基因表达载体，成功地获得高度抗病的转基因烟草和番茄；获得了表达外壳蛋白并抗水稻条纹叶枯病毒的水稻植株；在国际上首次获得在转基因马铃薯中具有抗类病毒活性的核酶基因；除鉴定了国外已发现的4种类病毒外，还发现了一种新的类病毒——牛蒡矮化类病毒，为国际所承认。他对病毒病的血清学和分子生物学诊断方法的研究在中国植物检疫上得到广泛应用，促进了中国植物病毒学的发展。

25）方荣祥——中国著名植物病毒学家和植物生物技术专家

方荣祥（1946～）是我国当代植物病毒学家和植物生物技术专家，中国科学院院士。在植物病毒学方面，国内最早完成了花椰菜花叶病毒（新疆株）全序列分析。完成了芜菁花叶病毒（TuMV）、马铃薯Y病毒（PVY）、马铃薯X病毒（PVX）、黄瓜花叶病毒（CMV）的外壳蛋白基因的克隆和测序（其中TuMV的外壳蛋白基因序列为国际上首次报道）。系统研究了水稻黄矮弹状病毒基因组结构、功能，完成了全基因组测序，并发现弹状病毒中的一个新基因，首次确定了植物弹状病毒负责细胞间运动的蛋白。在植物生物技术方面，研制成功了同时抗TMV和CMV的烟草，是国际上种植规模最大、应用最早的转基因植物，同样还研制了抗病毒辣椒。在植物生物技术基础研究方面，分析和改造了花椰菜花叶病毒35S启动子，使其得到广泛应用；界定了水稻细胞壁蛋白GRP基因启动子中负责维管束特异表达的DNA序列，发现了融合CMV外壳蛋白多肽可大幅度提高外源蛋白的表达水平；建立了在植物中通过泛素融合提高外源蛋白表达量的策略，发现融合CMV外壳蛋白N端14肽可使外源蛋白在植物中表达量增加，发展了合并使用CMV多肽和泛素单体的双融合策略等。

第二章 植物病害系统

【习题】

一、名词解释

1. 植物病害系统；2. 病害三角；3. 病害四面体；4. 生态系统；5. 农业生态系统；6. 自然植物病害系统；7. 农田植物病害系统；8. 设施农业植物病害系统

二、问答及论述题

1. 为什么说植物病理学实际上就是研究“三个尖尖”和“一个圈圈”的问题？
2. 什么是病害三角？什么是病害四面体？认识病害三角或者病害四面体对病害防治的指导意义？
3. 如何理解自然植物病害系统及其植物病害三角关系？
4. 如何理解人在植物病害系统中的作用？
5. 试述自然、农田和设施三大植物病害系统的发生、流行及控制的异同。
6. 设施栽培为什么会出现次要病害上升为主要病害的问题？
7. 在植物病害的防治时，为什么要强调考虑病害系统的问题，采用的是可持续防控措施，而不是消灭病害？

【解答】

一、名词解释

1. 植物病害系统（plant disease system）：病原物和寄主植物通过寄生作用构成的系统称为植物病害系统。病害可以看作是病原物、寄主和环境的结合体。病原物、寄主和病害三者是植物病害流行系统内部的主要组分，它们之间的相互关系（相互作用）往往决定了病害系统的主要特征。我们把“植病流行系统”看作病原物和寄主植物两个种群通过寄生作用构成的开放的和动态的生态系统。植物病害系统也是农业生态系统的子系统。

2. 病害三角（disease triangle）：在自然状况下，植物病害的发生涉及寄主植物、病原物与环境三个因素的相互作用，因此称为病害三角关系，简称病三角。

3. 病害四面体（disease tetrahedron）：病害三角加上人类因素而组成的整体，称为病害四面体。

4. 生态系统（ecosystem）：生物群落与其生存环境之间，以及生物种群相互之间密切联系、相互作用，通过物质交换、能量转换和信息传递，成为占据一定空间、具有一定结构、执行一定功能的动态平衡整体，称为生态系统。

5. 农业生态系统（agricultural ecosystem）：农业生态系统是在一定时间和地区内，人类从事农业生产，利用农业生物与非生物环境之间以及与生物种群之间的关系，在人工调节和控制下，建立起来的各种形式和不同发展水平的农业生产体系。与自然生态系统一样，农业生态系统也是由农业环境因素、绿色植物、各种动物和各种微生物四大基本要素构成的物质循环和能量转化系统，具备生产力、稳定性和持续性三大特性，以及人类生产活动干预的特色。

6. 自然植物病害系统（natural plant disease system）：鲁宾逊（Robinson，1976）把自然植被中的病害系统称为自然病害系统。

7. 农田植物病害系统（agricultural disease system）：农田生态条件下的植物病害系统称为农田植物病害系统。

8. 设施农业植物病害系统（facilities farming disease system）：农作物在温室、大棚、地膜覆盖等人为设施环境下形成的病害系统称为设施农业生态系统。

二、问答及论述题

1. 为什么说植物病理学实际上就是研究“三个尖尖”和“一个圈圈”的问题？

植物病害是一个由寄主植物、病原物和环境因素组成的一个系统。在这个系统中，三者是相互联系的，由于人们常把这三者画成三角形，即病害三角（这三个角被形象地称为“三个尖尖”），故在研究病害三角中各个因素与病害关系时，就成了研究三角形的三个角及三个角之间的关系。植物病害的发生发展是一个动态过程，也就是病害从哪儿开始的？病原是从何而来的？在植物生长周期或季节周期里，病原到哪里去？它是如何消长的？以何种形态传播和增殖的？这就是一个病害循环的问题。由于病害循环常被抽象成一个圆圈，故俗称为“一个圈圈”。研究病害三角和病害循环实际上就是研究病害的发生规律。普通植物病理学是研究植物病害发生规律和防治策略与技术的学科。

2. 什么是病害三角？什么是病害四面体？认识病害三角或者病害四面体对病害防治的指导意义？

病害三角（disease triangle）指寄主植物、病原物，环境三个因素的相互作用，称为病害三角关系，简称病三角。在病害三角加上人类农业生产活动因素而组成的整体称为病害四面体（disease tetrahedron）。在这个四面体中，人类干预作用的能动性最重要。

认识病害三角或病害四面体的意义就在于使人们认识植物病害系统是由哪些因素组成，各组成因素之间的关系和作用，进而通过人为因素来调节各个因素间的关系，以指导病害防治。因田间病害实际上是一个农田病害系统，它的特点在于有人类农业生产活动因素包括其中，而且人类因素起着中心作用。在病害防治过程中，可以通过人为干预，改变植物病害三角中植物、病原和环境条件的相互关系，减少病原物数量，削弱其致病性，保持和提高植物的抗病性，调整播种期，改变耕作方式和栽培技术，优化生态环境，创造有利于寄主生长发育而不利于病原扩增、繁殖的条件，减少病害所造成的损失，以达到控制病害的目的。

3. 如何理解自然植物病害系统及其植物病害三角关系？

自然植物病害系统（natural plant disease system）指自然植被中的病害系统，它包括：①寄主植物；②环境因素，包括生物因素（寄主和病原以外的生物因素）和非生物因素（大气环境和土壤因素）；③病原生物。在这个系统中，是没有人类农业生产因素干预的，是一个纯自然状态的系统。

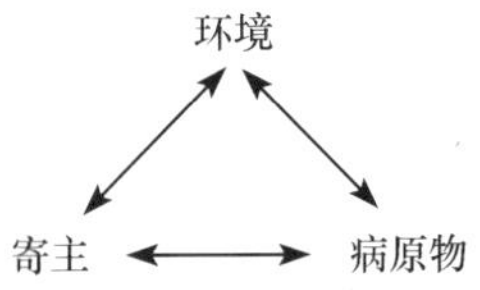

植物病害三角关系是指在自然生态系统中植物病害系统中植物病害的产生是包括植物在内的各种因子相互作用的产物。即植物病害三要素或称病害三角。植物罹病或健康是寄主与病原物在外界条件下相互作用的结果。

自然植物病害系统就是由病害三角为主构成的。

4. 如何理解人在植物病害系统中的作用？

人类的生产活动、经济活动和社会活动会破坏群落之间种群的自然演替，使系统动态平衡的稳定性受到破坏，从而影响植物病害系统，影响病害的发生。这些活动包括以下几方面。①干预环境：保温、营养条件、灌溉、光照、大面积单一种植、围湖造田、砍伐林木、污染水质、排放废气等。②干预寄主：群集寄主、遗传背景脆弱性、周年栽种或再生技术、引种、不平衡施肥等。③干预病原物：单一种植作物或品种使病原物群体简单化，产生大量毒性类群；种子或繁殖材料消毒，搞好田园卫生，减少菌源量；长期使用单一杀菌剂，胁迫病原产生抗性菌株；发病初期施用杀菌剂，抑制某些病害；人口流动或社会活动引入新病害等。

5. 试述自然、农田和设施三大植物病害系统的发生、流行及控制的异同。

自然、农田和设施三大植物病害系统因人为干预程度差异而形成各自不同的特点。

第一，自然植物病害系统是一个完全没有人类干预的系统，其特点包括：①某种寄主植物非大面积连续分布；②植物种类（含寄主和非寄主）、病原物种类多样化；③寄主与寄生物之间的关系是物竞天择、适者生存；④遵循生物种群演替规律。

第二，农田植物病害系统是一个人类干预系统，其特点包括：①寄主植物的种植种类、面积受人类追求的目的而异，作物品种和类型常单一种植或大面积连片种植或多年连续种植；②环境因素主要是农田生态系统特点；③病原生物受寄主作物选择，种群简单，群体结构受寄主作物的影响时常变动而不稳定；④病害流行速度快、面积广、损失重。病害发生与否及严重程度受人类农业生产活动的影响大。由于生产方式、经济活动和社会活动干预了系统中的环境条件、寄主的种类和分布，破坏了群落之间种群的自然演替，打破了系统动态平衡的稳定性，常导致某种植物病害大流行。

第三，设施植物病害系统是一个人类干预、空间和面积有限的、较为封闭的系统。其特点有：①病原物的危害不受季节限制，常年有适宜的寄主和温湿度环境因素；②病害积累性强，因为设施农业常因投入成本高，人们追求高效农作物种类和品种，很难轮作，而采取多年连作的方式生产，致使病原物逐年累积，特别是土传病害累积现象更为严重；③寄主的种植密度大、复种指数高；④环境相对封闭和狭小，病原易于短期内积累到流行的数量，毁灭性强。但这种系统因受人类控制的程度高于农田植物病害系统，在现代化程度高的设施中，可实现自动化控制，有时因病害更轻而不易流行。

6. 设施栽培为什么会出现次要病害上升为主要病害的问题？

在研究植物病害系统时，还要考虑作物不同病害间的消长动态。植物在一个生长季节中可能会受到多种病原物的危害，其中一些病害是主要的，而另外一些可能是次要的。人们往往关注主要病害，而忽视了次要病害。通过传统的抗病育种或转基因抗病育种可以有效控制作物的主要病害，但由于病原物的种类及致病机理不同，那些对特定病害表现抗病的品种对其他病害往往是无效的。原来次要的病害就有可能上升为主要病害，也有可能诱发新的病害。设施栽培条件下，一些次要病害，由于在设施条件下比较容易满足发病条件，常常种植某些特定作物或品种，病害循环链不间断，病原物积累。因此，某些在农田系统中的次要病害在设施植物病害系统中能很快上升为主要病害。

7. 在植物病害的防治时，为什么要强调考虑病害系统的问题，采用的是可持续防控措施，而不是消灭病害？

植物病害的发生需要三个因素都具备时才能成为可能。即大量感病寄主、大量致病力强的病原及有利的发病环境条件，缺少任何一个条件，病害都不可能发生和流行，且三者是彼此相互联系和相互制约的。病害发生是在一个系统里进行的，但它又不能独立于生态系统内其他子系统，也就是病害系统不是一个完全封闭和独立系统，它只是生态系中的一个子系统。在生态系统中，每一成员都有其特定的功能和存在的理由，并与子系统以外的成员发生关系。因此，在农业生产中，只能趋利避害，避重就轻，调节病害系统中各成员关系，创造有利于寄主而不利于病原的条件，把病害系统引导到有利于寄主的方向，采用综合措施，减轻病害发生，把病害控制在经济损害水平之下，实现病害可持续控制，而不是完全消灭病原或病害。事实上，完全消灭病原或病害是不可行的，也是做不到的。人类与植物病害斗争了几百年，包括近代高效化学杀菌剂的利用及严格的植物检疫措施的应用，都不曾彻底消灭某个病害。

第三章 植物病原菌物

第一部分 菌物概述

【习题】

一、名词解释

1. 菌物；2. 有性生殖；3. 无性繁殖；4. 准性生殖；5. 分体产果；6. 整体产果；7. 子实体；8. 同宗配合；9. 异宗配合；10. 多型现象；11. 单主寄生；12. 转主寄生；13. 原生质团；14. 原生质割裂；15. 配子囊；16. 配子；17. 子座；18. 菌索；19. 菌核；20. 吸器；21. 生活史

二、问答及论述题

1. 菌丝的主要特征及其常见变态类型有哪些？
2. 简述菌物无性繁殖和有性生殖产生的常见无性和有性孢子的类型及形成的方式，不同的孢子分别由哪类菌物产生？
3. 菌物的无性繁殖和有性生殖在植物病害发生中有何作用？
4. 什么是准性生殖？其生物学意义是什么？
5. 菌物是如何分类的？

三、判断及改错题

1. 菌物有性生殖形成的孢子类型有休眠孢子囊、孢子囊、接合孢子、子囊孢子、担孢子五种类型。
2. 菌物的同宗配合是指形状大小相同的配子或配子囊进行配合。
3. 菌物无性繁殖的主要方式有断裂、裂殖、芽殖和原生质割裂。

【解答】

一、名词解释

1. 菌物（**fungi**）：菌物又叫真菌，是一类具有真正的细胞核，无叶绿素，不能进行光合作用，以吸收为营养方式的有机体；营养体通常是丝状且有分枝的结构，也有单细胞的结构；细胞壁的主要成分为几丁质或纤维素，无根、茎、叶的分化，通过产生各种类型的孢子进行有性生殖和无性繁殖。

2. 有性生殖（**sexual reproduction**）：有性生殖是菌物通过两个性细胞（配子）或者两个性器官（配子囊）结合而进行的一种生殖方式，产生的孢子称为有性细胞。有性生殖一般包括质配（plasmogamy）、核配（karyogamy）和减数分裂（meiosis）三个阶段。

3. 无性繁殖（asexual reproduction）：菌物不经过两个性细胞或者两个性器官结合进行核配和减数分裂，直接以营养体断裂、裂殖、芽殖和原生质割裂的方式进行繁殖产生后代新个体的一种繁殖形式。无性繁殖产生的各种孢子统称为无性孢子或有丝分裂孢子（mitospore）。

4. 准性生殖（parasexuality）：又称准性重组（parasexual recombination），是指异核体菌物菌丝细胞中两个遗传物质不同的细胞核可以结合成杂合二倍体的细胞核，这种二倍体细胞核在有丝分裂过程中可以发生染色体交换和单倍体化，最后形成遗传物质重组的单倍体的一种生殖形式。

5. 分体产果（eucarpic reproduction）：高等菌物繁殖时，营养体部分转为繁殖体的一种繁殖形式称为分体产果。

6. 整体产果（holocarpic reproduction）：低等菌物繁殖时，营养体全部转为繁殖体的一种繁殖形式称为整体产果。

7. 子实体（fruiting body）：菌物的无性繁殖或有性生殖的产孢结构称为子实体。

8. 同宗配合（homothallism）：菌物在有性生殖过程中，单个菌株生出的雌雄器能交配完成有性生殖称为同宗配合。

9. 异宗配合（heterothallism）：菌物的有性生殖过程中，单个菌株不能完成有性生殖，需要两个性亲和的菌体交配才能完成有性生殖称为异宗配合。

10. 多型现象（polymorphism）：许多菌物在整个生活史中可以产生 2 种或 2 种以上孢子的现象，如锈菌有的可产生性孢子、锈孢子、夏孢子、冬孢子和担孢子 5 种孢子。

11. 单主寄生（autoecism）：菌物在一种寄主植物上就可以完成生活史，称为单主寄生。

12. 转主寄生（heteroecism）：有些菌物不同的寄生阶段必需在两种不同的寄主植物上才能完成生活史，称为转主寄生。

13. 原生质团（plasmodium）：有些菌物的营养体是一团多核、无细胞壁的原生质，叫做原生质团，如黏菌。

14. 原生质割裂（plasma cleavage）：指成熟的原生质分割成若干小块，每小块原生质转变成为一个孢子的过程叫做原生质割裂。

15. 配子囊（gametangium）：菌物有性生殖过程中产生配子的性器官称为配子囊。

16. 配子（gamete）：菌物有性生殖过程中由配子囊产生的性细胞称为配子。

17. 子座（stroma）：由拟薄壁组织和疏丝组织形成的具有一定形状的结构，呈垫状、柱状、头状、棍棒状等，用于产生和支持繁殖体的部分叫做子座。

18. 菌索（rhizomorph）：由营养菌丝聚集而成的根状菌组织，外形与高等植物的根相似，又称根状菌索。

19. 菌核（sclerotium）：由菌丝聚集而成的坚硬程度不同的颗粒状组织叫做菌核。其形状、大小、颜色、质地和结构在不同菌物间差异很大。

20. 吸器（haustorium）：寄生菌物产生的能穿过寄主细胞壁伸入细胞内吸取养分的菌丝变态结构称为吸器。

21. 生活史（life cycle）：是指菌物的孢子经过萌发、生长发育，最后又产生同一种孢子的过程。

二、问答及论述题

1. 菌丝的主要特征及其常见变态类型有哪些？

菌丝（hypha）是菌物典型的营养体，菌丝呈管状，细胞壁无色透明；有些菌物的细胞质中含有各种色素，使菌丝呈现不同的颜色，但这些色素不能进行光合作用。菌丝可以无限生长，其直径因各个种而不同，通常为1～30μm。高等菌物的菌丝有隔膜，菌丝为多细胞，横隔膜上有微孔，所以菌丝中的原生质是相通的。低等菌物的菌丝无隔膜，整个菌丝体为一个无隔多核的细胞。菌丝相互交织成的菌丝集合体称为菌丝体（mycelia）。

菌物在对外界环境长期的适应过程中，其菌丝形成了具有特殊功能的菌丝变态类型，常见的菌丝变态类型有吸器、附着胞、侵染垫、附着枝、假根、菌环和菌网等。

2. 简述菌物无性繁殖和有性生殖产生的常见无性和有性孢子的类型及形成的方式，不同的孢子分别由哪类菌物产生？

菌物无性繁殖（asexual reproduction）常形成四种类型的无性孢子，即游动孢子（zoospore）、孢囊孢子（sporangiospore）、分生孢子（conidium）和厚垣孢子（chlamydospore）。

（1）游动孢子是根肿菌门、卵菌门和壶菌门菌物无性繁殖形成的孢子。它形成于孢子囊内，孢子囊以原生质割裂的方式将多核的原生质体分割成许多小块，每一小块形成一个游动孢子。游动孢子一般具有一根或两根鞭毛，能在水中游动。

（2）孢囊孢子是接合菌无性繁殖形成的孢子，以原生质割裂方式形成于孢子囊内，有细胞壁而无鞭毛，不能游动，所以又称静止孢子（rest spore）。

（3）分生孢子是半知菌、子囊菌和担子菌无性繁殖形成的孢子，其形态、大小、结构以及着生的方式多种多样，大多由芽殖、裂殖方式产生。

（4）厚垣孢子，各种菌物均可以形成，由断裂方式产生，是由菌丝体个别细胞膨大形成，具厚壁和浓缩原生质，是可抵抗不良环境的一种休眠孢子。

菌物有性生殖（sexual reproduction）可形成休眠孢子囊（resting sporangium）、卵孢子（oospore）、接合孢子（zygospore）、子囊孢子（ascospore）、担孢子（basidiospore）五种类型的有性孢子。

（1）休眠孢子囊是由两个游动配子配合所形成的合子发育而成，具厚壁，萌发时发生减数分裂，释放出单倍体的游动孢子，如壶菌、根肿菌。

（2）卵孢子是卵菌门的有性孢子，由雄器和藏卵器交配形成的二倍体孢子。卵孢子大多球形，具有厚壁，通常经过一定时期休眠后产生的芽管可以直接形成菌丝或在芽管顶端形成游动孢子囊，释放出游动孢子。

（3）接合孢子是接合菌的有性孢子。由两个形态相似的配子囊相结合，接触处配子囊之间的细胞壁溶解，原生质和细胞核合成一个细胞，发育为厚壁、二倍体的孢子。

（4）子囊孢子是子囊菌的有性孢子。通过配子囊接触交配、受精作用和体细胞结合等方式进行质配。质配后母体产生双核菌丝称为产囊丝。由产囊丝形成一个子囊母细胞，核配在子囊母细胞中发生，随即进行一次减数分裂和一次有丝分裂，形成8个单倍体的子囊孢子。

（5）担孢子是担子菌的有性孢子。在担子菌中以菌丝结合的方式产生双核菌丝。双核菌丝的顶端细胞膨大为担子，担子内两性细胞核配后形成一个二倍体的细胞核，经过减数分裂后形成4个单倍体的核。同时在担子的顶端或侧面生出4个小梗，细胞核进入其中，发育为4个担孢子。

3. 菌物的无性繁殖和有性生殖在植物病害发生中有何作用？

菌物（fungi）一般有无性繁殖和有性生殖两种繁殖形式，分别产生不同类型的无性孢子和有性孢子。无性繁殖也称为营养繁殖，它不包括核配、核融合及减数分裂，同样也没有特化的性细胞或性器官。有性生殖则是以两个核融合再进行减数分裂。大多数菌物无性繁殖能力很强。在适宜的条件下，一个生长季节内可以进行多次无性繁殖，产生大量的无性孢子。除厚垣孢子外，无性孢子一般无休眠期，细胞壁较薄，对低温、高温、干燥等抵抗能力弱，但无性孢子繁殖快、数量大，对植物病害的传播、蔓延作用很大，往往对一种病害在生长季节中的传播和再侵染起重要作用。植物病原菌物的有性生殖多出现在发病后期或经过休眠后，有性孢子一般一年产生一代，细胞壁较厚或有休眠期，以度过不良环境，是许多植物病害的主要初侵染源。另外，在有性生殖的过程中具有较高的重组率和形成新的基因型的频率，这使菌物能适应更广泛的环境条件，有利于增强菌物的生活力和适应性。

4. 什么是准性生殖？其生物学意义是什么？

准性生殖（parasexuality）是指异核体菌丝细胞中两个遗传物质不同的细胞核可以结合成杂合二倍体的细胞核。这种杂合二倍体细胞核在有丝分裂过程中可以发生染色体交换和单倍体化，最后形成遗传物质重组的单倍体过程。准性生殖与有性生殖的主要区别在于：有性生殖是通过减数分裂进行遗传物质重组和产生单倍体，而准性生殖是通过二倍体细胞核的有丝分裂交换进行遗传物质的重新组合，并通过非整倍体分裂不断丢失染色体来实现单倍体化。此外，准性生殖是营养体，通常是菌丝直接接触、细胞核进入一个菌丝体细胞内，形成异核体，单倍体后代的形成也是在菌丝体中完成的，没有特定的性器官；而有性生殖常有特定的性器官完成遗传物质的转移，质配和核配均在特定的性器官细胞或子实体中完成。

准性生殖提供了除有性生殖外的遗传灵活性，起着类似一般有性生殖的作用，这对以无性繁殖为主的半知菌及一些子囊菌和少数担子菌而言，是产生遗传变异的有效方式。

5. 菌物是如何分类的？

菌物分类系统是菌物学家根据相关类群菌物在形态、生理、生化、遗传、生态、超微结构及分子生物学等多方面的共同和不同的特征进行归类而建立起来的。但由于对菌物分类的观点存在较大的分歧，不同的学者提出了很多不同的分类系统。同时，随着菌物学家对菌物的形态、生理、生态、遗传、显微结构及分子生物学技术等领域的认识不断深入，菌物分类系统也不断得以修改、完善和补充。目前世界上最广泛使用的分类系统有两个，即以英国出版的《菌物字典》（或译为《真菌字典》）为代表的Ainsworth系统和以美国出版的《菌物学概论》（或译为《真菌学概论》）为代表的 Alexopoulos 系统。这两个系统都在不同的时期推出过不同的版本。在我国，使用最广的系统是依据 Ainsworth 在第六版《真菌字典》（1971）和《真菌进展论文集》（1973）中阐述的分类系统。该系统采用 Whittaker（1969）的生物五界系统，将所有菌物归于真菌界，并将真菌界分为黏菌门（Myxomycota）和真菌门（Eumycota）。真菌门分为鞭毛菌亚门（Mastigomycotina）、接合菌亚门（Zygomycotina）、子囊菌亚门（Ascomycotina）、担子菌亚门（Basidiomycotina）和半知菌亚门（Deuteromycotina）5 个亚门。

随着国际菌物分类系统的发展，我国目前开始采用 Cavalier-Smith（1988～1989 年）的生物 8 界系统，基本按照《菌物词典》第八版（1995）和第九版（2001）的方法，将菌物划分到原生动物界、假菌界（色菌界）和真菌界，具体分类如下：

- 原生动物界（Protozoa）
  - 集孢黏菌门（Acrasiomycota）
  - 网柱黏菌门（Dictyosteliomycota）
  - 黏菌门（Myxomycota）
  - 根肿菌门（Plasmodiophoromycota）
    - 根肿菌纲（Plasmodiophoromycetes）
- 假菌界（Chromista）
  - 丝壶菌门（Hyphochytridiomycota）
  - 网黏菌门（Labyrinthulomycota）
  - 卵菌门（Oomycota）
    - 卵菌纲（Oomycetes）
- 真菌界（Fungi）
  - 壶菌门（Chytridiomycota）
    - 壶菌纲（Chytridiomycetes）
  - 接合菌门（Zygomycota）
    - 接合菌纲（Zygomycetes）
    - 毛菌纲（Trichomycetes）
  - 子囊菌门（Ascomycota）
    - 半子囊菌纲（Hemiascomycetes）
    - 不整囊菌纲（Plectomycetes）
    - 核菌纲（Pyrenomycetes）
    - 腔菌纲（Loculoascomycetes）
    - 盘菌纲（Discomycetes）
    - 虫囊菌纲（Laboulbeniomycetes）
  - 担子菌门（Basidiomycota）
    - 担子菌纲（Basidiomycetes）
    - 冬孢菌纲（Teliomycetes）
    - 黑粉菌纲（Ustomycetes）
  - 半知菌类（Fungi Imperfecti）
    - 芽孢纲（Blastomycetes）
    - 丝孢纲（Hyphomycetes）
    - 腔孢纲（Coelomycetes）

三、判断及改错题

1. 菌物有性生殖形成的孢子类型有休眠孢子囊、孢子囊、接合孢子、子囊孢子、担孢子五种类型。

   错误。

   改正：孢子囊是卵菌无性繁殖形成的孢子，其他几类孢子才是有性生殖的繁殖体。

2. 菌物的同宗配合是指形状大小相同的配子或配子囊进行配合。

   错误。

   改正：菌物的同宗配合是指单个菌株生出的雌雄器能交配完成有性生殖。

3. 菌物无性繁殖的主要方式有断裂、裂殖、芽殖和原生质割裂。

   正确。

第二部分　根肿菌门

【习题】

一、名词解释

1. 原质团；2. 尾鞭；3. 茸鞭

二、问答及论述题

1. 简述根肿菌门植物病原菌的寄生、致病和繁殖特性。
2. 根肿菌门植物病原菌的分类特征。

【解答】

一、名词解释

1. 原质团（plasmodium）：由多核组成的没有细胞壁、裸露的原生质团。

2. 尾鞭（whiplash）：是指根肿菌游动孢子后部所具有的尾状鞭毛，其基部坚实而较长，顶部短而有弹性，在孢子游动时起动力作用。

3. 茸鞭（flimmer）：卵菌门具有羽毛状结构的鞭毛，在孢子游动时起动力作用。

二、问答及论述题

1. 简述根肿菌门植物病原菌的寄生、致病和繁殖特性。

根肿菌门（Plasmodiophoromycota）植物病原菌寄生于高等植物根或茎的细胞内，引起寄主细胞膨大和组织增生，受害根部肿大，故称为根肿菌。根肿菌门菌物营养体为原生质团，以整体产果的方式繁殖，营养体以原生质割裂的方式形成大量散生或堆积在一起的孢子囊。形成的孢子囊有两种，一种是由游动孢子发育形成的单倍体原生质团无性繁殖形成的具有薄壁的游动孢子囊；另一种是由两个游动孢子配合形成的合子发育形成的二倍体原质团形成的有性生殖繁殖体——休眠孢子囊。

2. 根肿菌门植物病原菌的分类特征。

根肿菌门植物病原菌的分类特征为：①营养体为原质团；②营养体以整体产果的方式产生繁殖体；③无性繁殖，产生薄壁游动孢子囊和游动孢子（单倍体），游动孢子具有 2 根长短不一的尾鞭；④有性繁殖，产生休眠孢子囊（二倍体），是游动配子接合发育形成。

第三部分　卵　菌　门

【习题】

一、名词解释

1. 两游现象；2. 游动孢子

二、问答及论述题

1. 卵菌门的主要分类特征是什么？卵菌和其他菌物的特征有何差异？
2. 为何卵菌门菌物引起的植物病害在潮湿、多雨、低洼积水、通风透光差的条件下容易发生？
3. 试述卵菌门中水霉目、腐霉目和霜霉目在营养体、无性繁殖和有性生殖方面的异同？
4. 卵菌门中水霉目、腐霉目和霜霉目菌物在对寄主植物寄生能力方面有何差异？
5. 与植物病害有关的卵菌主要的属有哪些？
6. 怎样从卵菌的特征看菌物的进化趋势？

三、判断及改错题

1. 卵菌无性繁殖产生孢子囊并释放游动孢子，有性生殖产生卵孢子。
2. 霜霉目卵菌全为植物地上部分的专性寄生菌。
3. 危害荔枝果实引起霜霉病的霜疫霉属（*Peronophythora*）是专性寄生的霜霉目卵菌。
4. 卵菌有性生殖方式是两个同型配子囊接触交配，最后发育成卵孢子。
5. 霜霉目菌物的游动孢子具有两游现象，而水霉目菌物没有两游现象。
6. 卵菌具有与真菌不同的生活史，卵菌的大部分生活阶段以二倍体为主，而真菌主要以单倍体为主。
7. 水霉目和霜霉目卵菌的藏卵器中均含有多个卵孢子。

【解答】

一、名词解释

1. 两游现象（diplanetism）：从孢子囊中释放出来的游动孢子经休止、再萌发释放游动孢子继续游动的现象称为两游现象。

2. 游动孢子（zoospore）：卵菌的无性孢子，无细胞壁，呈球形、梨形或肾形，具鞭毛 1 或 2 根，可以在水中游动，故称为游动孢子。

二、问答及论述题

1. 卵菌门的主要分类特征是什么？卵菌和其他菌物的特征有何差异？

卵菌门（Oomycota）的分类特征有：①营养体是发达的无隔菌丝，少数是单细胞；②繁殖时，多为分体产果，少数为整体产果；③无性繁殖产生游动孢子，游动孢子具有2根等长的鞭毛，一根为茸鞭，一根为尾鞭；④有性繁殖产生卵孢子。

目前已知的卵菌和其他菌物的主要差异有以下几个方面。

（1）卵菌的营养体为二倍体，其他菌物的营养体为单倍体。

（2）卵菌的菌丝无隔膜，其他菌物多为有隔菌丝。

（3）卵菌的细胞壁成分主要为β-葡聚糖和纤维素，其他菌物大多为几丁质。

（4）有性生殖方式：真菌的有性生殖多数是通过质配、核配和减数分裂产生后代的生殖方式；而卵菌是通过减数分裂、质配和核配的方式产生有性后代。

（5）卵菌赖氨酸合成途径与植物一样为二氨基庚二酸途径，其他菌物为氨基己二酸途径。

（6）卵菌的25S rRNA分子质量大于其他菌物。

（7）卵菌的线粒体、高尔基体、细胞核膜、细胞壁的超微结构与其他菌物也有明显差异，而与藻类更为相似。

2. 为何卵菌门菌物引起的植物病害在潮湿、多雨、低洼积水、通风透光差的条件下容易发生？

卵菌门（Oomycota）菌物具有水生习性，只有在高湿的条件下才能产生孢子囊和释放出游动孢子，而且大多数卵菌主要是以游动孢子萌发产生的芽管侵入寄主植物，游动孢子需要在有水的情况下才能游动、萌发。因此，由卵菌引起的植物病害在潮湿、多雨、低洼积水、通风透光条件差的条件下容易发生。在叶片上侵染发病的种类，病征出现在叶片背面。

3. 试述卵菌门中水霉目、腐霉目和霜霉目在营养体、无性繁殖和有性生殖方面的异同？

水霉目（Saprolegniales）菌物一般称为水霉，营养体大多为发达的无隔菌丝体，少数为单细胞。无性繁殖产生丝状、圆筒状或梨形的孢子囊。孢子囊有层出现象，即新孢子囊从释放过游动孢子的空孢子囊或从成熟孢子囊基部的孢囊梗侧面长出。游动孢子具有两游现象，从孢子囊中释放出来的游动孢子经休眠、再萌发的方式释放游动孢子继续游动。藏卵器含有一至多个卵孢子。

腐霉目（Pythiales）菌物营养体大多为发达的无隔菌丝体，少数为单细胞。孢囊梗具有无限生长习性，孢子囊丝状、圆筒状、梨形或柠檬形，顶生、间生或侧生。游动孢子无两游现象。藏卵器内只含有一个卵孢子。

霜霉目（Peronosporales）的营养体为发达的无隔菌丝体，多在寄主植物细胞间隙扩展，产生吸器进入寄主细胞内吸取养分。孢子囊球形、卵形、梨形或柠檬形，产生在形态上有特殊分化的孢囊梗上。孢子囊成熟时释放出多个肾形游动孢子，游动孢子没有两游现象。藏卵器多呈球形，每个藏卵器中只形成一个卵孢子。

4. 卵菌门中水霉目、腐霉目和霜霉目菌物在对寄主植物寄生能力方面有何差异？

卵菌的进化一般认为是从水生演变到陆生的，由腐生到专性寄生的均有。因此不同目的卵菌对寄主的寄生能力也具有差异。①水霉目（Saprolegniales）大多是海水或淡水中的腐生菌，有些生活在土壤中，少数寄生在植物上，如引起水稻烂秧的寄生水霉（*Saprolegnia parasitica*）和引起稻苗绵腐病的稻绵霉（*Achlya oryzae*）。②腐霉目（Pythiales）中腐霉属（*Pythium*）较为低等，以腐生的方式在土壤中长期存活。有些种类可以寄生在高等植物，危害根部和茎基部引起腐烂；而疫霉属大多数是两栖类型，少数为水生，较高等种类具有部分陆生习性。疫霉属（*Phytophthora*）几乎都是植物病原菌，大多是兼性寄生，从寄生性较弱到接近专性寄生。疫霉属的寄主范围广，可以侵染植物的各个部位，所引起的植物病害常具有流行性和毁灭性，故称为疫病。③霜霉目（Peronosporales）菌物全为植物地上部分的专性寄生菌，分为2个科，白锈科（Albuginaceae）和霜霉科（Peronosporaceae）。霜霉科孢子囊长在有特殊分化的孢囊梗上，孢囊梗有限生长，仅寄生于植物地上部分，侵染的植物在病斑表面形成典型的霜状霉层，所引起的植物病害通常称为霜霉病。白锈科的孢囊梗呈短棍棒形，顶生一串孢子囊，无限生长，含白锈属（*Albugo*）1个属，全部是高等植物专性寄生菌，在寄主上产生白色疱状或粉状孢子堆，很像锈菌的孢子堆，故名白锈菌。

5. 与植物病害有关的卵菌主要的属有哪些？

寄生高等植物并引起严重病害的是腐霉目的腐霉属（*Pythium*）、疫霉属（*Phytophthora*）和霜疫霉属（*Peronophythora*）；霜霉目的霜霉属（*Peronospora*）、盘梗霉属（*Bremia*）、单轴霉属（*Plasmopara*）、假霜霉属（*Pseudoperonospora*）和白绣菌属（*Albugo*）；指梗霉目的指梗霉属（*Sclerospora*）、霜指霉属（*Peronosclerospora*）、指疫霉属（*Sclerophthora*）及少数水霉目的水霉属（*Saprolegnia*）和绵霉属（*Achlya*）。

6. 怎样从卵菌的特征看菌物的进化趋势？

卵菌门（Oomycota）菌物的共同特征是有性生殖以雄器和藏卵器交配产生卵孢子，因此这些菌物通常称为卵菌。卵菌的另外一个特征是产生具有鞭毛的游动孢子。卵菌大多为水生菌物，少数是两栖或接近陆生。卵菌有的是腐生的，有的寄生在水生植物、菌物或昆虫上，有的寄生于高等植物，引起严重的植物病害。由于卵菌具有水生的习性，只有在高湿的条件下才能产生游动孢子囊和释放出游动孢子，而且大多数卵菌主要是以游动孢子萌发产生的芽管侵入寄主植物，因此由卵菌引起的植物病害在潮湿、多雨、低洼积水、通风透光差的条件下发生普遍，危害较严重。用卵菌进行人工接种寄主植物测定致病性时，大多是以游动孢子或游动孢子囊作为接种体。

一般认为，卵菌的进化是从水生演变到陆生，由腐生到专性寄生。低等的卵菌大都是水生的腐生菌，或者寄生在水生植物、水生动物和水生菌物上；中间类型是两栖的，可以生活在较潮湿的土壤中，多为腐生或兼性寄生物；较高等的接近陆生，其中有许多是高等植物的专性寄生菌。

三、判断及改错题

1. 卵菌无性繁殖产生孢子囊并释放游动孢子，有性生殖产生卵孢子。

正确。

2. 霜霉目卵菌全为植物地上部分的专性寄生菌。

正确。

3. 危害荔枝果实引起霜霉病的霜疫霉属（*Peronophythora*）是专性寄生的霜霉目卵菌。

错误。

改正：危害荔枝果实引起霜霉病的霜疫霉属（*Peronophythora*）是非专性寄生的腐霉目卵菌。

4. 卵菌有性生殖方式是两个同型配子囊接触交配，最后发育成卵孢子。

错误。

改正：卵菌有性生殖方式是由小的雄器和大的藏卵器接触交配，最后发育成卵孢子。

5. 霜霉目菌物的游动孢子具有两游现象，而水霉目菌物没有两游现象。

错误。

改正：水霉目菌物的游动孢子具有两游现象，而霜霉目菌物没有两游现象。

6. 卵菌具有与真菌不同的生活史，卵菌的大部分生活阶段以二倍体为主，而真菌主要以单倍体为主。

正确。

7. 水霉目和霜霉目卵菌的藏卵器中均含有多个卵孢子。

错误。

改正：水霉目卵菌的藏卵器含有一个或几个卵孢子，而霜霉目卵菌的藏卵器只含有一个卵孢子。

第四部分　接合菌门

【习题】

一、名词解释

1. 接合孢子；2. 孢囊孢子；3. 假根；4. 原配子囊；5. 配囊柄

二、问答及论述题

1. 简述接合菌门菌物的特征及分类，与植物病害相关的重要属有哪些？
2. 根霉属、梨头霉属、毛霉属和笄霉属的主要区别是什么？

三、判断及改错题

1. 接合菌无性繁殖是在孢子囊中形成孢囊孢子，有性生殖是以配子囊配合的方式产生接合孢子。
2. 接合菌中极少数是引起植物病害的病原菌，其中较重要的是引起薯类和水果腐烂的根霉属（*Rhizopus*）和引致瓜类、棉花、茄子等花腐的笄霉属（*Choanephora*）等。

【解答】

一、名词解释

1. 接合孢子（zygospore）：接合孢子是由菌丝生出的结构基本相似、形态相同或略有不同的两个配子囊接合而成的二倍体厚壁孢子，是接合菌门真菌的有性孢子。

2. 孢囊孢子（sporangiopore）：接合菌门无性生殖产生的孢子叫孢囊孢子。孢囊孢子生在囊状结构（孢子囊）内，孢子囊一般生于营养菌丝或孢囊梗的顶端。孢子囊内的原生质体割裂成许多小块，每一块发育成一个孢囊孢子。

3. 假根（rhizoid）：假根是菌物的变态营养体，形态似植物的根，对菌物起固定作用。

4. 原配子囊（progametangium）：接合菌中，两条相邻的菌丝相遇，各自向对方产生出极短的侧枝称为原配子囊。原配子囊接触后，顶端各自膨大并形成横隔称为配子囊；同型配子囊接合形成接合孢子。

5. 配囊柄（gametangiophore）：原配子囊分化形成的配子囊之外的其余部分称配囊柄。

二、问答及论述题

1. 简述接合菌门菌物的特征及分类，与植物病害相关的重要属有哪些？

接合菌门菌物的特征为：①有性生殖产生接合孢子；②无性繁殖产生孢子囊和孢囊孢子；③接合菌的营养体为单倍体，大多是发达的无隔菌丝体，有的具有假根、匍匐枝；④细胞壁的主要成分是几丁质。

接合菌门分2个纲，7个目，115属610种。与农业植物病害关系较大的是毛霉目（Mucorales）。其中重要属有：根霉属（*Rhizopus*）、毛霉属（*Mucor*）、梨头霉属（*Absidia*）和笄霉属（*Choanephora*）。

2. 根霉属、梨头霉属、毛霉属和笄霉属的主要区别是什么？

根霉属（*Rhizopus*）：菌丝分化出假根和匍匐丝，孢囊梗不分枝，从匍匐枝上长出，并与假根对生，顶端着生球状的孢子囊。孢子囊基部有一个近球形的囊轴。孢子囊球形或近球形，成熟后呈黑色。孢子囊壁破裂后散出大量的孢囊孢子。接合孢子由两个同型配子囊配合形成，表面有瘤状凸起。能引起多种植物块茎腐烂。

犁头霉属（*Absidia*）：具假根和匍匐丝，但孢囊梗和假根不是相对而生。配囊柄上长出附属丝包围接合孢子。同宗或异宗配合。腐生，可引起储藏物的腐烂。

毛霉属（*Mucor*）：菌丝发达，多分枝，一般无隔、无假根和匍匐丝。孢囊梗直接从菌丝上长出，分枝或不分枝。孢囊孢子球形或椭圆形，无色或有色，表面光滑。接合孢子表面有瘤状凸起，由两个同型配子囊配合形成。可引起果实和储藏器官的腐烂。

笄霉属（*Choanephora*）：可产生大型孢子囊和单孢孢子囊。小型孢子囊成群聚生在孢囊梗顶端膨大的球体上，内含1个孢囊孢子；大型孢子囊着生在弯曲下垂的孢囊梗顶端，内含许多孢囊孢子。接合孢子在钳状的配囊柄上形成，接合孢子表面有纹饰，配囊柄钳状，下部相互扭结，无附属物。异宗配合。多数腐生，少数能引起花腐。

三、判断及改错题

1. 接合菌无性繁殖是在孢子囊中形成孢囊孢子，有性生殖是以配子囊配合的方式产生接合孢子。
   正确。
2. 接合菌中极少数是引起植物病害的病原菌，其中较重要的是引起薯类和水果腐烂的根霉属（*Rhizopus*）和引致瓜类、棉花、茄子等花腐的笄霉属（*Choanephora*）等。
   正确。

第五部分　子囊菌门

【习题】

一、名词解释

1. 子囊；2. 子囊孢子；3. 子囊果；4. 子实层；5. 侧丝；6. 拟侧丝；7. 假囊壳；8. 子囊腔；9. 受精丝；10. 产囊丝；11. 产囊体；12. 异型配子囊交配

二、问答及论述题

1. 简述子囊果的主要类型及其特征。
2. 简述子囊菌门各纲的主要特征及代表植物病原菌。
3. 简述子囊菌门白粉菌目植物病原菌的致病特征及其分类。
4. 试区别子囊壳、分生孢子器和担子果。

三、判断及改错题

1. 白粉病菌是植物专性寄生菌，菌丝生长在寄主的表面，从上面产生吸器伸入寄主细胞吸取养分。
2. 白粉菌分属的依据是闭囊壳上附属丝的形态及闭囊壳内的子囊数目。
3. 子囊菌的营养体为单倍体，细胞壁为纤维素。

【解答】

一、名词解释

1. 子囊（ascus）：子囊是子囊菌有性生殖过程中产生的一种囊状结构，其形状大多呈圆筒形或棍棒形，有的子囊有柄。一个典型的子囊内含有 8 个子囊孢子。

2. 子囊孢子（ascospore）：子囊孢子是子囊菌有性的单倍体孢子，产生在子囊内，每个子囊通常含有 8 个子囊孢子。

3. 子囊果（ascocarp）：子囊果是指子囊菌菌丝形成的一种包被式的子实体，其内分布有子囊。子囊果形态是子囊菌分类的依据之一。

4. 子实层（hymenium）：有些子囊菌的子囊整齐地排列成一层，这一层子囊被称为子实层。

5. 侧丝（paraphysis）：子囊菌中产生于子囊之间的丝状细胞叫做侧丝，具有保护子囊的作用。

6. 拟侧丝（paraphysoid）：拟侧丝形成在子囊座性质的子囊果中，自子囊座内高出子囊层的上端长出，在发育的子囊间向下生长，与基部细胞融合，顶端不游离。

7. 假囊壳（pseudoperithecium）：子囊菌中，有的子囊座内只有一个子囊腔，子囊腔周围菌丝组织被压缩得很像壳壁，表面看起来与球壳目菌物的子囊类似，因此有人称之为假囊壳。

8. 子囊腔（locule）：子囊产生在子座组织内，子囊周围无真正的子囊果壁，而是单独或成束地生长在单腔或多腔的子座内。子囊腔周围菌组织的压缩很像壳壁，表面看起来与子囊壳或闭囊壳相似，这种结构叫子囊腔。

9. 受精丝（trichogyne）：在雄器与产囊体之间的丝状结构叫受精丝。通过受精丝接触后，在接触点形成一个孔口，产囊体接受雄器的原生质。

10. 产囊丝（ascogenous hypha）：子囊菌中产囊体上产生的丝状结构叫产囊丝，由产囊丝顶端钩状体的双核发育形成子囊孢子。

11. 产囊体（ascogonium）：子囊菌中由菌丝体顶端膨大形成的雌性交配性器官叫做产囊体。产囊体与雄性交配器官交配，产囊体上可以产生产囊丝，由产囊丝顶端钩状体的双核发育形成子囊孢子。

12. 异型配子囊交配（gametangial contact）：交配的配子囊形状和大小有明显差异（异型配子囊），大的称雌器（雌配子囊）（female gametangium），小的称雄器（雄配子囊）（antheridium）。雌、雄配子囊交配时，一方的细胞核通过受精丝（管）输入对方体内，随后无核的配子囊消解。

二、问答及论述题

1. 简述子囊果的主要类型及其特征。

子囊果（ascocarp）主要有 4 种类型。①子囊壳（perithecium）：子囊果的包被有固定孔口，容器状，子囊为单层壁。②闭囊壳（cleistothecium）：子囊果包被是完全封闭的，无固定的孔口。③子囊盘（apothecium）：子囊果呈开口的盘状、杯状，顶部平行排列子囊和侧丝形成子实层，有柄或无柄。④子囊座（ascostroma）：在子座内溶出有孔口的空腔，腔内发育成具有双层壁的子囊，含有子囊的子座称为子囊座。

2. 简述子囊菌门各纲的主要特征及代表植物病原菌。

依据有性阶段是否产生子囊果及子囊果的类型将子囊菌门（Ascomycota）真菌分为半子囊菌纲、不整囊菌纲、核菌纲、腔菌纲、盘菌纲、虫囊菌纲 6 个纲，除虫囊菌纲外，其余 5 个纲的子囊菌均与植物病害有关。

半子囊菌纲（Hemiascomycetes）：不形成子囊果，其子囊裸生在寄主表面。营养体是单细胞或不发达的菌丝体。子囊是由两个单细胞配合或由双核细胞发育而成。其中外囊菌与植物病害有关，如引起桃缩叶病的畸形外囊菌。

不整囊菌纲（Plectomycetes）：营养体为发达的有隔菌丝体，无性繁殖在自然界极普遍。有性生殖产生闭囊壳。子囊多为球形，在闭囊壳内散生，子囊壁为原始壁，子囊在子囊孢子形成后常胶化。只含散囊菌目 1 个目，少数可以引起植物病害。

核菌纲（Pyrenomycetes）：子囊果为子囊壳或闭囊壳。子囊整齐排列在闭囊壳基部或子囊壳内壁形成子实层，子囊为单层壁，壁不易消解。核菌纲通常分为 4 个目，即小煤炱目、白粉菌目、球壳目和冠囊菌目，其中与植物病害有关的主要是白粉菌目和球壳目。白粉菌目含 1 个科，即白粉菌科，其子囊果为闭囊壳。球壳目真菌形成子囊壳，子囊间有侧丝或顶侧丝，无性繁殖大多发达。球壳目包含的种类很多，大多是腐生的，也有不少是重要的植物病原菌，如长喙壳属、赤霉属和黑痣菌属。

腔菌纲（Loculoascomycetes）：子囊果为子囊座，子囊具有双层壁，子囊间无侧丝，有的有残余的子座组织。子囊形成时，周围的子座组织溶解形成子囊腔。一个子座内有 1 至多个子囊腔，每个子囊腔内有 1 个或多个子囊。腔菌纲分为 5 个目，与植物病害关系较大的是多腔菌目、座囊菌目和格孢腔菌目。重要的病原菌有多腔菌属、痂囊腔菌属、黑星菌属和格孢腔菌属等。

盘菌纲（Discomycetes）：形成子囊盘。盘菌大多为腐生菌，只有少数是植物寄生菌。盘菌纲分为 7 个目，与植物病害有关的是星裂盘菌目和柔膜菌目。核盘菌属是其中最重要的类群，引起多种植物的菌核病。

3. 简述子囊菌门白粉菌目植物病原菌的致病特征及其分类。

白粉菌目（Erysiphales）植物病原菌是高等植物上的专性寄生菌，大都以无色透明的有隔菌丝体生长在寄主的表面，靠菌丝特化形成的吸器伸入寄主细胞内吸收营养，营专性寄生生活。在寄主表面形成由菌丝体、分生孢子梗及分生孢子组成的白色粉末状物，故称这类病害为白粉病。白粉菌无性繁殖形成粉状分生孢子，有性生殖形成具有各种形状附属丝的黑色的闭囊壳。根据闭囊壳表面附属丝的形状和内含子囊的数目将白粉菌目划分为不同的属。①钩丝壳属（*Uncinula*）：闭囊壳内有多个子囊，附属丝顶端卷曲成钩状或螺旋状；②球针壳属（*Phyllactinia*）：闭囊壳内有多个子囊，附属丝刚直如长针，基部膨大呈半球形；③单丝壳属（*Sphaerotheca*）：闭囊壳内仅 1 个子囊，内含有 8 个子囊孢子，附属丝菌丝状；④白粉菌属（*Erysiphe*）：闭囊壳内多个子囊，子囊内含有 2～8 个子囊孢子，附属丝菌丝状；⑤布氏白粉属（*Blumeria*）：闭囊壳内多个子囊，闭囊壳上的附属丝不发达，呈短菌丝状；⑥叉丝单囊壳属（*Podosphaera*）：闭囊壳内仅有 1 个子囊，附属丝刚直，顶端二叉状分枝；⑦叉丝壳属（*Microsphaera*）：闭囊壳内有多个子囊，附属丝刚直，顶端有多轮二叉状分支，末端常卷曲。

4. 试区别子囊壳、分生孢子器和担子果。

子囊壳（perithecium）是子囊菌门（Ascomycota）真菌有性生殖产生的一种子实体。如子囊孢子成熟后，子实层亦不裸露的子囊果。子囊壳呈球形、卵形或梨形，顶端有突起部分，内部为空腔，着生子囊层，有的子囊层间夹有侧丝，成熟时子囊孢子从子囊壳突出部分的顶端孔口散出。

分生孢子器（pycnidium）是子囊菌和半知菌类真菌产生无性孢子的产孢结构，多为球状、拟球状、瓶装或不规则状。一般有固定的孔口和拟薄壁组织的器壁。内壁有分生孢子梗，顶端着生分生孢子，也有的分生孢子直接从内壁细胞上产生。分生孢子器内没有侧丝。分生孢子器着生在基质的表面或者部分或整个埋在基质或子座内。

担子果（basidiocarp）是担子菌门真菌有性生殖阶段形成的特殊结构。由双核菌丝组成，其上产生担子和担孢子。担子果的发育类型有 3 种：裸果型，子实层自始至终暴露在外；半被果型，子实层最初是封闭的，在担子成熟之前子实体开裂露出子实层；被果型，子实层包被在子实体内，担子成熟时也不裂开，只有担子果分解或遭受外力而破裂时担孢子才释放出来。

三、判断及改错题

1. 白粉病菌是植物专性寄生菌，菌丝生长在寄主的表面，从上面产生吸器伸入寄主细胞吸取养分。
   正确。
2. 白粉菌分属的依据是闭囊壳上附属丝的形态及闭囊壳内的子囊数目。
   正确。
3. 子囊菌的营养体为单倍体，细胞壁为纤维素。
   错误。
   改正：子囊菌的营养体为单倍体，细胞壁主要由几丁质组成。

第六部分　担 子 菌 门

【习题】

一、名词解释

1. 锁状联合；2. 担子；3. 担子果；4. 全锈型锈菌；5. 长生活史型；6. 初生菌丝；7. 次生菌丝；8. 三生菌丝；9. 冬孢子；10. 先菌丝

二、问答及论述题

1. 什么是担子菌？担子菌门的分类依据是什么？
2. 担子菌门所属各纲的主要特征及分类依据是什么？
3. 锈菌和黑粉菌在分类和形态上有何区别？
4. 锈菌与黑粉菌引起的病害有哪些主要特征？
5. 担子菌与植物病害有关的主要属有哪些？
6. 转主寄生的锈菌、系统侵染与局部侵染的黑粉菌危害寄主植物有何特点，在其所致病害的控制上可采取哪些相应的措施？
7. 黑粉菌侵染寄主有哪些方式？
8. 试比较子囊菌与担子菌这两类菌物的异同。

三、判断及改错题

1. 锈菌是专性寄生物，都不能用培养基进行培养繁殖。
2. 梨胶锈菌可危害梨等蔷薇科植物，在一年中可多次危害。

3. 所有的植物黑粉病都是一年只侵染一次。
4. 黑粉菌大多数是高等植物上的寄生菌，多数引起系统性侵染，都是专性寄生菌。

【解答】

一、名词解释

1. 锁状联合（clamp connection）：许多担子菌的双核菌丝细胞在分裂时，在靠近隔膜处形成的一种钩状分枝的结构。

2. 担子（basidium）：担子菌进行核配和减数分裂并产生担孢子的场所。

3. 担子果（basidiocarp）：高等担子菌的一种产生子实层的高度组织化的结构。

4. 全锈型锈菌（eu-form rust）：在生活史中产生性孢子、锈孢子、夏孢子、冬孢子和担孢子 5 种孢子的锈菌。

5. 长生活史型（long life-cycle）：在锈菌生活史中除有双核的冬孢子外，还有一种双核孢子（锈孢子或夏孢子）的生活史类型称为长生活史型。

6. 初生菌丝（primary mycelium）：担孢子萌发产生的菌丝体称为初生菌丝体。菌丝初期无隔多核，以后很快形成隔膜，每个细胞内有一个单倍体的细胞核。

7. 次生菌丝（secondary mycelium）：是一种双核菌丝体。由两根初生菌丝间发生细胞融合形成单倍双核细胞，质配产生的双核细胞内的细胞核不立即核配，而是不断发生双核并裂，形成双核菌丝体。

8. 三生菌丝（thirdly mycelium）：由次生菌丝特化形成，可构成多种复杂类型的担子果，根据其构成可分为生殖菌丝、骨架菌丝和联络菌丝。

9. 冬孢子（teliospore）：双核菌丝体产生的厚壁双核孢子，一般在生长季节后期产生，是锈菌和黑粉菌产生的休眠孢子，大都具有越冬性。

10. 先菌丝（promycelium）：由锈菌或黑粉菌的冬孢子萌发直接生成的担子。由 4 个细胞组成，短小，存在时间很短。由每个细胞生出小柄，在柄的顶端生出担孢子。

二、问答及论述题

1. 什么是担子菌？担子菌门的分类依据是什么？

担子菌门菌物一般称作担子菌，是最高等的菌物。担子菌门菌物的共同持征是有性生殖产生担孢子。担孢子产生在担子上，每个担子上一般形成 4 个担孢子。高等担子菌的担子着生在具有高度组织化的结构上形成子实层，这种结构称作担子果（basidiocarp），常见的如木耳、银耳、蘑菇、灵芝等，都是担子菌的担子果。低等担子菌的担子裸生，无担子果。担子菌大多是腐生的，许多可以形成大型担子果，担子果常产生在腐朽木材、植物枯枝落叶上。有些担子果可食用或作药用，有的有毒。有些担子菌寄生植物引起严重病害。有少数与植物共生形成菌根。

随着研究的深入，采用的分类性状不断更新，已从子实体的外部形态深入到内部的细微结构，如根据有无形成担子果、锁状联合、桶孔隔膜和桶孔覆垫等来进行分类。第八版《真菌词典》(1995) 把担子菌分为 3 个纲，即冬孢菌纲、黑粉菌纲、担子菌纲。

2. 担子菌门所属各纲的主要特征及分类依据是什么？

不同菌物学家对担子菌的起源、演化及各种性状在进化上的意义看法不一，导致对担子菌类群的划分各不相同。随着研究的深入，采用的分类性状得到了不断更新和应用，从子实体的外部形态深入到内部的细微结构。第八版《真菌词典》(1995) 把担子菌分为 3 纲 41 目，3 纲即冬孢菌纲、黑粉菌纲、担子菌纲。

冬孢菌纲 (Teliomycetes)：担子由冬孢子萌发产生，一般不形成担子果，在寄主上形成分散或成堆的冬孢子。高等植物上的寄生物包括锈菌目和隔担菌目。

黑粉菌纲 (Ustomycetes)：主要特征是菌丝分隔简单，通常没有桶孔隔膜，即使有也没有桶孔覆垫，在培养基上常呈酵母状。以子实体形态特征为主，菌丝的超微结构和 rDNA 序列分析也逐渐应用到分类系统中。黑粉菌纲包括黑粉菌目 (Ustilaginales) 和担孢目 (Sporidiales)。前者为植物的病原物，后者为腐生酵母。

担子菌纲 (Basidiomycetes)：一般形成比较发达的大型担子果，担子果有裸果型、半裸果型和被果型。包括 30 目，如银耳目、木耳目、伞菌目等。

3. 锈菌和黑粉菌在分类和形态上有何区别？

锈菌纲菌物称作锈菌，为高等植物的专性寄生菌，主要危害植物茎、叶，引起锈病。锈菌纲的特征是担子从冬孢子上产生，担子有横隔分为 4 个细胞，每个细胞上着生一个担孢子，担子着生在小梗上，担孢子能强力弹射。锈菌的营养体有单核的初生菌丝体和双核的次生菌丝体。寄生在寄主植物上的菌丝体产生吸器。有性生殖由性孢子与受精丝进行质配形成双核体，但直至冬孢子萌发才进行核配和减数分裂形成担孢子。锈菌的分类主要依据冬孢子的特征。锈菌有的是单主寄生的，有的为转主寄生的。锈菌的生活史中最多的可以产生 5 种孢子，即性孢子、锈孢子、夏孢子、冬孢子和担孢子。

黑粉菌纲菌物称作黑粉菌，形成黑色粉状的冬孢子 (厚垣孢子)，引起植物的黑粉病。本纲的特征是担子自冬孢子上产生，担子有隔或无隔，担孢子顶生或侧生，数目不定，担孢子不着生在小梗上，不能强力弹射。黑粉菌大多为兼性寄生的，寄生性较强。菌丝体在寄主体内形成吸器。无性繁殖不发达，往往以担孢子芽殖产生分生孢子。除了冬孢子外，不再产生其他双核孢子。冬孢子由双核菌丝体中间的细胞形成，萌发时在冬孢子中进行核配，然后产生先菌丝并在其内发生减数分裂，产生担孢子。黑粉菌的分类主要根据冬孢子的性状。黑粉菌危害植物，有的是系统侵染，有的为局部侵染。系统侵染的黑粉菌，典型的明显症状大多表现在病株的穗上，引起黑穗病。

黑粉菌与锈菌的主要区别是，黑粉菌的冬孢子是从双核菌丝体的中间细胞形成的，冬孢子是核配和减数分裂的场所，担孢子直接着生在先菌丝 (没有小梗) 的侧面或顶部，且能再次产生，成熟后也不能弹出。此外，黑粉菌不是专性寄生的。黑粉菌大多为兼性寄生，寄生性较强。锈菌的冬孢子也是从双核菌丝体中产生，但冬孢子先形成担子，核配和减数分裂是在担子中完成的。担孢子着生在小梗上，成熟后能向外弹出。锈菌为植物的专性寄生菌，引起锈病。

4. 锈菌与黑粉菌引起的病害有哪些主要特征？

锈菌主要危害植物茎、叶，大都引起局部性侵染，在病斑表面往往形成称作锈状物的病症，所引起的病害一般称为锈病，常引起农作物的严重损失。有的锈菌是单主寄生的，即在一种寄主植物上生活就可以完成生活史；有的是转主寄生的，生活史的不同阶段需要在两种不同的寄主上生活才能完成生活史。许多锈菌具有明显的多型现象，一个完整的生活史最多的可以产生 5 种类型的孢子，如禾柄锈菌。柄锈菌属（*Puccinia*）危害许多不同科的高等植物，许多重要的禾谷类锈病是由此属锈菌引起的，如麦类秆锈病（*P. graminis*）、小麦条锈病（*P. striiformis*）和小麦叶锈病（*P. recondita* f. sp *tritici*）等。黑粉属主要危害种子植物，在禾本科和莎草科植物上危害较多，通常在发病部位形成黑色粉状物的病症，所引起的病害一般称作黑粉病。黑粉菌多半引起全株性侵染，也有局部性侵染的。局部性侵染的黑粉菌在寄主的苗期、生长期和花期均可侵入。

5. 担子菌与植物病害有关的主要属有哪些？

担子菌与植物病害有关的属主要分布在锈菌和黑粉菌两个目中。锈菌中有柄锈菌属（*Puccinia*）引起大麦、小麦、黑麦及燕麦等禾本科植物的秆锈病。胶锈菌属（*Gymnosporangium*）在梨树上引起梨锈病。多胞锈菌属（*Phragmidium*）引起玫瑰锈病。单胞锈菌属（*Uromyces*）引起菜豆锈病。层锈菌属（*Phakopsora*）引起枣树锈病。栅锈菌属（*Melampsora*）引起亚麻锈病。黑粉菌中有条黑粉菌属（*Urocystis*）引起小麦秆黑粉病。叶黑粉菌属（*Entyloma*）引起水稻叶黑粉病。腥黑粉菌属（*Tilletia*）引起小麦腥黑粉病。轴黑粉菌属（*Sphacelotheca*）引起玉米丝黑穗病和高粱散黑穗病。尾孢黑粉菌属（*Neovossia*）引起水稻粒黑粉病。黑粉菌属（*Ustilago*）引起玉米瘤黑粉病。

6. 转主寄生的锈菌、系统侵染与局部侵染的黑粉菌危害寄主植物有何特点，在其所致病害的控制上可采取哪些相应的措施？

无论哪一种锈菌和侵染类型的黑粉病菌，抗病育种均是最有效的措施。此外，由于各类锈菌及黑粉菌侵染方式上存在差异，故在防治策略上应采取不同措施。转主寄生的锈菌危害植物，通常需要转主寄主才能够完成病害循环，缺少一种寄主就不会发病。因此在控制该类病害时，主要是铲除附近的转主寄主，必要时，可喷药保护，减轻病害的发生。系统侵染的黑粉菌，通常是种子或土壤带菌，一般每年只发生一次侵染，在控制该类病害时，主要采取种子处理或土壤消毒，只要控制好初侵染源，就可以成功控制病害；对于局部侵染的黑粉病，除了控制好初侵染源外，由于有再侵染，必须结合喷药保护，减轻病害的发生。

7. 黑粉菌侵染寄主有哪些方式？

黑粉菌侵染寄主有 4 种方式：①花器侵入，系统发病，如麦类的散黑穗病；②幼苗侵入，系统发病，如小麦的 3 种腥黑穗病和玉米丝黑穗病；③花器侵入，局部发病，如稻粒黑粉病；④局部侵染，局部发病，如玉米瘤黑粉病。

8. 试比较子囊菌与担子菌这两类菌物的异同。

子囊菌是有性阶段形成子囊和子囊孢子的菌物；担子菌门菌物通常称为担子菌，是菌物中最高等的类群，其基本特征是具有担子的产孢结构，以及外生的称为担孢子的有性孢子。两类菌物之间的异同如表 3-1 所示。

表 3-1 子囊菌与担子菌的比较

项目	子囊菌	担子菌
生活习性	大都陆生，营养方式有腐生、寄生和共生	大都陆生，营养方式多为腐生、少数为寄生
营养体	大多是发达的有隔菌丝体，少数（如酵母菌）为单细胞。子囊菌的营养体为单倍体，丝状子囊菌的细胞壁主要成分是几丁质。许多子囊菌的菌丝体可以集合形成菌组织，即疏丝组织和拟薄壁组织，进一步形成子座和菌核等结构，它们与子囊菌的生殖和休眠有关	大多数担子菌的营养体是发达的有隔菌丝体，其菌丝隔膜多为桶孔隔膜。在整个发育过程中，常产生两种菌丝：一种是由担孢子萌发形成具有单核的菌丝，这叫做初生菌丝。以后通过单核菌丝的接合，核不及时结合而保持双核的状态，这种菌丝称为次生菌丝。次生菌丝双核时期相当长，这是担子菌的特点之一
无性生殖	无性繁殖依种类与环境不同而进行分裂、断裂，或形成休眠孢子或产生分生孢子。不少子囊菌的无性繁殖能力很强，在自然界经常看到的是它们的分生孢子阶段	大多数担子菌在自然条件下没有无性繁殖。担子菌的无性繁殖是通过芽殖、菌丝断裂以及产生分生孢子、节孢子或粉孢子进行
有性生殖	有性生殖形成子囊和子囊孢子。有性生殖开始时，部分菌丝体的分枝先分别分化形成较小的雄器和较大的产囊体。当雄器与产囊体上的受精丝接触后，在接触点形成一个孔口，产囊体接受雄器的原生质，发生质配，形成成对的双核。随后从产囊体上形成产囊丝，成对的核移入产囊丝，顶端的双核细胞伸长，并弯曲成钩状的产囊丝钩。产囊丝钩中的双核并裂成四核。随之形成两个隔膜，将产囊丝钩分隔为 3 个细胞，顶端和基部细胞都是单核，中间双核的细胞称作子囊母细胞。子囊母细胞中的双核进行核配，成为一个二倍体的细胞核，很快进行减数分裂形成 4 个单倍体细胞核，每个单倍体核又各自进行一次有丝分裂，最后形成 8 个单倍体细胞核。这些细胞核和它们周围的细胞质形成 8 个子囊孢子。与此同时，子囊母细胞不断膨大伸长，发育形成子囊	有性生殖形成担子和担孢子。在形成担子和担孢子的过程中，菌丝顶端细胞壁上生出一个喙状突起，突起向下弯曲，形成一种特殊的结构，叫锁状联合，在锁状联合的过程中，细胞内二核经过一系列的变化由分裂到融合，形成一个二倍体（$2n$）的核，此核经二次分裂，其中一次为减数分裂，于是产生 4 个单倍体（n）子核。这时顶端细胞膨大成为担子，担子上生出 4 个小梗，于是 4 个小核分别各移入小梗内，共发育成 4 个担孢子。产生担孢子的复杂结构的菌丝体叫做担子果，就是担子菌的子实体

三、判断及改错题

1. 锈菌是专性寄生物，都不能用培养基进行培养繁殖。

   错误。

   改正：锈菌是专性寄生物，难以人工培养，但有的锈菌能在特殊培养基上完成生活史。如小麦禾柄锈菌。

2. 梨胶锈菌可危害梨等蔷薇科植物，在一年中可多次危害。

   错误。

   改正：梨胶锈菌缺少夏孢子阶段，在一年中只有初侵染而无再侵染。

3. 所有的植物黑粉病都是一年只侵染一次。

   错误。

   改正：局部侵染，局部发病的黑粉菌在一个生长季节中可以有多次再侵染，如玉米黑粉菌；有的黑粉病原菌一年只侵染一次，如玉米丝黑穗病菌。

4. 黑粉菌大多数是高等植物上的寄生菌，多数引起系统性侵染，都是专性寄生菌。

错误。

改正：黑粉菌大多数是高等植物上的寄生菌，多数引起系统性侵染，但不是专性寄生菌，大多数可以在人工培养基上生长。

第七部分 半知菌门

【习题】

一、名词解释

1. 合轴式产孢；2. 分生孢子；3. 分生孢子器；4. 分生孢子盘；5. 产孢细胞；6. 孔生式产孢；7. 芽生式产孢；8. 瓶体式产孢；9. 环痕式产孢

二、问答及论述题

1. 半知菌的含义是什么？
2. 半知菌的分类单元在性质上与其他菌物有什么不同？
3. 半知菌分类与命名出现交叉的原因是什么？
4. 半知菌与植物病害有关的主要属有哪些？
5. 半知菌分生孢子个体发育类型及其在半知菌分类中的意义。
6. 半知菌引起的植物病害在侵染循环上有哪些主要的共同特点？
7. 半知菌的分类体系有哪几个学派？
8. 如何区别分生孢子、分生孢子梗与游动孢子囊及游动孢子囊梗？
9. 如何区别分生孢子盘与子囊盘？
10. 如何区别分生孢子器与担子果？

【解答】

一、名词解释

1. 合轴式产孢（sympodia）：是半知菌分生孢子发育方式之一，即产孢细胞产生孢子后，随着产孢点侧向延伸，再产生第二个孢子，并不断延伸产孢。

2. 分生孢子（conidium）：半知菌、子囊菌和担子菌的无性孢子。着生在分生孢子梗上，有球形、椭圆形、线形及其他各种形态，细胞壁一般不厚。通常可分为单胞、双胞、多胞、砖隔状、线状等类型。分生孢子可以在核的无性分裂后由菌丝顶部断裂而成；也可以经过出芽而形成芽生孢子；还可以在菌丝内部发生细胞质分裂，并逐个形成内生孢子，由菌丝顶端生长出来。

3. 分生孢子器（pycnidium）：半知菌类的载孢体类型之一，有球状、拟球状、瓶状或不规则形，一般有孔口和拟薄壁组织的器壁，内壁形成分生孢子梗，顶端着生分生孢子。

4. 分生孢子盘（acervulus）：半知菌类的载孢体类型之一，垫状或浅盘状，上面着生成排的短分生孢子梗，顶端着生分生孢子，有的分生孢子盘中有黑色刚毛。

5. 产孢细胞（conidiogenous cell）：半知菌类产生分生孢子的特化细胞，按其分生孢子发育形式不同可分为体生式和芽生式类型。

6. 孔生式产孢（tretic）：内壁芽生式的一种产孢方式。产孢过程中产孢细胞长度可以变化，孢子从产孢梗顶部或侧面的产孢孔道内长出。这种孢子有时又称孔出孢子。

7. 芽生式产孢（blastic）：产孢细胞以芽生方式产生分生孢子，产孢细胞向外突起并生长，膨大发育而形成分生孢子。

8. 瓶体式产孢（phialidic）：产孢细胞呈瓶状，孢子从瓶梗型顶部孔口长出，产孢过程中产孢梗（细胞）长度不变，所产生的孢子有时称作瓶梗孢子，均为内壁芽生式。

9. 环痕式产孢（annellidic）：全壁芽生式孢子的一种产孢方式。产孢梗顶端的分生孢子形成后，产孢点以内部层出的方式向上延长一次，顶端又产生孢子，结果在分生孢子梗顶部留下一个个的环痕。以这种方式产生孢子有时称作环痕孢子。

二、问答及论述题

1. 半知菌的含义是什么？

半知菌包括那些只有无性阶段或有性阶段尚未发现的菌物。由于对其生活史只了解了一半，因此这类菌物通常称作半知菌（fungi imperfecti）。半知菌中，有的是由于自然条件下其有性阶段很少见而未被发现，有的由于缺乏性亲和的相对交配型，有的则可能完全丧失有性生殖能力。半知菌实际上包括未观察到有性阶段的子囊菌和担子菌。一旦发现它们的有性阶段，应根据有性阶段的特征归入相应的类群，已证明大多属于子囊菌，少数属于担子菌，因此半知菌与子囊菌的关系较为密切。半知菌包括许多系统发育关系不密切的菌物，半知菌已知有 17 000 种，其中许多是植物病原菌，有的是重要的工业菌物和医药菌物，有的是植物病虫害的生防菌。

2. 半知菌的分类单元在性质上与其他菌物有什么不同？

半知菌的分类主要是根据无性阶段（分生孢子阶段）的形态特征，而且半知菌包含了未发现有性阶段的子囊菌和担子菌，半知菌不同群体间不一定有相近的亲缘关系和系统发育关系。因此，半知菌的分类单元、性质与其他菌物有所不同。通常在它们的各级分类单元名称前加上“形式”两个字，如形式亚门、形式纲、形式目等，以表示半知菌分类单元的含义与其他菌物的不同。根据无性阶段建立的式样属和式样种等分类单元，并不反映系统发育的关系。例如，无性阶段属于同一个属的半知菌，根据有性阶段的特征可以划归不同的属。但半知菌的分类对实际工作中鉴定和利用半知菌是十分有用的。习惯上，半知菌的形式属、形式种一般都简称为属和种，但应知道它们的性质与其他菌物有所不同。

3. 半知菌分类与命名出现交叉的原因是什么？

由于半知菌中包括许多子囊菌和担子菌的无性阶段，这些菌物的有性阶段分在子囊菌或担子菌中，它们的无性阶段又分在半知菌中，因此，同一种菌物就交叉分在不同的分类单元中，随之带来的问题就是同一个种就有两个学名。根据国际命名法规，每一个生物的种只能有一个合法的学名。对许多子囊菌和担子菌来说，它们有性阶段的学名是正式的学名，但它们的分生孢子阶段的学名在应用上很方便，所以目前在国际上也认为是合法的。主要原因是这些菌物的无性阶段发达，与人类关系较密切。人们在发现它的无性阶段后先给予一个学名，后来又发现它的有性阶段，于是又有了有性阶段的学名。由于它的有性阶段较少见或不重要，难以根据有性阶段的特征进行分类和鉴定，同时人们已习惯使用它的无性阶段的学名，并很容易根据无性阶段（无性态）的特征进行分类和鉴定，因此无性阶段的学名仍然被广泛使用，而有性阶段（有性态）的学名反而很少使用。例如，稻瘟病菌，长期以来已习惯使用它的无性阶段学名稻梨孢（*Pyricularia oryzae*），如使用有性阶段的正式学名 *Magnaporthe oryzae*，反而令人感到生疏。因此，在叙述一种子囊菌或担子菌时，有时同时注明有性和无性阶段的学名。

4. 半知菌与植物病害有关的主要属有哪些？

半知菌与植物病害有关的属非常多，且在生产中占有极重要的位置。例如，葡萄孢属（*Botrytis*）引起多种植物灰霉病；粉孢属（*Oidium*）引起的白粉病，为白粉菌的无性阶段；梨孢属（*Pyricularia*）引起稻瘟病；青霉属（*Penicillium*）引起柑桔绿霉病；轮枝孢属（*Verticillium*）引起棉花黄萎病；尾孢属（*Cercospora*）引起玉米灰斑病；链格孢属（*Alternaria*）引起番茄早疫病；枝孢属（*Cladosporium*）引起大麦、小麦、水稻、玉米、高粱等多种植物黑霉病；黑星孢属（*Fusicladium*）引起梨黑星病；内脐蠕孢属（*Drechslera*）引起大麦条斑病；平脐蠕孢属（*Bipolaris*）引起玉米小斑病和水稻胡麻叶斑病；突脐蠕孢属（*Exserohilum*）引起玉米大斑病；弯孢属（*Curvularia*）引起玉米弯孢菌叶斑病；丝核菌属（*Rhizoctonia*）引起棉花等多种植物立枯病；小核菌属（*Sclerotium*）引起花生等200多种植物白绢病；镰孢属（*Fusarium*）引起枯萎病和多种禾本科植物赤霉病；绿核菌属（*Ustilaginodea*）引起稻曲病；炭疽菌属（*Colletotrichum*）引起苹果、梨、棉花、葡萄、冬瓜、黄瓜、辣椒、茄子等的炭疽病；盘二孢属（*Marssonina*）引起苹果褐斑病；叶点霉属（*Phyllosticta*）引起棉花褐斑病；大茎点菌属（*Macrophoma*）引起苹果、梨的轮纹病；拟茎点霉属（*Phomopsis*）引起茄褐纹病；壳针孢属（*Septoria*）引起小麦颖枯病；壳囊孢属（*Cytospora*）引起梨树和苹果树腐烂病等。

5. 半知菌分生孢子个体发育类型及其在半知菌分类中的意义。

不少菌物学家均以分生孢子个体发育类型作为半知菌的分类基础。半知菌分生孢子的个体发育和形成方式有不同的类型。根据分生孢子的形成过程（分生孢子的个体发育）和产生分生孢子的细胞（产孢细胞）的发育方式，将分生孢子的形成方式分为体生式和芽生式两大类型。半知菌的传统分类是采用萨卡度（Saccardo）的分类系统。该系统的特点是以形态学为基础，将形态相似的半知菌归为一类，而不考虑它的系统发育关系。虽然目前半知菌的分类已有许多进展，但该系统仍是现代半知菌分类学的重要基础，至今仍被普遍采用。半知菌的分类不仅要便于它的鉴定与利用，还要尽可能反映半知菌各群体内部个体间的系统发育关系。因此，利用半知菌分生孢子个体发育类型作为分类依据具有重要意义。

6. 半知菌引起的植物病害在侵染循环上有哪些主要的共同特点？

半知菌病害与子囊菌病害的症状基本相似。它们大多数引起局部坏死性病害，少数引起系统感染的维管束病害——萎蔫病（枯萎和黄萎）。由于半知菌不产生有性世代或有性世代在病害循环中的意义不大，所以其无性世代在病害循环过程中起到重要作用。

7. 半知菌的分类体系有哪几个学派?

半知菌的分类主要是根据无性态（分生孢子阶段）的形态特征来进行分类，因此，半知菌分类不能反映它们之间的亲缘关系和系统发育关系，完全是为了应用方便而划分的形式分类单元。长期以来，主要有以下几个影响比较大的分类系统。

（1）萨卡度（Saccardo，1899）分类系统

该系统根据分生孢子在自然条件下的特点，将形态相似的半知菌归为一类，不考虑它们的系统发育关系，在传统“三纲一类”系统中，将半知菌分为4个目。

①从梗孢目（Moniliales）；②黑盘孢目（Melanconiales）；③球壳孢目（Sphaeropsidales）；④无孢菌类（Mycellia sterilia）。

（2）Ainsworth（1973）分类系统

该分类系统把半知菌分为三个纲。

①芽孢纲（Blastomycetes）；②丝孢纲（Hyphomycetes）；③腔孢纲（Coelomycetes）。

（3）Hawksworth（1995）分类系统

《真菌词典》（第八版）取消半知菌分类阶元，提出了有丝分裂孢子真菌（mitosporic fungi）的概念，其特点是缺少或尚未发现产生子囊和子囊孢子，担子和担孢子的菌物；缺少或尚未发现减数分裂或有丝分裂的繁殖结构；具备借助有丝分裂产生分生孢子的形式。有丝分裂孢子菌物分为三个纲。

①无孢纲（Agonomycetes）；②丝孢纲（Hyphomycetes）；③腔孢纲（Coelomycetes）。

8. 如何区别分生孢子、分生孢子梗与游动孢子囊及游动孢子囊梗?

分生孢子是半知菌、子囊菌和担子菌的无性孢子。着生在由菌丝分化而形成的有形态差别的分生孢子梗上，有球形、椭圆形、线形及其他各种形态，细胞壁一般不厚。通常可分为单胞、双胞、多胞、砖隔状、线状等类型。分生孢子可以在核的无性分裂后由菌丝顶部断裂而成；也可以经过出芽而形成芽生孢子；还可以在菌丝内部发生细胞质分裂，并逐个形成内生孢子，由菌丝顶端生长出来。分生孢子梗在菌丝体上直接长出，有隔或无隔的丝状体；或在分生孢子器或分生孢子孢内菌丝体或垫状物中直接长出的短梗、无隔的筒状体。

游动孢子囊是卵菌的无性繁殖结构，形态变化很大，成熟后可从游动孢子囊梗上脱落。游动孢子囊在萌发时产生游动孢子，游动孢子由孢子囊原生质割裂而产生，游动孢子梨形或肾形，具有一根或两根鞭毛，即茸鞭和尾鞭。游动孢子囊可以再产生更多的繁殖体，而分子孢子一般是单个的，不会再产生次级繁殖体。游动孢子囊梗形态差别很大，有丝状的、棒状的，但无隔膜，一般较长。

9. 如何区别分生孢子盘与子囊盘?

分生孢子盘是半知菌门载孢体类型之一，垫状或浅盘状结构，上有成排的短分生孢子梗，顶端着生分生孢子，分生孢子盘四周或中央有时有深褐色的刚毛，分生孢子盘多半产生在寄主的角质层或表皮下，成熟后露出表面。

子囊盘是子囊菌有性繁殖过程中由菌丝形成的呈开口的盘状或杯状形状的子实体，顶部平行排列子囊和侧丝，有柄或无。子囊盘有时产生在菌核上。

10. 如何区别分生孢子器与担子果？

分生孢子器是半知菌产孢结构之一，球状、拟球状或瓶状等，一般有固定孔口和拟薄壁组织的器壁，内壁形成分生孢子梗，顶端着生分生孢子，分生孢子器在基质表面或部分或整个埋在基质或子座内，个体很小，肉眼难以看清。

担子果是高等担子菌有性生殖过程中形成的高度组织化的子实体，性状和质地多样，依发育类型的不同可分为裸果型、半被果型和被果型三类，且个体较大，肉眼可见。

第四章　植物病原原核生物

【习题】

一、名词解释

1. 原核生物；2. 亚种；3. 致病变种；4. 生化变种；5. 质粒；6. Ti 质粒；7. Ri 质粒；8. L 型细菌；9. 同形异形分裂；10. 植原体；11. 放线菌；12. 菌落和菌苔；13. 拟核；14. 革兰氏染色反应；15. 喷菌现象；16. 柯赫氏法则

二、问答及论述题

1. 何谓原核生物，原核生物的本质特征是什么？原核生物与真核生物有何区别？
2. 原核生物的结构特点是什么？
3. 细菌的形态有哪些？还有哪些特殊形态？
4. 什么是荚膜？
5. 原核生物是以什么方式来繁殖的？
6. 原核生物界分为哪几个门？各门有什么特征？
7. 什么是寄生性和致病性？简述植物病原原核生物的寄生性与致病性关系。
8. 什么是原核生物的自然寄主和实验寄主？
9. 细菌的重要性状有哪些？
10. 植物细菌病害的诊断方法有哪些？
11. 细菌种以下分类单位是什么？
12. 何谓革兰氏染色？它在细菌的分类和鉴定中有何作用？
13. 细菌分类系统从 1980 年以来发生了哪些变化？原因何在？
14. 植物病原细菌侵入寄主的途径有哪些？
15. 植物病原细菌传播的途径有哪些？
16. 为什么有些病原细菌必须要从伤口侵入？
17. 病原原核生物病害的侵染来源主要有哪些？
18. 试比较病原细菌和病原真菌在侵染、传播方面的特点。
19. 植物病原原核生物引起的病害症状有哪些特点？
20. 谈谈白叶枯病对水稻生产的危害，试述白叶枯病的研究进展。
21. 为什么梨火疫病是个检疫病害？谈谈梨火疫病的分布和对生产的危害。
22. 谈谈柑橘黄龙病的病原是由哪个属的原核生物引起的，它的特性、分布及对生产的危害如何？
23. 丁香假单胞杆菌是一个很好的原核生物研究材料，试述该菌的特点及无毒基因与寄主的互作研究进展。

24. 什么是植原体？植原体病害为什么难以防治？谈谈植原体分类研究的进展。

【解答】

一、名词解释

1. 原核生物（prokaryote）：原核生物是指含有原核结构的单细胞微生物。它的遗传物质（DNA）分散在细胞质中，无核膜包围，无明显的细胞核。细胞质中含有小分子的核蛋白体（70S），但无内质网、线粒体等细胞器。

2. 亚种（subspecies，简称 subsp.）：亚种是指在种下以培养特性、生理生化和遗传学某些性状来划分的群体。

3. 致病变种（pathovar，简称 pv.）：是国际系统细菌委员会对细菌名称作统一整理核准后，在种下以寄主范围和致病性为差异划分的组群，用以暂时容纳原先公布过的“种”名。

4. 生化变种（biovar.）：生化变种指一个种内的菌株，按生理生化性状的差异来划分的组群，不考虑致病性等其他特征的异同。

5. 质粒（plasmid）：质粒是存在于微生物染色体外的主要遗传物质，它是能够自主复制、多数为共价闭合环状、少数为线状的双链 DNA 分子。

6. Ti 质粒（Ti plasmid）：Ti 质粒是指侵染寄主引起肿瘤症状的质粒。

7. Ri 质粒（Ri plasmid）：Ri 质粒是指侵染引起寄主产生不定根的致发根质粒。

8. L 型细菌（L-form bacterium）：L 型细菌是指在实验室用青霉素等抗生素处理细菌后，由于细菌不能合成细胞壁所出现的无细胞壁的细菌。

9. 同形异形分裂（homotypic or heterotypic division）：绝大多数细菌在分裂时产生大小相等和形态相似的两个子细胞，称为同形分裂。个别种类如柄细菌，分裂后产生一个有柄不运动和一个无柄有鞭毛的子细胞，称为异形分裂。

10. 植原体（phytoplasma）：软壁菌门的成员，与植物病害有关的、引起丛枝黄化的一类原核生物，过去称为类菌原体（MLO），现称为植原体。

11. 放线菌（actinomyces）：因早期发现该类群的菌落呈放射状而得名，它们是细菌中一类有分枝倾向，或能形成分枝菌丝和分生孢子的特殊类群。

12. 菌落和菌苔（colony and lawn）：菌落是指真菌的菌丝段或孢子或细菌在基物上（中）从一点上放射状长出来的菌丝体或细菌的群落，通常在固体基物表面形成一个圆形的群体。细菌在固体培养基表面联合生长的由多个细胞长出的群体称为菌苔。

13. 拟核（nuclear region）：细菌没有明显的细胞核，其核物质没有特定的形态和结构，也不为核膜所包裹，仅较集中地分布在细胞质的特定区域内，这个区域称为拟核或核质区。

14. 革兰氏染色反应（Gram stain）：革兰氏染色法是细菌学中广泛使用的一种鉴别染色法，由丹麦医师 Gram 于 1884 年创立。未经染色的细菌，由于其与周围环境折光率差别甚小，故在显微镜下极难观察。染色后细菌与环境形成鲜明对比，可以清楚地观察到细菌的形态、排列及某些结构特征，而用以分类鉴定。

15. 喷菌现象（bacterium exudation，BE）：由细菌侵染所致病害的病部，无论是维管束系统受害的，还是薄壁组织受害的，镜检时都可以在徒手切片中看到有大量细菌从病部喷出的现象。喷菌现象为细菌病害所特有，是区分细菌病害与真菌、病毒病害最简便的手段之一。

16. 柯赫氏法则（Koch's postulates）：柯赫氏法则又称柯赫氏假设或柯赫氏证病律，是确定某种微生物是侵染性病害病原物时必须遵守的原则。柯赫氏法则通常表述为 4 步：①在病植物上常伴随有一种微生物存在；②该微生物可在离体的人工培养基上分离而得到纯培养；③将纯培养物接种到相同品种的健株上，出现相同的病害；④从接种发病的植物上再分离到其纯培养物，其性状与接种物相同。

二、问答及论述题

1. 何谓原核生物，原核生物的本质特征是什么？原核生物与真核生物有何区别？

原核生物（procaryote）是指含有原核结构的单细胞生物。一般是由细胞膜和细胞壁或只有细胞膜包围的单细胞微生物，它的遗传物质 DNA 分散在没有核膜包被的核质区内。原核生物与真核生物在细胞结构上的区别表现在：①基因载体是由不具核膜的分散在染色体中的双链 DNA 所组成；②缺乏由单位膜隔开的细胞器，如没有内质网、线粒体等细胞器；③核糖体为 70S，而不是真核生物的 80S。

2. 原核生物的结构特点是什么？

原核生物是指含有原核结构的单细胞生物，一般是由细胞壁和细胞膜或只有细胞膜包围细胞质的单细胞微生物。

其特点有：①没有真正细胞核，遗传物质（DNA）分散在细胞质中，只有一个核质区；②细胞质中含有小分子的核蛋白体，无内质网、线粒体、叶绿体；③单细胞生物，球状、杆状、螺旋状、分支状、不定形状。

3. 细菌的形态有哪些？还有哪些特殊形态？

细菌是单细胞生物，平均体长 2～3μm，宽 0.5μm，体型十分微小。细菌有球状、杆状和螺旋状三种基本形态，分别被称为球菌、杆菌和螺旋菌。某些细菌形态特殊。例如，放线菌的分支菌丝和分生孢子；鞘细菌形成不分枝的丝状体；柄细菌还可呈梭状或类弧状；星状属的细菌可呈星状；某些细菌还可呈正方形的、扁平的形态。

4. 什么是荚膜？

荚膜（bacterial capsule）是包绕在某些细菌细胞壁外的一层透明胶质状黏液层，与细菌的致病性有关，是细菌鉴别性状之一。荚膜具有抗吞噬作用、抗有害物质的损伤作用、黏附作用和抗干燥作用。有荚膜的细菌，菌落光滑而湿润，有时发黏。这对辨认菌落很有用处。

5. 原核生物是以什么方式来繁殖的？

原核生物一般没有性行为，只是以简单二分裂方式繁殖，无有丝分裂或减数分裂。但有的种类有时可以通过接合、转化或转导，将部分基因组从一个细胞传递到另一个细胞，这种行为在细菌的接合中较常见。

6. 原核生物界分为哪几个门？各门有什么特征？

原核生物界分为4个门，各个门的主要特征如表4-1所示。

表4-1 原核生物界4个门的主要特征

门	特 征
薄壁菌门	细胞壁薄，细胞壁中含肽聚糖量为8%～10%
厚壁菌门	细胞壁厚，细胞壁含肽聚糖量高，为50%～80%
软壁菌门	菌体无细胞壁，没有肽聚糖成分
疵壁菌门	一类没有进化的原细菌或古细菌，细胞壁中无胞壁酸和肽聚糖

7. 什么是寄生性和致病性？简述植物病原原核生物的寄生性与致病性关系。

寄生性是病菌与寄主建立了寄生关系，能在寄主体内存活与繁殖的特性；致病性是病菌在寄主体内寄生过程中对寄主造成破坏引起病变的特性。病菌的寄生性与致病性是不同的两种性状。寄生性是致病性的前提，没有寄生性就没有致病性，但寄生性的细菌不一定具有致病性，如众多内生菌，它们可以在寄主体内寄生，但对寄主没有致病作用。

8. 什么是原核生物的自然寄主和实验寄主？

自然条件下原核生物能侵染的寄主称为自然寄主；接种后显示症状的寄主种类称为实验寄主，它包括自然条件下能被侵染和不能侵染的寄主。

9. 细菌的重要性状有哪些？

细菌的重要性状有染色反应（如革兰氏染色）、生理生化反应、免疫源性（血清学反应）及致病性等。应用这些细菌的重要性状，可以诊断鉴定细菌。

10. 植物细菌病害的诊断方法有哪些？

植物细菌病害的诊断常有以下方法。

（1）症状识别：在病斑初现时，常常可见到水渍状侵染斑，或同时在病斑上分泌出淡黄色或灰白色的菌脓，干涸后成为颗粒或菌膜，病斑逐渐扩展，坏死面积扩大变成为条斑或枯死斑。

（2）显微镜检查：在徒手切片中可以看到有大量细菌从病部喷出，即喷菌现象。

（3）分离培养与侵染性试验：按照柯赫氏法则程序进行诊断。

11. 细菌种以下分类单位是什么？

在细菌种（species）以下，也可以根据寄主范围、生理生化性状、血清学反应、噬菌体反应等进一步区分为“亚种”（subspecies）、“致病变种”（pathvar）、“生化变种”（biovar）、“血清变种”（serovar）和“噬菌变种”（phagovar）。有时，在致病变种下，还可按照鉴别品种上的反应，再进一步区分为“小种”（physiological race）或“致病型”（pathogentic type）等。亚种是指种下类群中在培养特性、生理生化和遗传学某些性状有一定差异的群体。致病变种是国际系统细菌学委员会对细菌名称作统一整理核准后，在种下以寄主范围和致病性为差异来划分的组群。生化变种是指一个种内的菌株，按生理生化性状的差异来划分的组群，不考虑致病性等其他特征的异同。在细菌学分类系统中，除上述致病变种和生化变种外，还有“形态变种”（morphovar）、“血清变种”（serovar）和“噬菌变种”（phagovar）等名称，它们除在特定场合下使用外，一般较少采用。

12. 何谓革兰氏染色？它在细菌的分类和鉴定中有何作用？

革兰氏染色反应（Gram stain）是细菌很重要的性状。染色的目的本来是用来观察细菌，但后来发现有些染色反应对细菌还有鉴别作用，其中最重要的是革兰氏染色。细菌对革兰氏染色的反应有阳性和阴性。革兰氏染色反应与细菌的其他性状有关。例如，革兰氏阳性细菌能耐高浓度的盐，不易被蛋白酶分解，但对碱性染料和除垢剂（如肥皂）则较敏感。对抗生素的反应也不同。例如，青霉素对革兰氏阳性反应的细菌作用比较大，而链霉素则对阳性反应和阴性反应的细菌都有一定的作用。营养的要求也不同，革兰氏染色反应阳性的细菌，一般需要较复杂的营养物质。电子显微镜的观察发现，革兰氏阴性细菌的细胞壁不是光滑的。可见，革兰氏染色反应也反映了细菌的组成和结构等本质上的差别，因此它是细菌分类上的一个重要性状。

13. 细菌分类系统从 1980 年以来发生了哪些变化？原因何在？

长期以来，植物病原原核生物仅限于 5 或 6 个属，即革兰氏染色反应阴性的土壤杆菌属、欧文氏菌属、假单胞菌属和黄单胞菌属，革兰氏阳性反应的棒状杆菌属和链霉菌属。近十多年来，又陆续新建立了一些植物病原细菌属，革兰氏阳性反应的棒状杆菌属中的植物病原菌都已迁出，放在几个不同的属中。迄今，植物病原细菌的主要类群有 28 个属，除土壤杆菌属（*Agrobacterium*）、欧文氏菌属（*Erwinia*）、假单胞菌属（*Pseudomonas*）、黄单胞菌属（*Xanthomonas*）和链霉菌属（*Streptomyces*）外，革兰氏阴性细菌还有嗜酸菌属（*Acidovorax*）、根杆菌属（*Rhizobacter*）、根单胞菌属（*Rhizomonas*）、嗜木质菌属（*Xylophilus*）、泛菌属（*Pantoea*）和木质部小菌属（*Xylella*）等；革兰氏阳性菌则有棒形杆菌属（*Clavibacter*）、节杆菌属（*Arthrobacter*）、短小杆菌属（*Curtobacterium*）、红球菌属（*Rhodococcus*）和芽孢杆菌属（*Bacillus*）等。1992 年以来，植物病原细菌又增加了布克氏菌属（*Burkholderia*）、劳尔氏菌属（*Ralstonia*）、韧皮部杆菌属（*Liberobacter*）和植原体属（*Phytoplasma*）等。

原核生物的形态差异较小，许多生理生化性状亦较相似，遗传学性状了解尚少，原核生物界内部的分类系统还不完善，伯杰氏细菌鉴定手册（第九版，1994）也只列举了总的纲要，并粗分为 35 个大组，区分组的依据是菌体形态特征、能源及营养利用特性、运动性、革兰氏染色反应、芽孢或外生孢子特点、对氧的需求等表型特征等，近年来增加了细胞壁成分分析、脂肪酸组成、蛋白质和核酸的组成、DNA-DNA 杂交以及 rRNA 序列分析等内容，使原核生物的分类越来越接近自然分类体系。

14. 植物病原细菌侵入寄主的途径有哪些？

植物病原细菌侵入寄主的途径有自然孔口、伤口和昆虫介体。

15. 植物病原细菌传播的途径有哪些？

植物病原细菌传播的途径有：带菌的植物繁殖体（如种子、苗木）；生长基质（如土壤、温室基质）；雨水、灌溉水；伤口；介体。

16. 为什么有些病原细菌必须要从伤口侵入？

某些病原细菌必须从伤口侵入，因为伤口不仅可以作为侵入的门户，使寄主的防御机制受到破坏，更主要的是由于伤口有较多的养分，侵入的细菌能很快繁殖而建立寄生关系。

17. 病原原核生物病害的侵染来源主要有哪些？

病原原核生物病害的侵染来源主要有：种子和无性繁殖器官、土壤、病株残余、杂草和其他植物、昆虫介体。

18. 试比较病原细菌和病原菌物在侵染、传播方面的特点。

植物病原原核生物要传染到植物上才能从自然孔口和伤口侵入，它们的传染途径一般也是田间进一步传播的途径。雨水是植物病原细菌最主要的传播途径。在植物表面或菌脓中的病菌，很难随着气流传播，而要通过雨露和水滴的飞溅才能传播得较远。许多植物细菌病害发生的轻重与降雨的多少有关，雨水除传染和传播病菌外，病原细菌一般也要有水滴才能侵入，而风雨造成的伤口更是很好的侵染途径。除去雨露外，有些植物病原细菌如稻白叶枯病菌等，可以随着灌溉水传播。植物病原原核生物还可以由昆虫介体传播。

植物病原菌物通常可以直接侵入，也可以从自然孔口和伤口侵入。空气、雨水和农事操作是其主要的传播途径。有些植物病原菌物具有主动传播的特性，部分病原菌物的传播需要介体。

19. 植物病原原核生物引起的病害症状有哪些特点？

植原体病害的症状特点是病株矮化或矮缩，枝叶丛生，叶小而黄化。因此丛生、矮缩、小叶与黄化相结合是诊断植原体病害症状时必须掌握的关键。细菌病害的症状特点主要有坏死、萎蔫、腐烂和畸形等，褪色或变色的较少，有的还有菌脓（ooze）溢出。

坏死（necrosis）类型是最常见的一类，以叶部、果实上出现的斑点、枯斑为最多，在病斑初显时，常可见到水渍状浸润斑，或同时在病斑上泌出淡黄色或灰白色的菌脓，干涸后成为颗粒或菌膜，病斑逐渐扩展，坏死面积扩大变成条斑或枯死斑，如水稻细菌性条斑病、水稻白叶枯病。病斑也可受木栓化组织的限制，在产生离层以后使病斑部脱落而成穿孔状，如桃叶穿孔病。如果木栓化组织不脱落，就会形成疮痂状，如柑橘溃疡病在果实和叶片上的病斑症状。

萎蔫（wilting）症状是细菌侵害维管束系统以后造成的，它与真菌性病害造成的萎蔫症状相似，但真菌性萎蔫没有菌脓。茄青枯病、马铃薯环腐病是常见的代表类型。根据茎横切面是否出现菌脓能把细菌性与真菌性萎蔫病区分开来。

腐烂（rot）是细菌病害较常见的一种症状类型。瓜果等储藏器官的软腐型腐烂大多由软腐细菌侵害所致，虽然瓜果腐霉真菌也能导致腐烂症状，但常见有菌丝伴随而易于区分。

畸形（malformation）大多发生在木本植物的根冠或茎基部、枝条上，少数在叶柄或叶脉上，主要是由土壤杆菌侵害所致，如桃发根病，苹果、葡萄的根癌病等。

20. 谈谈白叶枯病对水稻生产的危害，试述白叶枯病的研究进展。

白叶枯病（rice bacterial blight）是世界水稻生产中最严重的细菌性病害，仅次于纹枯病和稻瘟病对水稻的危害。白叶枯病是一种维管束病害，自然条件下，病菌通常由水孔或伤口侵入，沿叶脉产生灰白色病斑。田间常在分蘖期观察到病症，至抽穗期达到高峰。水稻遭受白叶枯病后，一般减产 20%～30%，严重时甚至绝收。

水稻白叶枯病的研究进展主要在于。

(1) 过去鉴别病菌小种是采用常规水稻，现在国际上利用国际水稻所育成的一套近等基因系材料；同时利用白叶枯病菌的插入因子 IS1112、IS1113 和无毒基因的序列，设计引物进行 PCR 扩增，来明确各地病菌的遗传多样性。

(2) 对水稻品种抗病基因进行了较为深入研究。迄今为止，经国际注册确认和期刊报道的水稻抗白叶枯病基因共 30 个，其中 21 个为显性基因（*Xa*），9 个为隐性基因（*xa*）；13 个表现全生育期抗性，15 个为成株期抗性，*Xa21* 和 *Xa25*(*t*) 两个基因在分蘖后期表达抗性。另有 *Xa1*、*xa5*、*Xa21*、*Xa26*、*Xa27* 5 个抗病基因已被克隆。

(3) 在防治上，已发展到以抗病品种为主，生态调控、生物防治、抗性治理和化学防治、生物-化学协同控制为辅的综合防控技术。

21. 为什么梨火疫病是个检疫病害？谈谈梨火疫病的分布和对生产的危害。

梨火疫病菌（*Erwinia amylovora*）引起的梨火疫病是梨树、苹果树等蔷薇科植物最具毁灭性的病害之一。我国绝大部分地区还未发生，为进境检疫对象及国内检疫对象。该病分布在世界多个国家如美洲的美国、加拿大、墨西哥等，欧洲的英国、荷兰、波兰、丹麦、德国、比利时、法国、卢森堡、瑞典、挪威、爱尔兰、北爱尔兰等，亚洲的印度、日本、黎巴嫩、约旦等国家。梨火疫病最典型的症状是花、果实和叶片受火疫病菌侵害后，很快变黑褐色枯萎，犹如火烧一般，但仍挂在树上不落；梨火疫病菌的长距离传播主要靠不同地区间繁殖材料的运送。梨火疫病最早发生在北美洲，随着水果贸易等人为因素向世界其他地区传播，对当地的生物多样性和经济带来了极其严重的威胁。

22. 谈谈柑橘黄龙病的病原是由哪个属的原核生物引起的，它的特性、分布及对生产的危害如何？

柑橘黄龙病的病原物为亚洲韧皮杆菌（*Liberobacter asiaticum*）和非洲韧皮杆菌（*L. africanum*），属于韧皮杆菌属细菌。无鞭毛，革兰氏染色为阴性，仅限于韧皮部寄生，至今还未能在人工培养基上培养。

柑橘黄龙病又称黄梢病、青果病。全年均可发生，以夏梢和秋梢上发生最多，春梢次之。症状主要表现在枝叶上均匀黄化或黄绿相间的斑驳黄化，病叶叶质变硬，叶缘卷曲，后期发黄枝条的叶片凋落，枝梢逐渐枯死，直至全株枯死；花果上主要表现为开花多而早，花瓣短小、肥厚，颜色较黄，病果小并着色较淡或不均匀。柑橘黄龙病的病菌在田间病株和带菌木虱虫体上越冬，通过柑橘木虱在田间传播；汁液摩擦或土壤不能传病；病菌对四环素敏感。

黄龙病为我国 B 类检疫性植物病害，该病在亚洲、非洲和印度洋的 40 多个国家和地区已有分布，其中以东南亚和南非受害最重。我国于 20 世纪 20 年代在广东省汕头地区首次发现，40 年代扩展到广西、福建和台湾等省。至今，除在上述 4 省外，病害在海南、云南、四川、贵州、江西、湖南和浙江等省均有发生。

柑橘感染黄龙病后，产量逐年下降，病树在 3～5 年死亡。一般情况下，1～2 年生幼树新梢黄化后，翌年就能引起全树发黄。而树龄老、树冠大的病树，往往经过 2～3

年或更长时间后，才会全树枝叶发黄。

23. 丁香假单胞杆菌是一个很好的原核生物研究材料，试述该菌的特点及无毒基因与寄主的互作研究进展。

丁香假单胞杆菌（*Pseudomonas syringae*）中存在一个无毒基因，位于染色体或质粒上，编码亲水性可溶蛋白，该蛋白质不具有典型的信号肽。这个无毒基因（avirulence gene）与寄主基因组中的特定基因构成了基因对基因的关系。

在基因与基因互作中，病原物的无毒基因是指编码的产物与寄主抗病基因编码的产物互作的基因。无毒基因是决定对寄主植物特异性不亲和的基因，也称为寄主专化性基因或反向调节寄主范围的基因。在病原物与寄主植物之间存在的基因对基因关系中，病原物无毒基因产物与寄主中相应抗病基因产物互作从而导致不亲和反应，使病原物在植物中的定殖和扩展受到抑制，甚至在侵染初期就破坏了亲和关系。病原物无毒基因主要决定对植物不同品种的无毒性，有时也决定对不同植物种的无毒性。

从植物病原细菌、真菌和病毒中都发现存在与相应的寄主植物抗病基因互作的无毒基因。一般认为，无毒基因编码的特异性激发子是与抗病基因产物受体特异性结合的配体。

无毒基因直接或间接产物作为激发子与相应抗病基因产物识别并诱导寄主的防卫反应，表现了小种与品种互作的不亲和性。无毒基因失活或缺乏相应的无毒基因则表现小种与品种互作的亲和性反应。

目前已克隆出了一些这样的无毒基因并将这些无毒基因用到生产上去防治一些病害，并收到了很好的效果。

24. 什么是植原体？植原体病害为什么难以防治？谈谈植原体分类研究的进展。

植原体（phytoplasma）过去称为类菌质体（mycoplasma-like organism，MLO），是一类无细胞壁，迄今未能人工培养，存在于植物筛管细胞和介体昆虫体内，在自然界中主要通过刺吸式口器昆虫（叶蝉、飞虱）传播，类似植物病原细菌的原核生物，主要引起植株黄化、丛枝、花器变态、小叶、矮化、萎缩、巨芽、簇顶、枯萎、生长衰退、丛簇等症状。

植原体没有细胞壁，但具有单位膜，由于植原体不能人工培养，其生化特性和营养需要等都无从知晓。夏秋高温季节，在病株幼嫩组织中植原体含量丰富，植株所表现出的症状也较明显；而在冬季，病组织中植原体含量则明显减少，植株多处于隐症状态。与菌原体类原核生物一样，植原体对青霉素类抗生素不敏感，但能被四环素簇抗生素所抑制。

随着DNA克隆、分子杂交、PCR以及DNA测序等技术被广泛应用和植原体分子生物学信息的积累，植原体的分类鉴定也逐渐从根据其表型特征及血清学关系比较转到以基因和分子特征为主要依据的系统分类研究上，植原体的系统发育及亲缘关系研究得以加强。早在1992年的第九届国际菌原体组织（International Organization for Mycoplasmology，IOM）大会上，首次提出了用植原体作为这类原核生物的新名称和暂定的属名（*Phytoplasma*）之后，众多研究者陆续根据16S rDNA序列测定结果将植原体划分为若干16S r组和亚组，并根据核糖体蛋白（rp）基因操纵子序列的同源性在亚组内进行精细分组。1994 年 7 月召开的国际系统细菌学会议上同意将原来的 16S r 组中每个组的代表植原体用候选种（Candidatus，Ca.）的形式作为过渡期的种类划分。2000 年在日本召开的 IOM 国际会议上，国际比较菌原体研究计划（International Research Programme of Comparative Mycoplasmology，IRPCM）植原体/螺原体工作小组建议规定 16S rDNA 序列同源性≤97.5%的植原体可以被划为不同的候选种（candidatus species），Zreik 等（1995）最早报道的候选种为 *Candidatus Phytoplasma aurantifolia*，能引起酸橙小果病。在 2000 年之前，先后有 5 个候选种发表，14 个 16S r 组被描述；至 2004 年又有 10 余个植原体候选种发表，并发表了比较详细的植原体候选种的描述规则。2006 年在英国剑桥召开的国际原核生物系统学委员会柔膜菌纲分类委员会（International Committee on Systematics of Prokaryotes，Subcommittee on the Taxonomy of Mollicutes）统计新命名的候选种有 13 种，至少有 7 个候选种还有待命名。截止 2007 年 5 月已有近 30 个候选种被命名在整个柔膜菌纲的分类鉴定中，16S rDNA 被用于系统发育研究的首选标记。特别是像植原体这类尚不能人工培养的微生物，分子标记尤其重要。因而准确测定 16S rDNA 序列是确定一种植原体的分类地位和命名新的植原体候选种的基础和必需步骤之一。越来越多的研究发现，有时仅根据 16S rDNA 序列不足以做到对植原体种类的科学划分。用相对不及 16S rDNA 保守的其他基因或区域，如 16S～23S rDNA 间区，核糖体蛋白和延伸因子基因（*tuf*）等，能将同一 16S r 组内成员进一步区分为不同的亚组。植原体在 16S rDNA 序列上的差异不超过 14%，而 16S～23S rDNA 间区序列差异却高达 22%，同一植原体组内成员间的 *tuf* 基因序列相似性约 96%～99%，因此，可以设计出特异性引物在亚组（或种以下）水平上对其做进一步的分类。

第五章　植 物 病 毒

【习题】

一、名词解释

1. 病毒；2. 多分体病毒；3. 病毒卫星；4. 卫星病毒；5. 卫星核酸；6. 类病毒；7. 植物病毒的增殖；8. 病毒的传播；9. 病毒的移动；10. 介体；11. 介体传播；12. 非介体传播；13. 潜伏期；14. 获毒时间；15. 传毒时间；16. 持毒期；17. 非持久性传毒；18. 半持久性传毒；19. 持久性传毒；20. 循回型关系；21. 机械传播；22. 植物病毒的鉴定；23. 生物学测定；24. 病毒鉴别寄主；25. 病毒鉴别寄主谱；26. 稀释限点；27. 钝化温度；28. 体外存活期；29. 沉降系数；30. 电子显微镜；31. 负染技术；32. 超薄切片；33. 血清学技术；34. 抗原；35. 半抗原；36. 抗原决定簇；37. 抗体；38. 抗血清；39. ELISA；40. 免疫沉淀；41. 免疫双扩散；42. 免疫电镜；43. 免疫金标记；44. 荧光抗体；45. 反转录聚合酶链式反应；46. 斑点免疫检测技术；47. 核酸杂交；48. 免疫捕获反转录聚合酶链式反应

二、问答及论述题

1. 病毒的粒体形态有哪些类型？
2. 简述植物病毒的典型结构。
3. 植物病毒的基本结构方式有哪几种？
4. 植物病毒的组分有哪些？简述各组分的功能。
5. 植物病毒的核酸链有哪几种类型？
6. ＋ssRNA 病毒基因组有哪些翻译途径？
7. 植物病毒的介体种类有哪些？
8. 植物病毒的传播方式有哪两类？
9. 类病毒与病毒的主要区别是什么？
10. 植物病毒增殖过程有几步？简述植物病毒的增殖过程。
11. 为什么可以采用茎尖组织培养获得无病毒种苗？
12. 什么是内含体？内含体有哪几种类型？
13. 类病毒的本质特征是什么？
14. TMV 可以通过哪些途径来传播？
15. 什么是非持久性传毒、半持久性传毒和持久性传毒？比较它们之间的异同。
16. 植物病毒病害与非侵染性病害的田间症状有些相似，怎样从田间发病特点区分植物病毒病害与非侵染性病害？怎样诊断鉴定这两类病害？

17. 试述植物病毒的诊断鉴定方法，并比较其优缺点。
18. 如何评价植物病毒的检测方法，应该从哪些方面来进行检测？现在生产上广泛应用于病毒检测的技术是什么？
19. 马铃薯 Y 病毒属的病毒产生的内含体有什么特征可用于诊断？
20. 病毒的理化特性包括哪些方面？为什么可以根据病毒的理化特性诊断鉴定病毒？举例说明。
21. 将抗血清应用于植物病毒的诊断，其原理是什么？为什么有的病毒的抗血清有较高的效价，有的较低？
22. 什么是单克隆抗体？与多克隆抗体相比较，单克隆抗体在诊断鉴定方面有哪些优越性？
23. ELISA 检测病毒有哪些具体方法？哪种最为常用？
24. 植物对病毒的抗性机制是什么？如何利用植物的抗性机制进行病毒病的防治？
25. 烟草花叶病毒属有哪些特性？包括哪些主要病毒？其代表病毒有哪些？
26. TMV 引起的病害为什么难以防治？
27. 如何区分 TMV 和 CMV 引起的烟草花叶病症状？
28. 烟草花叶病毒（TMV），引起何种症状？如何防治 TMV 引起的病害？
29. 黄瓜花叶病毒属有哪些特性，包括哪些主要病毒？其代表病毒有哪些？
30. 为什么说 CMV 是植物的流感？
31. CMV 有哪些特性？引起的损失有多大？如何防治 CMV 引起的病害？
32. 马铃薯 Y 病毒属有哪些特性？包括哪些主要病毒？其代表是哪种病毒？
33. PVY 有哪些特性？引起哪些植物病害？如何进行防治？
34. 你能谈谈世界范围和我国遭受烟草花叶病造成的损失与危害吗？
35. 玉米矮花叶病毒对生产有哪些危害？
36. 马铃薯 X 病毒属有哪些特性？包括哪些成员？其代表病毒是何种病毒？
37. PVX 有哪些特性？引起哪些植物病害？如何进行防治？
38. 线虫传多面体病毒属病毒有哪些特性？有哪些主要病毒成员？哪几种线虫可以传播该属病毒？
39. 试述葡萄扇叶病毒病的分布和对生产的危害。
40. 黄症病毒属病毒有哪些特性？其代表病毒大麦黄矮病毒在我国的分布及对生产危害如何？怎样防治大麦黄矮病毒引起的病害？
41. 简述我国大麦黄矮病毒的分布与流行规律。
42. 请简述纤细病毒属的病毒特性，说明其代表病毒水稻条纹病毒引起的条纹叶枯病在我国的分布和对生产的危害。
43. 说明斐济病毒属的特性及其代表病毒。
44. 说明水稻黑条矮缩病毒和玉米粗缩病毒的归属及其对生产的危害。
45. 说明植物呼肠孤病毒属的病毒特性及其代表病毒。
46. 说明水稻普通矮缩病毒的分类地位及其引起病害的危害。
47. 试述双生病毒科的分属情况和病毒特性，说明双生病毒在我国的分布和对生产的危害。
48. 简述马铃薯纺锤块茎类病毒科的类病毒的特性和代表类病毒。
49. 简述马铃薯纺锤块茎类病毒的特性、分布及对生产的危害。
50. 试比较病毒与类病毒诊断鉴定方法的异同。
51. 简述植物病毒基因组测序研究的进展和植物病毒基因组测序研究进展对病毒功能研究、病毒特性研究的促进作用。
52. 为什么在进出口检疫检测时，病毒病检疫检测是最困难的？有什么对策？
53. 在进出口检疫过程中，有哪些方法适用于病毒的检测？进出口检疫检测在病毒检测方面有哪些要求？
54. 哪几种植物病毒属于我国禁止入境的危险性有害生物？它们主要危害哪些作物及其分布情况？
55. 植物病毒在哪些方面可以为我们人类所利用？
56. 请列举几个植物病毒研究的热点领域。

三、判断及改错题

1. 一般植物病毒均具有 DNA 和 RNA 两种核酸。
2. 类病毒是类似于病毒的生物，因此，它也具有蛋白外壳、核酸链。
3. 植物病毒的整个增殖复制过程均在寄主细胞核内进行。
4. 植物病毒是以裂殖方式进行繁殖的。
5. 植物病毒可以从植物表皮，自然孔口及伤口侵入。
6. 病毒的传播是指植物病毒从植物的一个局部到另一局部的过程。
7. 植物病毒病被称为植物的癌症，因为无有效药剂可以治愈。
8. 植物病毒造成植物病害，因此植物病毒是对人类有害的，应该消灭它们。
9. 所有植物病毒是专性寄生物，因此，离开活体植物就丧失活性。
10. 植物病毒病主要依靠化学药剂防治。

【解答】

一、名词解释

1. 病毒（virus）：病毒又称分子寄生物。它是包被在蛋白或脂蛋白保护性衣壳中（幽影病毒除外）、只能在适合的寄主细胞内完成自身复制的一个或多个基因组核酸分子。

2. 多分体病毒（multicomponent virus）：多分体病毒是指病毒的基因组分布在不同的核酸链上，分别包装在不同的病毒粒体里，由于遗传信息分开了，单独粒体不能侵染，必须同时侵染才能全部表达遗传特性。

3. 病毒卫星（virus satellite）：卫星病毒和卫星核酸统称为病毒卫星，与辅助病毒 RNA 都无同源性，并且均不能单独侵染，要依赖辅助病毒才能侵染和复制。

4. 卫星病毒（satellite virus）：有些植物病毒伴随有两种大小不等的相关病毒粒体，它们的基因组核酸无同源性，小粒体病毒必须依赖大粒体病毒才能侵染和增殖，该小粒体病毒称为卫星病毒，大粒体病毒称为辅助病毒。

5. 卫星核酸（satellite nucleic acid）：有些病毒粒体内，除含有自己的基因组核酸外，还含有包被在同一外壳内的其他小分子核酸，这种小分子核酸称为卫星核酸。

6. 类病毒（viroid）：能单独侵染植物并引起病害的小分子 RNA，它没有外壳蛋白质，仅含有一个分子质量很小的单链环状 RNA，这种病原称为类病毒。

7. 植物病毒的增殖（virus multiplication）：植物病毒作为一种分子寄生物，没有真菌那样复杂的繁殖器官，也不像细菌那样进行裂殖生长，而是分别合成核酸和蛋白质组分再组装成子代粒体，这种特殊的繁殖方式称为病毒的增殖。

8. 病毒的传播（transmission）：植物病毒从一植株转移或扩散到其他植株的过程称为传播。

9. 病毒的移动（movement）：植物病毒从植物的一个局部到另一局部转移的过程称为移动。

10. 介体（vector）：植物病毒的传播媒介叫介体。

11. 介体传播（vector transmission）：介体传播是指病毒依附在其他生物体上，借其他生物体的活动而进行传播及侵染的传播方式。介体传播的种类包括动物介体传播和植物介体传播。

12. 非介体传播（no vector transmission）：非介体传播是指在病毒传递中没有其他生物体介入的传播方式，非介体传播的种类包括汁液摩擦传播、嫁接传播和花粉传播。

13. 潜伏期（incubation period）：潜伏期是指介体从获得病毒到能传播病毒的时间，在循回型相互关系中也称循回期。

14. 获毒时间（acquisition period）：获毒时间是指介体获得病毒所需的取食时间。

15. 传毒时间（inoculative period）：传毒时间是指介体传毒所需的取食时间。

16. 持毒期（retention period）：持毒期是指介体能保持传毒能力的时间。

17. 非持久性传毒（nonpersistent）：非持久性传毒是植物病毒的一种传毒方式，其饲毒时间短，获毒后立即能传毒，但很快就丧失传毒能力，这种传毒方式叫非持久性传毒。蚜虫的传毒方式一般为非持久性和半持久性传毒。

18. 半持久性传毒（semipersistent）：半持久性传毒是植物病毒的一种传毒方式，其饲毒时间长，可提高传毒能力，饥饿处理对病毒没有影响，获毒的蚜虫要经过一定潜育期才能传毒，解毒饲育时间长，但保持传染的时间也较长。蚜虫的传毒方式一般为非持久性和半持久性传毒。

19. 持久性传毒（persistent）：持久性传毒是植物病毒的一种传毒方式，与半持久性相似，但传染的各个阶段如获毒和传毒饲育所需时间、潜育期和持久性都更长一些，持久性一般可达一星期，有的终生传毒或经卵传毒。

20. 循回型关系（circulative）：病毒经口针、前消化道、后消化道，进入血液循环后到达唾液腺，再经口针传播的过程称为循回，这种病毒与介体的关系称为循回型关系，其中的病毒叫做循回型病毒，介体叫做循回型介体。

21. 机械传播（mechanical transmission）：也称为汁液摩擦传播或接触传播，由田间植株间相互接触、农事操作、农机具及修剪工具污染、人和动物活动等造成的病毒传播称为机械传播。

22. 植物病毒的鉴定（**identification**）：植物病毒的鉴定是指通过生物学测定、电子显微镜技术、血清学技术和分子生物学技术等一系列的实验测定后，根据病毒的生物学特性、理化特性、血清学特性及基因组特性等来确定病毒种类的研究工作。

23. 生物学测定（**biological test**）：生物学测定是指通过将病毒接种指示植物后观察病毒引发的症状表现和类型及测定病毒的传播方式等生物学实验来确定病毒种类的方法。生物学测定是植物病毒研究的基础。

24. 病毒鉴别寄主（**test plant**）：用于鉴定病毒的寄主植物叫病毒鉴别寄主。鉴别寄主大多能在接种病毒后很快产生比较独特而稳定的病害反应，据此可以判断病毒的种类和数量，如心叶烟、普通烟、曼陀罗和苋色藜等常作为 TMV 和 CMV 的鉴别寄主。TMV 在心叶烟上产生坏死枯斑、在普通烟上产生系统花叶；CMV 侵染苋色藜产生坏死枯斑，侵染心叶烟和普通烟产生系统花叶。

25. 病毒鉴别寄主谱（**group of test plant**）：病毒侵染后能产生快而稳定并具有特征性症状的植物都可作为鉴别寄主，组合使用的几种或一套鉴别寄主称为病毒鉴别寄主谱。

26. 稀释限点（**dilution end point，DEP**）：又称为稀释终点。把含有病毒的植物汁液加水稀释，使病毒保持侵染力的最大稀释限度。各种病毒的稀释限点差别很大，如菜豆普通花叶病毒的稀释限点为 10^{-3}，烟草花叶病毒的稀释限点为 10^{-6}。

27. 钝化温度（**thermal inactivation point，TIP**）：又称为失毒温度。指含有病毒的植物汁液在不同温度下处理 10min 后，使病毒失去侵染力的最低温度。病毒对温度的抵抗力相当稳定。大多数植物病毒的钝化温度为 55～70℃，烟草花叶病毒的钝化温度最高，为 90～93℃。

28. 体外存活期（**longevity *in vitro*，LIV**）：又称为体外保毒期。在室温（20～22℃）条件下，含有病毒的植物汁液保持侵染力的最长时间。大多数病毒的体外存活期为数天至数月。

29. 沉降系数（**sedimentation coefficient**）：是指在离心时，颗粒在单位离心力场中粒子移动的速度，即 $s=v/\omega 2r$。s 是沉降系数；ω 是离心转子的角速度（rad/s）；r 是到旋转中心的距离；v 是沉降速度。沉降系数以每单位重力的沉降时间表示，一个沉降单位就称为 1S。沉降系数通常为 $1\sim200\times10^{-13}$ s，10^{-13} 这个因子叫做沉降单位 S，即 $1S=10^{-13}$ s，如血红蛋白的沉降系数约为 4×10^{-13} s 或 4S。大多数蛋白质和核酸的沉降系数在 4～40S，核糖体及其亚基在 30～80S，多核糖体在 100S 以上。

30. 电子显微镜（**electron microscope**）：电子显微镜简称电镜，是应用高压电子束流通过磁透镜发生偏转起到放大作用来展示被观察物体物件的内部或表面结构的显微镜。高速电子的波长比可见光的波长短（波粒二象性），而显微镜的分辨率受其使用波长的限制，因而电子显微镜的分辨率（约 0.1nm）远高于光学显微镜的分辨率（约 200nm），因此可用于观察光学显微镜不能观察到的细小物体。

31. 负染技术（**negative stain**）：负染技术是指通过重金属盐在样品四周的堆积而加强样品外周的电子密度，使样品显示负的反差，衬托出样品的形态和大小。负染技术是观察植物病毒常用的简便方法。

32. 超薄切片（ultrathin section）：超薄切片是指切片厚度必须在 0.1μm（1000Å）以下，一般在 0.05μm 左右。在透射电镜的样品制备方法中，超薄切片技术是最基本、最常用的制备技术。超薄切片的制作过程需要经过取材、固定、脱水、浸透、包埋聚合、切片及染色等步骤。超薄切片常用于植物病毒的观察，尤其是观察植物病毒在寄主中的存在部位，研究病毒的移动、病变等。

33. 血清学技术（serological technique）：根据抗原、抗体具有高度特异性反应的原理来进行实验的一种技术称为血清学技术。即用已知的抗血清检测未知病毒，或者应用已知植物病毒检测抗体。既可定性，又可定量。

34. 抗原（antigen）：是能诱导免疫应答并能与相应的抗体或致敏淋巴细胞发生反应的物质。即它具有诱导免疫应答的能力（免疫原性）和与免疫应答的产物发生反应的特性（抗原性）。免疫原性这个术语常常与抗原通用，它是指在特定宿主中诱导免疫应答的能力。

35. 半抗原（haptene）：有一些物质，通常为低分子质量化合物，包括许多药物和抗生素，它们自己不能诱导免疫应答，但当与免疫原性的抗原蛋白质结合形成偶联物后，就能诱导机体产生抗这些低分子质量成分的抗体，这些物质称为半抗原。

36. 抗原决定簇（antigenic determinant）：又称为表位（epitope），是指抗原中与特异性抗体或 T 细胞受体结合的特定部位。

37. 抗体（antibody）：机体在抗原物质刺激下，由 B 细胞分化成的浆细胞所产生的、可与相应抗原发生特异性结合反应的免疫球蛋白。抗体分子具有结合部位（结合簇），能与对应的抗原决定簇结合。抗体与不同的抗原结合往往出现不同的反应，因而常给予抗体以不同的名称，如凝集素（agglutinin）、沉淀素（precipitin）、抗毒素（antitoxin）、溶血素（haemolysin）、溶菌素（bacteriolysin）等。

38. 抗血清（antiserum）：应用病毒注射免疫动物，动物血液的血清中就会含有抗体，含有抗体的血清称为抗血清。用某种植物病毒制备的抗血清可以诊断该病毒。

39. ELISA（enzyme-linked immunosorbent assay）：即酶联免疫吸附测定。它是将抗原、抗体的免疫反应和酶的高效催化反应有机结合起来的一种综合性技术。即通过化学的方法将酶与抗体或抗原结合起来，形成酶标记物。然后用酶标记物与相应的抗原或抗体起反应，形成酶标记的免疫复合物。结合在免疫复合物的酶，在遇到相应的底物时，催化无色底物生成有色底物，通过比色计可以准确测定抗原或抗体的量。

40. 免疫沉淀（immune precipitation）：在溶液中的可溶性多价抗原与血清抗体相遇，当两者的比例适当时可以形成一种网状的不溶性的大分子复合物，这叫做免疫沉淀反应。这是植物病毒诊断鉴定的方法之一，利用病毒抗原蛋白质特异性地结合到抗体免疫球蛋白的 FC 片段的特性，应用于抗原的分离，这种方法叫病毒的抗原抗体亲和纯化。

41. 免疫双扩散（double immunodiffusion）：在溶液中的可溶性多价抗原与血清抗体相遇，当两者的比例适当时可以形成一种网状的不溶性的大分子复合物，这叫做免疫沉淀反应。当这样的抗原和相应的抗体在含有电解质的琼脂凝胶中相对扩散时，在抗原与抗体的比例适当处会形成可见的沉淀线，这叫免疫双扩散实验，是免疫沉淀反应的一种。免疫双扩散常用于动物免疫效果的检测和血清抗体效价的测定，也可以应用于病毒的检测。

42. 免疫电镜（immuno-electron microscopy）：免疫电镜技术是免疫化学技术与电镜技术相结合的产物，是在超微结构水平研究和观察抗原、抗体结合定位的一种方法。应用抗体捕获病毒抗原，可以明显提升检出效率，可以判断抗原与抗体之间的反应。此外，应用免疫电镜技术，利用带有特殊标记的抗体与相应抗原相结合，在电子显微镜下观察，由于标准物形成一定的电子密度而指示出相应抗原所在的部位。

43. 免疫金标记（immune gold labeled technique）：免疫金标记是一项继免疫荧光、放射免疫、免疫酶三大标记技术之后发展起来的新技术。用胶体金作为标记物，结合在抗体或抗原上，制备成免疫金制剂，以此作为探针，通过免疫金染色法，检测相应的抗原或抗体。免疫金标记技术也是进行病毒定位研究常用的技术手段。

44. 荧光抗体（fluorescent antibody）：荧光抗体是免疫荧光细胞化学的重要技术之一，是以荧光物标记抗体进行抗原定位的技术。荧光抗体技术是进行病毒定位研究的常用技术手段。

45. 反转录聚合酶链式反应（reverse transcription polymerase chain reaction，RT-PCR）：是将 RNA 反转录（RT）和 cDNA 的聚合酶链式扩增（PCR）相结合的技术。首先经反转录酶的作用从 RNA 合成 cDNA，再以 cDNA 为模板，扩增合成目的片段。RT-PCR 常用于 RNA 病毒的检测和鉴定。

46. 斑点免疫检测技术（enzyme-linked immunosorbent spot，ELISPOT）：斑点免疫检测技术是应用硝化纤维膜基质，通过两种高亲和力的特异性抗体反应来检测抗原或抗体的方法。以培养板的聚偏二氟乙烯（polyvinylidene difluoride，PVDF）膜等为基质，包被上特异性单克隆抗体，之后，加抗原进行孵育。当特异性抗原结合后，再与有生物素标记的第二抗体结合，然后用酶标亲和素与生物素结合，进行化学酶联显色，可以在膜的局部形成一个个圆形斑点。斑点免疫检测技术常用于植物病毒的检测、鉴定和基因功能研究。

47. 核酸杂交（nucleic acid hybridization）：把已知病毒的 DNA 或者 cDNA 进行同位素或非同位素标记，制备成探针，用于检测鉴定与之互补的核酸分子的方法称为核酸杂交。其原理是核酸变性和复性理论。即双链的核酸分子在某些理化因素作用下双链解开，而在条件恢复后又可依碱基配对规律形成双链结构，分子探针与被检测的分子序列互补，同源结合，使被标记的探针与被检测的同源片段形成新的结合体，标记的分子显示出信号。杂交通常在支持膜上进行，因此又称为核酸印迹杂交。核酸杂交常常用于植物病毒的检测鉴定和病毒基因功能研究。

48. 免疫捕获反转录聚合酶链式反应（immuno-capture reverse transcription polymerase chain reaction，IC-RT-PCR）：通过吸附在反应管壁上的抗血清来诱捕叶片组织中的病毒粒体来合成 cDNA，再进行 PCR 反应称为 IC-RT-PCR。IC-RT-PCR 可用于低浓度植物病毒的检测和鉴定。

二、问答及论述题

1. 病毒的粒体形态有哪些类型？

病毒的粒体形态有球形、线状、杆状、弹状、双联体和丝线状等。

2. 简述植物病毒的典型结构。

植物病毒的典型结构为外面是蛋白外壳，内部是核酸链。

3. 植物病毒的基本结构方式有哪几种？

植物病毒的基本结构方式有螺旋对称型结构、等面体对称型结构和复合对称型结构。

4. 植物病毒的组分有哪些？简述各组分的功能。

植物病毒的主要组分为核酸和蛋白质。此外还含有多胺、脂类、金属离子、水分等。少数病毒还具有酶系统。核酸的主要功能是在病毒增殖复制过程中作模板，携带病毒的遗传信息。蛋白质分为结构蛋白和非结构蛋白。结构蛋白具有保护核酸免受核酸酶或紫外线等的破坏作用，非结构蛋白质在病毒侵染、增殖、传播等过程中发挥重要作用。

5. 植物病毒的核酸链有哪几种类型？

植物病毒的核酸链类型有正单链 RNA（＋ssRNA）、负单链 RNA（－ssRNA）、双链 RNA（dsRNA）、单链 DNA（ssDNA）和双链 DNA（dsDNA）5 种类型，其中以正单链 RNA 居多。

6. ＋ssRNA 病毒基因组有哪些翻译途径？

＋ssRNA 病毒基因组在真核生物蛋白合成系统中有亚基因组 RNAs 合成途径、多聚蛋白途径、多组分病毒途径、通读蛋白途径和核糖体移码途径 5 种翻译途径（translation strategy）。

亚基因组（subgenomic RNA，sgRNA）合成途径：即由基因组 3′末端转录产生一到多个亚基因组 RNA，从各个亚基因组 5′端的开放阅读框架翻译出功能性蛋白，如烟草花叶病毒属（*Tobamovirus*）。

多聚蛋白（polyprotein）途径：即基因组核酸具有编码多个蛋白的能力，但其翻译仅从单一开放阅读框架进行，产生的多聚蛋白在病毒编码的蛋白酶作用下，分解为多个最终的基因翻译产物，如马铃薯 Y 病毒属（*Potyvirus*）。

多组分病毒（multicomponent virus）途径：即病毒的基因组分装在不同的核酸链上，每条核酸链均从 5′端进行翻译，直接产生基因的翻译产物，如黄瓜花叶病毒属（*Cucumovirus*）。

通读蛋白（read through）途径：即基因 5′开放阅读框架的终止密码子可能漏读，允许一定比例的核糖体继续向下游翻译，直至下一个终止密码子，从而产生第二个更长的功能蛋白，如烟草花叶病毒属复制酶的翻译。

核糖体移码（frameshift）途径：即在翻译接近开放阅读框终止密码子 UAG 时，核糖体回读一个核苷酸（少数情况为跳过一个），这样使终止密码子 UAG 分到两个三联体密码中，使翻译继续到下一个开放阅读框架，从而产生一个大蛋白质。

7. 植物病毒的介体种类有哪些？

植物病毒的介体（vector）种类主要有昆虫、螨类、线虫、真菌和菟丝子等。

8. 植物病毒的传播方式有哪两类？

植物病毒的传播（transmission）可以分为介体传播（vector transmission）和非介

体传播（no vector transmission）两类。

9. 类病毒与病毒的主要区别是什么?

病毒（virus）具有核酸链和外壳蛋白；而类病毒（viroid）只有核酸，无蛋白外壳。

10. 植物病毒增殖过程有几步? 简述植物病毒的增殖过程。

植物病毒的增殖过程具有六步。

第一步：病毒侵入寄主细胞内。第二步：在酶的作用下脱去蛋白质外壳。第三步：核酸链在酶的作用下进行复制。第四步：病毒核酸链在酶的作用下指导合成蛋白质。第五步：装配。第六步：转运。

11. 为什么可以采用茎尖组织培养获得无病毒种苗?

有些全株性感染的病毒，在植物的茎和根尖的分生组织中不存在，因此，切下茎尖小段进行组织培养，可以得到无病毒种苗。

12. 什么是内含体? 内含体有哪几种类型?

植物细胞感染病毒后，形成的结晶体叫内含体（inclusion body）。内含体有无定形内含体和结晶状内含体。

13. 类病毒的本质特征是什么?

它是能单独侵染植物并增殖复制的小分子 RNA。

14. TMV 可以通过哪些途径来传播?

TMV 无传毒介体，主要通过汁液、无性繁殖材料传播。

15. 什么是非持久性传毒、半持久性传毒和持久性传毒? 比较它们之间的异同。

非持久性传毒（nonpersistent）、半持久性传毒（semipersistent）和持久性传毒（persistent）都属于介体昆虫传播病毒的方式（表 5-1）。

表 5-1 植物病毒不同传毒方式的特点

项 目	非持久性病毒	半持久性病毒	持久性病毒
病毒在虫体存在部位	口针	口针和唾液腺	口针和食道腺和中肠、唾液腺
有无循回期	无	有	有
在昆虫体内增殖	无	无	有
获毒时间	短	中等	长
传毒时间	短	中等	长
保毒时间	短	中等	长
卵传	否	否	能

16. 植物病毒病害与非侵染性病害的田间症状有些相似，怎样从田间发病特点区分植物病毒病害与非侵染性病害? 怎样诊断鉴定这两类病害?

植物病毒病害是由于植物病毒侵入引起的一类病害。植物的非侵染性病害是由于植物自身的生理缺陷或遗传性疾病，或由于在生长环境中有不适宜的物理、化学等因素直接或间接引起的一类病害。

植物病毒病害与非侵染性病害的田间症状有些相似，容易混淆，但从它们田间发病特点来比较，植物病毒病有传染性，有历年发病历史，而非侵染性病害没有传染性，多为突发性，一般较少有历年发病情况。两类病害在田间的分布也不同，植物病毒分布不均匀，有发病中心，而非侵染性病害分布较为均匀，且普遍。

侵染性病害与非侵染性病害的诊断方法：一是进行病害现场的观察和调查，并了解有关环境条件的变化；二是依据侵染性病害的特点和侵染性试验的结果，尽量排除非侵染性病害的可能；三是进行治疗诊断，如果可能为病毒病害，需要进行生物学实验、电镜观察、血清学诊断和分子诊断。

17. 试述植物病毒的诊断鉴定方法，并比较其优缺点。

植物病毒常用的诊断鉴定方法包括生物学测定（biological test）、电子显微镜技术（electron microscope）、血清学技术（serological technique）和分子生物学技术（molecular biological technique）等。这些方法在植物病毒诊断鉴定中可以相互验证。在进行检测或鉴定时，可以根据明确的目标，权衡各方法的优缺点，选择不同的方法。

生物学测定用于研究病毒所致病害的症状类型和寄主范围，还可以确定病毒的传播方式。生物学测定需要温室种植物，比较费时间，接种后症状表现受寄主生长状态、温度、湿度等因素影响，受实验者技术影响。

电子显微镜技术能够直观地观察到病毒粒子形态、测量大小，电镜分辨率高，但是电镜属于大型精密设备，使用和维护费用较高，许多单位不具备条件。

血清学技术能利用植物病毒与其抗血清的特异抗原抗体反应来检测鉴定病毒或抗体。血清学技术方便、快速。但是在制备抗血清时，不同病毒制备的抗血清效价不同。有些病毒免疫原性差，制备抗血清困难。有些病毒在植物中含量低，纯化困难，需要借助分子重组和克隆手段，制备病毒某个基因蛋白抗血清。

分子生物学技术是通过检测病毒核酸来证实病毒的存在。此方法需要样品量少、灵敏度高、特异性强、快速，操作也比较简便，但目前试剂和设备费用相对比较昂贵。

18. 如何评价植物病毒的检测方法，应该从哪些方面来进行检测？现在生产上广泛应用于病毒检测的技术是什么？

评价病毒检测（detection）方法，应注重理论与实践相结合，看检测方法是否快速、有效、特异性强，操作是否简单，费用是否低廉。现在生产上广泛应用的病毒检测技术主要是 ELISA（enzyme linked immuno sorbent assay）检测，或 RT-PCR（reverse transcription polymerase chain reaction）检测。

19. 马铃薯 Y 病毒属的病毒产生的内含体有什么特征可用于诊断？

植物细胞经病毒感染后会产生与其他细胞结构不同的内含体。不同病毒属的病毒会形成不同特征的内含体。马铃薯 Y 病毒属（*Potyvirus*）的病毒侵染细胞后会产生特殊的风轮状内含体，可以应用于马铃薯 Y 病毒属的病毒诊断鉴定。

20. 病毒的理化特性包括哪些方面？为什么可以根据病毒的理化特性诊断鉴定病毒？举例说明。

病毒的理化特性包括：①稀释限点（dilution end point，DEP）；②钝化温度（thermal inactivation point，TIP）；③体外存活期（longevity *in vitro*，LIV）；④沉降系数及分子质量（sedimentation quotiety and molecular weight）；⑤光谱（spectrum）吸收特性；⑥核酸的类型（nucleic acid type）、链数、分子质量。

根据这些理化特性可以诊断鉴定病毒。例如，TMV 的稀释限点为 10^{-4}～10^{-7}，钝化温度为 90～93℃，在干燥叶片中可以存活 50 多年。

21. 将抗血清应用于植物病毒的诊断，其原理是什么？为什么有的病毒的抗血清有较高的效价，有的较低？

抗血清（antiserum）应用于植物病毒的诊断，其原理是利用抗原（antigen）与抗体（antibody）的特异性结合。抗血清的效价与血清制备过程中病毒粒子提纯的纯度相关，同时在病毒的属内不同种之间存在血清学免疫原性的差别。

22. 什么是单克隆抗体？与多克隆抗体相比较，单克隆抗体在诊断鉴定方面有哪些优越性？

多克隆抗体是由多种类型的细胞制造出来的一种抗体。多抗混合物中的每一抗体与蛋白质抗原结合的能力是不同的。因此，多克隆可以确保抗体与抗原结合从而显示抗原信息。此外，多克隆抗体抗血清制备成本较低，在生产上，广泛应用于病毒检测。但多克隆抗体抗血清容易发生交叉反应，往往造成一定程度的假阳性。

单克隆抗体是仅由一种类型的细胞制造出来的抗体。单克隆抗体具有较高特异性，可以用于检测和鉴定病毒的不同株系。但是，抗血清制备成本较高，一般不用于生产上的病毒检测。

23. ELISA 检测病毒有哪些具体方法？哪种最为常用？

ELISA 检测病毒的具体方法有用于检测抗体的间接法、用于检测抗原的双抗体夹心法以及用于检测小分子抗原或半抗原的抗原竞争法等。比较常用的是 ELISA 双抗体夹心法及 ELISA 间接法。

24. 植物对病毒的抗性机制是什么？如何利用植物的抗性机制进行病毒病的防治？

植物没有免疫系统，但有一定的识别能力。植物对病毒的抗性是应用特定的限制性内切核酸酶对付病毒，切断其 DNA 或 RNA 链，使其丧失致病能力。利用植物的抗性机制进行病毒病的防治，开展植物抗病毒工程，选用抗病品种及抗病育种，主要有以下策略：①非植物病毒基因介导的抗性策略；②病毒来源的抗性基因策略；③植物抗体基因介导的抗性；④多基因策略。

25. 烟草花叶病毒属有哪些特性？包括哪些主要病毒？其代表病毒有哪些？

烟草花叶病毒属（*Tobamovirus*）的病毒为长杆状病毒粒子，粒子中央有一直径 4nm 的轴芯，单分子正义 ssRNA，病毒的免疫原性强，在自然界通过机械接触传播，无传毒介体。该属有 16 个种和一个暂定种，主要有烟草花叶病毒（tobacco mosaic *Tobamovirus*，TMV）、长叶车前草花叶病毒（ribgrass mosaic *Tobamovirus*，RMV）、番茄花叶病毒（tomato mosaic *Tobamovirus*，ToMV）等，代表种是烟草花叶病毒（TMV）。

26. TMV 引起的病害为什么难以防治？

TMV 的寄主范围较广，自然传播不需要介体生物，靠植株间的接触传播，对外界环境的抵抗力强。由于病毒的抗逆力很强，混有病株残体的肥料、种子、土壤和带病的其他寄主植物及野生植物，甚至烤过的烟叶、烟末都可以成为病害的初侵染来源。因此，TMV 引起的病害是一种难以防治的病毒病害。

27. 如何区分 TMV 和 CMV 引起的烟草花叶病症状？

TMV 和 CMV（cucumber mosaic *Cucumovirus*，CMV）引起的烟草病毒病，在田间无论是分别侵染或混合侵染，所引起的症状均为花叶，从外表上很难区分。生产中 TMV 和 CMV 如果都为单独侵染时，往往 TMV 感染表现症状稍重，病叶边缘有时向叶片正面卷曲，叶基部伸长拉紧，且多导致叶片扭曲畸形，叶面革质化。CMV 表现症状稍轻，表现花叶，叶片变细，尤其叶尖变细长。

28. 烟草花叶病毒（TMV），引起何种症状？如何防治 TMV 引起的病害？

烟株感病后，表现为整株系统症状。在高温强光条件下，5～7 天就表现症状。幼苗感病后，先在新叶上发生“明脉”，叶脉组织变浅绿色，对光看呈半透明状。后蔓延至整个叶片，形成黄绿相间的斑驳。几天后，叶片局部组织叶绿素褪色，形成浓绿和浅绿相间的“花叶”症状。“花叶”有两种类型：一种是轻型“花叶”，仅在叶片的局部或叶尖呈现黄绿、深绿、浅绿相间的“花叶”，株形矮化不明显；另一种是重型“花叶”，叶片除表现“花叶”外，病叶边缘有时向背面卷曲，叶基松散，厚薄不均，甚至皱缩、扭曲呈畸形，有缺刻，严重时叶尖呈鼠尾状或带状。早期发病烟株节间缩短、植株矮化、生长缓慢。

防治烟草花叶病应注意以下几方面。

(1) 清除毒源。清除混杂在种子中的病残体，以降低感病机会，同时，应尽早拔除苗床和烟田早期发病的植株，以减少毒源，避免施用未经充分腐熟的混有病残体的肥料；严禁将已发病的烟苗移入大田。

(2) 选用和利用抗病品种。利用烟草种间抗性不同的品种和种质资源进行杂交育种，以获得理想的抗病材料。NC567、628、744 等品种有较好的抗病效果。

(3) 合理安排作物茬口。烟草与麦类或玉米等作物套种，具有明显的防病效果。

(4) 加强烟田栽培管理。烟草苗床应选择远离菜园、烤房和晒棚的场所，施用净肥。烟田深翻，可消灭或减少 TMV 的初侵染源。农事操作时要注意由无病区到有病区的顺序进行，操作者应注意用肥皂洗手，以免人为传播病毒。

(5) 实行轮作，不与茄科植物间、套作，宜与禾本科作物轮作 2～3 年。

(6) 发病初期用 1.5%植病灵乳剂 1000 倍液或 10%病毒王可湿性粉剂 600 倍液喷施，能起到预防和缓解病毒危害的作用。

29. 黄瓜花叶病毒属有哪些特性，包括哪些主要病毒？其代表病毒有哪些？

黄瓜花叶病毒属（*Cucumovirus*）的病毒粒体球状，直径 28nm。病毒为三分体病毒，各分体基因组的分子质量分别为 1.3×10^6 U、1.1×10^6 U 和 0.8×10^6 U。衣壳蛋白的分子质量为 24 500U，粒体中 ssRNA 含量为 18%，蛋白质为 82%，无类脂等物质。沉淀系数为 100S。包括黄瓜花叶病毒（CMV），番茄不孕病毒（tomato aspermy *Cucumovirus*，ToAV），花生矮化病毒（peanut stunt *Cucumovirus*，PSV），其中代表病毒是 CMV。

30. 为什么说 CMV 是植物的流感？

CMV 可以到达除生长点以外的任何部位。它的寄主范围极其广泛，自然寄主有十字花科、葫芦科、豆科、菊科、茄科等 67 科 470 多种植物。人工接种还可侵染藜科、马齿苋科等 85 科 365 属，约 1000 种植物。而且不少是与另一种病毒复合侵染，从而使寄主植物表现出复杂多变的病害症状。因此，有人称 CMV 是植物的“流感性病毒”，意指某一种植株发病后，相邻其他种植物也会发病。

31. CMV 有哪些特性？引起的损失有多大？如何防治 CMV 引起的病害？

CMV（cucumber mosaic *Cucumovirus*，CMV）病毒粒子为等轴对称的 12 面体，正义 ssRNA，三分体基因组，可由多种蚜虫以非持久方式传播，易通过机械传播接种。

CMV 存在亚组Ⅰ、亚组Ⅱ，有株系分化，有 Y、Q、S 等主要株系。

CMV 是一种分布很广、危害最大的烟草病毒病，重病区病害流行年份一般损失率 25%～30%，严重者达 50%以上，甚至绝产。此病还常与其他烟草病毒病混合发生，加重其危害。

在防治上常采用。

（1）做好种植记录，不把病株作为繁殖材料。

（2）及时拔除病株并予以烧毁。

（3）定期喷施杀虫剂，以杀灭蚜虫达到控制病害的目的。

32. 马铃薯 Y 病毒属有哪些特性？包括哪些主要病毒？其代表是哪种病毒？

马铃薯 Y 病毒属（*Potyvirus*）是植物病毒中最大的属，线状病毒，均可在寄主细胞内产生典型的风轮状内含体，其基因组为一单链正义 RNA，只包含一个开放阅读框架。基因表达的策略为先将基因组的开放阅读框架翻译成一大的多聚肽，再剪切为不同的功能蛋白。有大约 200 种确定和可能的种，能侵染茄科、藜科、豆科、葫芦科等多种植物，并造成重大经济损失。该属包括的病毒主要有马铃薯 Y 病毒（potato virus Y，PVY），玉米矮花叶病毒（maize dwarf mosaic virus，MDMV），大豆花叶病毒（soybean mosaic virus，SMV）。代表病毒是马铃薯 Y 病毒（PVY）。

33. PVY 有哪些特性？引起哪些植物病害？如何进行防治？

马铃薯 Y 病毒（potato Y *Potyvirus*，PVY）为单链正义 RNA 病毒，病毒粒子长线性，740×11 nm，在植物体中常见其风轮状内含体。基因组只包含一个开放阅读框架，基因表达的策略为先将基因组的开放阅读框架翻译成一大的多聚肽，再剪切为不同的功能蛋白。自然状态下，PVY 通过桃蚜等蚜虫以非持久方式传播，主要侵染茄科作物，如马铃薯、番茄、烟草等，引起马铃薯、番茄、烟草病毒病。

有株系分化，存在 PVY-O、PVY-N 和 PVY-C 等主要株系。

防治上采用。

（1）栽种抗耐病品种。

（2）选用无病株上的种子，从无病株上采种，单收、单藏，并进行细致汰选，防止混入病株残屑。

（3）加强苗床管理，培育无病壮苗。

（4）适当提早播种、提早移栽。

（5）加强田间管理，提高寄主的自然抗病能力。

（6）结合整地增施有机肥料、磷钾肥、微肥和生物菌肥。

（7）注意驱避蚜虫、防其传毒。

34. 你能谈谈世界范围和我国遭受烟草花叶病造成的损失与危害吗？

烟草花叶病在世界各产烟区均有发生，以西欧烟区发病较为严重且普遍。我国烟区东北三省、云南、福建、湖北、湖南、四川普遍发生烟草花叶病，但以东北三省、云南和湖北西部发生最重。田间株发病率一般 5%～20%，个别田块可高达 90%～100%；早期发病的损失可达 50%～70%，甚至失收。此外，病叶在烤晒后颜色不均，烟味差，品质大为降低。

35. 玉米矮花叶病毒对生产有哪些危害？

玉米矮花叶病毒（maize dwarf mosaic *Potyvirus*，MDMV）除侵染玉米外，还可侵染马唐、虎尾草、白茅、画眉草、狗尾草、稗、雀麦、牛鞭草、苏丹草等。生产上有大面积种植的感病玉米品种和对蚜虫活动有利的气候条件，蚜虫迁飞到玉米田吸食传毒，大量繁殖后辗转危害，易造成该病流行。近年我国玉米矮花叶病北移，发生面积扩大。其原因：一是主推玉米品种和骨干自交系不抗病，自然界毒源量大，气候适于介体繁殖、迁飞等；二是种子带毒率高，初侵染源基数大。

36. 马铃薯 X 病毒属有哪些特性？包括哪些成员？其代表病毒是何种病毒？

马铃薯 X 病毒属（*Potexvirus*）的病毒粒子呈弯曲线状，病毒为正义 ssRNA，外壳蛋白由一种多肽组成，分子质量为 18～27kDa，具有高的免疫原性，属内一些病毒之间有血清学关系。自然条件下通过机械接触传播，无传毒介体。该属有 26 个确定种和 19 个暂定种，常见的有马铃薯 X 病毒（potato X *Potexvirus*，PVX），仙人掌 X 病毒（cactus X *Potexvirus*，CXV），建兰花叶病毒（cymbidium mosaic *Potexvirus*，CYMV），水仙花叶病毒（narcissus mosaic *Potexvirus*，NMV）等。代表种是马铃薯 X 病毒（PVX）。

37. PVX 有哪些特性？引起哪些植物病害？如何进行防治？

PVX（potato X *Potexvirus*，PVX）病毒粒子为线状弯曲粒体，核酸为正单链 RNA，在侵染的细胞中有聚生或聚集的病毒颗粒及 X-体存在。PVX 引起马铃薯轻型花叶或隐症，多年侵染则引起重型花叶或矮化。在烟草上引起斑驳和坏死斑点，在番茄上引起花叶及矮化，当 PVX 与 PVY 复合侵染时症状加剧。

PVX 的防治：①热处理及茎尖培养；②选用抗病、无病种苗；③出苗前后及时防治蚜虫；④改进栽培措施；⑤发病初期喷洒药剂。

38. 线虫传多面体病毒属病毒有哪些特性？有哪些主要病毒成员？哪几种线虫可以传播该属病毒？

线虫传多面体病毒属（*Nepovirus*）的病毒粒子为 20 面体，直径 28nm，正单链 RNA 病毒。病毒具有 S、M 和 W 三种组分，致死温度 75～80℃；体外存活期几天至几周；稀释限点 10^{-4}～10^{-3}。该属病毒寄主范围广泛，主要出现环斑、斑驳症状，之后常常隐症。病毒通过汁液、土壤中的线虫和种子、花粉传播。线虫传多面体病毒属的病毒包括烟草环斑病毒（tobacco ringspot *Nepovirus*，TRSV）、南芥菜花叶病毒（arabis mosaic *Nepovirus*，ArMV）、番茄环斑病毒（tomato ringspot *Nepovirus*，TomRV）、番茄黑环病毒（tomato black ring *Nepovirus*，TBRV）、葡萄扇叶病毒（grapevine fanleaf *Nepovirus*，GFLV）等。这些病毒均为我国禁止入境的危险性病毒。

剑线虫属（*Xiphinema*）和长针线虫属（*Longidorus*）是传播该属的病毒。

39. 试述葡萄扇叶病毒病的分布和对生产的危害。

葡萄扇叶病毒病（grapevine fanleaf *Nepovirus*，GFLV）广泛发生于温带葡萄种植产区。在我国各葡萄产区分布广泛，发生和危害严重。由于长期盲目引种、高接、扩繁，以及缺乏有效的检测手段和健全的无病毒苗木繁育体系，我国葡萄病毒病还有进一步蔓延的趋势。

受葡萄扇叶病毒侵染的葡萄，生根率可降低 60%，枝条产出率减少 46%，嫁接成活率降低 30%～50%，产量损失达 30%～80%。对葡萄生产影响较大。葡萄扇叶病毒病是我国禁止入境检疫对象。

40. 黄症病毒属病毒有哪些特性？其代表病毒大麦黄矮病毒在我国的分布及对生产危害如何？怎样防治大麦黄矮病毒引起的病害？

黄症病毒属（*Luteovirus*）的病毒粒子为等轴 20 面体，直径 20～24nm，为正单链 RNA 病毒。代表病毒为大麦黄矮病毒（barley yellow dwarf *Luteovirus*，BYMV）。该病毒可以侵染 100 种以上的单子叶植物，包括燕麦、小麦、大麦和许多杂草。病毒存在于寄主韧皮部，病毒不能汁液传播，属于通过蚜虫持久型传播病毒，约有 14 种蚜虫可以传播该病毒。病毒存在株系分化，主要株系有 RMV、RPV、MAV、PAV。

目前该病毒主要危害小麦，主要分布在我国西北、华北、东北、华中、西南及华东等冬麦区、春麦区及冬春麦混种区。从 1966～1984 年曾先后造成 6 次大的流行。受害小麦一般减产 5%～10%，严重的可达 40%以上，个别地块可造成绝产。黄矮病对小麦的危害主要表现在叶绿素被破坏，光合面积减少，影响植株灌浆成熟，导致千粒重下降而减产。

防治策略以鉴定、选育抗（耐）病丰产良种为主，从治蚜防病入手，改进栽培技术，以达到防病增产的目的。

（1）选用抗病丰产品种。小麦品种之间抗病性的差异比较明显，尤其是耐病性较强的品种较多，应注意选用。

（2）栽培防病。重病区应着重改造麦田蚜虫的适生环境，清除田间杂草，减少毒源寄主。增施有机肥，扩大浇水面积，创造不利于蚜虫繁殖，而有利于小麦生长发育的生态环境，以减轻危害。适期播种，避免早播。

（3）药剂治蚜防病。推荐使用 50%杀螟松乳剂 1000 倍液，50%抗蚜威可湿性粉剂 3000 倍液，2.5%溴氰菊酯乳剂 3000 倍液，2.5%灭扫利乳剂 3000 倍液，或 40%吡虫啉水溶剂 1500～2000 倍液等，喷洒植株 1 或 2 次。

41. 简述我国大麦黄矮病毒的分布与流行规律。

大麦黄矮病毒（barley yellow dwarf *Luteovirus*，BYDV）能引起小麦黄矮病。小麦黄矮病毒病分布最广、危害最严重。它是世界小麦生产上最重要的病毒性病害，也是中国小麦生产上的重要病害之一。中国小麦黄矮病在陕西、甘肃首次发现以来，在西北、华北、西南及华东等近 20 个省（市、自治区）的冬春麦区每年都有不同程度的危害。在甘肃，1966 年张掖、武威两地区发病面积约 6.70 万 hm^2，损失小麦约 0.5 亿 kg；1970 年陇东、陇南发病面积近 13.30 万 hm^2，损失小麦约 1.5 亿 kg；1999 年天水市小麦黄矮病发病面积近 6.8 万 hm^2，约占小麦总播种面积的 44%，损失小麦 0.1 亿～0.2

亿 kg。

优势介体蚜虫的猖獗及其所传播的主流株系蔓延与大麦黄矮病毒引起的小麦黄矮病毒病的流行密切相关。其流行与越冬毒源充足、小麦品种普遍不抗病、适宜病害发生流行气候条件和土壤状况有关。小麦黄矮病流行是由麦蚜虫口密度所决定的，与气象因素、耕作栽培条件和毒源等有一定关系。一般认为小麦黄矮病流行的必要条件是毒源和有翅麦蚜，而其流行充分条件不仅是麦田中带毒蚜虫的麦蚜，还与小麦品种抗性、当地气候条件和人为作业有关。一切有利于麦蚜繁殖与迁飞的气象因素和耕作条件都可能导致小麦黄矮病的流行，但麦蚜的发生量与黄矮病流行并非正相关。

42. 请简述纤细病毒属的病毒特性，说明其代表病毒水稻条纹病毒引起的条纹叶枯病在我国的分布和对生产的危害。

纤细病毒属（*Tenuivirus*）病毒粒体为直径 3～10nm 的细丝状体，无包膜，经两次蔗糖连续密度梯度离心后，形成 NB、B、M2 和 M1 四个组分，每个组分都含有一种 ssRNA 和一种 dsRNA（复制中间产物），各组分中的粒体长度分别为 2110nm、840nm、610nm、510nm，有的分离物在离心后还能得到 T 组分，只含有 ssRNA，粒体长度为 290nm，只有 NB 组分具有侵染性。细丝状粒体有时呈螺旋状、分枝状或环状。外壳蛋白由一种多肽组成，分子质量为 32kDa。病毒基因组具有独特的双义编码策略。病毒可由灰飞虱、白脊飞虱、白带飞虱和背条飞虱等昆虫介体持久传毒，寄主范围限于禾本科植物。

纤细病毒属有 6 个确定种和 5 个暂定种。代表病毒为水稻条纹病毒（rice stripe *Tenuivirus*，RSV）。该属的主要病毒有水稻白条病毒（rice hoja blanca *Tenuivirus*）、玉米条纹病毒（maize stripe virus），水稻草矮病毒（rice grassy stunt virus）。

水稻条纹病毒是纤细病毒属的重要代表病毒。该病毒引起的水稻条纹叶枯病，最早于 1963 年在江苏南部地区普遍发生，而目前该病已在我国的福建、江西、浙江、上海、江苏、安徽、湖北、广西、广东、云南、山东、河南、河北、北京、辽宁和台湾 16 个省（市、自治区）广大稻区发现，其中 1963～1966 年在江、浙、沪比较突出，1975～1976 年在北京郊区发生较重，1984 年以来在山东南部一度猖獗。水稻条纹叶枯病在 20 世纪 70 年代发生较轻，但自 80 年代末期以来，随着我国农村种植业结构的调整，作物品种和种植制度的改变，发病率有所提高，尤其在粳稻种植区发生普遍，部分地区田间发病率达 10%～20%，严重者可达 50%～60%。而自 1999 年以来，水稻条纹叶枯病在我国的发病呈逐渐上升趋势，全国年发生面积1 333 333hm^2 以上，而 2004 年，水稻条纹叶枯病在江苏、安徽、河南、山东、云南大流行，发病面积 3 333 333hm^2（5000 万亩[①]）以上，其中江苏发病 160 000hm^2（约 2400 万亩，占江苏水稻种植总面积的 79%），发病率 50%以上的重病田近 5000hm^2，1333.3hm^2绝收，给当地的水稻生产造成毁灭性打击，由该病引发的诸多社会问题也时有所闻，给我国的社会稳定和农民增收带来了严重的负面影响。

① 1 亩≈0.0667hm^2。

43. 说明斐济病毒属的特性及其代表病毒。

斐济病毒属（*Fijivirus*）的病毒具有双层衣壳，病毒粒子为等轴对称 20 面体，直径 65～70nm，病毒基因组为 10 条 dsRNA 片段。病毒由飞虱科昆虫传播如灰飞虱（*Laodelphax striatellus*）、褐飞虱（*Nilaparvata lugens*）、白背飞虱（*Sogatella furcifera*）等。

斐济病毒属是呼肠孤病毒科（Reoviridae）的一个属，成员有玉米粗缩病毒（maize rough dwarf *Fijivirus*）、水稻黑条矮缩病毒（rice black-streaked dwarf *Fijivirus*）、燕麦不孕矮缩病毒（oat sterile dwarf *Fijivirus*）、甘蔗斐济病毒（sugarcane fiji *Fijivirus*）和马唐矮化病毒（pangola stunt *Fijivirus*）。

44. 说明水稻黑条矮缩病毒和玉米粗缩病毒的归属及其对生产的危害。

水稻黑条矮缩病毒（rice black-streaked dwarf *Fijivirus*，RBSDV）、玉米粗缩病毒（maize rough dwarf *Fijivirus*，MRDV），两者都属植物呼肠孤病毒科斐济病毒属斐济病毒亚组Ⅱ成员。

水稻黑条矮缩病与玉米粗缩病在我国几乎同时在 20 世纪 60 年代初发现，前者先后于 20 世纪 60 年代中期和 90 年代在浙江、上海、江苏等省（市）稻、麦和玉米上发生了两次大流行；后者分别于 20 世纪 70 年代和 90 年代在华北和西北等地区的玉米上局部流行成灾。

45. 说明植物呼肠孤病毒属的病毒特性及其代表病毒。

植物呼肠孤病毒属（*Phytoreovirus*）属于呼肠孤病毒科，现仅有 3 个种，水稻矮缩病毒（rice dwarf virus *Phytoreovirus*）、水稻瘤矮病毒（rice gall dwarf virus *Phytoreovirus*）、伤瘤病毒（wound tumor virus *Phytoreovirus*）。典型种是伤瘤病毒。该属病毒的形态特征具有棱角的病毒粒体，粒体直径为 65～70nm，分子质量大约 75×10^6 U。病毒含有 12 条 dsRNA 核酸，分子质量为 0.3×10^6～3.0×10^6 U，核酸含量占病毒粒体重量的 22%左右；病毒核酸编码出 7 种结构蛋白，分子质量为 45 000～160 000U。

46. 说明水稻普通矮缩病毒的分类地位及其引起病害的危害。

水稻普通矮缩病毒（rice dwarf *Phtoreovirus*，RDV）属于植物呼肠孤病毒属的病毒。病毒粒体为球状多面体，等径对称，直径 75 nm，粒体内含有双链核糖核酸。病毒钝化温度 40～45℃，稀释限点 1000～100 000 倍，体外存活期 48h。病毒粒体多集中在病叶的褪绿部分。在白色斑点的叶部细胞内，含有近球形内含空胞的 X 体。

病毒引起水稻普通矮缩病，又称水稻矮缩病、普矮、青矮等，主要分布在南方稻区。罹病后的水稻植株矮缩、分蘖增多、叶片浓绿、僵直，生长后期病株不能抽穗，影响水稻产量和品质。

47. 试述双生病毒科的分属情况和病毒特性，说明双生病毒在我国的分布和对生产的危害。

双生病毒科（Geminiviridae）是继马铃薯 Y 病毒科（Potyviridae）的第二大植物病毒科。双生病毒科有 133 个病毒确定种和 61 个暂定成员。根据基因组结构、介体种类、寄主范围以及序列的相关性，将双生病毒正式分为 4 个属：玉米线条病毒属（*Mastrevirus*）、甜菜曲顶病毒属（*Curtovirus*）、番茄伪曲顶病毒属（*Topocuvirus*）和菜豆金色花叶病毒属（*Begomovirus*）。其中菜豆金色花叶病毒属病毒是双生病毒科最大，同时在生产上危害最为严重的一个属，包含 200 多个独立种，在自然条件下菜豆金色花叶病毒属病毒侵染双子叶植物，所有的病毒均由烟粉虱传播，因而也称作粉虱传双生病毒（WTG）。

双生病毒是一类单链环状的植物 DNA 病毒。1974 年 Bock 等从玉米和甘蔗上首次分离得到该病毒，到 1977 年，英国苏格兰作物研究所的 Harrison 才根据病毒的形态命名了该病毒。这类病毒的危害主要集中在热带和亚热带地区，且大多数病毒的寄主范围相对较窄，当时并没有引起人们太多的重视。随着全球气候变暖，农业耕作制度的变更及国际间贸易往来的增加，使得粉虱介体在世界范围内得到了空前扩展，双生病毒也在全球范围内广泛发生。双生病毒的寄主包括小麦、木薯、棉花、番茄、大豆、玉米、辣椒。我国早在 1965 年，柯冲等就报道了广东番茄上发生了粉虱传播的病毒病，到 1982 年，龚祖陨等通过电镜观察到烟草曲叶病毒孪生颗粒，证实了双生病毒在我国的发生。在我国云南、广西、广东、海南等地的烟草、番茄、番木瓜和南瓜等多种作物上已先后发现了多种双生病毒，并对当地农业生产造成了严重损失。

48. 简述马铃薯纺锤块茎类病毒科的类病毒的特性和代表类病毒。

马铃薯纺锤块茎类病毒科（Pospiviroidae）的类病毒基因组为一条环状 ssDNA，长 246～375nt，其中含有一个中央保守区，基因组不编码蛋白质，马铃薯纺锤块茎类病毒科的类病毒能引起马铃薯、番茄、苹果、柑橘和椰子等多种植物病害，严重影响产量和品质。该科的主要成员有柑橘鳞砧病类病毒（citrus exocortis viroid *Pospiviroid*），马铃薯纺锤块茎类病毒（potato spindle tuber *Pospiviroid*，PSTVd），菊花矮缩类病毒（chrysanthemum stunt viroid *Pospiviroid*）。

马铃薯纺锤块茎类病毒是马铃薯纺锤块茎类病毒科的代表种。

49. 简述马铃薯纺锤块茎类病毒的特性、分布及对生产的危害。

马铃薯纺锤块茎类病毒只有核酸，无衣壳蛋白，有病原性的 RNA，呈环状，分子质量为 1.27×10^5 U，其钝化温度为 70～80℃，在酚处理液中为 90～100℃，稀释限点为 10^{-2}～10^{-3}，体外存活期 3～5 天。在番茄上引起相似的症状，重型株系可以在番茄上引起心叶皱缩、叶脉坏死和严重束顶；轻病株对后接种的重病株有交叉保护作用。莨菪可以作为鉴别寄主，首先出现坏死斑，两周后系统坏死。茄科大多数属的植物隐症。该病毒也可侵染苋科、沙参科、石竹科、菊科、旋花科、无患子科、玄参科和缬草属等植物。

马铃薯纺锤块茎类病毒病引起的马铃薯病害是影响我国北方马铃薯生产的严重病害之一。它能影响块茎的形状，并且还能降低结薯的数量和大小。产量降低的程度依马铃薯纺锤块茎类病毒的株系和种植的品种而异。Hunter 和 Rich（1964）发现，当品种 Saco 受马铃薯纺锤块茎类病毒感染时，产量下降 64.8%。Singh 等（1971）报道，马铃薯纺锤块茎类病毒弱系使品种 Saco 产量下降 17%～24%，而强毒系使产量下降 64%。我国主栽品种虎头，克新 2、3、4 号，同薯 8 号，内薯 3 号，紫花白，晋薯 2、8、7 等都有不同程度的感染。马铃薯类病毒是马铃薯种薯检疫规程中的主要检疫对象，具有广泛的传播途径，必须通过严格检测，防止传播危害。

50. 试比较病毒与类病毒诊断鉴定方法的异同。

植物病毒一般是通过一系列的实验测定后，根据病毒的生物学特性、理化特性、基因组特性、血清学特性等来确定病毒种类的。早期的鉴定主要通过摩擦接种、介体传播及嫁接等方法接种指示植物后观察病毒引起的症状类型，同时结合病毒粒体形态、细胞病变及一些血清学的方法来确定病毒种类。随着许多病毒全基因组序列的测定及分子生物学技术的迅速发展，病毒鉴定往往通过对病毒基因组全序列或部分序列的测定，然后与已知病毒的序列进行比对来精确确定病毒的种类。植物病毒常用的鉴定方法包括生物学测定、电子显微镜技术、血清学技术和分子生物学技术等。

类病毒（viroid）与病毒引起植物病害在症状上没有明显的区别，病毒病的大多数典型症状也可以由类病毒引起，包括矮化、叶脉变色、叶扭曲、叶局部褪绿或枯斑、斑驳和整株死亡。类病毒感染后潜伏期较长，并持续感染。类病毒的侵染力强，可以通过摩擦接种传播。多数类病毒靠无性繁殖（如嫁接、块茎繁殖）传播，有些可经种子或花粉传播。一旦苗木、块茎被类病毒污染，就增加了类病毒蔓延的概率，给防治带来很大困难。因此，及早发现病株以控制类病毒病害的蔓延尤其重要。

类病毒的检测方法一般包括生物学检测，电泳、RT-PCR、核酸斑点杂交，PCR微量板杂交等分子生物学技术。因为类病毒无外壳蛋白的结构特性，决定了其不能利用血清学技术，这是二者检测技术上的最大区别。

51. 简述植物病毒基因组测序研究的进展和植物病毒基因组测序研究进展对病毒功能研究、病毒特性研究的促进作用。

病毒因其基因组小，成为进行基因组研究最早的生物体。早在1977年已完成了噬菌体DNA的全基因测序。许多病毒均已完成了全基因组测序，并根据序列的开放阅读框（ORF）对编码蛋白进行了推导。人们已对一些病毒蛋白进行了重组表达，还对一些病毒基因编码的调控序列进行了研究。

目前对病毒的基因组研究已进入了后基因组阶段，即从全基因水平研究病毒的生物学功能，同时发现新的基因功能。

目前可进行后基因组研究的领域为。

（1）基因组中与侵染相关的基因，致病基因变异或调控因子研究。

（2）病毒变异株或新出现毒株的致病性变异。

（3）病毒编码复制酶基因及其调控的研究。

（4）病毒与寄主的互作，病毒的寄主受体的研究。

综上所述，20世纪后期已从基因组水平研究病毒的功能，将病毒基因的研究重点转移到研究病毒基因与细胞的相互作用中来，开辟了病毒致病机理研究。

植物病毒基因组测序研究的进展，对更好地了解病毒的特点、生物学特性、抗原特性、细胞病理、基因组结构、基因功能起到了极大的促进作用。随着研究的深入，我们能从基因水平更好的研究病毒的特性，以达到控制病毒、防治病毒病的目的。

52. 为什么在进出口检疫检测时，病毒病检疫检测是最困难的？有什么对策？

由于病毒系统侵染的特点，在植物体内除生长点外各部位均可带毒，以在球茎、块根、接穗芽中特别重要，如果母株受侵染，则子代会无一幸免。而且病毒没有明显的病征，甚至会隐症，不容易从表型上判断观察，容易出现漏检。因此，需要对调运的植物材料进行生物学、血清学、分子生物学等技术抽样检测，使得病毒病的检疫检验相对于其他病原来说，费时、费力、费钱，且困难得多。

病毒的检测检验方法还有待进一步发展和提高，靠调运抽样检验有困难，而在生长期间，病毒病一般会有明显的症状表现，易于识别，故产地检疫是一种常用和有效的方法，它可以有效地提高植物检疫的准确性和可靠性，缩短调运检疫的时间。产地检疫是植物检疫具有积极性、主动性、预防性的措施，是防止检疫性病毒等有害生物传播蔓延的根本途径。搞好产地检疫，可以避免在调运检疫时，一旦发现检疫性病毒等有害生物而采取检疫处理措施所带来的巨大经济损失和压车、压港、压库及交通运输堵塞，有利于促进商品交换和流通。

53. 在进出口检疫过程中，有哪些方法适用于病毒的检测？进出口检疫检测在病毒检测方面有哪些要求？

进出口病毒检疫检测的主要措施有：①酶联免疫试验（enzyme-linked immunosorbent assay，ELISA）；②反转录聚合酶链式反应（reverse transcription polymerase chain reaction，RT-PCR）；③生物学方法（biological test）等。进出口检疫要求快速、灵敏度高，需要样品量少等。

54. 哪几种植物病毒属于我国禁止入境的危险性有害生物？它们主要危害哪些作物及其分布情况？

根据2007年农业部公告第862号“中华人民共和国进境植物检疫性有害生物名录”，目前属于我国禁止入境的危险性的病毒有非洲木薯花叶病毒（African cassava mosaic *Begomovirus*）、可可肿枝病毒（cacao swollen shoot *Badnavirus*）、马铃薯帚顶病毒（potato mop-top *Furovirus*）、马铃薯黄矮病毒（potato yellow dwarf *Nucleorhabdovirus*）、番茄环斑病毒（tomato ringspot *Cucumovirus*）、南芥菜花叶病毒（arabis mosaic *Nepovirus*）、烟草环斑病毒（tobacco ringspot *Nepovirus*）、草莓潜隐环斑病毒（strawberry latent ringspot *Nepovirus*）和番茄斑萎病毒（tomato spotted wilt *Tospovirus*）。

其中，非洲木薯花叶病毒危害木薯属的植物。可可肿枝病毒危害可可、厚皮可乐果、吉贝、苹婆属植物。马铃薯帚顶病毒危害马铃薯等茄科植物、马铃薯黄矮病毒危害茄科、菊科等多种植物。番茄环斑病毒（tomato aspermy *Cucumovirus*）、南芥菜花叶病毒、烟草环斑病毒、草莓潜隐环斑病毒和番茄斑萎病毒寄主范围非常广泛，能够侵染多种单子叶和双子叶植物。

这些病毒是对农业生产造成严重危害的植物病毒，在我国暂时没有分布，因此，需要做好植物检疫，防止其传入我国。

55. 植物病毒在哪些方面可以为我们人类所利用？

植物病毒既可以造成植物病害，但也可以为我们人类所利用，主要有如下几个方面。

（1）用作基因工程的载体、转基因植物研究等方面，如花椰菜花叶病毒，其35S启动子已被广泛用于基因工程，作为基因高效表达的工具。PVX、TRV、TMV等多种植物病毒被开发为基因功能研究的载体。

（2）用于有害生物控制，如害虫、真菌及杂草的生物防治等。

（3）用于环境保护，如利用藻类病毒消除水面藻类污染。

（4）用于花卉增色或者改变花色，如金心黄杨、金边瑞香、杂色郁金香等。

56. 请列举几个植物病毒研究的热点领域。

（1）植物病毒基因功能研究。

（2）植物病毒沉默抑制子及其沉默抑制方式。

（3）植物病毒的致病机理及病毒与寄主的互作。

（4）生产上重大影响的病毒病的发生规律及防治研究。

三、判断及改错题

1. 一般植物病毒均具有 DNA 和 RNA 两种核酸。
错误。
改正：一般植物病毒只含有 DNA 或 RNA 一种核酸。

2. 类病毒是类似于病毒的生物，因此，它也具有蛋白外壳、核酸链。
错误。
改正：类病毒是一种能单独引起侵染的小分子 RNA，不含蛋白外壳。

3. 植物病毒的整个增殖复制过程均在寄主细胞核内进行。
错误。
改正：植物病毒的增殖复制是在寄主细胞核及细胞质中进行或者在细胞核或细胞质中进行。

4. 植物病毒是以裂殖方式进行繁殖的。
错误。
改正：植物病毒是以增殖复制的方式进行繁殖的。

5. 植物病毒可以从植物表皮，自然孔口及伤口侵入。
错误。
改正：植物病毒可以从寄主微伤口侵入。

6. 病毒的传播是指植物病毒从植物的一个局部到另一局部的过程。
错误。
改正：病毒的传播是指植物病毒从一株植物转移或扩散到其他植物的过程。

7. 植物病毒病被称为植物的癌症，因为无有效药剂可以治愈。
错误。
改正：生物源抑制病毒剂的研究开发，可以寻找到治疗植物病毒病的方法和途径。

8. 植物病毒造成植物病害，因此植物病毒是对人类有害的，应该消灭它们。
错误。
改正：植物病毒造成植物病害，是对人类有害的一面，但是，植物病毒结构简单，可以改造为载体，研究生命现象和机理，是植物病毒能被人们利用的方面。故不应该消灭它们，实际上病毒也是不可能被消灭的。

9. 所有植物病毒是专性寄生物，因此，离开活体植物就丧失活性。

错误。

改正：大多数植物都是专性寄生物，离开活体寄主就丧失活性。但是少数病毒，如烟草花叶病毒（TMV）在土壤中可以存活多年，甚至在烟渣灰中都可以存活。

10. 植物病毒病主要依靠化学药剂防治。

错误。

改正：植物病毒没有特效的防治药剂，主要靠使用健康种苗、杜绝传播、增强植物抗性等方法来达到防治目的。

第六章 植物病原线虫及原生动物

【习题】

一、名词解释

1. 线虫；2. 内寄生线虫；3. 半内寄生线虫；4. 外寄生线虫；5. 口针；6. 食道；7. 垫刃型食道；8. 滑刃型食道；9. 矛型食道；10. 泄殖腔；11. 胞囊；12. 会阴花纹；13. 原生动物

二、问答及论述题

1. 垫刃目和滑刃目线虫的主要区别是什么？
2. 为什么把线虫列为植物病原物？
3. 简述线虫消化系统的构造。
4. 简述线虫生殖系统的构造。
5. 何谓植物寄生线虫的生活史？
6. 试述植物线虫的致病机制。
7. 谈谈影响植物寄生线虫生存的生态环境。
8. 结合线虫生活习性，试拟定植物线虫病害的防治措施？
9. 简述原生动物中植生滴虫属的形态特征。
10. 原生动物危害植物的特点及主要危害。
11. 试列举出几个植物病原线虫在农林业生产上造成重大危害的例子。
12. 如何诊断植物线虫病害？
13. 哪些植物线虫能够传播植物病毒？说明其传毒的危害。

三、判断及改错题

1. 防治根结线虫病时，将杀线虫药剂按比例配成药液均匀地喷洒在受病植株上，即可收到良好的防治效果。
2. 植物寄生线虫都是蠕虫形的。
3. 植物寄生线虫都是专性寄生物。
4. 植物线虫只危害植物的根和地下的茎与块根。
5. 根结线虫、剑线虫、毛刺线虫都能传播植物病毒。
6. 根结线虫、胞囊线虫是雌雄异形的植物线虫。
7. 植物线虫从卵孵化出来的幼虫是第 2 龄幼虫。
8. 植物寄生线虫都是专性寄生的，只能在活体植物上取食和繁殖，不能进行人工培养。

9. 原生动物是一类多细胞的完整生命体。
10. 在培养基上可以大量培育植生滴虫。

【解答】

一、名词解释

1. 线虫（nematode）：又称蠕虫（helminth），是一类低等的无脊椎动物，通常生活在土壤、淡水、海水中，其中很多能寄生在人、动物和植物体内，引起疾病或病害。危害植物的称为植物病原线虫或植物寄生线虫，简称植物线虫。

2. 内寄生线虫（endoparasite）：根据寄生方式和习性，把将全部躯体伸入寄主植物体内寄生吸食的植物寄生线虫，称为内寄生线虫。

3. 半内寄生线虫（semi-endoparasite）：根据植物寄生线虫的寄生方式和习性，把只以头部或身体的前半部伸入植物体内取食，而后半部则留在植物体外的植物寄生线虫，称为半内寄生线虫。

4. 外寄生线虫（ectoparasite）：根据植物寄生线虫的寄生方式和习性，把只以口针刺破植物表皮吸取营养，躯体不进入寄主植物体内的植物寄生线虫，称为外寄生线虫。

5. 口针（stylet）：是植物寄生线虫从寄主体内获取营养和侵入寄主体内的工具，是位于口腔内针刺状的骨化器官。典型的口针由针锥、针干、基部球三部分组成。

6. 食道（oesophagus）：是一个不规则的管状结构，由发达的肌肉组成，紧接在口腔之后，外壁光滑，内有三向放射状食道腔。食道腔前端与口针的针腔相连，后端连接肠腔。根据其结构，可分为垫刃型食道、滑刃型食道和矛型食道。线虫的食道类型是线虫分类鉴定的重要依据。

7. 垫刃型食道（tylenchoid oesophagi）：即背食道腺开口位于口针基球附近，腹食道腺开口于中食道球腔内的食道类型。整个食道可分为四部分，靠近口孔是细狭的前体部、接着是膨大的中食道球、之后是狭部、最后接膨大的食道腺。

8. 滑刃型食道（aphelenchoid oesophagi）：即背食道腺、腹食道腺均开口于中食道球腔内的食道类型。整个食道可分为四部分，靠近口孔是细狭的前体部、接着是膨大的中食道球、之后是狭部、最后接膨大的食道腺。即整个食道构造与垫刃型食道相似。

9. 矛型食道（dorylaimoid oesophagi）：为外寄生线虫的一种食道类型，口针粗大，食道分两部分，食道管的前部较细而薄，渐向后加宽加厚，呈瓶状。

10. 泄殖腔（cloaca）：是植物线虫雄虫消化管和生殖管合并形成的与肛门相连的一个共同管道（腔体），是植物线虫雄虫的一个特殊结构。

11. 胞囊（cyst）：线虫的某些种，其雌虫产的卵可以完全不排出体外，成熟雌虫死亡后，表皮变褐变硬，内藏大量虫卵即为胞囊。胞囊实质上是死去雌虫的尸体。

12. 会阴花纹（perineal pattern）：指根结线虫雌虫阴门周围的角质膜形成的特征性花纹，具有鉴定和分类价值。

13. 原生动物（protozoan）：是最原始、最简单、最低等的单细胞动物。细胞内有特化的各种胞器，具有维持生命和延续后代所必需的一切功能，如行动、营养、呼吸、排泄和生殖等。每个原生动物都是一个完整的有机体。

二、问答及论述题

1. 垫刃目和滑刃目线虫的主要区别是什么？

垫刃目和滑刃目线虫的主要区别是它们的食道类型。

垫刃目线虫的食道为垫刃型食道，背食道腺开口位于口针基球附近，腹食道腺开口于中食道球腔内。

滑刃目线虫的滑刃型食道的背食道腺、腹食道腺均开口于中食道球腔内。

2. 为什么把线虫列为植物病原物？

线虫（nematode）又称蠕虫（helminth），是一类低等的无脊椎动物，生活在土壤、淡水、海水中，其中很多种类能寄生在人、动物和植物体内，引起各种疾病（或病害）。寄生和危害植物的线虫称为植物病原线虫或植物寄生线虫，简称植物线虫。植物受线虫危害后，由于线虫食道腺分泌物会引起一系列毒害作用：①刺激寄主细胞的增大，形成巨型细胞或合胞体；②刺激细胞分裂形成瘤肿和根部的过度分枝等畸形；③抑制根茎顶端分生组织细胞的分裂；④溶解中胶层使细胞离析；⑤溶解细胞壁和破坏细胞等。引起不正常状态的过程是一个病理变化过程，使寄主植物所表现的不正常状态与植物病害的一般症状相似，因此，习惯上把寄生线虫作为病原物，作为植物病理学内容的一部分来研究。常把植物寄生线虫引起的危害称为植物线虫病。

3. 简述线虫消化系统的构造。

线虫的消化系统非常发达，是线虫极其重要的系统之一。从体前端至体后端，依次为口孔→口腔→食道→肠→直肠→肛门。

4. 简述线虫生殖系统的构造。

线虫的生殖系统非常发达，有的占据了体腔的很大部分，是线虫极其重要的系统之一。

雌虫有 1 或 2 个卵巢，通过输卵管连到子宫和阴门，子宫的一部分可以膨大而形成受精囊。主要器官及连接顺序为：卵巢→输卵管→子宫→阴门。雌虫的阴门和肛门是分开的。

雄虫有 1 个或 1 对精巢，通常只有 1 个精巢。精巢连接输精管和虫体末端的泄殖腔。泄殖腔内有一对交合刺，有的还有引带和交合伞等附属器官。主要器官及连接顺序为：精巢→输精管→泄殖腔→交合刺或交合伞。

5. 何谓植物寄生线虫的生活史？

植物寄生线虫生活史（life cycle of nematode）指由卵孵化出幼虫，幼虫发育为成虫，两性交配后产卵，完成一个发育循环的过程。

线虫的生活史很简单，卵孵化出来的幼虫形态与成虫大致相似（雌雄异形的类别除外），所不同的是生殖系统尚未发育或未充分发育。幼虫发育到一定阶段就蜕皮一次，蜕去原来的角质膜而形成新的角质膜，蜕化后的幼虫大于原来的幼虫。每蜕化一次，线虫就增加一个龄期，大多数植物病原线虫的幼虫一般有 4 个龄期。在环境条件适宜的情况下，线虫完成一个生活史一般需要 3～4 个星期，如果温度低或其他条件不适合，则所需时间要长一些。

6. 试述植物线虫的致病机制。

有很多线虫对植物有致病性，有的能造成毁灭性损失。线虫通过口针的穿刺吸食和在组织内造成的创伤，对植物有一定的影响，但对植物破坏作用最大的是线虫食道腺的分泌物。

对线虫而言，食道腺分泌物的作用是帮助口针穿刺细胞壁和消化细胞内含物，以便于吸取。食道腺分泌物对植物的影响或引起发病的机制大致可以概括为：①刺激寄主细胞的增大，形成巨型细胞或合胞体；②刺激细胞分裂形成瘤肿或根部的过度分枝等畸形；③抑制根茎顶端分生组织细胞的分裂，形成粗短根或称为“切根”状；④溶解中胶层使细胞离析；⑤溶解细胞壁和破坏细胞。

因此，线虫侵入植物以后，会导致植物受害而表现出各种症状。同时，因土壤中存在着许多其他病原物，植物根部受到线虫侵染后，常常造成许多伤口，为土壤中的其他病原物打开了入侵的通道，使植物容易遭受其他病原物侵害，形成复合侵染，从而加重病害的发生。

概括起来，植物线虫的致病机制有 3 个方面：①口针的直接伤害；②线虫食道腺分泌物对寄主植物的破坏作用；③与其他病原物的复合侵染。

7. 谈谈影响植物寄生线虫生存的生态环境。

线虫基本上是一类水生动物。植物病原线虫仍然保持水生习性，除了休眠状态的幼虫、卵和胞囊，线虫都需要在适当的水中或土壤颗粒表面有水膜时才能正常活动和存活，或寄生在寄主植物的活细胞和组织内。因此，活动状态的线虫暴露在干燥的空气中很快将死亡。影响植物寄生线虫的生态环境因子可以从温度、湿度和土壤等方面来认识。

不同线虫种类其发育最适温度不同，但一般在 15～30℃。在 40～50℃的热水中 10min，即可被杀死。高于 30℃、低于 15℃，其生长发育受到影响。

在大多数植物病原线虫的生活史中均有一段时期生活或存活在土壤中，有些线虫只是很短促的时间从植物上取食，而大部分时间生活在土壤中，即使是一些在植物体内定居性的植物病原线虫，它们的卵、侵入前的幼虫和雄虫都有一个时期存活于土壤中。因此，土壤是植物病原线虫最重要的生态环境。在土壤环境中，温度和湿度（水分条件）是影响线虫的重要因素，土壤的温、湿度高，线虫活跃，体内的养分消耗快，存活时间较短；在低温低湿条件下，线虫存活时间就相对较长。通常，砂壤有利于线虫的生存和活动。

虽然线虫缺乏呼吸系统，但单位体重的耗氧量比人还高，因此，土壤长期处于淹水或通气不良的条件下将影响线虫的存活。但是许多线虫以休眠的状态可以在植物体外长期存活，如土壤中由根结类线虫雌虫产卵后所形成的胶质状的卵囊（卵块）和由胞囊类线虫雌虫产卵后形成胞囊中的卵存活期较长。

8. 结合线虫生活习性，试拟定植物线虫病害的防治措施？

线虫的生活习性决定着线虫的生存和定殖。通常，线虫生活在土壤中，土温、土壤湿度及土壤有机质含量和寄主的抗性等，都决定着线虫的生存和种群数量。如果是叶部寄生的线虫，叶部水分、品种抗性则是线虫病害发生的重要因素。

线虫常常以被动传播为主，包括人为传播，种子、苗木调运及包装材料传播，水流（灌溉水）及风、农具的携带等传播，昆虫（如松墨天牛、棕榈象甲）等介体传播。

根据线虫的生活特性、传播方式和在各地分布不均等特点，线虫病害的防治必须考虑以下几个方面。

（1）植物检疫。控制危险性线虫的传播危害，如松材线虫主要是靠松木为包装材料来进行传播的。由于检疫不得当，松材线虫传入我国，造成局部地区的严重危害，其引起的松树萎蔫病被称为无烟的森林火灾。实行严格检疫，把好进出口关，是杜绝线虫病害传播的最主要和有效手段。

（2）轮作和土壤消毒。针对土壤存在的线虫，轮作和土壤消毒是非常有效的防治措施。

（3）利用抗病品种。抗病品种对所有线虫病害的控制均有效。在线虫发生区域，其他防治措施费时、费力、消耗资金，而采用抗病品种既节约成本，又能达到控制线虫病害的较好效果。

（4）充分利用寄主作物自身的抵抗能力。加强栽培管理，营造保证作物健康生长的环境，增强作物自身的抵抗能力，能减少线虫病害的损失。

（5）生物防治。利用捕食真菌或生防细菌，在未发病前施入土壤，可以减少线虫的危害。

9. 简述原生动物中植生滴虫属的形态特征。

植生滴虫属（*Phytomonas*）属于原生动物门（Protozoa）、鞭毛纲、动质体目（Kinetoplastida）、锥体虫科（Trypanosomatidae）。虫体为单细胞，表面为细胞膜，形状可变，鞭毛 1 或 4 根。有一个细胞核，胞质分化，各司其职，如鞭毛是运动胞器，胞口、胞咽、食物胞和胞肛是营养胞器，眼点是感觉胞器等。身体虽为一个单细胞，但它是一个完整的生命体，具有一切作为一个动物所具有的功能。

10. 原生动物危害植物的特点及主要危害。

原生动物危害植物的特点主要是：一般由嫁接和昆虫介体传播；侵染后阻碍光合产物向根部运输；产生酶类物质降解寄主的果胶类物质。

南美洲咖啡树韧皮部坏死病是由细管植生滴虫（*Phytomonas leptovasorum*）引起的代表性病害。受害的树木，初时根尖部开始枯死，逐渐地扩大恶化，根系被破坏、死亡。发病初期，地上部呈现稀疏的变黄和落叶，随着变黄和落叶的逐渐增多，只有幼嫩的顶叶还保留着，其他部位都成光秃的枝条，最后导致植株最终死亡。病害可以通过根接触而传染，但不能通过绿色的枝条或叶片的嫁接而传播。

南美洲的椰子心腐病、哥伦比亚的油棕树速萎病也是由植生滴虫（*Phytomonas* sp.）引起的。植生滴虫属还有一些种类危害植物，其中 *Phytomonas elmassiani* 由昆虫介体传播，寄生在萝摩科的马利筋草上；*P. bancrofti* 寄生桑科的无花果上；*P. leeptovasorum* 寄生在咖啡树上；*P. francai* 寄生木薯，在巴西引起木薯空根病。

目前，对这类病害的防治还没有较好的方法，但认为建立无病苗圃，培养无病种苗是有效的。有人提出防治介体昆虫以控制病害，但在生产上执行比较困难。迄今为止，我国尚未见发生该类病害的报道。

11. 试列举出几个植物病原线虫在农林业生产上造成重大危害的例子。

（1）甜菜孢囊线虫（*Heterodera schachtii*）。1859年，甜菜孢囊线虫第一次被报道危害甜菜。当时这种线虫使欧洲甜菜制糖业遭受到重大损失。

（2）松材线虫（*Bursaphelenchus xylophilus*）。引起松树萎蔫病，又称为松材线虫病。松树是我国分布面积第一的树种，松材线虫则是松树的第一号天敌。松材线虫自20世纪初在日本发现以来，百年间已对日本松林造成了致命的打击。日本松树原来占全国森林资源的60%～70%，如今只剩下10%左右，其直接原因是松材线虫的祸害。松材线虫于1982年传入我国，目前在安徽、江苏、浙江、山东、广东等省均有发现，危害极为严重。

（3）根结线虫（*Meloidogyne* spp.）。引起各种作物的根结线虫病。该线虫主要危害根部，形成根结，造成根系发育受阻和腐烂，植株地上部衰弱和枯死。受害严重的植物有茄科（番茄、烟草等）、葫芦科（瓜类）、花生、柳树和悬铃木等。其中烟草根结线虫病在世界上分布广泛，在我国最早见于台湾省，在大陆地区，目前除东北外，几乎各主要产烟区都有发生，一般发病田减产30%～40%，重病田减产60%～70%。

（4）大豆胞囊线虫（*Heterodera glycines*）。大豆胞囊线虫病又称大豆根线虫病、萎黄病，俗称“火龙秧子”，一直以来都是导致大豆减产，甚至绝产的主要病害之一。美国、日本、朝鲜等国均有发生。我国主要分布东北、华北及河南、安徽、江苏、山东等地，一般减产10%～20%，重者可达30%～50%，甚至颗粒无收。

（5）禾谷胞囊线虫（*Heterodera avenae*），或称为燕麦胞囊线虫。主要危害小麦、大麦、燕麦、黑麦和多数多年生及一年生禾本科杂草，约27属34种植物。其引起的小麦胞囊线虫病，在我国河南、湖北、河北、山西、北京、青海等10省（市），危害小麦面积约百万公顷以上，一般可使小麦减产20%～30%，严重时可减产90%，甚至绝收，是小麦生产威胁性极大的病害。

（6）甘薯茎线虫（*Ditylenchus detructor*）。引起甘薯茎线虫病，俗称甘薯“糠心病”。主要危害薯块，其次是茎蔓。我国安徽、山东、河南、河北等地的甘薯均受到该病危害。发病田块甘薯一般减产30%～50%，严重田块减产达70%以上，甘薯品质大幅度下降。除危害甘薯外，还危害马铃薯、百合、人参、薄荷、当归等植物。

12. 如何诊断植物线虫病害？

植物线虫病是由植物寄生线虫侵染和寄生引起的植物病害。大多数植物线虫危害植物根部，引起根部病变；地上部一般表现为生长衰退、下部叶片变黄、植株萎靡不振。一些植物线虫可以侵染植物的叶片、茎干、花序和种子，有某些特异性病状，但缺乏病征。植物线虫能传播真菌、细菌、病毒等，形成对植物的复合侵染，引起复合症或复合病害。因此，植物线虫病害的诊断需要进行病害症状观察、病原线虫分离鉴定和必要的接种试验。

（1）植物病害症状观察。植物病原线虫在田间的分布一般是不均匀的，因此当观察到田间出现局部的植株黄化、矮缩以及植株根系生长不良等现象时，可以初步确定是病原线虫所致。对于一些常见的线虫病害，如根结线虫病、小麦粒线虫病等，根据症状直接就可以做出肯定的诊断；但大多数的线虫病害并不形成特异的症状，容易与生理性及其他传染性病害症状混淆，准确的诊断还必须依据线虫的分离和鉴定。

（2）病原线虫分离及鉴定。采集有明显症状的标本，对大多数线虫需采集根系及根围土壤，通过对线虫的分离和鉴定做出准确的诊断。

（3）接种实验。有时从样本中常可以分离到两种或两种以上的有口针的线虫。尽管寄生植物的线虫都有口针，但是并非所有有口针的线虫都是植物寄生线虫，因而要从中判断哪一种是优势病原线虫，常需要接种实验以确定线虫的致病性或判断哪一种线虫是优势病原线虫。

13. 哪些植物线虫能够传播植物病毒？说明其传毒的危害。

植物寄生线虫的种类很多，但可作为病毒介体的却相当少，它们都是长针科或毛刺科内的线虫，分布在长针属（*Longidorus*）、拟长针属（*Paralongidorus*）、剑线虫属（*Xiphinema*）、毛刺属（*Trichodorus*）和拟毛刺属（*Paratrichodorus*）中。

传毒线虫在危害寄主植物的过程中，通过摄食来摄取植物病毒，病毒随线虫分泌的消化液被传给寄主细胞。因此，传毒线虫除了本身可直接危害寄主植物外，还可以把病毒从被带毒植株传到健康植株上，从而形成复合侵染，造成双重危害。

三、判断及改错题

1. 防治根结线虫病时，将杀线虫药剂按比例配成药液均匀地喷洒在受病植株上，即可收到良好的防治效果。

   错误。

   改正：防治根结线虫病时，根据杀线虫药剂的用量均匀穴施，即可收到良好的防治效果。

2. 植物寄生线虫都是蠕虫形的。

   错误。

   改正：绝大多数植物寄生线虫是蠕虫形的，但有一小部分为雌雄异形，雄虫为线形（蠕虫形），雌虫膨大为梨形、肾形等。

3. 植物寄生线虫都是专性寄生物。

   正确。

4. 植物线虫只危害植物的根和地下的茎与块根。

   错误。

   改正：绝大多数植物线虫只危害植物的根和地下的茎与块根，但一些种类能危害地上部分，如水稻干尖线虫、松材线虫、菊花叶枯线虫等。

5. 根结线虫、剑线虫、毛刺线虫都能传播植物病毒。

   错误。

   改正：剑线虫、长针线虫、毛刺线虫能传播植物病毒。

6. 根结线虫、胞囊线虫是雌雄异形的植物线虫。

   正确。

7. 植物线虫从卵孵化出来的幼虫是第 2 龄幼虫。

正确。

8. 植物寄生线虫都是专性寄生的，只能在活体植物上取食和繁殖，不能进行人工培养。

错误。

改正：植物寄生线虫都是专性寄生的，只能在活体寄主上取食和繁殖，有一些类群可以取食真菌而存活。因此，有些线虫能在人工培养的特定的真菌上培养。

9. 原生动物是一类多细胞的完整生命体。

错误。

改正：原生动物是一类单细胞的完整生命体。

10. 在培养基上可以大量培育植生滴虫。

错误。

改正：到目前为止，在一般的培养基上还不能培育植生滴虫。

第七章　寄生性植物

【习题】

一、名词解释

1. 寄生性植物；2. 全寄生植物；3. 半寄生植物；4. 根寄生植物；5. 茎寄生植物；6. 重寄生植物

二、问答及论述题

1. 寄生性植物有哪些类型？主要属于哪些植物类群？
2. 寄生植物是如何吸收营养物质的？
3. 寄生植物是怎样繁殖传播的？
4. 寄生植物对寄主植物有哪些危害？
5. 如何防除寄生性植物？
6. 为何将菟丝子属、列当属寄生性植物列为植物检疫对象？

三、判断及改错题

1. 菟丝子的寄生类型属于半寄生，其导管与寄主植物的导管相连。
2. 热带、亚热带地区木本植物上常见的“红锈病”是由锈菌目真菌引起。
3. 菟丝子寄生在寄主植物的根部，地上部与寄主分离。
4. 桑寄生的种子极小，可随风传播。

【解答】

一、名词解释

1. 寄生性植物（parasitic plant 或 parasitic higher plant）：植物大多数都是自养的，借光合作用合成自身所需的有机物，但少数植物由于根系或叶片退化或缺乏足够的叶绿素而需要寄生在不同种类的高等植物上，成为寄生性植物。
2. 全寄生植物（holo parasitic plant）：寄生性植物从寄主植物上夺取它自身需要的所有生活物质的寄生方式称为全寄生。例如，列当和菟丝子，它们的叶片退化，叶绿素消失，根系也蜕变为吸根，其吸根中的导管和筛管分别与寄主植物的导管和筛管相连。
3. 半寄生植物（semiparasitic plant 或 hemiparasitic plant）：寄生性植物仅从寄主植物吸取水分和无机盐的寄生方式称为半寄生。例如，桑寄生，它们茎叶内仍有叶绿素，可以自己制造碳水化合物，但根系退化，以吸根的导管与寄主植物的导管相连。
4. 根寄生植物（root parasitic plant）：列当、独脚金等寄生性植物寄生在寄主植物的根部，在地上部与寄主彼此分离，称为根寄生植物。

5. 茎寄生植物（stem parasitic plant）：菟丝子、桑寄生等寄生性植物寄生在寄主的茎秆或叶片上，两者在寄主的地上部紧紧地结合在一起，称为茎寄生植物。

6. 重寄生植物（supper parasitic plant）：檀香科重寄生属的植物常寄生在槲寄生、桑寄生等植物上，这种以寄生性植物为寄主的植物称为重寄生植物。

二、问答及论述题

1. 寄生性植物有哪些类型？主要属于哪些植物类群？

寄生性植物大多数属于高等的种子植物（spermatophyte），能够开花结籽，称为寄生性种子植物；有些属于低等藻类植物，称为寄生藻类植物（parasitic algae）。目前已知的寄生性植物有2500多种。寄生性种子植物主要属于被子植物门的12个科，重要的有菟丝子科（Cuscutaceae）、樟科（Lauraceae）、桑寄生科（Loranthaceae）、列当科（Orobanchaceae）、玄参科（Scrophulariaceae）和檀香科（Santalaceae）的植物，其中以桑寄生科最多，约占所有寄生性植物的一半。寄生藻类植物主要属于绿藻门（Chlorophyta）的头孢藻属（*Cephaleuros*）和红点藻属（*Rhodochytrium*）。

2. 寄生植物是如何吸收营养物质的？

不同的寄生性植物从寄主获取营养物质的方式不同。根据寄生性植物从寄主植物上获取营养物质的方式可以将其分为全寄生和半寄生两大类。全寄生植物从寄主植物上获取自身生活所需要的所有营养物质，包括水分、无机盐和有机物质，此类植物叶片退化、叶绿素消失、根系蜕变为吸根，在解剖学上表现为其吸根中的导管与筛管同寄主植物的导管和筛管相连，并从中不断吸取各种营养物质。半寄生植物本身具有叶绿素，能够进行光合作用来合成有机物质，但由于根系缺乏而需要从寄主植物中吸取水分和无机盐，在解剖学上表现为导管与寄主植物的导管相连，从而吸取水分和无机盐。

3. 寄生植物是怎样繁殖传播的？

寄生性种子植物靠种子繁殖。但种子传播的方式有很大的差别，大致分成两种类型。一种为被动传播方式，其种子主要靠风力或鸟类传播，有时则与寄主植物一起通过调运传播；另一种为主动传播方式，当寄生植物的种子成熟时，果实吸水膨胀开裂，将种子弹射出去。菟丝子的种子随寄主种子的收获与调运而传播扩散。桑寄生的果实为肉质浆果，成熟时色泽鲜艳，当鸟类啄食后，经粪便排出体外，种子黏附在树枝上，适宜条件下萌发侵入寄主。列当、独脚金种子极小，成熟后果实开裂，种子随风飞散，一般可达数十米远。寄生藻类通过无性繁殖直接产生游动孢子或经有性繁殖形成结合子，由结合子萌发产生游动孢子，孢子借风雨传播扩散。

4. 寄生植物对寄主植物有哪些危害？

寄生性植物对寄主植物的危害主要表现为对营养物质的掠夺。一般来说，全寄生植物比半寄生植物的危害大。例如，全寄生的菟丝子和列当，可引起寄主植物黄化和生长衰弱，严重时造成大片死亡，对产量影响极大；而半寄生植物如桑寄生和槲寄生等主要寄生多年生木本植物，寄生初期对寄主生长无明显影响，当寄生植物群体较大时会造成寄主生长不良和早衰，有时也会造成寄主植物死亡，但与全寄生植物相比，扩散和致病速度均较慢。寄生性藻类除了与寄主植物争夺营养物质，影响寄主长势外，还能影响园艺植物果实的商品价值和植物的观赏价值。此外，有些寄生性植物还充当其他病害的传播媒介。例如，菟丝子可以将病毒从病株传导到健康植株上，加重危害。

5. 如何防除寄生性植物？

菟丝子属（*Cuscuta*）、列当属（*Orobanche*）等全寄生植物，由于危害严重、繁殖传播速度快、防治困难，在无病区应首先加强检疫，防止其传入。在发生区，可以使用除草剂来杀灭寄生植物，对出现少量危害的田块，当其种子未成熟前，人工拔除也是一种有效的办法。另外，菟丝子一般不侵染禾本科作物，在发病严重的田块，利用玉米、高粱、水稻等作物进行轮作或间作，可减轻菟丝子的危害；在列当发生严重的田块，田间种植玉米、三叶草等植物诱发土中的列当种子萌发后铲除，也是一种可行的防治办法。

桑寄生科（Loranthaceae）槲寄生属（*Viscum*）的半寄生植物主要采取人工连年砍除的方法进行防治，冬季是砍除的较好季节。另外，还可以用硫酸铜、2,4-D 和氨基醋酸等进行化学防治。

寄生性藻类，主要以头孢藻属（*Cephaleuros*）和红点藻属（*Rhodochytrium*）危害较为严重。防治首先要改善植株的通风透光条件，增加寄主的生活力和抵抗力；必要时可喷洒杀菌剂，如波尔多液等铜制剂或石硫合剂等来防治；发病后搞好田园卫生，早期摘除发病枝叶，同时增施肥料，促进植株生长，减少损失。

6. 为何将菟丝子属、列当属寄生性植物列为植物检疫对象？

根据我国的动植物检疫法，确定危险性植物病害检疫对象主要依据以下三个条件：①国内尚未发现或虽有发生但分布不广；②病原物随植物及其产品人为传播；③危险性大，适应性和抗逆性强，传入后难以根除。菟丝子属（*Cuscuta*）、列当属（*Orobanche*）寄生性植物具有危害严重，繁殖蔓延速度快的特点，其种子小而多，一旦落入土壤很难清除，而且种子寿命长，可以随寄主种子调运而远距离传播。因此菟丝子和列当被列为进境植物检疫对象。

三、判断及改错题

1. 菟丝子的寄生类型属于半寄生，其导管与寄主植物的导管相连。

   错误。

   改正：菟丝子的寄生类型属于全寄生，其导管和筛管分别与寄主植物的导管和筛管相连。或改为：桑寄生的寄生类型属于半寄生，其导管与寄主植物的导管相连。

2. 热带、亚热带地区木本植物上常见的“红锈病”是由锈菌目真菌引起。

   错误。

   改正：热带、亚热带地区木本植物上常见的“红锈病”是由绿藻门的丝藻目和绿球藻目的藻类植物引起。

3. 菟丝子寄生在寄主植物的根部，地上部与寄主分离。

   错误。

改正：菟丝子寄生在寄主植物的茎秆或叶片上，与植物地上部结合紧密。或改为：列当寄生在寄主植物根部，在地上部与寄主分离。

4. 桑寄生的种子极小，可随风传播。

错误。

改正：桑寄生的果实为肉质浆果，可以吸引鸟类啄食，并随鸟的飞翔活动而传播。或改为：列当的种子极小，可随风传播。

第八章　非侵染性病害

【习题】

一、名词解释

1. 非侵染性植物病害；2. 侵染性植物病害

二、问答及论述题

1. 引起植物非侵染性病害的原因有哪些？
2. 植物非侵染性病害与侵染性病害有哪些主要区别？
3. 植物非侵染病害与侵染性病害有何关系？
4. 如何诊断植物非侵染性病害？
5. 如何区分非侵染性病害与病毒及植原体病害？
6. 如何区分酸雨与药害引起的症状？

【解答】

一、名词解释

1. 非侵染性植物病害（noninfectious disease）：由于植物自身的生理缺陷或遗传性疾病，或由于在生长环境中有不适宜的物理、化学因素直接或间接引起的一类病害。这类病害在植株间不会传染，因此称为非侵染性病害。
2. 侵染性植物病害（infectious disease）：由病原生物因素侵染造成的病害，因为病原生物能够自主繁殖扩展，病害能够在植株间传染，因而又称为侵染性病害或传染性病害。

二、问答及论述题

1. 引起植物非侵染性病害的原因有哪些？

引起植物非侵染性病害的原因可分为植物自身的遗传缺陷和对环境因素的不适应，其中由植物自身缺陷引起的病害属于不可恢复性病害，但发生不普遍，而且不会传染，因而对农业生产影响不大。对农业生产造成较大损失的非侵染病害主要是由于存在植物不适宜的外界环境因素引起。不适宜的外界环境因素主要分为化学因素和物理因素两大类。

化学因素主要有营养失调、环境污染和化学物质毒害，其中营养失调包括营养缺乏、各种营养间的比例失调或营养过剩；环境污染主要是指空气污染，其他还有水源和土壤的污染、酸雨等；化学物质的毒害主要是各种杀虫剂、杀菌剂、杀线剂、除草剂和化肥在使用过程中使用浓度过高或用量过大，或使用时期不适宜，超过植物对这些化学物质的耐受范围而对植物造成的伤害。

不适宜的物理因素主要包括气温、土温的过高、过低或骤然改变，土壤或空气水分过高、过低，光照强度或光周期的不正常变化。

2. 植物非侵染性病害与侵染性病害有哪些主要区别？

植物侵染性病害与非侵染性病害的本质区别在于侵染性病害是由病原生物侵染引起，因此一旦发生，可以通过病原物的繁殖、扩散而在植株间相互传染；而非侵染性病害无病原生物的侵染，病害多由环境中的一些物理、化学因素造成，病害在不同的植物个体间不能相互传染。因此，在田间表现上二者有以下区别：①侵染性病害除了由病毒、植原体和少数真菌、细菌及线虫引起的病害外，多数都有病征表现，而非侵染病害除了患病后期由于抗病性降低，病部可能会有腐生菌出现外，无病征表现；②侵染性病害随病原生物的繁殖、扩散逐渐向四周植株蔓延，因此田间通常有发病中心，病害植株围绕发病中心呈同心圆形排布，而非侵染病害的田间分布往往受地形、地貌的影响大，发病比较普遍而均匀；③侵染性病害往往造成植物不可逆的损伤，经治疗后病状也不会消失，而非侵染性病害，一旦不适应的环境因素不复存在，有的病状可以恢复，如缺素症和生理性失水症等。

3. 植物非侵染病害与侵染性病害有何关系？

植物非侵染病害与侵染性病害关系密切。非侵染性病害使植物抗病性降低，更有利侵染性病原的侵入和发病。例如，冻害不仅可以使细胞组织死亡，还往往导致植物的生长势衰弱，使许多病原物更易侵入。同样，侵染性病害有时也削弱植物对非侵染性病害的抵抗力。例如，某些叶斑病不仅引起木本植物提早落叶，也使植株更容易受冻害和霜害。因此，加强栽培管理，改善植物的生长条件，及时处理病害，可以减轻两类病害的恶性互作。

4. 如何诊断植物非侵染性病害？

对非侵染性病害的诊断通常可以从以下三方面入手。

(1) 对病害现场的观察和调查，并了解有关环境条件的变化。现场观察包括由整株到根、茎、叶、花、果等各个器官，注意颜色、形状和气味的异常；由病株到病区，由病区到全田，由全田到邻田；注意地形、地貌、邻作或建筑物的影响。现场调查要注意区分不同的症状，尽可能排除其他病害的干扰；记录发病率和病情指数，分析病害的田间症状分布类型。同时向当地气象部门了解发病前后一段时间气象因子的变化，向种植者了解相关的农事操作等。

(2) 依据侵染性病害的特点和侵染性试验的结果，尽量排除侵染性病害的可能，非侵染性病害不是由病原生物传染引起的，因此表现出的症状只有病状而无病征，这样就可以通过检查有无病征初步确定是否为非侵染性病害。具体操作时需要注意的是病组织上可能存在非致病性的腐生物，要加以分辨，另外侵染性病害的初期病征也不明显，而且病毒、植原体等引起的病害也无病征，需要在分析田间症状特点、病害分布和发生动态的基础上，结合组织解剖、免疫检测或电镜等其他方法进一步诊断。

(3) 进行诊断治疗，根据田间症状的表现，拟定最可能的非侵染性病害治疗措施，进行针对性的施药处理或改变环境条件，观察病害的发展情况。通常情况下，植物的缺素症在施肥后症状可以很快减轻或消失。

5. 如何区分非侵染性病害与病毒及植原体病害?

在田间诊断中最易与非侵染性病害混淆的是病毒及植原体病害，因为这两类病害都没有病征表现，但两者在田间表现上还是存在着不同特点，在诊断时应该注意区分，非侵染性病害在田间的发生普遍而均匀，面积较大，没有明显的发病中心。病害呈现不规则分布，往往与地势、地形和风向有一定关系。病毒和植原体病害的主要特征是具有传染性，有发病中心，植物发病后多为系统感染，病状分布也不均匀，一般新梢、新叶上症状最明显，且有独特的症状，病毒病的主要症状有花叶、环斑、斑驳、蚀纹和矮缩等。植原体则主要有畸形、坏死、变色等。经初步症状诊断的病毒病，还可以在实验室内进一步确诊，在已知的 34 组植物病毒中，约有 20 组的病毒可在寄主细胞内形成内含体，这些内含体可在光学显微镜下识别，另外从病组织中挤出的汁液，经负染后在透射电子显微镜下观察病毒粒子形态也是快速可靠的诊断方法。

6. 如何区分酸雨与药害引起的症状?

(1) 酸雨（acid rain）指被大气中存在的酸性气体污染，pH＜5.65 的酸性降水叫酸雨。酸雨主要是人为地向大气中排放大量酸性物质造成的。正常雨水或稍微偏酸的雨水，能使水中的养分溶解，供植物吸收，对植物是有利的。但酸雨的酸度太大，则给植物生长带来不利的影响。1982 年，我国重庆郊区有几万亩水稻、豆类植物的叶片，曾因酸雨而出现发黄甚至枯死现象，产量损失在 6.5%以上。据报道，因酸雨德国巴登符腾堡已经有 6.4 万 hm^2 森林死亡，巴伐利亚有 5.4 万 hm^2 森林危在旦夕。估计至 20 世纪末，木材产量因酸雨减少 10%～15%。

酸雨除直接伤害植物外，还使植物抵抗力下降，易感染病虫害，使植物叶片的保护组织被破坏，还使农药失效，有时酸雨则能加剧某些农药的药害。当然，不同的植物对酸雨的敏感性不一样。例如，pH4.0 的酸雨使玉米减产 9.0%，使大豆减产 10.5%，而对苜蓿、羊茅等植物的生产却有促进作用。一般来说，叶片大的阔叶树种对酸雨的反应比叶片小的针叶树种要敏感，原因是针叶树由于叶形小，呈针状，质坚硬，酸雨不易在叶片上留存。在各种阔叶树中，对酸雨的抵抗能力也有所差别，有敏感、中等抗性和抗性较强之分，就多数树种来说，幼嫩叶通常比成熟叶易受酸雨侵害。生长在雨量较多地区的植物，对酸雨的敏感性高于生长在雨量少地区的植物。绿色植物的繁殖器官，如花对酸雨特别敏感。

就农田和森林来说，酸雨对庄稼的影响较小，而对森林中的植物影响则较大。因为农作物生长期短，酸雨的作用时间比较短暂，同时农田受到农民的管理，土壤有调节酸碱度的能力，酸雨的影响容易消除。而森林中的植物生长期长，酸雨对植物的作用时间也比较长，加上土壤不加管理，在酸雨的长期影响下，土壤的 pH 降低了。因此酸雨对森林生态系统的影响要比农业生态系统大得多，而且一旦酸化后就需要很长时间，甚至几十年才能恢复。

(2) 药害（chemical injury）是对用药后，作物生长不正常或出现生理障碍而言。药害有急性和慢性两种。前者在喷药后几小时至 3～4 天出现明显症状，如烧伤、凋萎、落叶、落花、落果；后者是在喷药后经过较长时间才发生明显反应，如生长不良，叶片畸形，晚熟等。常见的症状是叶面出现大小、形状不等、五颜六色的斑点，局部组织焦枯，穿孔或叶片脱落，或叶片黄化、褪绿或变厚。常用杀菌剂、杀虫剂会对黄瓜产生药害，能使黄瓜节间变短，呈现矮化症状，叶缘枯干。防霉灵使叶片产生微细坏死斑点。灭霜灵药剂浓度过大，能使叶缘部分坏死，发展到叶脉间失绿，但叶脉保留绿色。百菌清药剂过量，使植株近顶端叶的叶脉间明显失绿。高浓度的灭螨锰能使叶面产生失绿斑或坏死的褐斑。幼苗期高浓度的马拉硫磷易使生长点的生长受到抑制，叶片畸形。浓度过高的抗蚜威使黄瓜叶缘枯干。水稻孕穗至灌浆期使用退菌特，使水稻结实率降低，甚至不结实，这种药害对作物的产量影响是无法挽回的。

酸雨与药害的症状极为相似，多数情况下均表现为植物的生长发育受阻，植株生长缓慢，幼嫩的叶、花、果等部分易发黄、畸形、脱落，严重时甚至整株枯死。但通常从发病面积上看，酸雨引起的危害发病面积更大。从显症速度上看，药害的显症速度要更快些，特别是急性药害在施药后几小时就可出现症状。

第九章　植物病害的侵染过程

【习题】

一、名词解释

1. 病原物的侵染过程；2. 接触期；3. 侵入期；4. 潜育期；5. 发病期；6. 侵染剂量；7. 死体营养型；8. 活体营养型；9. 局部侵染；10. 系统侵染

二、问答及论述题

1. 在接触期病原物有哪些活动？环境条件对病原物的活动有何影响？
2. 简述各种病原物侵入寄主的途径、方式，并描述真菌直接从寄主表皮侵入的机制。
3. 影响病原物侵入的环境因素有哪些？
4. 病原物在潜育期有哪些活动？
5. 病原物是如何从寄主体内获取营养的？试举例说明。
6. 潜育期的长短受哪些环境因素的影响？
7. 简述病程与病害防治的关系，植物病害防治的关键时期是在哪个病程之前？为什么？
8. 请您谈谈生物防治与病程的关系，病程的哪个时期是生物防治的有利时期？为什么？

【解答】

一、名词解释

1. 病原物的侵染过程（infection process）：是指植物体遭受病原物侵染后的发病过程。即从病原物与寄主可侵染部位接触，并侵入寄主植物，在植物体内繁殖和扩展，然后发生致病作用，显示病害症状的过程，简称病程。可划分为接触期、侵入期、潜育期、发病期四个时期。

2. 接触期（contact period）：是从病原物与寄主接触，或到达能够受到寄主外渗物质影响的根围或叶围后，开始向侵入的部位生长或运动，并形成某种侵入结构的一段时间。大致可分为接触以前和接触以后。

3. 侵入期（penetration period）：从病原物侵入寄主植物到建立寄生关系的时期称为侵入期。

4. 潜育期（incubation period）：是指病原物从与寄主建立寄生关系，到表现明显的症状为止的一段时期。潜育期也是病原物与寄主相互进行斗争的时期。

5. 发病期（symptom appearance period）：植物受到侵染以后，经过一定的潜育期即表现病害症状的时期称为发病期。

6. 侵染剂量（infection dosage）：病原物的侵入要有一定的数量，才能引起侵染和发病。

侵入所需的最低数量称为侵染剂量。侵染剂量因病原物的种类、寄主品种的抗病性和侵入部位而不同。

7. 死体营养型（necrotrophic）：是指病原物先杀死寄主的细胞和组织，然后从死亡的细胞中吸取养分。属于这一类的病原物都是非专性寄生的，有时称作死体营养寄生物。它们产生酶或毒素的能力很强，所以对植物的直接破坏作用很大。

8. 活体营养型（biotrophic）：病原物和寄主活的细胞之间建立密切的营养关系，有时称作活体营养寄生物。它们从细胞组织中吸收营养物质但并不很快引起细胞的死亡，通常菌丝在寄主细胞间发育和蔓延，仅以吸器伸入寄主的活细胞内吸收营养。属于这一类的病原物有锈菌、白粉菌、霜霉菌等专性寄生物。

9. 局部侵染（local infection）：病原物在植株体内局限在侵入点附近，形成局部的或点发性的感染，称作局部侵染。

10. 系统侵染（systematic infection）：病原物从侵入点向各个部位蔓延，甚至引起全株性的感染，称作系统侵染。

二、问答及论述题

1. 在接触期病原物有哪些活动？环境条件对病原物的活动有何影响？

病原物在侵入前的活动，大致还可以分为与寄主植物接触以前和接触以后。大多数病原物都是被动地被携带或传播，随机地落在寄主植物和其他任何物体上的。病原物的休眠体大多是随着气流或雨水的飞溅落到植物上，还可随昆虫等媒介或田间操作工具等传到植物上。一般只有很少部分的病原物能被传到寄主植物表面，大部分都落在不能侵染的植物或其他物体上。当然有些昆虫传带病原物到植物体上的效率是很高的。病原物在接触期间与寄主植物的相互关系，直接影响以后的侵染。有关这方面的了解还是初步的，但是这方面的研究无论在理论上还是在生产上都极为重要。例如，对植物病害的防治，以往多半着眼于侵入期。事实上，侵入前病原物处于寄主体外的复杂环境中，受到各种生物竞争因素的影响，它们必须克服各种对其不利的因素才能进一步侵染。病原物的种类繁多，侵入前的病原物的形态不同，有休眠状态的，有随时可以萌发侵入的。病原物是休眠状态的，遇到合适的条件萌发成活动状态，它们在成功侵入寄主前都在寄主体外暴露一段时间，有的仅几个小时，有的长达数月。病原物在侵入前阶段是处于比较脆弱的阶段，决定着它们能否成功侵入或中途死亡，所以这一阶段是防止病原物侵入的有利阶段。近年来植物病害的生物防治有了一定进展，就是由于注意到了病原物在侵入前这一阶段的活动。

湿度、温度对接触期病原物的影响最大。许多真菌孢子，在湿度接近饱和的条件下虽然也能萌发，但不及在水滴中好。各种真菌孢子萌发所需要的最低湿度不同。对于萌发时产生游动孢子的鞭毛菌亚门真菌，水滴更是必要的。一般来说，对于绝大部分气流传播的真菌，湿度越高对其侵入越有利。对于土壤传染的真菌或孢子在土壤中萌发的真菌，除鞭毛菌亚门的真菌外，土壤湿度过高对孢子的萌发和侵入是不利的。湿度过高不仅影响病原物的正常呼吸作用，而且还可以促使对病原物有颉颃作用的腐生生物的生长，从而影响了病原物的生长。

温度的影响也很大，它主要影响病原物的萌发和侵入速度。真菌孢子在一定温度范围内萌发，萌发的最适温度一般在 20～25℃。在适宜温度下，不仅孢子萌发的百分率增加，萌发所需要的时间也较短。温度有时影响孢子萌发的方式，致病疫霉（*Phytophthora infestans*）的孢子囊，在 28℃以上的温度中萌发就不再形成游动孢子。温度也可以影响植物分泌营养物的数量，从而影响病菌的侵染。

一般真菌孢子的萌发并不受光照的影响，但光照对某些真菌的萌发有刺激作用或抑制作用，如禾柄锈菌（*Puccinia graminis*）的夏孢子在无光照条件下萌发较好。

2. 简述各种病原物侵入寄主的途径、方式，并描述真菌直接从寄主表皮侵入的机制。

病原物的侵入途径（infection way）包括直接穿透侵入、自然孔口侵入和伤口侵入三种。各种病原物的侵入途径和方式有所不同。真菌大都是以孢子萌发形成的芽管或者以菌丝从自然孔口或伤口侵入，有的真菌还能从角质层或者表皮直接侵入，高等担子菌还能以侵入能力很强的根状菌索侵入。植物病原细菌主要是通过自然孔口和伤口侵入，有的只能从伤口侵入，但也有一些特殊的事例，如豆科植物的根瘤细菌可以侵入表面没有角质化的根毛细胞，而一般植物病原细菌是不能从角质层或表皮细胞直接侵入的。植物病毒主要从微伤口侵入。虫媒传染的病毒是通过虫媒口器取食时侵入寄主植物。汁液和嫁接传染的病毒通过其他媒介造成的伤口侵入寄主植物。线虫可以穿刺和进入未损伤的植物细胞和组织；寄生性种子植物的吸根穿透力也很强。

真菌直接侵入的典型过程如下：落在植物表面的真菌孢子，在适宜的条件下萌发产生芽管，芽管的顶端可以膨大而形成附着胞，附着胞以它分泌的黏液将芽管固定在植物的表面，然后从附着胞上产生较细的侵染丝。直接侵入的真菌就是以侵染丝穿过植物的角质层。有的真菌穿过角质层后就在角质层下扩展，有的穿过角质层后，随即穿过细胞壁进入细胞内，也有的真菌穿过角质层后先在细胞间扩展，然后再穿过细胞壁进入细胞内。一般来说，直接侵入的真菌都要穿过细胞壁和角质层。至于非直接侵入的真菌除在细胞间寄生的外，其他的到一定时期也是要穿过细胞壁进入细胞内的。侵染丝穿过角质层和细胞壁后，就变粗恢复成原来的菌丝状。

真菌直接侵入的机制，过去一直认为主要是附着胞和侵染丝的机械压力。例如，麦类白粉病菌（*Blumeria graminis*）分生孢子形成的侵染丝的压力可达 7 个大气压，能穿透寄主的角质层。侵染丝穿透角质层，过去强调的是机械作用，但通过电镜观察，发现侵染丝下的角质层虽然形成一定的凹陷，并未发现角质层因单纯机械作用而碎裂的现象，因此侵染丝穿过角质层应该是机械和化学（酶的软化）两方面的作用，并且已经证明酶的活动局限在侵染丝的侵入点附近，并不扩散到较远的地方。至于侵染丝穿过细胞壁，则主要是酶的活动，与机械作用无关。

3. 影响病原物侵入的环境因素有哪些？

病原物的侵入和环境条件有关，其中以湿度和温度的关系最大。湿度是病原物侵入的必要条件，细菌侵入需要有水滴和水膜存在。绝大多数气传真菌，湿度越高，对侵入越有利，最好有水膜存在。线虫的侵入也与湿度有关。病毒的侵入方式比较特殊，与湿度关系较小。温度影响病原物萌发和侵入的速度。各种病原物在其适宜的温度范围内，一般侵入速度快，侵入率高。温、湿度对一些病原真菌的影响往往具有综合作用，如小麦叶锈病（*Puccinia triticina*）的夏孢子萌发侵入的最适宜温度为 15～20℃，在此适温下叶面只要保持 6h 左右的水膜，病菌即侵入叶片；如果温度为 12℃，叶面结水则需保持 16h 才能侵入；低于 10℃，即使叶面长期结水，也不能或极少侵入。光照与侵入也有一定的关系。对以气孔侵入的病原真菌而言，光照可以决定气孔的开闭，从而影响侵入。

4. 病原物在潜育期有哪些活动？

潜育期（latent period）是病原物在寄主体内繁殖、蔓延、扩展和获得营养物质、水分的时期，也是病原物和寄主植物相互斗争的时期。潜育期是植物病害侵染过程中的重要环节，但病原物和寄主植物在潜育期中的相互关系我们知道的还很少，原因之一就是其变化过程都是在植物内部发生的，并不像侵入过程那样比较容易观察。当植物表现明显症状后，可以看到病原物的致病作用和植物的病理变化，但这些都是病原物和寄主植物相互作用的结果，并不是它们的过程。形态学上的病理变化是内部生理和生化变化的结果。所以更重要的是研究早期生理和生化的变化，并将病原物生理的研究和寄主植物生理的研究结合起来，就有可能逐渐揭露病原物和寄主的相互关系，弄清病原的致病机理和植物抗病机理，为培育抗病品种和寻找有效的防控措施提供依据。

5. 病原物是如何从寄主体内获取营养的？试举例说明。

在病原物和寄主的关系中，营养关系是最基本的。病原物必须从寄主获得必要的营养物质和水分，才能进一步繁殖和扩展。寄主不能满足寄生物的营养要求，侵染过程就不能完成。病原物从寄主植物获得营养物质，大致可分为两种不同的方式。第一种方式是死体营养型，病原物先杀死寄主的细胞和组织，然后从死亡的细胞中吸收养分。属于这一类的病原物都是非专性寄生的，有时称作死体营养寄生物。它们产生酶或毒素的能力很强，所以对植物的直接破坏性很大。它们虽然可以寄生在植物上，但获得营养物质的方式还是腐生的。如白菜软腐病菌（*Erwinia carotovora*）。第二种方式是活体营养型，病原物与寄主活的细胞建立密切的营养关系，有时称作活体营养寄生物。它们从细胞组织中吸收营养物质而并不很快引起细胞的死亡，通常菌丝在寄主细胞间发育和蔓延，仅以吸器伸入寄主的活细胞内吸收营养。属于这一类的病原物有锈菌、白粉菌、霜霉菌等专性寄生物和接近专性寄生物的黑粉菌、核果缩叶病菌等。

6. 潜育期的长短受哪些环境因素的影响？

植物病害潜育期（latent period）的长短是不一致的，一般 10 天左右，但是也有较短或较长的。水稻白叶枯病的潜育期在最适宜的条件下不过 3 天，大、小麦散黑粉病的潜育期则将近半年，而有些木本植物的病毒病或植原体病害的潜育期则可长达 2～5 年。

潜育期的长短亦受环境的影响，其中以温度的影响最大。稻瘟病的潜育期在 9～11℃下为 13～18 天，在 17～18℃下为 8 天，在 24～25℃下为 5.5 天，而在发病最适宜的 26～28℃只需要 4.5 天。葡萄霜霉病的潜育期在 23℃下为 4 天，在 21℃下为 13 天，在 29℃下为 8 天。湿度对潜育期的影响并不像侵入期那样重要，因为病原物侵入后，几乎不受空气湿度的影响；植物组织中的湿度高，尤其是细胞组织的充水，有利于病原物在组织内蔓延和危害。由于病原物在内部的繁殖与寄主的状况有关，所以同一种病原物在不同的植物上，或同一植物的不同发育时期，以及营养条件不同，潜育期的长短亦不同。

7. 简述病程与病害防治的关系？植物病害防治的关键时期是在哪个病程之前？为什么？

病程（disease process）就是病原物与寄主植物的可侵染部位接触，并侵入寄主植物，在植物体内繁殖和扩展，然后发生致病作用，显示病害症状的过程，也是植物个体遭受病原物侵染后的发病过程。了解病原物侵染寄主的病程，就可以有的放矢地设计防治措施，有效控制病害。

在病原物侵入之前，病原菌处于寄主体外复杂的环境中，包括各种生物竞争因素的影响和非生物因素的影响。病原物必须克服各种不利因素才能进一步侵染，所以，接触期是病程能否进行下去的关键时期，也是侵入和发展的有利时机。植物病害的生物防治就是要利用这一时期。

8. 请您谈谈生物防治与病程的关系，病程的哪个时期是生物防治的有利时期？为什么？

生物防治的措施一般是在植物病害系统中增加生物防治菌，或者调节环境条件以适合有益生物防治菌的生长，抑制有害病原菌的生长和繁殖，从而达到防控病害的目的。在病原菌侵入之前，是生物防治菌与病原菌进行竞争、发挥作用的有利时机，也是生物防治的有利时机。而当病原菌侵入之后，病原菌与寄主建立了寄生关系，环境条件对病原的影响，生物防治制剂对病原的抑制作用将明显减低。因此，生物防治必须把握好与病程的关系，科学进行生物防治，以达到最佳防治效果。

第十章　植物病害循环

【习题】

一、名词解释

1. 病害循环；2. 初次侵染和再次侵染；3. 病原物的越冬和越夏；4. 土壤寄居菌；5. 土壤习居菌；6. 单循环病害；7. 多循环病害；8. 系统侵染性病害

二、问答及论述题

1. 病害循环与病原物生活史的关系？
2. 简述病原物的越夏或越冬的方式。
3. 植物病原物的主要越冬和越夏场所（初侵染来源）有哪些？
4. 试述各种病原物传播的方式和方法。
5. 试从各种病原物的生物学特性说明各类病原物的侵染、传播、越冬或越夏。
6. 常见病原物有哪些越冬、越夏策略？
7. 请您谈谈对病害循环认识的意义，试举例说明病害循环与病害防控的关系。

【解答】

一、名词解释

1. 病害循环（disease cycle）：病害循环是指病害从前一生长季节开始发病，到下一生长季节再度发病的过程，也称作侵染循环（infection cycle）。对一种植物病害侵染循环的分析，主要涉及三个问题，即①初次侵染和再次侵染；②病原物的越夏和越冬；③病原物的传播途径。

2. 初次侵染（primary infection）和再次侵染（secondary infection）：越冬或越夏的病原物，在植物的一个生长季节中最初引起的侵染，称为初次侵染或初侵染。受到初次侵染的植物发病以后，有的可以产生孢子或其他繁殖体，传播后引起再次侵染，称为再侵染。

3. 病原物的越冬（overwintering）和越夏（oversummering）：是指在寄主植物收获或休眠以后，病原物渡过寄主休眠期的方式和场所，而成为下一季节的初侵染源。

4. 土壤寄居菌（soil invader）：土壤寄居菌是指在土壤中的病株残体上存活期较长，但不能单独在土壤中长期存活，大部分植物病原真菌和细菌都属于这一类。

5. 土壤习居菌（soil inhabitant）：是指对土壤的适应性强，在土壤中可以长期存活，并且能够在土壤有机质上繁殖，对土壤中腐生性微生物的颉颃作用具有较强的抵抗能力。如腐霉属（*Pythium*）、丝核菌属（*Rhizoctonia*）和一些引起萎蔫的镰刀菌（*Fusarium*）

都是土壤习居菌的代表。

6. 单循环病害（monocyclic disease）：单循环病害是指侵染循环中只有初次侵染没有再次侵染的病害，在流行学上也称为积年流行病害，如小麦腥黑穗病多属于系统侵染，只有一次初侵染，无再侵染循环病害。

7. 多循环病害（polycyclic disease）：多循环病害指在一个生长季节中有多次再次侵染的病害，在流行学上也称为单年流行病害，如玉米灰斑病多属于局部侵染有多次再侵染，在一个生长季节可以有多个病害循环。

8. 系统侵染性病害（systematic disease）：病原物侵染寄主植物后，从侵染点沿着一定途径扩展到一定的器官和组织中，甚至引起全株性感染，这种扩展方式引起的病害称系统性病害或全株性病害，如小麦腥黑穗病。

二、问答及论述题

1. 病害循环与病原物生活史的关系？

病害循环（disease cycle）不同于病原物的生活史（life cycle）。生活史是以病原物为对象阐述病原物的生长繁殖和休眠过程；而病害循环主要是以特定寄主与病原物的组合为对象，阐述病害的发生发展和延续，包括病原物与寄主的接触、侵入寄主、建立寄生关系、表现症状、病原物的生长和繁殖、病原物的传播以及病原物的越冬越夏。生活史相同的病原物，它们所引起病害的病害循环可以完全不同。如各种黑粉菌的生活史基本是相似的，但是各种黑粉病的病害循环并不相同。例如，小麦散黑穗病菌（*Ustilago tritici*）以菌丝潜伏在种胚中越冬，所以带菌种子是主要的初侵染来源；而小麦腥黑粉病菌（*Tilletia* spp.）以冬孢子附着在小麦种子表面越冬，或随菌瘿落入土中或肥料中越冬，故其初侵染来源还包括土壤或堆肥中的冬孢子。由于各种类型病原物的生活史有它们自己的特点，并且病原物的生活史部分或大部分是在寄主体内完成的，所以病原物的生活史和病害循环之间就有一定的联系。病原物生活史的研究是病害循环研究的重要基础。

2. 简述病原物的越夏或越冬的方式。

病原物有各种越夏（oversummering）或越冬（overwintering）的方式。如病原真菌，有的以侵染菌丝或休眠菌丝在受侵染的病株内越冬或越夏；有的可以休眠体（休眠孢子或休眠结构如菌核、子座等）在植物体内外存活；有的甚至可以在病株的残体和土壤中以腐生的方式生活。病原细菌都可以在病株收获的种子、块茎和块根内越冬，有些可以在土壤中越冬，有的可以在昆虫体内或其他寄主植物上越冬；有些细菌虽然在土壤中不易长期成活，但若结成细菌团，或者存在于病残体中就能长期存活。病毒、类病毒、类菌原体大都只能在活着的介体动物或植物体内存在，但它们的寄主范围往往较广泛，因而可以在其他寄主植物体内越冬或越夏；有的也可以在种子、无性繁殖材料内存活。线虫可以卵、各龄幼虫、成虫或胞囊的形态在土壤内或植物组织内外越冬或越夏。

3. 植物病原物的主要越冬和越夏场所（初侵染来源）有哪些？

病原物的越冬和越夏就是病原物渡过寄主休眠期而后引起下一季节的初次侵染。病原物越冬和越夏的场所实际上就是在寄主植物收获或休眠以后病原物的存活方式和存活场所，一般也就是初次侵染的来源。植物病原物的主要越冬和越夏场所（初次侵染来源）有：田间病株，种子、苗木和其他繁殖材料及传毒媒介，土壤，病株残体和肥料。

4. 试述各种病原物传播的方式和方法。

越冬或越夏后的病原物，必须传播到可以侵染的植物上才能发生初次侵染。由初次侵染形成的病原物在植株之间传播则进一步引起再次侵染。各种病原物传播的方式和方法是不同的。真菌主要以孢子随着气流和雨水传播；细菌较多是由雨水和昆虫传播；病毒则主要靠生物介体传播；寄生性种子植物的种子可以由鸟类传播，也可随气流传播，少数可主动弹射传播；线虫的卵、卵囊和胞囊等一般都在土壤中或在土壤中的植物根系内外，主要随土壤、灌溉水以及水流传播，人们的鞋靴、农具和牲畜的腿脚常作近距离甚至远距离传播，含有线虫的苗木、种子、果实、茎秆和松树的原木、昆虫和某些生物介体都能传播线虫。显然，传播方式与病原物的生物学特性密切相关。

5. 试从各种病原物的生物学特性说明各类病原物的侵染、传播、越冬或越夏。

菌物大都是以孢子萌发形成的芽管或以菌丝从自然孔口或伤口侵入，有的菌物还能从角质层或者表皮直接侵入，高等担子菌以侵入能力很强的根状菌索侵入。菌物主要是以孢子随着气流和雨水传播；有的以侵染菌丝或休眠菌丝在受侵染的病株内越冬或越夏；有的以休眠体（休眠孢子或休眠结构如菌核、子座等）在植物体内外存活；有的甚至可以在病株的残体和土壤中以腐生的方式生活。

植物病原原核生物细菌主要是通过自然孔口和伤口侵入，有的只能从伤口侵入，少数可以从没有角质化的表层侵入。细菌主要是由雨水和昆虫传播；病原细菌都可以在病株收获的种子、块茎和块根内越冬，有些可以在土壤中越冬，有的可以在昆虫体内或其他寄主植物上越冬；有些细菌虽然在土壤中不易长期成活，但若结成细菌团，或者存在于病残体中就能长期存活。

植物病毒主要从各种方式造成的微伤口侵入，主要靠生物介体传播；大都只能在活着的介体动物或植物体内存在，但其寄主范围往往较广泛，因而可以在其他寄主植物体内越冬或越夏；有的也可以在种子、无性繁殖材料内存活。

线虫可以穿刺和进入未损伤的植物细胞和组织；线虫的卵、卵囊和胞囊等一般都在土壤中或在土壤中的植物根系内外，主要随土壤、灌溉水以及水流传播，人们的鞋靴、农具和牲畜的腿脚常作近距离甚至远距离传播，含有线虫的苗木、种子、果实、茎秆和松树的原木、昆虫及某些生物介体都能传播线虫。线虫可以以卵、各龄幼虫、成虫或胞囊的形态在土壤内或植物组织内外越冬或越夏。

寄生性种子植物以吸根的方式直接侵入。其种子可以由鸟类传播，也可随气流传播，少数可主动弹射传播；可以以种子的形式混杂在植物种子之间或土壤和粪肥中渡过不良环境。

6. 常见病原物有哪些越冬、越夏策略？

病原物在与寄主协同进化的过程中为了渡过不良环境，维持自己的生命活动，形成了不同的越夏或越冬策略。例如，病原菌物，有的以侵染菌丝或休眠菌丝在受侵染的病株内越冬或越夏。有的菌物，不同的寄生阶段必需在两种不同的寄主植物上生活才能完成生活史，称为转主寄生，如梨胶锈菌（*Gymnosporangium haraeanum*）的冬孢子和担孢子产生在桧柏上，性孢子和锈孢子则产生在梨树上；有的病原物在一定条件下可形成菌核、子座等抗逆结构来抵抗不良的环境条件，在植物体内外存活，渡过不良环境；菌物有性繁殖形成的卵孢子、接合孢子、子囊孢子等具有很强的抵御不良环境的能力，大多病原物以有性态的形式越冬或越夏；有的甚至可以在病株的残体和土壤中以腐生的方式生活。病毒、类病毒、植原体大都只能在活着的介体动物或植物体内存在，但它们的寄主范围往往较广泛，因而可以在其他寄主植物体内越冬或越夏。有的病原物侵染植物后，遇到不良环境时不显症，待到环境条件适宜时才表现出症状，有的也可以在种子、无性繁殖材料内存活；病原原核生物细菌则以菌体的形式在病株收获的种子、块茎和块根内越冬，有些可以在土壤中越冬，有的可以在昆虫体内或其他寄主植物上越冬；有些细菌虽然在土壤中不易长期成活，但若结成细菌团，或者存在于病残体中就能长期存活；线虫可以以卵、各龄幼虫、成虫或胞囊的形态在土壤内或植物组织内外越冬或越夏。在植物材料中越冬越夏的病原物可以随种子，苗木的调运做远距离传播。

7. 请您谈谈对病害循环认识的意义，试举例说明病害循环与病害防控的关系。

病害循环（disease cycle）是指病害从前一个生长季节开始到下一个生长季节再度发病的过程。通常有活动期和休止期的交替，其内容主要涉及病原物的越冬、越夏，初侵染和再侵染等问题。

不同的病害，其病害循环的特点不同。了解各种病害循环的特点是认识病害发生、发展规律的核心，也是对病害进行系统分析、预测预报及制订防治对策的依据，所以它是植物病理学的中心问题。病害控制主要是从清除初侵染源，控制再侵染，控制病原物的传播三方面入手。根据不同病害循环的特点，找准其在三方面中的薄弱环节来拟定防治措施，做到：乘其不意，攻其不备；乘虚攻之，各个击破。

例如，稻瘟病在病稻草、稻谷、田间病残体上越冬，当气温合适，水稻播种后，便形成初次侵染，之后，在水稻苗期、分蘖期、穗期都会引起侵染，形成多次再侵染。雨量和品种与发病关系密切。防治的重点是消灭初侵染源，控制病原传播，减少再侵染的次数。如清理田间病残体，使用健康种子和抗病品种，在预测预报基础上使用有效化学农药防治再侵染发生等等。再如小麦散黑穗病，病程情况与稻瘟病明显不同，病原菌靠种子表面带菌，播种时传播，幼苗侵入，病原随生长点蔓延，到抽穗时，表现症状。在防治上，重点解决种子带菌的问题，进行种子消毒处理，使用健康种子和抗病品种，重点防治幼苗感染等都是较为有效的防控措施。以上两个病害的病害循环不同，发生规律不同，防控措施不同。因此，研究病害循环，可以指导病害的防控。

第十一章　病原的寄生性与致病性

【习题】

一、名词解释

1. 寄生性；2. 专性寄生物；3. 致病性；4. 寄主；5. 死体营养；6. 活体营养；7. 半活体营养；8. 毒素；9. 寄主选择性毒素；10. 非寄主选择性毒素；11. 毒性；12. 生理小种；13. 生物型；14. 致病型

二、问答及论述题

1. 为什么说植物病原物的寄生性和致病性是其最基本的两个属性？
2. 为什么寄生性弱的病原物致病性可能较强，而寄生性强的病原物致病性可能较弱？
3. 试举例说明活体寄生与死体寄生的病原物有哪些不同的致病特点？
4. 为什么说病原物产生的植物细胞壁降解酶是重要的致病因素？
5. 区分寄主选择性毒素与寄主非选择性毒素有何意义？
6. 什么是植物病原物的致病作用？
7. 毒素有哪些作用机制？
8. 寄生植物如何吸收营养物质？怎样繁殖和传播？
9. 举例说明植物病害重要病原致病机理的研究进展。

三、判断及改错题

1. 活体营养生物是非专性寄生菌。
2. 寄生不一定是有害的，寄生物也不一定是病原物。
3. 寄生性种子植物都是双子叶植物。
4. 所有寄生性种子植物叶片都退化，不含叶绿素，不能制造营养，所以必须依靠其他植物来提供营养。
5. 所有寄生性种子植物都没有根，不能吸收水分和无机盐，所以必须依靠其他植物来提供水分和无机盐。
6. 绝大多数的植物病原菌物和植物病原细菌都是专性寄生。
7. 专性寄生的锈菌的致病性一定比非专性寄生的强。
8. 镰刀菌酸是一种寄主选择性毒素。

【解答】

一、名词解释

1. 寄生性（parasitism）：是寄生物从寄主体内夺取养分和水分等生活物质以维持生存

和繁殖的特性。

2. 专性寄生物（obligate parasite）：只能从活的植物细胞和组织中获得所需要的营养物质的寄生物。

3. 致病性（pathogenicity）：是指病原物所具有的破坏寄主和引起寄主病变的能力。它并非是单纯的对营养和水分的依赖关系。

4. 寄主（host）：为寄生物提供所需生活环境和必要营养物质的生物。

5. 死体营养（necrotrophism）：是寄生物先杀死寄主植物的细胞和组织，然后从中吸取养分的营养方式。营这种生活方式的生物称为死体寄生物（necrotroph）。

6. 活体营养（biotrophism）：是从活的寄主中获得养分，但并不立即杀伤寄主植物的细胞和组织的营养方式。营这种营养方式的生物称为活体寄生物（biotroph）。

7. 半活体营养（hemibiotroph）：既能进行寄生又能进行腐生生活获取营养的方式叫半活体营养，营这种营养方式的生物称为兼性寄生物（facultative parasite）。

8. 毒素（toxin）：是植物病原真菌和细菌代谢过程中产生的、能在非常低的浓度范围内干扰植物正常生理功能，对植物有毒害作用的化合物，它们多为非蛋白类物质。

9. 寄主选择性毒素（host specific toxin）：亦称寄主专化性毒素，是一类对寄主植物和感病品种有选择性的毒素。这类毒素只对一定的寄主或品种产生毒性。

10. 非寄主选择性毒素（host-non-specific toxin）：亦称非寄主专化性毒素，这类毒素没有严格的寄主专化性和选择性，其不仅对寄主植物而且对一些非寄主植物都有一定的生理活性，使之发生全部或部分病变。

11. 毒性（virulence）：是指病原物对寄主植物的致病能力，有时专指病菌小种的毒性基因“克服”品种抗病基因的能力。

12. 生理小种（physiological race）：是种、变种或专化型内由生物型或生物型群所组成的群体，主要是指病原物针对不同寄主的抗病基因而反映出来的致病性存在差异的类型。

13. 生物型（biotype）：是病菌生理小种内由遗传一致的个体组成的群体。

14. 致病型（pathovar）：亦称致病变种，是指在种下以寄主范围和致病性为差异来划分的病原组群。

二、问答及论述题

1. 为什么说植物病原物的寄生性和致病性是其最基本的两个属性？

寄生性（parasitism）和致病性（pathogenicity）是植物病原物的两种不同特性。寄生性是指病原物在寄主植物活体内取得营养物质而生存的能力；致病性是指病原物所具有的破坏寄主并引发其病变的能力。植物病原物都是寄生物，只能营腐生生活的生物（腐生物）对植物没有致病性。一种寄生物能否成为某种植物的病原物，取决于它能否长期适应该种植物，克服该种植物的抗病性。如能克服，则两者之间具有亲和性（compatibility），寄生物具有致病能力，寄主植物表现感病。如不能克服，则两者之间具有非亲和性（incompatibility），寄生物不具致病能力，寄主植物表现抗病。

2. 为什么寄生性弱的病原物致病性可能较强，而寄生性强的病原物致病性可能较弱？

一般来说，病原物都有寄生性，但不是所有的寄生物都是病原物。因此，寄生物和病原物并不是同义词，寄生性也不是致病性。寄生性的强弱和致病性的强弱也不能完全等同。专性寄生病菌的致病性并不比非专性寄生的强，如引起腐烂病的病原物大都是非专性寄生的，有的寄生性虽弱，但它们的破坏作用却很大。

3. 试举例说明活体寄生与死体寄生的病原物有哪些不同的致病特点？

死体营养（necrotroph）的病原物从寄主植物的伤口或自然孔口侵入后，通过它们所产生的酶或毒素等物质的作用，杀死寄主的细胞和组织，然后以死亡的植物组织作为生活基质，再进一步伤害周围的细胞和组织。死体营养的病原物腐生能力一般都较强，它们能在死亡的植物残体上生存，营腐生生活，有的还可以利用土壤或其他场所的有机物与无机物长期存活。这类病原物对植物细胞和组织的直接破坏强烈而迅速，在适宜条件下只要几天甚至几小时就能杀伤植物的组织，特别对幼嫩多汁的植物组织所带来的破坏更大。此外，死体营养的病原物寄主范围一般较广。活体营养（biotroph）的病原物是更高级的寄生物，它们可以从寄主的自然孔口或直接穿透寄主的表皮侵入，侵入后在植物细胞间隙蔓延，常常形成特殊的吸取营养的结构，称为吸器（haustorium）。由吸器来吸取寄主细胞内的营养物质（如霜霉菌、白粉菌和锈菌）。这些病原物的寄主范围一般较窄，有较高的寄生专化性。它们的寄生能力很强，对寄主细胞的直接杀伤作用较小，这对它们在活细胞中的生长繁殖是有利的。但是，一旦寄主细胞或组织死亡，它们也随之停止生育，迅速死亡。活体营养的病原物不能脱离寄主营腐生生活。

4. 为什么说病原物产生的植物细胞壁降解酶是重要的致病因素？

菌物能产生一系列降解表皮角质层和细胞壁的酶。病原物直接侵入寄主的过程就是部分或全部通过这种化学穿透方式而实现的。植物的细胞壁是病原物侵入的主要障碍。它处在细胞原生质膜之外，具有保持细胞形状和保证细胞内生理生化反应正常进行的作用。细胞壁的主要成分包括果胶质、纤维素、半纤维素、木质素、多糖以及含羟脯氨酸的糖蛋白。植物细胞壁可以分为中胶层（胞间层）、初生壁和次生壁。中胶层粘合相邻的细胞，主要由果胶质构成。初生壁是最先形成的细胞壁，细胞主要以初生壁保护和支撑它的原生质体。次生壁是在细胞生长完成后沉积而成的，它能增强细胞的强度，是支撑植物的主要成分。幼嫩组织的初生壁主要由半纤维素、果胶质和糖蛋白组成的，由于这些物质容易受到微生物多糖降解酶的作用，所以一般幼嫩组织比较感病。老的植物组织，由于木质化作用，木质素沉积在细胞壁中，次生壁中纤维素受到木质素掩盖，不易受到病原物多糖降解酶的直接攻击，对病原物侵入的抵抗性增强。针对植物细胞壁中的每一种多糖成分，植物病原菌物和原核生物都有相应的降解酶，这些降解酶通称为细胞壁降解酶，包括果胶酶、纤维素酶、半纤维素酶、木质素降解酶和蛋白酶等。

5. 区分寄主选择性毒素与寄主非选择性毒素有何意义？

毒素（toxin）是植物病原菌物和细菌代谢过程中产生的，能在非常低的浓度范围内干扰植物正常生理功能，对植物有毒害的非酶类化合物。依据对毒素敏感的植物范围和毒素对寄主种或品种有无选择作用可将植物病原菌产生的毒素划分为寄主选择性毒素（host selective toxin）与非寄主选择性毒素（host-non-selective toxin）两大类。寄主选择性毒素亦称寄主专化性毒素（host specific toxin），是一类对寄主植物和感病品种有较高致病性的毒素。这类毒素与产生毒素的病原菌有相似的寄主选择性，能够诱导感病寄主产生典型的病状，在病原菌侵染过程中起着重要作用。非寄主选择性毒素亦称非寄主专化性毒素，这类毒素没有严格的寄主专化性和选择性，不仅对寄主植物而且对一些非寄主植物都有一定的生理活性，使之表现出全部或部分症状。

6. 什么是植物病原物的致病作用？

病原物除了夺取寄主的营养物质和水分外，还对植物施加机械压力，并产生对寄主的正常生理活动有害的代谢产物，如酶、毒素及生长调节物质等，从而诱发一系列病变，使植物表现出特有的病害症状。除病毒及类病毒外，其他各类病原物都能产生酶、毒素和生长调节物质。这些在病害发生过程中发挥重要作用的病原物机械压力和代谢产物被称为病原物的致病因素，由病原物产生的对寄主的致病因素而导致植物病害的作用称为病原物的致病作用（pathogenicity）。

7. 毒素有哪些作用机制？

毒素的作用机制大致分为以下几种。①影响植物细胞膜透性。植物细胞膜损伤，透性改变和电解质外渗几乎是各种敏感植物对毒素的普遍反应。②钝化或抑制植物一些主要酶类，中断相应的酶促反应，引起植物广泛的代谢变化，包括抑制或刺激呼吸作用，抑制蛋白质合成，干扰光合作用、酚类物质代谢和水分代谢等。③抗代谢。毒素是抗代谢物质，使寄主细胞的磷酸化作用受抑制，在生理上和生化上都发生了一系列重要变化。

8. 寄生植物如何吸收营养物质？怎样繁殖和传播？

寄生性植物从寄主植物上获得生活物质的方式和成分各有不同。按寄生物对寄主的依赖程度或获取寄主营养成分的不同可分为全寄生和半寄生两类。寄生性植物从寄主植物上夺取它自身所需要的所有生活物质的寄生方式称为全寄生。例如，列当和菟丝子，它们的叶片退化，叶绿素消失，根系也退变成吸根，而吸根中的导管和筛管分别与寄主植物的导管和筛管相连；它们有粗壮或发达的茎和花，能结出大量的种子，对寄主植物的损害十分严重，常使寄主植物提前枯死。寄生物对寄主的寄生关系主要是对水分的依赖关系，这种寄生方式称为半寄生，俗称为“水寄生”。例如，槲寄生和桑寄生等植物的茎叶内有叶绿素，自己能制造碳水化合物，但根系退化，以吸根的导管与寄主维管束的导管相连，吸取寄主植物的水分和无机盐。有些寄生植物如独脚金，叶片退化成为鳞片状，虽含有少量的叶绿素，能制造少量的碳水化合物，但不能自给自足，仍需寄主的养料补充。

不同种类的寄生性种子植物虽都以种子繁殖，但传播的动力和传播方式有很大的差异。大多数的传播方式是以风力或鸟类为介体传播的，有的则与寄主种子一起随调运而传播，这是一种被动方式的传播；还有少数寄生植物的种子成熟时，果实吸水膨胀开裂，将种子弹射出去，这是主动传播的类型。桑寄生科植物的果实为肉质的浆果，成熟时色泽鲜艳，引诱鸟类啄食并随鸟的飞翔活动而传播，这些种子表面有槲寄生碱保护，在经过鸟类消化道时不受损坏，随粪便排出时黏附在树枝上，在温湿度适宜时萌芽侵入寄主。列当、独脚金的种子极小，成熟时蒴果开裂，种子随风飞散传播，一般传播距离可达数十米。菟丝子等种子或蒴果常随寄主种子的收获与调运而传播扩散。松杉寄生的果实成熟时，常吸水膨胀直至爆裂，将种子弹射出去，弹射的距离一般为3～5m，最远可达15m。弹射出去的种子表面也有黏液，很易黏附在别的寄主植物表面，遇到合适的条件即可萌芽侵入。

9. 举例说明植物病害重要病原致病机理的研究进展。

随着分子生物学研究进展，植物病害重要病原致病机理研究也取得了长足进步。这里仅以水稻稻病菌（*Magnaporthe oryzae*）为例，该病菌引起的水稻稻瘟病是一种世界性的水稻病害。其致病机理的研究进展主要包括稻瘟病侵染机制、无毒基因、致病性的生物学及其分子机制等方面。下面就稻瘟病菌致病性的分子遗传学及其遗传变异机制方面的研究进展进行阐述。

（1）稻瘟病菌致病性的分子基础

稻瘟病菌成功侵染寄主是一个错综复杂的过程，包括分生孢子的产生和萌发、附着胞形成、侵染钉分化及侵染性菌丝扩展。侵染过程中的任一环节被破坏均会导致致病性减弱或丧失。有研究表明，分生孢子的形成能力是由正常的分生孢子梗和梗上着生孢子的数量决定，但目前为止还没有克隆到控制分生孢子形成的基因。附着胞的形成对稻瘟病菌的致病性起着关键作用，稻瘟病菌成功侵染水稻依靠的是附着胞内产生的膨压穿透寄主表面的角质层，在这个过程中有多个基因表达，且需要第二信使cAMP的参与。稻瘟病菌是靠功能性附着胞分化产生的侵染钉和侵染性菌丝来侵染寄主植物，其中附着胞分化成侵染钉所必需的基因已经被成功克隆。控制稻瘟病菌的侵染性生长基因、信号转导基因、激发子编码基因也已被成功克隆。

持有主效抗病基因的水稻与稻瘟病菌的互作符合经典的基因对基因关系，水稻品种只有对含有相应无毒基因的稻瘟病菌小种表现抗病性，而稻瘟病菌小种也只对含有相应抗病基因的水稻品种表现无毒性。迄今为止，已获得多个稻瘟病菌无毒基因及效应子的分子标记，其中6个无毒基因已经被成功克隆。

（2）稻瘟病菌的遗传多样性及其变异机制

稻瘟病菌基因组中存在着一些中度重复序列，国内外研究结果表明来自不同地区的稻田和不同品种的稻瘟病菌菌株具有丰富的遗传多样性。根据目前的研究，一般认为稻瘟病菌小种的变异机制具有位置效应、重复序列间的同源重组和转座子的转座三种机制。

三、判断及改错题

1. 活体营养生物是非专性寄生菌。

   错误。

   改正：活体营养生物是专性寄生物。

2. 寄生不一定是有害的，寄生物也不一定是病原物。

   正确。

3. 寄生性种子植物都是双子叶植物。

   正确。

4. 所有寄生性种子植物叶片都退化，不含叶绿素，不能制造营养，所以必须依靠其他植物来提供营养。

错误。

改正：全寄生性种子植物叶片都退化，不含叶绿素，不能制造营养，所以必须依靠其他植物为其提供营养，如菟丝子和列当。

5. 所有寄生性种子植物都没有根，不能吸收水分和无机盐，所以必须依靠其他植物来提供水分和无机盐。

错误。

改正：半寄生性种子植物都没有根，不能吸收水分和无机盐，所以必须依靠其他植物来提供水分和无机盐。

6. 绝大多数的植物病原菌物和植物病原细菌都是专性寄生。

错误。

改正：绝大多数的植物病原真菌和植物病原细菌都是非专性寄生，但它们寄生能力的强弱有所不同。

7. 专性寄生的锈菌的致病性一定比非专性寄生的强。

错误。

改正：专性寄生的锈菌的致病性并不比非专性寄生的强。

8. 镰刀菌酸是一种寄主选择性毒素。

错误。

改正：镰刀菌酸是一种非寄主选择性毒素。

第十二章　寄主的抗性

【习题】

一、名词解释

1. 抗病性；2. 免疫；3. 耐病；4. 避病；5. 被动抗病性；6. 主动抗病性；7. 病程相关蛋白；8. 植物保卫素；9. 交互保护作用；10. 垂直抗性；11. 水平抗性；12. 物理抗性；13. 生化抗性

二、问答及论述题

1. 什么是垂直抗性（主效基因抗性），其特点有哪些？
2. 从“基因对基因学说”出发解释农作物抗病性丧失的现象。
3. 植物抗病性有不同的分类办法，你认为哪种办法最能反映抗病性的本质？
4. 举例说明植物被病原物侵染后所发生的主要生理变化。
5. 试比较植物被动抗病性因素与主动抗病性因素的异同。
6. 为什么说植物保卫素是重要的主动抗病性因素？
7. 试说明诱发抗病性的特点和可能的机制。
8. 植物被病原物侵染后所发生的主要生理变化有哪些？
9. 什么是诱发抗病性？
10. 如何合理利用寄主抗性？
11. 举例说明植物重大病害抗性基因鉴定的研究进展。

三、判断及改错题

1. 过敏性坏死反应一直以来被认为是非小种专化抗病性的重要机制。
2. 植物保卫素是诱导产物，只有真菌、细菌、病毒及线虫等生物因素才能激发植物保卫素产生。
3. 在寄主与病原物表现亲和与非亲和性时都有较多植物保卫素积累。
4. 诱发抗病性仅存在于同一病原物的不同株系和小种间。
5. 作物不同发育阶段，其抗病性表现均一致。
6. 诱发抗病性表达的速度和强度，取决于诱发接种物的剂量与所保护的植物细胞数量的对比关系。
7. 寄主抗病性变异只源于基因突变。
8. 激发子能刺激寄主，使之产生植保素。
9. 垂直抗性和水平抗性相互排斥，不能共存于一体。

10. 垂直抗性是寄主抗病性管理的首要目标。

【解答】

一、名词解释

1. 抗病性（disease resistance）：是指植物避免、中止或阻滞病原物侵入与扩展，减轻发病和损失程度的一类特性。

2. 免疫（immunity）：是寄主对病原物侵染的反应表现为完全不发病，或观察不到可见症状的现象。

3. 耐病（disease tolerance）：是指寄主植物具有抗损害的特性。从病害严重程度或病原物发育程度上来看，寄主植物表现为感病特征，但其产量和品质损失较轻。

4. 避病（disease escape）：是指植物因不能接触病原物或接触的机会减少而不发病或发病减少的现象。

5. 被动抗病性（passive resistance）：是指植物与病原物接触前即已具有的抗病性。

6. 主动抗病性（active resistance）：是指受病原物侵染诱导的寄主保卫反应。

7. 病程相关蛋白（pathogenesis-related protein）：是指由病毒、细菌和真菌侵染诱导寄主产生的一类特殊蛋白质，这类蛋白质可能与抗病性表达有关。

8. 植物保卫素（phytoalexin）：是植物受到病原物侵染后或受到多种生理的、物理的刺激后产生或积累的一类低分子质量抗菌性次生代谢产物。

9. 交互保护作用（cross protection）：是指当植物寄主接种弱毒株系后，再接种同一种病毒的强毒株系，则寄主抵抗强毒株系使受害症状减轻的现象。

10. 垂直抗性（vertical resistance）：指对某一种病原物的某一个或某些生理小种有抗病性或免疫性，即抗性是小种专化的。

11. 水平抗性（horizontal resistance）：是对某一种病原物的全部菌株或生理小种都具有同样有效的抵抗能力，是非小种专化抗性。

12. 物理抗性（physical resistance）：包括物理被动抗性和物理主动抗性。植物以其形态构成、机械坚韧性和对病原物的稳定性抵抗病原物的侵入和扩展，是物理被动抗性；病原物侵染引起植物代谢变化，导致亚细胞、细胞或组织水平的形态和结构改变，是物理主动抗病性。

13. 生化抗性（biochemical resistance）：包括生化被动抗性和生化主动抗性。植物在受到病原物侵染前体内具有某些抗菌性物质，这种植物固有的抗性称为生化被动抗性。植物在受到病原物诱导后，产生了一系列诸如植保素等对病原毒素具有降解作用或抗菌性的次生代谢产物积累，这种抗性称为生化主动抗性。

二、问答与论述题

1. 什么是垂直抗性（主效基因抗性），其特点有哪些？

垂直抗性（vertical resistance）也称小种专化性抗性，特点有：①品种的抗病性与病原物生理小种的致病性之间有着特异的相互作用，因而，具垂直抗性的植物品种对病原物的某些小种能抵抗，而对另一些小种则不能抵抗；②这种抗性一般表现为免疫或高度抗病，但不稳定、不持久、易丧失；③在遗传学上，垂直抗性是由单基因（或寡基因）控制的，是由主效基因单独起调控作用，表现为质量遗传。

2. 从“基因对基因学说”出发解释农作物抗病性丧失的现象。

在基因对基因病害中，品种-小种的相互作用最为明显，病原物小种组成取决于生产上的品种组成，如果生产上连年大面积使用具有单一抗病基因的品种，会给病原菌造成定向的选择压力，致使原有或新产生的能够克服该抗病基因的病原物小种成为优势小种，一旦气候条件适宜，必然造成病害爆发和流行，致使抗病品种抗性丧失。

3. 植物抗病性有不同的分类办法，你认为哪种办法最能反映抗病性的本质？

植物抗病性（disease resistance）是指植物避免、中止或阻滞病原物侵入与扩展，减轻发病和损失程度的一类特性。抗病性是植物普遍存在的、相对的性状，可以根据不同的目的，利用不同的标准区分为不同的类型。按照寄主抗病的机制不同，可将抗病性分为主动抗病性（active resistance）和被动抗病性（passive resistance）；根据寄主品种与病原物小种之间有无特异性相互作用，抗病性可分为小种专化性抗病性和非小种专化性抗病性；根据抗病性的遗传方式，抗病性可分为主效基因抗病性（major gene resistance）和微效基因抗病性（minor gene resistance）；根据抗病性表达的病程阶段不同，又可分为抗接触（anti-contact resistance）（避病）、抗侵入（anti-infection resistance）、抗扩展（anti-development）、抗损失（耐病）（tolerance）和抗再侵染（anti- reinfection）等抗性类型。

通常按照寄主抗病的机制不同，将抗病性分为主动抗病性（active resistance）和被动抗病性（passive resistance）最能反映抗病性的本质。

4. 举例说明植物被病原物侵染后所发生的主要生理变化。

植物被各类病原物侵染后，发生一系列具有共同特点的生理变化。植物细胞膜透性改变和电解质渗漏是侵染初期重要的生理病变，继而出现呼吸作用、光合作用、核酸和蛋白质、酚类物质、水分生理以及其他方面的变化。研究植物的生理病变对了解寄主—病原物的相互关系有重要意义。

例如，小麦感病品种被条锈菌侵染的初期，病株光呼吸强度和暗呼吸强度略有降低，显症后则明显上升，产孢盛期达到高峰，发病末期减弱乃至停止呼吸。小麦感病品种接种条锈菌后净光合速率持续降低，显症和产孢以后剧烈下降，降幅可达健株正常值的50%左右。烟草花叶病毒（TMV）侵染寄主后，由于病毒基因组的复制，寄主体内病毒RNA含量增高，寄主RNA，特别是叶绿体rRNA的合成受抑制，因而引起严重的黄化症状。在细菌病害方面，由根癌土壤杆菌（*Agrobacterium tumefaciens*）侵染所引起的植物肿瘤组织中，细胞分裂加速，DNA显著增多，并且还产生了健康植物组织中所没有的冠瘿碱一类的氨基酸衍生物。

5. 试比较植物被动抗病性因素与主动抗病性因素的异同。

植物的抗病机制是多因素的，有先天具有的被动抗病性因素，也有病原物侵染引发的主动抗病性因素。

植物被动抗病性（passive resistance）的物理因素是植物固有的形态结构特征，它们主要以其机械坚韧性和对病原物酶作用的稳定性抵抗病原物的侵入和扩展。表达被动抗病性的植物具有多种类型的化学抗病因素，可能含有天然抗菌物质，或能够抑制病原菌某些酶的物质，也可能缺乏病原物寄生和致病所必需的重要化学成分。

病原物侵染引起植物代谢变化，导致亚细胞、细胞或组织水平的形态和结构改变，产生了物理的主动抗病性（active resistance）因素。抗病物理因素可能将病原物的侵染局限在细胞壁、单个细胞或局部组织中。化学的主动抗病性因素主要有过敏性坏死反应、植物保卫素形成和植物对毒素的降解作用等，研究这些因素不论在植物病理学理论上还是在抗病育种的实践中都有重要意义。

6. 为什么说植物保卫素是重要的主动抗病性因素？

植物保卫素（phytoalexin）是植物受到病原物侵染后或受到多种生理的、物理的刺激后所产生或积累的一类低分子质量抗菌性次生代谢产物。植物保卫素对真菌的毒性较强。有人用马铃薯晚疫病菌非亲和性小种接种抗病马铃薯品种块茎的切片，诱导出过敏性坏死反应，间隔一定时间后即使再接种亲和性小种，也不能引起侵染。据此推测，预先接种非亲和性小种诱导马铃薯切片产生并扩散出一种抗菌物质，从而提出了植物保卫素假说。现在已知 21 科 100 种以上的植物产生植物保卫素，其中以豆科、茄科、锦葵科、菊科和旋花科植物产生的植物保卫素最多。90 多种植物保卫素的化学结构已被确定，其中多数为类异黄酮和类萜化合物。类异黄酮植物保卫素主要由豆科植物产生，如豌豆的豌豆素（pisatin）、菜豆的菜豆素（phaseolin）、基维酮（kievitone），大豆、苜蓿和三叶草等产生的大豆素（glyceolin）等。类萜植物保卫素主要由茄科植物产生，如马铃薯块茎产生的日齐素（rishitin）、块茎防疫素（phytuberin），甜椒产生的甜椒醇（capsidiol）等。

7. 试说明诱发抗病性的特点和可能的机制。

诱发抗病性（诱导抗病性）是植物经各种生物预先接种后或受到化学因子、物理因子处理后所产生的抗病性，也称为获得抗病性（acquired resistance）。显然，诱发抗病性是一种针对病原物再侵染的抗病性。

在植物病毒学的研究中，人们早已发现病毒近缘株系间有“交互保护作用”。当植物寄主接种弱毒株系后，再接种同一种病毒的强毒株系，则寄主抵抗强毒株系，症状减轻，病毒复制受到抑制。在类似的实验中，人们把第一次接种称为“诱发接种”（inducing inoculation），把第二次接种称为“挑战接种”（challenge inoculation）。后来证实这种诱发抗病性现象是普遍存在的，不仅同一病原物的不同株系和小种交互接种能使植物发生诱发抗病性，而且不同种类、不同类群的微生物交互接种也能使植物产生诱发抗病性。不仅如此，热力、超声波或药物处理致死的微生物、由微生物和植物提取的物质（葡聚糖、糖蛋白、脂多糖、脱乙酰几丁质等），甚至机械损伤等在一定条件下均能诱发抗病性。诱发抗病性有两种类型，即局部诱发抗病性和系统诱发抗病性。局部诱发抗病性（local induced resistance）只表现在诱发接种部位。系统诱发抗病性（systemic induced resistance）是在接种植株未行诱发接种的部位和器官所表现的抗病性。

8. 植物被病原物侵染后所发生的主要生理变化有哪些？

植物被各类病原物侵染后，发生一系列具有共同特点的生理变化。植物细胞膜透性改变和电解质渗漏是侵染初期重要的生理病变，继而出现活性氧爆发、植物激素、核酸和蛋白质的合成与代谢重构、酚类物质、光合作用、水分生理以及其他方面的变化。研究病植物的生理病变对了解寄主—病原物的相互关系有重要意义。

9. 什么是诱发抗病性?

诱发抗病性（诱导抗病性）是植物经各种生物预先接种后或受到化学因子、物理因子处理后所产生的抗病性，也称为获得抗病性（acquired resistance）。显然，诱发抗病性是一种针对病原物再侵染的抗病性。

在植物病毒学的研究中，人们早已发现病毒近缘株系间有“交互保护作用”。当植物寄主接种弱毒株系后，再接种同一种病毒的强毒株系，则寄主抵抗强毒株系，症状减轻，病毒复制受到抑制。在类似的实验中，人们把第一次接种称为“诱发接种”（inducing inoculation），把第二次接种称为“挑战接种”（challenge inoculation）。后来证实这种诱发抗病性现象是普遍存在的，不仅同一病原物的不同株系和小种交互接种能使植物发生诱发抗病性，而且不同种类、不同类群的微生物交互接种也能使植物产生诱发抗病性。不仅如此，热力、超声波或药物处理致死的微生物、由微生物和植物提取的物质（葡聚糖、糖蛋白、脂多糖、脱乙酰几丁质等），甚至机械损伤等在一定条件下均能诱发抗病性。诱发抗病性有两种类型，即局部诱发抗病性和系统诱发抗病性。局部诱发抗病性（local induced resistance）只表现在诱发接种部位。系统诱发抗病性（systemic induced resistance）是在接种植株未行诱发接种的部位和器官所表现的抗病性，甚至达到整个植株。

10. 如何合理使用寄主抗性?

利用寄主抗性控制病害是病害控制的首要基础。可以从多个方面利用寄主的抗性来控制病原物群体组成的变化和病害的流行。①抗病品种的多样性种植。即将具有不同抗病性的品种按不同比例和规格种植，增加农田抗病基因的多样性，可有效减轻病害的流行，减少农药使用量和用药成本，增加作物产量，同时减少农药对环境的污染。②抗病品种轮换也称为基因轮换，实际也是抗病基因多样性的时间布局，可以通过抗病品种的适时轮换来控制病原物优势小种的形成。③利用多抗性品种也称为基因累聚，即把多种抗性基因集中到一个品种中，这样不仅可以抵抗多种小种，也可以兼抗几种病害或兼抗病虫害，甚至抵抗不良环境条件。④利用病害发展速度较慢的品种，这类抗性一般由多基因控制，抗性比较稳定和持久。由于个体植物发病较慢，群体发病也相应较慢，能起到群体抗病的作用。在田间尤其是中后期，由于病害发展速度较慢，最终作物受害较轻。在利用寄主抗性时，如果采取综合防治措施，可以提高利用抗病品种的效果。例如，防治马铃薯晚疫病，利用田间抗性再加上喷药保护；防治棉花枯萎病，利用抗病品种再加上轮作等，更可以提高利用抗病品种的效果。

11. 举例说明作物重大病害抗性基因鉴定的研究进展。

抗病基因的鉴定是克隆和功能研究的前提与基础，近年来其进展不断加快。

例如，关于抗白叶枯病基因的研究，截至 2005 年 6 月，经国际注册确认和期刊报道的水稻白叶枯病抗性基因共 30 个，其中 *Xa22*（*t*）、*Xa26*（*t*）、*xa26*（*t*）、*Xa27*（*t*）、*xa28*（*t*）、*Xa29*（*t*）和 3 个 *Xa25*（*t*）为暂定名基因，有待订正。在 30 个基因中，21

个为显性基因（*Xa*），9 个为隐性基因（*xa*）；13 个表现为全生育期抗性，15 个表现为成株期抗性，*Xa21* 和 *Xa25*（*t*）两个基因在分蘖后期表达抗性。已被定位的抗性基因有 17 个，即第 11 染色体上有 7 个，*Xa3*、*Xa4*、*Xa10*、*Xa21*、*Xa22*（*t*）、*Xa23* 和 *Xa26*；第 4 染色体上有 4 个，*Xa1*、*Xa2*、*Xa12* 和 *Xa14*；第 5 染色体上有 2 个，*xa5* 和 *xa13*；第 6 染色体上有 *Xa7* 和 *Xa27*；第 12 染色上有 *Xa25*（*t*）；第 1 染色体上有 *Xa29*（*t*）。其中，*Xa1*、*xa5*、*Xa21*、*Xa26*、*Xa27* 5 个基因已被克隆。同时完成了白叶枯病抗性基因在水稻染色体上的定位工作。

再如马铃薯晚疫病抗病基因的研究表明，11 个来自于野生种矮茄（*Solanum demissum*）中的晚疫病抗性基因都已经定位在马铃薯的遗传图谱上：*R1* 定位在Ⅴ号染色体上，*R3*，*R6* 和 *R7* 定位在Ⅺ号染色体上，*R2* 定位在Ⅳ号染色体上。*R5*，*R8*，*R9*，*R10*，*R11* 利用标记分析和图位克隆分析表明可能是 R3 复合位点的一个等位基因。晚疫病抗病基因 *R1* 是目前研究得最清楚的一个晚疫病抗病基因之一，定位在 *S. demissum* 的Ⅴ号染色体上，它所在的位置也是各种病原物抗病基因的集中区，包括可以编码对各种病原物（病毒、霉菌、线虫）的抗性蛋白，马铃薯 X 病毒的单基因抗性基因就定位在这一区域。研究发现在马铃薯Ⅴ号染色体上 RFLP 标记 GP21 和 GP179 之间的短臂区域编码对 *Phytophthora infestans* 的抗性，同时，这个区域也包含多个与马铃薯晚疫病抗性相关的数量性状位点（QTL），这些相应抗病基因的簇集表明它们是通过基因复制从同一祖先基因演化而来的，在此过程中同时伴随着功能分化。对 *R1* 基因的克隆和分析促进了马铃薯病原体抗性相关因子的分子水平研究。利用四倍体群体 EJ96-4061 将晚疫病抗病基因 *R2* 定位在马铃薯Ⅳ号染色体上；11 个与 *R2* 位点相连锁的 AFLP 标记已经鉴别出来了，Park 等在二倍体图谱群体中鉴别了 3 个特异的 *R* 基因，其中一个定位在Ⅳ号染色体上，并与 *S. demissum* 中的 *R2* 在表型上十分相近。*R2* 位于马铃薯基因组中一个 0.4cM 的区域。马铃薯晚疫病抗病基因 *R3* 也具有对 *P. infestans* 的毒株小种的专化抗性，它定位于马铃薯Ⅺ号染色体长臂上。其他来自于 *S. demissum* 的晚疫病抗病基因 *R3a*、*R3b*、*R6* 和 *R7* 都定位在马铃薯第Ⅺ号染色体上。然而，近年来，*R5-R11* 被认为可能是 *R3* 基因的等位基因。在 *S. demissum* 鉴定出的 11 个小种专化性的晚疫病抗病基因中仅有 *R1* 和 *R3a* 被分离出来。从 S. *demissum* 中鉴定或分离出的晚疫病抗性基因都为单基因控制的小种专化抗性，当这些 *R* 基因转化到栽培品种中后，分化极快的 *P. infestans* 生理小种可以很快克服 *R* 基因的抗性效应，导致这种抗病性持久性很短，因而在实际的晚疫病抗病基因研究中有一定的局限性。尽管如此，对这些小种专化抗病基因的分离也为研究特异性植物防御机制提供了重要的理论基础和实践依据。近年来，在其他的野生马铃薯中也发现了许多新的持久性更强的晚疫病抗性基因资源，包括 *S. berthaultii*、*S. bulbocastanum*、*S. mochiquense* 和 *S. pinnatisectum*。2003 年，Edwin 报道从 *S. bulbocastanum* 中克隆了 *Rpi-blb1* 基因，它是一种典型的 CC-NBS-LRR 型的抗性基因，编码一个 970 个氨基酸的多肽，分子质量为 110.3kDa，5′和 3′ UTRs 分别为 45nt 和 181nt。*Rpi-blb1* 基因包含一个 678nt 的单一内含子，位于 ATC 起始密码子的下游 428nt 处。研究发现 *Rpi-blb1* 基因定位在 *S. bulbocastanum* 的Ⅷ号染色体上，距标记 CT88 有 0.3cM，对各种的 *P. infestans* 小种都具有广谱的抗性。通过

对 *Rpi-blb1* 基因附近的不同区域的 Ka/Ks 分析，发现它们具有较高的同义分离率，从而表明这是个相当古老的基因。

Rpi-blb1 基因抗性位点定位在 *S. bulbocastanum* 的Ⅷ号染色体上，与已报道的晚疫病抗性基因 *RB* 位于相同的区域。2003 年，Song 等报道通过图谱方法结合长片段 PCR（LR-PCR）策略克隆了抗性基因 *RB*。一个包括 4 个 CC-NBS-LRR 型的抗性基因的基因簇在 *RB* 区被发现，*RB* 基因的克隆为进一步研究马铃薯晚疫病的致病及抗病机理提供了新的基因资源，同时也为抗病基因结构和功能研究提供了新的手段。

Rpi-blb2 基因是从 *S. bulbocastanum* 中分离出的另一个具有广谱晚疫病抗性的抗病基因。2005 年，Edwin 等报道 *Rpi-blb2* 位点定位在一个四倍体回交群体（ABPT）中Ⅵ号染色体上与番茄的 *Mi-1* 基因位点相同的区域。对跨越 *Rpi-blb2* 位点的 ABPT 来源的细菌人工染色体（bacterial artificial chromosome，BAC）和 *S. bulbocastanum* 来源的 BAC 克隆的分子分析表明它包含 15 个 *Mi-1* 基因同源基因（MiGHs），其中有 5 个经鉴定为 *Rpi-blb2* 的候选基因。序列分析表明 *Rpi-blb2* 和 *Mi* 基因是高度相似的，其蛋白相似性为 82%。与 *Mi-1* 位点相比，*Rpi-blb2* 位点的所跨的区域更大，这表明染色体间重组或不等交换在 *Rpi-blb2* 位点的进化中发挥着巨大的作用。

Rpi-blb3 基因是 2005 年在 *S. bulbocastanum* 才最新鉴别出来的一个晚疫病抗性基因，Park 等绘制了 *Rpi-blb3* 的高分辨率的遗传图谱，并将其定位在马铃薯Ⅳ号染色体的一个 0.93cM 的区域，该基因的研究对晚疫病抗性研究也具重要意义。

来自于 *P. infestans* 其他寄主的 *R* 基因也有报道，3 个针对 *P. infestans* 的抗性基因已经定位在番茄染色体组上：*Ph-1* 基因定位在Ⅶ号染色体上，*Ph-2* 基因定位在 X 号染色体上，*Ph-3* 基因定位在Ⅸ号染色体上。

2001 年，Kuhl 等报道了一个新的晚疫病抗病相关基因 *Rpi1*，定位在一个墨西哥二倍体品种 *S. pinnatisectumr* 的Ⅶ号染色体上，研究发现 *Rpi1* 具有与 *R9* 抗性位点相同的无毒基因，表明 *Rpi1* 可能与 *R9* 基因高度相关。

2005 年，Smilde 等报道在马铃薯品种 *S. mochiquense* 基因组Ⅳ号染色体的长臂远端发现了另一个晚疫病抗病相关基因 *Rpi-moc1*，位于与番茄的晚疫病抗病基因 *Ph-3* 相邻的位点，这是在 *S. mochiquense* 中研究的第一个抗病基因。

Rber 基因是最近由 Rauscher 等从 *S. berthaultii* 中发现的一个新的马铃薯晚疫病抗性基因，Rauscher 通过一系列手段鉴定 11 个晚疫病抗性基因相对应的 *P. infestans* 单株，表明与 *Rber* 基因对应的 *P. infestans* 小种与已知的晚疫病抗病基因 *R1*，*R2*，*R3*，*R4*，*R5*，*R6*，*R7* 和 *R10* 都是兼容的，因此，他们推断 *Rber* 基因可能是一个新基因，不同于已经在 *S. demissum* 中鉴别出来的晚疫病抗病基因。同时，Rauscher 等对这个 *R* 基因进行精确定位，利用了 MASP-map 技术（PCR-based mapping technique），将 *Rber* 基因定位于马铃薯 X 号染色体的标记 CT240 和 TG63 之间的一个 3.9cM 的区域，对 *Rpi-bet* 基因尚需进一步研究。

水稻抗病基因研究也取得了较大的进展。中国、日本和国际水稻研究所（IRRI）等先后开展了对稻瘟病抗性基因的系统分析和鉴定工作，截至 2008 年 12 月，已至少报道了 58 个位点共 67 个主效抗稻瘟病基因，这些基因成簇分布于除第 3 染色体外的所有水稻染色体上，其中，*Pi-b*、*Pi-ta*、*Pi9*、*Pi2*、*Piz-t*、*Pi-d2*、*Pi36*、*Pi37*、*Pik-m* 和 *Pi5* 等 10 个基因已被成功分离和克隆。

Pi-b 对日本大多数稻瘟病菌小种有抗性，定位于水稻第 2 染色体长臂近末端，抗性供体为 BL1。*Pi-b* 包含有 4 个内含子（164bp、810bp、1340bp、308bp），其全长 cDNA 由 306bp 的 5′-UTR、3753bp 的 ORF 和 229bp 的 3′-UTR 等组成，编码一个由 1251 氨基酸组成的 NBS-LRR 类蛋白产物。Pi-b 蛋白的 LRR 域由 17 个不完整的 LRR 组成，域中部有 8 个成簇的半胱氨酸残基，单个重复的氨基酸数目为 19～29 个。*Pib* 基因会因环境条件的变化而诱导调控，如温度、光照等条件的改变都将影响该基因的表达。*Pi-ta* 是一个抗谱相对较广的稻瘟病抗性基因，定位于水稻第 12 染色体近着丝点区，原始供体为社糯（Yashiro-mochi）。*Pi-ta* 基因包含 2 个外显子和 1 个 1463bp 的内含子，编码一个长度为 928 氨基酸的胞质受体蛋白。Pi-ta 蛋白含有 NBS-LRR 域，但其氨基端无典型的结构域，既没有 CC/LZ 结构，也没有 TIR 结构。*Pi-ta* 位点上的抗感两基因的编码产物仅有一个氨基酸的差异，即第 918 氨基酸由抗病产物的丙氨酸变异为感病产物的丝氨酸，其抗病机制是 *Pi-ta* 基因的编码产物能与稻瘟病菌的无毒基因 *AVR-Pita* 表达产物相互作用引发抗病反应。以前的研究表明，*Pi-ta*^{2} 是 *Pi-ta* 位点上的一个等位基因，且抗谱比 *Pi-ta* 广，但通过对 *Pi-ta* 的克隆，发现 *Pi-ta*^{2} 实际上就是 *Pi-ta* 至少加上 1 个紧密连锁的其他抗性基因。

Pi2、*Pi9* 和 *Piz-t* 同是第 6 染色体 *Pi-z* 位点上的抗性等位基因，对稻瘟病表现广谱高抗，其抗性供体分别是梅雨明（Fukunishiki）、小粒野生稻和砦 1 号（Toride 1）。*Pi2*、*Pi9* 和 *Piz-t* 各含有 2 个内含子，cDNA 全长分别为 3332bp、4009bp 和 3335bp，其编码产物 *Pi2*、*Pi9* 和 *Piz-t* 分别包含有 1032、1032 和 1033 个氨基酸，LRR 域各由 17 个不完整的 LRR 构成。其中，*Pi-2* 与 *Piz-t* 仅在 3 个 LRR 区域有 8 个氨基酸的差异，并且仅有 1 个变异位于 xxLxLxx 基序中，但互换 *Pi2* 与 *Piz-t* 中的这个氨基酸，没能互换它们的抗性特异性，使得抗性功能丧失，表明 xxLxLxx 结构对抗性的保持和病原无毒蛋白的特异性识别至关重要，但不是决定因素，那些 LRR 域中的非 xxLxLxx 结构同样重要；*Pi9* 与 *Pi2* 和 *Piz-t* 相比，分别有 43 个和 46 个氨基酸的变异，并且 80%左右的变异位于 LRR 区域，这些差异可能与抗性基因的进化相关。总之，*Pi2*、*Pi9* 和 *Piz-t* 这 3 个抗病蛋白在结构上总体相似但有局部差异，这与它们对稻瘟病的抗谱虽有较大的重叠但也有明显不同一致。

Pi36 对中国稻瘟病菌株 CHL39 表现稳定的部分抗性，定位于水稻第 8 染色体短臂，抗性供体为籼稻品种 Kasalath。*Pi36* 包含有 3171bp 的编码区和 4 个内含子（433bp、5069bp、124bp、259bp），编码一个由 1056 个氨基酸组成的 NBS-LRR 类蛋白产物，其抗性的获得是由于第 590 氨基酸发生了置换（丝氨酸取代天冬氨酸）。Pi36 蛋白的 LRR 域由 17 个不完整的 LRR 组成，单个重复的氨基酸数目为 22～44 个。*Pi36* 在水稻基因组中是单拷贝基因，呈组成型表达，与抗瘟病基因 *Pita*、*Pib*、*Pi9* 和 *Piz-t* 相比，它和抗大麦白粉病基因 *Mla1* 和 *Mla6* 表现更紧密的相关性。

Pi37 对中国南方稻瘟病菌株 CHL1405、CHL1340 和 CHL1159 等表现完全抗性，定位于水稻第 1 染色体长臂上，SSR 标记在 RM543 和 RM319 之间，抗性供体为籼稻

品种 St. No. 1。*Pi37* 由 197bp 的 5′UTR、3873bp 的 ORF、2 个内含子（3943bp、124bp）和 603bp 的 3′UTR 组成，编码一个由 1290 个氨基酸组成的 NBS-LRR 类多肽产物，其抗性的获得是因第 239 位氨基酸（丙氨酸突变为缬氨酸）和第 247 位氨基酸（蛋氨酸突变为异亮氨酸）发生突变引起的。Pi37 蛋白的 LRR 域由 25 个不规则的 LRR 组成。*Pi37* 基因在水稻中组成型表达，受病原菌侵染时仅有轻微的诱导增强。

Pik-m 是抗稻瘟病位点 *Pi-k* 上的一个等位基因，定位于水稻第 11 染色体，抗性供体为粳稻品种 Hokushi Tami。测序和遗传互补试验表明，*Pik-m* 是由 2 个紧密连锁且具有完全独立功能的 NBS-LRR 类基因（*Pikm1-TS* 和 *Pikm2-TS*）组成。*Pikm1-TS* 和 *Pikm2-TS* 不同源，编码区长度分别为 3432bp 和 3066bp，在结构上也有一些差异：*Pikm1-TS* 包含 2 个内含子，*Pikm2-TS* 仅有 1 个内含子；*Pikm1-TS* 产物在氨基端有 CC 结构，羧基端有非 LRR 结构，而 *Pikm2-TS* 都没有；*Pikm1-TS* 的 LRR 重复序列更匹配那些公认的保守结构。转基因验证表明，*Pikm1-TS* 和 *Pikm2-TS* 中的任何一个都不能代表 *Pik-m*，必须两个同时存在才能满足 *Pik-m* 的全部功能。

Pi5 在温室人工接种条件下对 PO6-6 等 5 个稻瘟病小种表现完全抗性，它定位于水稻第 9 染色体，抗性供体为 RIL260。经基因测序和转基因功能验证，发现 *Pi5* 与 *Pik-m* 类似，也包含两个独立遗传的 NBS-LRR 类基因（*Pi5-1* 和 *Pi5-2*），且两个基因的蛋白产物在氨基端都有 CC 结构。序列分析发现 *Pi5-1* 和 *Pi5-2* 分别有 5 和 6 个外显子，蛋白产物分别含有 1025 和 1063 个氨基酸；基因表达分析表明 *Pi5-1* 受病原菌诱导表达，而 *Pi5-2* 是组成型表达。

三、判断及改错题

1. 过敏性坏死反应一直以来被认为是非小种专化抗病性的重要机制。
   错误。
   改正：过敏性坏死反应一直被认为是小种专化抗病性的重要机制。
2. 植物保卫素是诱导产物，只有真菌、细菌、病毒及线虫等生物因素才能激发植物保卫素产生。
   错误。
   改正：植物保卫素是诱导产物，除真菌、细菌、病毒及线虫等生物因素外，一些非生物因子诸如金属粒子、叠氮化钠以及机械刺激等也能激发植物保卫素产生。
3. 寄主与病原物表现亲和与非亲和性时都有较多植物保卫素积累。
   错误。
   改正：只有在寄主与病原物表现非亲和性时才有较多植物保卫素积累。
4. 诱发抗病性仅存在于同一病原物的不同株系和小种间。
   错误。
   改正：诱发抗病性不仅存在于同一病原物的不同株系和小种间，而且还存在于不同种类、不同类群的微生物间。
5. 作物不同发育阶段，其抗病性表现均一致。
   错误。

改正：作物不同发育阶段，其抗病性表现是相同或不同的。

6. 诱发抗病性表达的速度和强度，取决于诱发接种物的剂量与所保护的植物细胞数量的对比关系。

正确。

7. 寄主抗病性变异只源于基因突变。

错误。

改正：寄主抗病性变异既源于基因突变，也源于杂交后的基因重组。

8. 激发子能刺激寄主，使之产生植保素。

正确。

9. 垂直抗性和水平抗性相互排斥，不能共存于一体。

错误。

改正：垂直抗性和水平抗性不是相互排斥的，可以共存于一体。

10. 垂直抗性是寄主抗病性管理的首要目标。

错误。

改正：水平抗性是寄主抗病性管理的首要目标。

第十三章　植物病害的流行

【习题】

一、名词解释

1. 植物病害流行；2. 植物病害流行的时间动态；3. 植物病害流行的空间动态；4. 积年流行病害；5. 当年流行病害；6. 中间型病害；7. 定向选择；8. 稳定化选择；9. S形曲线；10. 指数增长期；11. 逻辑斯蒂增长期；12. 第二基因对基因学说；13. 侵染概率；14. 日传染率；15. 侵染数限；16. 曲线拟合；17. 传播体；18. 菌源中心；19. 侵染梯度；20. 传播距离；21. 传播速度；22. 一次传播距离；23. 一代传播距离；24. 远程传播；25. 发病中心

二、问答与论述题

1. 试举出1或2个植物病害流行及对生产造成危害的例子。
2. 什么是植物病害流行学？它的研究范畴包括哪些方面？
3. 植物病害流行的成因是什么？如何避免植物病害的流行？
4. 植物病害流行的遗传学基础是什么？如何从病害流行的遗传学基础认识和避免病害流行？
5. 植物病害如何进行计量？计量对流行分析有什么意义？
6. 根据病害循环中再侵染的有无，病害流行可以划分为哪些类型？其流行特点是什么？
7. 什么是积年流行病害？什么是当年流行病害？什么是中间类型的流行病害？各举例说明。
8. 分析一个病害的流行规律应该从哪几个方面入手？
9. 什么是病害流行的空间动态？分析病害流行的空间动态对预测有什么意义？
10. 什么是S形曲线？什么是多峰形曲线和马鞍形曲线？
11. 逻辑蒂斯曲线的生物学意义是什么？
12. 植物病害流行的逻辑斯蒂方程的形式如何？各参数如何计算？
13. 什么是植物病害流行的指数增长方程？如何计算？
14. 植物病害的空间扩展有什么特征？
15. 什么是植物病害的近程传播？什么是植物病害的中程传播？什么是植物病害的远程传播？植物病害的远程传播需要哪些条件？
16. 什么是生物多样性？如何理解生物多样性与植物病害流行的关系？
17. 如何从病害流行的角度理解生物多样性控制植物病害的机制？
18. 如何理解大多数植物病害的流行是人为因素造成？如何避免人为造成的病害流行？

19. 什么是定向选择？什么是稳定化选择？如何避免定向选择和减少病害流行？
20. 试分析1970年美国玉米小斑病流行的原因？我们从中能吸取什么教训？
21. 什么是基因工程？如何认识基因工程与植物病害流行的新风险？
22. 什么是宏观植物病理学？它的研究范畴包括哪些方面？
23. 什么是外来有害生物？如何认识外来有害生物对病害流行的作用？
24. 什么是植物病害的分子流行？哪些分子技术可以应用于流行的研究？
25. 什么是3S技术？为什么3S技术可以应用于植物病害流行学的研究？
26. 请谈谈我国在植物病害流行学研究中取得的进步和需要努力的方向。

【解答】

一、名词解释

1. 植物病害流行（epidemic of plant disease）：植物病害在较短时间内突然大面积严重暴发从而造成重大损失的现象叫病害的流行。定量流行学中把植物群体的病害数量在时间和空间中的增长都泛称为植物病害的流行。

2. 植物病害流行的时间动态（temporal dynamic of epidemic）：植物病害流行的时间动态是指植物病害发生、发展和衰退的过程。这个过程是由病原物对寄主的侵染活动和病害在空间和时间中的动态变化表现出来的。按照研究的时间规模不同，流行的时间动态可分为季节流行动态和逐年流行动态。它是以时间（t）为横坐标，病害数量（x）为纵坐标作图，绘制出种种形式的病害进展曲线，并利用数学公式研究病害数量（x）随时间（t）变化的速率（$\Delta x/\Delta t$）。

3. 植物病害流行的空间动态（spatial dynamic of epidemic）：植物病害流行的空间动态是指病害的传播过程，反映了病害数量在空间中的发展规律。

4. 积年流行病害（morocyclic disease）：又称单循环病害，指病害从少量发生起，需要经过年度间的病原物积累过程，才能造成危害的病害，如玉米丝黑穗病。

5. 当年流行病害（polycyclic disease）：又称多循环病害，当年流行病害是指在一个生长季中病原物能够连续繁殖多代，从而发生多次再侵染的病害，如镰刀菌引起的土传病害。

6. 中间型病害（middle type disease）：中间型病害是指在病害循环中介于积年流行病害和单年流行病害的中间型病害，如水稻纹枯病。

7. 定向选择（directional selection）：寄主抗病品种有利于病原物相应毒性基因的选择作用，称为定向选择。

8. 稳定化选择（stabilizing selection）：如果寄主群体的抗病性多样化，对病原物的选择将使病原物群体组成趋向稳定，这种选择作用称为稳定选择。

9. S形曲线（S curve）：在植物病理学上描述病害流行的变化规律的曲线，即在初始时，病情很低，其后病情随着时间不断上升直至饱和点，病情不再上升。它是以时间为横坐标，病情为纵坐标的一种描述性曲线，叫做S形曲线。

10. 指数增长期（exponential increase phase）：由开始发病到发病数量达到5%为止的时

期。此期经历的时间较长，病情增长的绝对数量虽不大，但由于寄主群体中可侵染的倍点充裕，发生重叠侵染的可能性小，病情发展自我抑制作用不大，病害基本上呈指数增长。因在此时期病情还很轻，常被误称为“病害缓慢增长期”，但病害实际增长倍数很高，是指病情增长最快的一段时期。

11. 逻辑斯蒂增长期（logistics growth phase）：由发病数量5%开始，到发病数量达95%或转向水平渐近线，从而病害停止增长或者增长极其缓慢的时间段。

12. 第二基因对基因学说（second gene for gene hypothesis）：范德普兰克（1975）提出的第二基因对基因假说，指在具有基因对基因关系的寄主—寄生物系统中，寄主抗病基因的品质决定寄生物相应的毒性基因在毒性无用时适于存活的能力。反之，在毒性基因无用时，它寄生物的适合存活的能力也能决定相对应的抗病基因的品质，这种品质可以通过它给予寄主保护能力的大小反映出来。

13. 侵染概率（infection probability）：侵染概率是指接触寄主感病部位的一个病原物接种体，在一定条件下能够侵染成功、引致发病的概率。或者指一定数量的病原物接种体，接触寄主的感病部位后，在一定条件下能侵染成功从而引致发病的接种体数所占的比率。它可用以下公式表示：

侵染概率 = 萌发率 × 侵入率 × 定殖率。

14. 日传染率（daily multiplication factor）：日传染率也称相对侵染概率，它是指用亲代病情代表相对菌量，用子代病情代表病害数量，一定数量的亲代病情在一日内传播侵染引发一定数量的子代病情，两者数量的比例，即病害日传染率。它可用以下公式表示：

日传染率 = 子代发病位点数 / 亲代发病位点数 / 日

15. 侵染数限（numerical threshold of infection）：最初由高又曼（Gäumann，1946）提出，指成功侵染引致发病的最低病原数量。有一个最低接种体数或密度，即ID～DI曲线的起点。

16. 曲线拟合（curve fitting）：由坐标曲线拟合出数学表达式的过程叫做曲线拟合。

17. 传播体（propagule）：又叫繁殖体病原物传播体是指病原物具有独立存活、传播和侵染功能的最小结构，它能被监测和计数，可以是真菌的孢子、菌核、菌丝的片段或其他休眠器官，也可以是细菌的细胞，病毒的粒体，线虫的幼虫、成虫和卵以及高等寄生性植物的种子等。

18. 菌源中心（pathogen source）：菌源中心是产生传播体的地方。有传播体才有传播，有传播就有菌源中心，依照传播距离研究所取的空间规模和菌源中心的形状，菌源可分三类：点源，线源，区源。

19. 侵染梯度（infection gradient）：是传播发病后，子代病害数量（或密度）随着与菌源中心距离的增加而递减的现象或状况，一般在菌源中心处病害密度最大，距离愈远密度愈小，呈一定的梯度叫做侵染梯度。

20. 传播距离（spread distance）：传播距离是指病害从菌源中心向四周扩散蔓延的距离。

21. 传播速度（rate of spread）：传播速度是指单位时间内病害传播距离的增长量。时间单位可以是日、周或月，也可以是一个潜育期的天数。如时间单位采用日，则传播速度等于逐日一次传播距离增量的日平均值。

22. 一次传播距离（once propagation distance）：病原菌孢子从释放到侵入植物体这段时间内所引起的病害传播距离叫做一次传播距离，以日为时间单位，表述为一日之内实现的病害传播距离。

23. 一代传播距离（generation propagation distance）：病害一个潜伏期内多次传播所实现的传播距离。

24. 远程传播（long distance spread）：传播距离达到数十公里乃至数百公里的为远程传播。

25. 发病中心（infection center）：是指最初发病植株或区域称为发病中心。这些发病的植株能把病害向周围传播扩散开。

二、问答与论述题

1. 试举出 1 或 2 个植物病害流行及对生产造成危害的例子。

（1）小麦秆锈病，1950 年造成我国小麦减产 60 亿 kg，相当于单年夏粮征购量的总和及 3 千万人口的口粮。

（2）马铃薯晚疫病，在阴雨潮湿气温偏低的地区与年份发生严重，流行年一般减产 30%。19 世纪 40 年代爱尔兰马铃薯大量死亡，减产一半，使 100 多万人饿死，200 万人移居海外。马铃薯晚疫病在中国马铃薯产地都有发生，以西南地区较为严重，东北、华北与西北在多雨潮湿的年份危害较重，如 1950 年为大流行年份，造成这些地区的马铃薯损失 30%～50%。

2. 什么是植物病害流行学？它的研究范畴包括哪些方面？

植物病害流行学（plant disease epidemiology）是在群体水平上研究植物病害发生规律、病害预测和病害管理的综合性学科，它是植物病理学的分支学科。植物病害流行的时间和空间动态及其影响因素是植物病害流行学的研究重点。

3. 植物病害流行的成因是什么？如何避免植物病害的流行？

植物病害流行的成因有：①大面积集中种植感病寄主植物；②具有大量强致病性的病原物；③有利病害流行的环境条件。

避免病害流行必须认识病害流行规律，消除病害流行的成因，如避免病原毒性小种上升成为优势小种，增强植物抗性等。而多样性种植，多个品种轮换种植等就是避免病害流行的主要措施。此外，由于单循环病害与多循环病害的流行特点不同，防治策略也不相同。防治单循环病害，消灭初始菌源很重要，除选用抗病品种外，田园卫生、土壤消毒、种子消毒、拔除病株等措施都有良好防效。即使当年发病很少，也应采取措施抑制菌量的逐年积累。防治多循环病害主要应采取种植抗病品种，采用药剂防治和农业防治等措施，降低病害的增长率。

4. 植物病害流行的遗传学基础是什么？如何从病害流行的遗传学基础认识和避免病害流行？

植物病害流行的遗传学基础是：①病原与寄主互作中的遗传关系；②寄主植物与病原物协同进化；③抗病性的遗传学类型和流行学类型。

植物病害的流行不是突然产生的，而是病原与寄主相互对立、斗争，协同进化的结果。一方面，寄主需要具备抗性来对抗病原的侵染和危害；另一方面病原在寄主抗性和环境的压力下，要发生变异，适应寄主的抗性。在这种对立斗争中，如果寄主的抗性最终战胜了病原的致病性，病害就不能够发生，如果病原的致病性战胜了寄主的抗性，病害势必爆发流行。认识寄主的抗性遗传学基础和病原致病性及变异的遗传学基础是认识病害流行的基础。认识了解植物病害流行的遗传学基础，才能正确采取措施，阻止或者减慢病原物的变异，避免病害流行的发生。

5. 植物病害如何进行计量？计量对流行分析有什么意义？

植物病害的发生程度可以用多种指标计量，其中最常见的有发病率、严重度和病情指数。

发病率是指发病植株或器官占调查植株或者器官总数的百分比。用于表示发病的严重程度。

发病率的计算公式：

$$发病率(\%)=[病株数(器官数)/调查总株数(调查器官总数)]\times 100$$

病害的严重程度用分级表示。

病情指数是全面考虑发病率与严重度两者结合的综合指标。若以叶片为单位，严重度用分级表示，病情指数的计算公式为：

$$病情指数=[\Sigma(各级病叶数\times 各级级数)/(调查总叶数\times 最高级级数)]\times 100$$

病害的计量是病害流行分析和预测的基础，掌握病害的数量变化的规律，加上分析影响病害发生的条件，才能分析病害的流行规律，并做出预测。

6. 根据病害循环中再侵染的有无，病害流行可以划分为哪些类型？其流行特点是什么？

根据病害循环中再侵染的有无，病害流行可以划分为单循环病害（monocyclic disease）及多循环病害（poly-cyclic disease）。

（1）单循环病害指在病害循环中只有初侵染而无再侵染，或虽有再侵染，但再侵染危害很小的病害。每年的流行程度主要取决于初始菌量，寄主的感病期较短。在病原物侵入阶段易受环境条件影响，一旦侵入成功，则当年的病害数量基本已成定局，受环境条件的影响较小。此类病害在一个生长季中菌量增长幅度虽然不大，但能够逐年积累，稳定增长，若干年后将导致较大的流行，因而也称为“积年流行病害”。流行的主导因素是菌原数量和侵入时的环境条件。

（2）多循环病害指在一个生长季中病原物能够连续繁殖多代，从而发生多次再侵染。这类病害绝大多数是局部侵染，寄主的易感病期长，病害的潜育期短。病原物的增殖率高，但其寿命不长，对环境条件敏感，在不利条件下会迅速死亡。这类流行病害叫做“单年流行病害”。流行的主导因素是气象条件。

7. 什么是积年流行病害？什么是当年流行病害？什么是中间类型的流行病害？各举例说明。

积年流行病害属于单循环病害（monocyclic disease）、单利病害（simple interest disease，SID）。积年流行病害指病原物需要经连续几年的积累，才能引起不同程度流行危害的病害。度量病害流行时间尺度一般以“年”为单位。这类病害中也包括一些作物的重要病害，如小麦的三种黑穗（粉）病（坚黑穗病、散黑穗病、腥黑穗病）、小麦粒线虫病、大麦条纹病、水稻恶苗病、稻曲病、玉米丝黑穗病、棉花枯萎病、马铃薯卷叶病、多种果树病毒病等。

当年流行病害属于多循环病害（poly-cyclic disease）、复利病害（compound interest disease，CID）。指在作物一个生长季节中，只要条件适宜，菌量能不断积累并流行成灾的病害。度量病害流行进展的时间尺度，一般以“天”为单位。这类病害中包括生产上许多重要病害，如小麦三种锈病（条锈病、叶锈病、秆锈病）、多种植物的白粉病、水稻稻瘟病、水稻白叶枯病、玉米大斑病、玉米小斑病、玉米灰斑病、马铃薯晚疫病、花生锈病、甜菜褐斑病、烟草赤星病、黄瓜霜霉病、梨黑星病等。

还有一类流行病害，如水稻纹枯病，其菌原数量的积累是爆发流行的主要因素，属于积年流行病害的特点。但当菌原数量积累达到要求时，环境气象条件影响它的流行，这种流行特性，具有当年流行病害特点，这类既有单年流行病害特点，又有积年流行病害特点的流行病害叫中间类型的流行病害（middle type disease）。

8. 分析一个病害的流行规律应该从哪几个方面入手？

植物病害的流行是在特定时间和空间内发生的。因此，分析病害流行需要从流行的时间动态、空间动态和影响病害流行的成因，即病害四面体，包括寄主抗性，病原的致病性及环境条件如温度、湿度、光照、土壤条件、微生物区系和人为影响等因素分析入手。针对每一种病害，其流行的影响主要因素不同，必须充分调查，综合分析，才能找到流行的规律。

9. 什么是病害流行的空间动态？分析病害流行的空间动态对预测有什么意义？

病害流行的空间动态是指病害的传播发展的过程，反映了病害在空间的发展规律。病害的传播特点取决于病原物的种类及传播方式。气传病害的自然传播距离相对较大，其空间变化主要受气流和风的影响。土传病害的自然传播距离相对较小，主要受耕作、灌溉、农事活动及一些生物介体的影响。虫传病害的传播距离的效能取决于传病昆虫介体的数量、活动能力及介体与病原之间的相互关系。不同类型的病害，空间流行动态不同。分析病害流行的空间动态规律，可以帮助我们根据病害类型，现在病害的空间分布情况，预测未来的病害空间分布情况，做出空间范围流行的预测和指导防控。

10. 什么是 S 形曲线？什么是多峰形曲线和马鞍形曲线？

S 形曲线（S curve）指病害发生随着时间变化的曲线，初始病情很低，其后病情随着时间不断上升直至饱和点而病情不再增长的病害曲线，如马铃薯晚疫病的流行。

多峰曲线（multiple peak curve）和马鞍形曲线（saddle curve）指一个生长季节中病害由于环境变化或寄主阶段抗病性变化出现两个或两个以上高峰的病害变化曲线，如玉米大斑病、稻瘟病。

11. 逻辑蒂斯曲线的生物学意义是什么？

逻辑蒂斯曲线（logistic curve）在生物学上反映了病害的出现、发生发展的变化规律。我们应用逻辑蒂斯曲线，可以根据初始菌量，预测病害在一定时间段之后发生的情况，从而指导病害的防控。

12. 植物病害流行的逻辑斯蒂方程的形式如何？各参数如何计算？

模型形式是一种自我抑制性生长方程。

微分形式：$dN/dt=rN(K-NK)$

积分形式：$N=K/1+c.e-rt$

直线形式：

$$\ln[x/(1-x)]=\ln[x_0/(1-x_0)]+r(t_2-t_1)$$

常规形式：

$$\frac{x}{1-x}=\frac{x_0}{1-x_0}\cdot e^{rt}$$

$$r=\frac{1}{t_1-t_2}\left[\ln\frac{x_2}{1-x_2}-\ln\frac{x_1}{1-x_1}\right]$$

式中，x_1 为初始病情；x_2 为 t_1 至 t_2 时间的病情；r 为表观侵染速率；e=2.718 28。

S 形曲线的直线化，就是将病情（x）百分率转换成逻值后，用普通坐标纸以逻值为纵坐标对时间（t）作图，则病情进展曲线就成为一条直线，也称逻值线。逻值线与纵轴相交的截点为初始病害数量（x_0），逻值线的斜率就是病害的流行速度，即表观侵染速率。

13. 什么是植物病害流行的指数增长方程？如何计算？

指数模型（exponential growth model）是用于描述生物群体增长的简单模型。该模型假设在研究的时间范围内，只有生殖现象而没有死亡现象，而且生物群体可以获得无限的生长条件。

$$x=x_0e^{rt}$$

$$r_e=\frac{1}{t_2-t_1}(\ln x_2-\ln x_1)$$

式中，x_1 为 $t=1$ 时的初始病情，x_2 为经过从 t_1 至 t_2 时间后的病情，r 为指数增长率，e 为自然对数的底（e=2.718 28)。

14. 植物病害的空间扩展有什么特征？

依据病害扩散距离来分，病害可分为近程传播病害（short range epidemic disease)、中程传播病害（middle range epidemic disease）和远程传播病害（long distance epidemic disease）三大类。从空间分布情况看，病原的空间扩展满足物体扩散的一般规律，即由菌原中心向外扩散的变化规律，这种扩散受到风向和风力的影响。菌原中心可以是点源（point source)、线源（line source）或面源（area source)。病害空间扩展的基本特征是：距菌原中心越近，病害越重；距菌原的下风，病害重于菌原的上风；风力越大，扩展速度越快。

15. 什么是植物病害的近程传播？什么是植物病害的中程传播？什么是植物病害的远程传播？植物病害的远程传播需要哪些条件？

依据传播距离，植物病害可分为：①一次传播距离在百米以下的，称为近程传播(short distance spread)；②传播距离为几百米至几千米的，称为中程传播（middle distance spread)；③传播距离达到数十公里乃至数百千米的，称为远程传播（long distance spread)。远程传播需要条件：大量孢子被上升气流、旋风等抬升离开地面达到千米以上的高空，形成孢子云，继而又被高空气流水平运送到上百千米乃至数千千米之外，最后靠锋面降雨、湍流或重力作用降落至地面，实现了远程传播。

16. 什么是生物多样性？如何理解生物多样性与植物病害流行的关系？

生物多样性（biological diversity）是指一定范围内多种多样活的有机体（动物、植物、微生物）有规律地结合所构成的稳定的生态综合体。它包括动物、植物、微生物的物种多样性，物种的遗传与变异的多样性及生态系统的多样性。

生物多样性与植物病害的关系。

（1）农作物多样性与病害控制。应用生态学原理及分子生物学技术，研究重要作物种间多样性、品种间多样性与病害关系，作物与病菌互作的内在机理和分子基础，研究农作物与病原物间的共同进化关系，从而寻找出最佳的品种组合或物种间的组合来控制病害，减少化学农药施用量，降低环境污染，提高生产效率和进行农作物种质资源保护。

（2）植物病原生物多样性与病害控制。应用生态系统原理将植物病原真菌、植物病毒、植原体、植物病原细菌、植物病原线虫等侵染性病原体作为生态系统的一个组成部分，并将有益微生物纳入植物病害防治体系中，着重研究这些侵染性病原在植物病害中的作用、消长规律、致病机制与防治措施等。

（3）农业生态多样性与病害控制。将植物病害置于农业生态系中，研究植物病害与农业生态系间的关系，特别是在非侵染性病害研究中形成了明显特色。将植物病害作为农业生态系中的一员，人们在研究发生规律、防治策略上思路更开阔，防治技术上更加有针对性，且实用、有效。

17. 如何从病害流行的角度理解生物多样性控制植物病害的机制？

植物病害的流行是寄主、病原和环境三者共同作用的结果。当大量种植同一抗病品种时，寄主遗传背景单一，迫使病原物朝向克服寄主抗性的方向进化。这一进化过程实质上是病原物的无序突变，寄主起着筛选的作用，将那些不能引起侵染的病原群体排除在外，而将那些能引起侵染的突变了的个体保存下来，并为其提供足够的营养，当这些突变的个体逐渐形成很大群体，且有良好的发病条件时，抗病品种最终就会大量感病，而失去了抗病作用。

多样性种植控制病害流行的机制在于：①种植的作物或品种多样，遗传背景不一，对病原物的选择压较小，使病原物各类致病类群达到相对平衡状态，没有明显的优势类群；②相同遗传背景的作物或品种在空间上相互隔离，不利于病原的相邻传播，减缓了病害流行速度；③某些作物间或品种间能诱导另一方产生抗性，从而减轻病害；④不同作物或品种相邻种植，造成不利于病害流行的小气候等。

18. 如何理解大多数植物病害的流行是人为因素造成？如何避免人为造成的病害流行？

在自然生态系统中，如原始森林，很少见到某一种植物病害造成流行的现象。而在农业生态系统中，植物病害流行是司空见惯的事。这主要是由于在农业生态系统中，人类生产活动具有很强的目的性，总是希望农作物产量越来越高，品质越来越好，人们尽一切可能使农作物朝着人类希望的方向发展，而不是由其按自然规律的方向演变。因此，在品种改良上，希望增产潜力大的品种；在栽培管理上，希望这种潜力极大化，尽可能地采用高投入的方式使作物产量和品质接近最大潜力。例如，大面积种植单一品种；大量投入肥料，特别是投入单一化学氮肥；大量和长期使用单一化学农药，使得抗药性的病原物群体数量增加，从而降低化学农药控制病害的效果；不加选择地杀死天敌，破坏自然生态平衡，使病原物在一种无天敌制约的条件下得以滋生、蔓延开来。当气象条件有利于发病时，病害便会大流行。此外，由于便捷的交通和人员的流动以及各地相互引种，就人为地将一地病原物引入到另一地，在新的生态环境条件下，由于没有天敌或有更适于发病的条件，在原产地不易流行的病害，在新的引入地可能流行起来。因此，可以认为农作物病害大流行是人为的结果。例如，20 世纪 70 年代美国玉米小斑病的流行是因为单一大面积种植感病 T-型雄性不育系的玉米所致；我国 1950 年和 1964 年小麦条锈病的流行是因为单一种植小麦感病品种所致。

既然在农业生态系统中病害流行主要是人为因素造成的，在控制病害流行方面，我们需要考虑采取适当措施，协调农作物与病原物、农作物与环境之间的关系，协调人为的生产目的与病害流行间的关系，稳定和保护生态平衡，实现病害可持续控制，避免农作物病害流行。

19. 什么是定向选择？什么是稳定化选择？如何避免定向选择和减少病害流行？

定向选择（directional selection）是指病原物在自发、无序突变时，由于寄主抗病基因的选择作用，淘汰了不能侵入的病原群体，保留和扩大了能侵入抗病品种的突变个体，从而使抗病品种最终失去抗性作用的一种选择方式。

稳定选择（stabilization selection）是指寄主群体不利于病原物朝某种特定方向发展，从而使病原物群体组成趋向稳定的一种选择方式。

如能避免病原物的定向选择，便能减少病害流行的可能。避免病原物定向选择的最常用方法是：①品种多样性种植，即品种在空间不连片种植；②轮作，即品种在时间上不连续种植；③多个抗病基因联合应用，减缓病原物适应抗病品种的速度；④加强栽培管理，促使田间小气候有利于寄主生长，而不利于病原物繁殖，从而降低病原物数量和突变个体的绝对数量，减缓定向突变速度，延长抗病品种使用寿命。

20. 试分析 1970 年美国玉米小斑病流行的原因？我们从中能吸取什么教训？

1970 年玉米小斑病在美国大流行，对美国玉米产业造成了致命打击。其原因在于，为了制种方便，20 世纪 60 年代中后期美国在 80%以上的玉米产区推广 T-型雄性不育玉米，遗传单一的结果使 T 小种上升为优势小种，导致抗病性的丧失。该事件的教训是深刻的，我们应从中吸取教训，在病害流行预测及防控时。

（1）避免连年大面积种植单一品种。

（2）随时监测和掌握病菌小种的动态变化。

（3）做好病害流行规律研究，分析流行的可能性和做出及时的预测预报。

21. 什么是基因工程？如何认识基因工程与植物病害流行的新风险？

基因工程（genetic engineering）又称基因拼接技术和 DNA 重组技术，是以分子遗传学为理论基础，以分子生物学和微生物学的现代方法为手段，将不同来源的基因（DNA 分子）按预先设计的蓝图，在体外构建杂种 DNA 分子，然后导入活细胞，以改变生物原有的遗传特性，获得新品种，生产新产品。基因工程技术为基因结构和功能研究提供了有力的手段。

基因工程进行基因重组和改造，将抗病基因导入良好性状的品种之中，从而使之获得抗性。但也存在风险，因为基因的重组有可能导致产生新的病原类型，导致产生基因漂移，产生新的物种，这些生态环境中新物种将可能在流行方面具有潜在危险。

22. 什么是宏观植物病理学？它的研究范畴包括哪些方面？

宏观植物病理学（macro-phytopathology）包括植物病害的宏观问题、研究的必要性、研究方法及植物病害宏观治理对策等。

植物病害的宏观动态包括如植物病害在大尺度上的发生、分布模式、地理植物病理学与 3S 技术、极端天气和全球气候变暖对农业有害生物发生的影响、寄主群体与病原群体的互作、植物病害系统的人工进化等方面。

宏观植物病理学的研究方法包括宏观植物病理学的研究技术、有害生物风险分析等。

植物病害的宏观治理包括风险评估的发展前景、病害系统的超长期预测和宏观治理、基因工程与植物病害新风险及生物多样性控制植物病害等方面。

23. 什么是外来有害生物？如何认识外来有害生物对病害流行的作用？

外来有害生物（exotic pest）就是来源于外地，通过种子、苗木和无性繁殖材料的贸易调运而传播到新的地区的病虫害、杂草等有害于农业生产的生物。外来有害生物在新的生态环境中，如果碰到合适的环境条件和寄主，由于寄主缺少抗性和缺乏天敌，非常容易爆发流行。所以，要认识外来有害生物对病害流行的作用，确实做好检疫工作，防止危险性有害生物的传播。

24. 什么是植物病害的分子流行？哪些分子技术可以应用于流行的研究？

应用分子生物学方法研究植物病害流行的方法叫分子流行（molecular epidemic）。常用于流行学研究的分子生物学方法有随机扩增多态性 DNA（random amplified polymorphic DNA，RAPD）、聚合酶链式反应（polymerase chain reaction，PCR）、反转录聚合酶链式反应（reverse transcription polymerase chain reaction，RT-PCR）、实时荧光 PCR（real time PCR）技术、简单序列重复（simple sequence Repeat，SSR）等技术。

25. 什么是 3S 技术？为什么 3S 技术可以应用于植物病害流行学的研究？

3S 技术（3S technique）是指地理信息系统（geographical information system，GIS）、全球定位系统（global positioning system，GPS）和遥感（remote sensing，RS）技术。3S 技术从宏观采集获取病原、寄主的信息，通过计算机信息处理，做出病害时空变化的分析，在分析大范围病害流行时是非常有利的分析手段和方法。例如，小麦条锈病，通过 GIS、GPS 和 RS 技术研究其在中国的流行区域，越冬菌源产生区域，对该病在外国的流行进行流行区域划分，对宏观研究阻断该病的流行，及时做好防控都具有十分重要的意义。

26. 请谈谈我国在植物病害流行学研究中取得的进步和需要努力的方向。

我国对重大农作物病害，如小麦条锈病、稻瘟病等的流行进行了全面系统的研究。研究生理小种及其变异、研究品种及抗性，从数学和计算机科学的角度入手，研究这些重大病害的流行模型、系统模拟模型等，为在生产上控制这些重大病害的流行做出了重要贡献。从农业部至各省市、地区植保站建立完善的重大病害监测系统，具备完善的监测方法，使我国具备完善的应对这些重大植物病害流行的应急系统。

现今处于知识爆炸和学科交叉融汇的时代，我们还需要借鉴新的技术来研究植物病害流行，如分子生物学方法、地理植物病理学方法、3S 技术等等，更好地研究和弄清植物病害流行的成因及其规律，研究更为科学、合理、方便的监测、预测预报方法等。

第十四章　植物病害流行的预测

【习题】

一、名词解释

1. 病害流行的预报；2. 长期预测；3. 中期预测；4. 短期预测；5. 损失预测；6. 综合预测法；7. 数理统计预测法；8. 系统分析法；9. 计算机模拟；10. 类推法；11. 经验预测方法；12. 直接法预测；13. 符合度预测法；14. 相关分析法；15. 植保信息技术；16. GIS；17. GPS；18. RS；19. 3S；20. 普遍率；21. 平均严重度；22. 病情指数；23. 补偿作用

二、问答及论述题

1. 为什么要进行病害的流行预测？可以开展哪些方面的预测？
2. 按照预测的时间划分，植物病害预测的种类有哪些？
3. 植物病害预测的基础和要素是什么？
4. 植物病害预测的依据是什么？
5. 预测的步骤有哪些？
6. 植物病害预测的方法有哪些？各种方法的优缺点？
7. 统计预测有哪些方法？
8. 什么是经验预测？
9. 什么是系统模拟？
10. 哪些新技术可以应用于植物病害的预测？
11. 植物病害流行的监测？它在流行预测中的作用？
12. 要监测一个植物病害的流行，需要进行哪些方面的监测？
13. 你认为目前植物病害预测预报研究的前沿有哪些？
14. 什么是植物病害流行的预警？
15. 什么是专家系统？它在植物病害流行及预测中的作用是什么？
16. 什么是地理植物病理学？在植物病害流行学研究中的意义是什么？
17. 什么是植物病害管理？为什么过去强调的是植物病害防治，而现在更强调植物病害管理？你如何理解？
18. 什么是植保系统工程？是谁在什么时候提出来的？提出植保系统工程的背景是什么？有什么意义？

【解答】

一、名词解释

1. 病害流行的预报（epidemic forecast）：植物病害流行信息的发送叫病害流行的预报。植物病害流行的预报需要以预测为基础，预测的结果可以指导病害的防控。

2. 长期预测（long-term forecast）：一个季度或一年以上对病害的预测称为长期预测。

3. 中期预测（medium-term forecast）：以旬或月为单位，一个生长季内对病害的预测称为中期预测。

4. 短期预测（short-term forecast）：以天为单位，一周以内的预测称为短期预测。

5. 损失预测（loss forecast）：研究或描述病情与作物产量、质量下降以及作物经济损失的关系叫做损失预测，也称损失估计。

6. 综合预测法（integrative forecast）：根据历史资料总结出一定的规律，与当前的品种布局、菌量、气候因子、栽培管理等方面的材料进行综合分析，做出中、长期的预测，这种预测方法叫做综合预测法。

7. 数理统计预测法（mathematical statistics forecast）：用统计学方法对多年多点的历史资料进行整理，建立数学模型预测病害的方法称为数理统计预测法。

8. 系统分析法（system analysis）：立足整体，统筹全局，使整体与部分辩证地统一起来的科学方法进行病害流行分析称为系统分析法。

9. 计算机模拟（computer simulation）：利用系统分析、理论观点和方法同计算机技术结合，模拟病害发生流行规律的方法称为计算机模拟。

10. 类推法（analogy）：利用与植物病害发生情况有相关性的某种现象作为依据或指标，推测病害的发生或发生程度的方法叫做类推法。

11. 经验预测方法（experiential forecast）：利用现有的情报和资料，在病害预测方面结合实践所积累的经验加以预测的方法叫做经验预测方法。

12. 直接法预测（direct forecast method）：根据病害流行的规律及影响因素，从中直接选出影响病害流行的主要因素作为预测因子，进行病害流行的预测叫做直接法预测。

13. 符合度预测法（prediction method for fitness）：将初步选择的数个预测因子与预测对象进行列表比较，不需要进行计算，直接观察各项预测因子与预测对象的波动关系，这种植物病害的预测方法叫做符合度预测法。

14. 相关分析法（correlative analysis）：在掌握一定的数据和事物之间相关性的基础上，通过特定的一些相关关系的定性或定量分析进行逻辑推理的一种信息研究方法来进行病害流行的预测方法称为相关分析法。

15. 植保信息技术（plant protection information technology）：植保信息技术是计算机信息技术与研究植物保护相关领域学科问题相结合的技术研究领域。

16. GIS（geographic information system）：地理信息系统。一个用于输入、存储、检索、处理、分析和表达地理空间数据的计算机系统。

17. GPS（global position system）：全球卫星系统。基于卫星的全天候、全球性的无线导航、定位、定时系统。

18. RS（remote sensing）：遥感监测系统。从遥远处感知地球上的每一个物体都在不停地吸收、发射和反射信息和能量。其中的一种形式——电磁波早已被人们所认识和利用。人们发现不同物体的电磁波特性是不同的。遥感就是根据这个原理来探测地表物体对电磁波的反射和其发射的电磁波，从而提取这些物体的信息，完成远距离识别物体。遥感是运用物理手段、数学方法和地学规律的现代化综合性探测技术，能宏观、准确、综合地进行动态观测与监测病害流行。

19. 3S：是指地理信息系统（GIS）、全球卫星系统（GPS）及遥感遥测系统（RS）。

20. 普遍率（incidence，I）：又称发病率。植物群体中病害发生的普遍程度称为普遍率，是将观测的单元分成病、健两类，计算发病的植物单元数占调查单元总数的百分比。

21. 平均严重度（average severity）：若干样本严重度的加权平均值。

22. 病情指数（disease index，DI）：将普遍率和严重度结合起来，用一个数值全面反映植物群体发病程度，通常用 0～1 的小数表示。

23. 补偿作用（compensation effect）：在自然界，生物为了适应外界条件，以求生存，在部分机体遭受损伤的情况下，会调动各种因素和力量，尽可能去弥补，有的甚至补偿部分会超过其损失的这种作用称为补偿作用。

二、问答及论述题

1. 为什么要进行病害的流行预测？可以开展哪些方面的预测？

病害的流行预测是实现病害管理的先决条件，在现代有害生物综合治理中占有重要的地位。服务于病害防治决策和防治工作，根据准确的病情预测，可以及早做好各项防治准备工作，可以更合理地运用各种防治技术，提高防治效果和防治效益，也可以减少不必要的防治费用和减少滥用农药所带来的环境污染。

2. 按照预测的时间划分，植物病害预测的种类有哪些？

按照预测的时间可划分为三种：长期预测（一个季度或一年以上对病害的预测）；中期预测（以旬或月为单位，一个生长季内对病害的预测）；短期预测（以天为单位，一周以内的预测）。

3. 植物病害预测的基础和要素是什么？

预测研究可以归结为寻找预测规律和应用预测规律两方面。在寻找预测规律时所需要的条件即成为预测的基础，而进行预测所必备的条件则成为预测要素。主要有经验思考和病害系统结构模型、情报资料和数学模型、科学合理的数学方法。

4. 植物病害预测的依据是什么？

植物病害预测的依据主要有。

（1）病害流行规律，包括病害的流行形式、流行过程的特点、病害三要素在病害流行中的相互关系、影响病害流行的诸因素特别是主导因素等方面的基本知识，是决定病害预测途径和方法的主要依据。

（2）病害流行的历史资料，包括当地逐年积累的病情消长资料、与病害流行有关的气象资料以及品种和耕作栽培资料。

（3）当前实况监测和气象预报资料，包括病原方面的最初菌量。寄主方面主要是品种的感病性、感病品种的种植面积、布局情况、种植方式。环境条件方面主要是当地气象台站的气象预报资料，特别是温湿度和雨量的预报资料，以及耕作和栽培管理计划，特别是肥水管理计划等。

（4）经验，是预测人员和当地群众在病害预测方面通过实践所积累的经验，包括成功的经验和失败的经验。

5. 预测的步骤有哪些？

预测的步骤有。

（1）明确预测主题，根据当地农业病虫害发生情况和防治工作的需要，结合有关病害知识，确定预测对象、范围，预测期限、项目和精确度。

（2）依据预测主题，收集背景资料，大量收集有关的研究成果、先进的理念、数据资料和预测方法。针对具体的生态环境和发生特点还要进行必要的实际调查或试验，以补充必要的信息资料。在此基础上不断完善预测病害系统的结构模型。

（3）选择预测方法，建立预测模型，根据具体的病害特点和现有资料，从已知的预测方法中选择一种或几种，建立相应的数学模型或其他预测模型。

（4）预测和检验，运用已经建立的模型进行预测并收集实际情况，检验预测结论的准确度。评价各种模型的优劣。

（5）预测模型的应用，在生产中进一步检验预测模型和不断改进。

在上述程序中，还要不断反馈。通过多次循环往复，逐步修订和完善预测方案，使预测方案更加合理。

6. 植物病害预测的方法有哪些？各种方法的优缺点？

（1）综合分析法（integrative forecast）是一种经验推理方法，多用于中、长期预测。预测的可靠程度取决于测报工作者或专家们的业务水平及信息质量和经验丰富程度。

（2）条件类推法（analogy）包括预测圃法（forecast garden method）、物候预测法（phenological forecast method）、应用某些环境指标预测法等。条件类推法基本上属直观经验预测，往往适用于特定地域。

（3）数理统计预测法（mathematical statistics）是运用统计学方法，利用多年来历史资料，建立数学模型预测病害的方法。因为病害流行受到多种因素的影响，是多个自变量与一个因变量的关系，故一般应用多元回归分析。

（4）系统分析法（system analysis），模拟模型能反映病害流行的动态变化和内部机理，但模拟模型的组建比较复杂而且困难，现在研制的多数模型离生产应用尚有一定距离。

7. 统计预测有哪些方法？

统计预测方法有：直接选择法（direct selection）、符合度比较法（according degree）、相关分析法（correlative analysis）。

8. 什么是经验预测？

经验预测（experiential forecast）是指预测人员利用现有的情报和资料，根据经验，结合有关植物病理学知识和逻辑思维能力加以预测。

9. 什么是系统模拟?

系统模拟（system simulation）是指利用系统分析、理论观点和方法进行模拟的病害流行研究方法。

10. 哪些新技术可以应用于植物病害的预测?

应用于植物病害预测的新技术有：多媒体技术（multimedia technology）、数据库技术（database technology）、网络技术（web technology）、神经网络技术（neural network technology）、“3S”技术（3S technology）、数据挖掘技术（data mining technology）等。

11. 植物病害流行的监测?它在流行预测中的作用?

植物病害流行监测（disease epidemic monitor）是进行植物病害预测的前提。植物病害流行的监测是对植物病害流行的实际状态和变化进行全面、持续、定性和定量的观察、表述和记录。不仅要获取某种病害发生状态的时序数据，而且要对病害流行的各种组分和影响因素进行观测，包括寄主、病原物、环境和人类的耕作栽培活动。植物病害的监测是植物病害流行预测的依据和基础。

12. 要监测一个植物病害的流行，需要进行哪些方面的监测?

如进行某一植物病害的流行监测，则须对该病害寄主状况、栽培条件、有关气象因素、土壤要素、作物抗病性、病原物生理小种的组成和各小种出现的频率等进行监测。当然，设计监测项目和标准时也要考虑病害发生的特点和基本规律，还要根据监测者的实际能力量力而行。

13. 你认为目前植物病害预测预报研究的前沿有哪些?

（1）运用地理信息系统（geographic information system，GIS）与计算机技术有机结合，对作物生长过程中出现的病虫害进行动态的预测和诊断。

（2）应用遥感技术（remote sensing，RS）监测植物病害，探测病害对植物生长造成的影响，跟踪其发生演变状况。监测病害生境，寄主基地的分布及环境要素变化来推断病害暴发的可能性。

（3）模型和模拟技术主要用于预测预报，在有害生物综合治理（integrated pest management，IPM）中，模型（model）与模拟（simulation）是认识复杂有害生物生态系统本质及其动态发展规律、预测系统发展趋势、优化系统管理的重要方法。

（4）地理植物病理学（geography phytopathology），从地理信息系统（geographic information system，GIS）角度分析病害的发生、流行等规律。

（5）分子流行（molecular epidemic），应用 RAPD（random amplified polymorphic DNA）、SSR（simple sequence repeats）、基因序列分析（gene sequence analysis）等分子手段研究植物病害病原变异或者寄主的抗性变化等。

14. 什么是植物病害流行的预警?

在植物病害的流行和爆发以及其他需要提防的危险发生之前，根据以往总结的病害流行规律，向相关部门发出紧急信号，报告危险情况，以避免危害在不知情或准备不足的情况下发生，从而最大限度地减低危害所造成损失的行为称为植物病害流行的预警（early warning of plant disease）。目前，我国已经对稻瘟病、小麦条锈病、玉米大斑病、小斑病等重大植物病害建立了流行预警体系。

15. 什么是专家系统？它在植物病害流行及预测中的作用是什么？

专家系统（expert system）是人工智能的一个分支，一个（一组）能够以人类专家水平在特定领域内解决困难问题的计算机程序。

专家系统可以应用于植物病害流行、病害管理等。

对病害预测预报分为两类：一类是定性预测，即将危害症状和参数数据列成等级标准，可以进行简单的趋势预测或管理咨询；另一类是定量预测，将专家系统与测报模型相结合，实现量化测报，给出病害发生风险的概率值。从而预测未来发生动态，并选择适宜的防治时期和技术，较好地发挥专家系统预测预报功能。

16. 什么是地理植物病理学？在植物病害流行学研究中的意义是什么？

地理植物病理学（geography phytopathology）是研究植物病害在某一地理区域的分布型，分析造成这种分布的原因和从地理学角度研究病害控制的科学。地理植物病理学为植物病害宏观发生趋势预测和病害防治提供了科学依据。如果说植物病害流行学是以研究病害时间动态为主体，那么地理植物病理学将是以研究病害空间动态为主体。二者的共同特点均是服务于植物病害的预测预报和病害防治。目前的病害预报多是以中短期预报为主，地理植物病理学方法将在病害的宏观发生趋势的分析和预测中发挥其强大的作用。

17. 什么是植物病害管理？为什么过去强调的是植物病害防治，而现在更强调植物病害管理？你如何理解？

对植物病害系统进行研究，掌握病害流行规律，估算病害造成的损失，以保护自然生态平衡和可持续病害控制为原则，应用综合防治的措施进行病害防治，把损失降低到最低限度。这一系列工作就是植物病害管理（plant disease management）。

以往我们十分关注植物病害防治的研究和利用，单一地防治某一病害，从而使次要病害上升；使用杀生性药剂显然对目的病原物有效，但由于同时消灭了有益生物或削弱其他自然抑制因素而使病害加重。对于如何为农作物创造适宜的生态环境进行栽培等的重视程度和研究力度都很不够。如果我们从各种角度去考虑各项管理措施，把有利于植物健康的管理措施贯彻于作物生产全过程，合理地综合利用各种技术，那么，“预防为主”的方针就在很大程度上得以实现。各项管理包括病害管理均需要吸收经济学原理和分析方法。将来还要研究和制订生态学治理目标和社会、经济、生态三大效益评价方法。

18. 什么是植保系统工程？是谁在什么时候提出来的？提出植保系统工程的背景是什么？有什么意义？

植保系统工程（plant protection system engineering，简称 PPSE）的概念是我国著名植物病理学家曾士迈院士于 1985 首次提出的。即把植保工作视为系统，运用系统工程的理论和方法，对植保科学中的事物进行分析研究、规划设计、运筹决策和管理评估的科学方法和工作程序。简而言之，就是应用系统工程的理论和方法解决植物保护问题。

植保系统工程是在可持续农业发展和保护自然生态平衡、国际国内的发展要求前提下提出来的。明确指出植物保护学科发展必然要走系统工程之路，这有利于把农业有害生物治理的理论研究和战略研究上升到一个新的高度，对当前的战术研究也有重要的指导意义。

第十五章　植物病害的诊断鉴定

【习题】

问答及论述题

1. 植物病害诊断鉴定的目的是什么？
2. 怎样才能快速、准确地诊断植物病害？
3. 什么是柯赫氏法则，说明其对植物病害诊断的重要性。
4. 当田间植物发生了一种新的病害，一般采用哪些步骤进行诊断？
5. 如何采集和保存田间病害标本？
6. 植物病害标本制作有些什么方法？有些什么标本类型？标本对植物病害诊断鉴定的作用如何？
7. 什么是石蜡切片？什么是冷冻切片？切片技术可以用于植物病理学研究的哪些方面？
8. 什么是组织透明？什么是诱导产孢？诱导产孢有些什么技术方法？为什么要做诱导产孢？对病害鉴定的意义如何？
9. 为什么采用组织分离时，罹病组织常长出不止一种可能病原物？如何排除非病原物？
10. 什么是植物病害的数字化智能诊断？
11. 什么是植物病害的远程诊断？通常如何进行远程诊断？
12. 什么是分子诊断？有哪些技术？
13. 什么是 PCR 技术？为什么 PCR 技术可以应用于植物病害的诊断和检测。
14. 你认为植物病害诊断鉴定技术今后会有哪些发展方向和进步？
15. 菌物性病害有些什么病状和病征类型？
16. 菌物的分离培养有哪些步骤？
17. 原核生物病害有些什么病状和病征类型？
18. 原核生物病害分离培养有些什么方法步骤，原核生物的分类培养对鉴定原核生物性病害的意义？
19. 植物病毒病害的症状特点是什么？
20. 什么是负染？什么是超薄切片？说明其在诊断鉴定病毒病害中的意义和作用。
21. 对于不能在人工培养基上培养的病原物引起来的病害，如何完成柯赫氏法则？
22. 什么是多克隆抗体？什么是单克隆抗体？说明其在诊断鉴定病毒中的作用。
23. 线虫性病害的症状特点是什么？
24. 如何诊断鉴定植物线虫病害？
25. 如何区分根结线虫病、根肿病、根癌病的症状？
26. 非侵染性病害诊断鉴定的方法是什么？

27. 农作物常见的缺素症有哪些类型？各有什么特点？试述发生原因及控制方法。
28. 如何区分污水浇地引起的病害与常见的根腐病、茎基腐病？
29. 如何区别急性型与普通型病斑？
30. 如何区别水稻干尖线虫病与风害引致的水稻干尖？
31. 如何区别水稻稻瘿蚊引起的危害与水稻一柱香症状？
32. 如何区别水稻白叶枯病和细菌性条斑病？
33. 黑粉病菌在农作物上常引起哪些病害？各有什么特点？
34. 如何区别灰霉病和叶点霉病？
35. 如何区别番茄、辣椒和马铃薯的早疫病与晚疫病？
36. 如何区分枯萎病、疫病、青枯病、基腐病、立枯病、白绢病引起的植株枯死症状？
37. 如何区别炭疽病与常见坏死型的叶斑病？
38. 简述害虫与病害的关系。

【解答】

问答及论述题

1. 植物病害诊断鉴定的目的是什么？

植物病害的病原特点、发生规律是制订防治措施的根本依据。每一种病害由于其致病病原的特性不同、发生规律不同，因此，防治方法就有所不同。植物病害诊断鉴定的目的是明确病害的致病病原，研究其发生规律，从而指导对病害的防控。

2. 怎样才能快速、准确地诊断植物病害？

对植物病害进行快速、准确地诊断是防治植物病害的基础。

诊断的程序一般包括①症状的识别与描述；②调查询问病史与查阅有关档案；③采样检查（镜检与剖检等）；④专项检测；⑤用逐步排除法得出适当结论。首先是仔细观察罹病植物的所有症状，寻找对诊断有关键性作用的症状特点，如有无病征？病征的特点？是否大面积同时发生？等等。其次是尽可能地收集该病害的相关资料，包括询问和查对资料，掌握尽量多的病例特点，结合镜检、剖检等全面检查，仔细分析，就可以快速、准确地对病害进行诊断。

随着科学技术的发展，对于症状不典型，缺乏病征的病毒病、植原体病害等难以准确诊断的病害，也构建了快速诊断技术，如 PCR 或者 RT-PCR 技术、病毒电子显微镜负染快速检测、病毒免疫试纸检测、Biolog 细菌快速检测系统、图像智能远程诊断系统等。

3. 什么是柯赫氏法则，说明其对植物病害诊断的重要性。

柯赫氏法则（Koch’s postulate），通常是用来确定侵染性病害病原物的操作程序。如发现一种不熟悉的或新的病害时，就应按柯赫氏法则的 4 步来完成诊断与鉴定。诊断是从症状等表型特征来判断其病因，确定病害种类。鉴定则是将病原物的种类和病害种类同已知种类比较异同，确定其科学名称或分类地位。有些病害特征明显，可直接诊断或鉴定，如霜霉病或秆锈病。但有好多场合是难以鉴定病原物的属、种的。如花叶症状易于识别，要判断由何种病原物引起，就必须经详细鉴定比较后才能确定。柯赫氏法则共 4 条，表述如下。

（1）在罹病植物上常伴随有一种相关的微生物存在。

（2）该微生物可在离体的或人工培养基上分离纯化而得到纯培养。

（3）将纯培养物接种到相同品种的健株上，表现出相同症状的病害。

（4）从接种发病的植物上再分离到纯培养物，性状与原来的记录（2）相同。

如果进行了上述 4 步鉴定工作得到了确实的证据，就可以确认该微生物即为病原物。应用柯赫氏法则可以排除环境中腐生菌和杂菌的污染与干扰，准确找到致病病原。因此，所有侵染性病害的诊断与病原物的鉴定都必须按照柯赫氏法则来验证，是每个植物病理学家都应该牢记并熟练运用的法则。

4. 当田间植物发生了一种新的病害，一般采用哪些步骤进行诊断？

当田间植物发生了一种新病害时，要判断是什么因素损坏了一株植物，需要通过细致的观察把所有细节结合在一起，找出植物损坏的原因。对于新病害来说，仅仅依靠一两条线索或症状很难得出正确诊断的结论，因为完全不同的因素作用于同一株植物上可以产生相似的症状是很常见的现象。为了正确的诊断，一般采用以下步骤进行诊断。①收集近年来当地该病害发生情况的相关资料，如发生年份、发病情况及范围、气候条件、土壤条件、施肥方式、种类、前作、连作或轮作等情况。②观察田间病害发生的情况，仔细观察发病症状，上自大的、普通的情况，下至特殊的、个别的信息。通过系统推理和排除法的诊断过程，就能判断出导致植物生病的最可能的原因。例如，我们首先要确定这是一个什么问题，然后尝试通过观察损坏的模式，模式随时间的变化和其他迹象来区分破坏因素是来自生物体还是非生物体？有无病征？是不是大面积同时发病？等等。初步确定是侵染性还是非侵染性病害，或仅是虫害。③对于生物体可以应用柯赫氏法则来鉴定的病原。对于非生物因素的病害，可以用排除法一一排除各种致病病原。局部分离或组织分离培养，应用柯赫氏法则一一诊断鉴定病原，一一排除病原。也可以用治疗诊断的方法来诊断，如果治疗有效，可以推断病因。例如，缺氮，如果治疗性增加施氮，可以缓解缺氮的症状，由此推断病因是缺氮。

5. 如何采集和保存田间病害标本？

病害标本的采集

（1）采集工具。采集标本应准备的工具和材料有：标本夹、标本箱、塑料袋、小玻管、标本袋、标签、记录本、铅笔、记号笔、小土铲、刀、锯、剪、锄等。

（2）紧密联系采集地的地理生态条件。病害的发生条件、病原物的生物特性等要联系采集地的地理生态条件来考虑，如采集鞭毛菌门真菌，应在潮湿低洼的地方或易积水结露的部位寻找；寄生性种子植物应与寄主相联系，列当在高纬度地区的双子叶草本植物上寄生，独脚金在低纬度地区的单子叶植物上寄生，槲寄生类则在木本植物的茎秆上寄生；表现萎蔫的植株要连根挖出，有时还要连同根际的土壤等一同采集。对于粗大的树枝和植株，则宜削取一片或割取一截。有些野生植物上的病害症状很特殊，采集时一定要连同植株的枝叶或花一起采集，以便鉴定其寄主名称。

（3）取样部位。标本上有子实体的应尽量在老叶上采集，因为它比较成熟，许多真菌有性阶段的子实体都在枯死的枝叶上出现，而无性阶段子实体大多在活体上可以找到。柔软多汁的子实体或果实材料，则应采集新发病的幼果。病毒病应尽量采集顶梢与新叶。线虫病害标本应采病变组织，危害根部的线虫病害标本除采集病根外还应采集根围土壤。

(4) 完整的记录。完整的记录与标签同样十分重要，包括寄主名称、采集日期与地点、采集者姓名、生态条件和土壤条件等。

病害标本的制作

从田间采回的标本，除一部分用作分离鉴定外，对于表现典型症状的病害的标本最好是先摄影然后再压制或浸渍保存。压制或浸渍的标本尽可能保持其原有形状，微小的标本可以制成玻片，如双层玻片、凹穴玻片或用其他小玻管、小袋收藏。

标本的摄影

通过摄影将病害症状的自然状况记录下来。使用彩色照相还能表现标本的真实色彩，效果更好。

标本的干燥保存

干燥法最简单，最经济，应用最广，适用于一般含水较少的茎、叶等病害标本的制作。将采集的标本夹在吸水纸中，同时放入写有采集地点、日期和寄主名称的标签，再用标本夹压紧后日晒或加温烘烤，使其干燥，干燥越快越能保持原有的色泽，标本质量亦越高。夏季采的标本在温湿度高的情况下，容易发霉变色，换纸宜勤，通常在压制的最初3～4d每天换纸1或2次（视标本含水多少及温湿度情况而定），以后每2～3d换1次，至完全干燥为止。在第1次换纸的同时，应将标本加以整理，因经初步干燥，标本变软易于铺展。烟草、蚕豆、梨、马铃薯的茎叶等很易发黑变色，都是很难保存颜色的标本，在制作过程中特别要注意快速干燥。需要保持绿色的干制标本，可先将标本在2%～4%硫酸铜溶液中浸24h，或经醋酸铜溶液（配方及方法见浸渍法中醋酸铜的浸渍法）处理后再压制。也可以在叶面抹一层液状石蜡后再压，可以保持鲜绿色2～3d。

浸渍法适于多汁病害标本的制作，如果实、块根或担子菌的子实体等，必须用浸渍法保存。浸渍液种类很多，有纯属防腐性的，亦兼有保持标本原色的，现介绍数种常用及效果较好的方法。

(1) 防腐浸渍法。此类浸渍法仅能防腐而没有保色作用，如萝卜、甘薯等，不要求保色的标本，洗净后直接浸于以下溶液中。

① 5%甲醛浸渍液。

② 亚硫酸浸渍液。1000ml水中加5%～6%亚硫酸15ml（一般市售的亚硫酸含量为5%～6%）或用亚硫酸钠10.5g、浓硫酸8ml、水500ml配成混合液（注意浓硫酸应沿着容器壁缓慢地往下倒入亚硫酸钠溶液中，以防液体溅出，灼伤）。

(2) 保持绿色标本的浸渍液及浸泡法。

① 乙酸铜保（绿）色浸渍法。往50%的乙酸中逐渐加入乙酸铜结晶溶解至饱和作为母液（在1000ml的50%乙酸中大约加入15g乙酸铜即可达饱和），使用时兑水稀释1～4倍（稀释倍数视标本颜色而异，色深者稀释倍数可小些，即使用的浓度可高一些）。将此液加热煮沸，投入标本，开始时标本的绿色被漂去，再经数分钟后标本又恢复绿

色，此时立即将标本取出，用清水洗净，保存于5%的甲醛溶液中，此法称为热处理。冷处理的办法是将标本置于上述稀释液中浸3h后标本褪色，再经72h后标本恢复绿色，此时将标本取出，取水冲净，保存于5%的甲醛溶液中。此法保持色泽时间较长，其保色原理大致是铜离子与叶绿素中的镁离子发生置换作用。所以，溶液经多次处理标本后，铜离子会逐渐减少。如要继续使用，应补入适量的乙酸铜。此法保存标本往往略带蓝色，与植物标本原色稍有出入。

② 硫酸铜保（绿）色浸渍法。用清水冲洗标本，直接浸泡在5%的硫酸铜溶液中1～7d,待标本略带褐色时取出用清水漂洗，去除标本表面多余的硫酸铜溶液，然后保存在亚硫酸浸渍液中。

③ 保存黄色和橘红色标本的浸渍液。保存杏、梨、柿、红辣椒等果实标本用亚硫酸浸渍液，亚硫酸浸渍液有漂白作用。使用浓度一般为1%即可（浸杏时浓度可再稀些），因浓度太小，防腐力不够，可加入适量乙醇。为了防止果实崩裂，可加入少许甘油。

④ 保存红色标本的浸渍液。保存标本红色较难，因为红色是水溶性的花青素，很难保存。常用Hesler浸渍液保存，成分是：氯化锌50g、福尔马林25ml、甘油25ml、水1000ml。

将氯化锌溶于热水中，加入甲醛，如有沉淀，用其澄清液。此溶液适用于由于花青素而显红色的标本，如苹果、番茄等。

标本的保存

制成的标本经过整理和登记后，依一定的系统排列和保藏。菌类标本一般按分类系统排列，除用计算机保存文档外，还要有两套索引卡片，一套是寄主索引，一套是菌类索引，以便于寻找和整理。标本室（柜）要保持干燥、清洁，并要定期施药以防虫蛀与霉变。

标本盒保藏。教学和示范用的干制病害标本，采用玻面纸盒保藏比较方便，玻面纸盒的适宜大小为20cm×28cm×2cm。纸盒中先铺一层棉花，并在棉花中加少许樟脑粉以驱虫，最后在棉花上放上标本和标签。

标本瓶保藏。浸渍的标本放在标本瓶内保藏。为了防止标本下沉和上浮，可绑在玻璃条上，然后再放入标本瓶。标本瓶的口盖好后滴加石蜡密封，然后贴上标签。

纸套内保藏。用牛皮纸叠成15cm×33cm的纸套，大量保存的干制标本，大多采用纸套保藏，将标本装入纸套内，并在纸套上贴好标签，放在标本柜中即可。

病害标本的鉴定

对于已有报道的病害，参考有关图谱和资料，对所采集的标本及时进行鉴定，定出属名和种名。对于新的病害，应遵循柯赫氏法则进行病害诊断。

6. 植物病害标本制作有些什么方法？有些什么标本类型？标本对植物病害诊断鉴定的作用如何？

采集的植物病害标本要及时处理制作，常用的制作方法有干制法和浸渍法两种。干制法适用于一般大田作物及蔬菜果树的茎、叶、花及去掉果肉的果皮等；浸渍法用于柔软多汁的果实、块茎、块根及肉质的菌类子实体。制作好的标本又分为：蜡叶标本、浸渍标本和永久玻片。

植物病害标本是植物病害及其分布的实物性记载，是症状的唯一表现方式。标本的正确采集和保存可以使植病工作者在室外观察的基础上，开展室内各方面的研究工作，特别是病害诊断和病原物的分类鉴定工作。此外，植物病害标本的制作还有在任何时期教育学生的作用。因此，病害标本的采集和制作是植物病害研究和实验室的基本建设工作，标本采集和制作技术是植病工作者必须掌握的基本技术之一。

7. 什么是石蜡切片？什么是冷冻切片？切片技术可以用于植物病理学研究的哪些方面？

石蜡切片（paraffin section）是典型切片标本的制作方法，也是组织学和科研教学标本制片技术中最为广泛应用的方法。该方法采用材料固定、脱水、石蜡包埋、切片及染色等一系列的步骤将标本制成永久玻片，便于观察病菌在寄主体内形态及演变过程。石蜡制片程序及环节繁多，需数日才能完成一个周期，但切片可长期保存，供教学、科研及病理诊断与复察，并可利用蜡块作其他项目的回顾性研究。

冷冻切片（frozen section）是利用物理降温的方法将新鲜的组织标本冷冻，使其产生一定的硬度进行切片的一种方法。该方法具有步骤少，耗时短，更能清楚反应活体组织状态的优点。不足之处是冷冻切片较石蜡切片厚，组织细胞的形态略逊于石蜡切片。

利用石蜡切片或冷冻切片技术制成的玻片标本可以更清晰的显示病原物及其子实体形态和寄主细胞及组织构造，在植物病理学可用于以下方面的研究：①病原物的分类鉴定；②病原物如何侵入寄主；③病原物侵入后和寄主的关系以及寄主的反应；④植物病害引起的植物病理变化观察等。

8. 什么是组织透明？什么是诱导产孢？诱导产孢有些什么技术方法？为什么要做诱导产孢？对病害鉴定的意义如何？

组织透明是指通过一些化学试剂处理，使得组织变得透明，便于整体检查及观察病叶表面和内部的病原菌。可取小块病组织经某些化学试剂处理后，呈现不同程度的透明状态称为组织透明。组织透明的方法很多，常见的方法有乳酚油加热透明法和水合氯醛透明法。乳酚油加热透明法是取少量小块病组织材料放在载玻片上，滴加乳酚油后在酒精灯上加热处理使组织透明，冷却后加盖玻片进行镜检。水合氯醛透明法是将小块叶片在等量的乙醇（95%）和冰醋酸的混合液中固定 24h 后浸泡在饱和的水合氯醛水溶液中，待组织透明后取出用水洗净，经稀苯胺蓝的水溶液染色，用甘油浮载镜检。组织透明法可观察到病原物在寄主内的原有状态。例如，用组织透明法能观察到芹菜组织内斑枯病菌的分生孢子器。

诱导产孢是指通过改变培养条件和环境促使真菌产生孢子的技术。诱导产孢技术方法有：低温、化学药剂、射线、培养基成分改变、刮除过多气生菌丝等。

诱导产孢在植物病理学的研究中非常重要。这是因为真菌子实体和孢子的形态是真菌分类、鉴定的主要依据，研究病原真菌的生活史，病害循环以及病害的发生和流行条件等都涉及孢子的产生及萌发问题，分生孢子是接种鉴定所用的接种体，也是真菌遗传转化、开展基因研究的主要材料。然而有些真菌在常规人工培养的条件下只形成营养菌丝而不产生繁殖体，因而无法进行分类鉴定及遗传学研究。为了解决这一难题，需要对不产孢真菌进行诱导。

9. 为什么采用组织分离时，罹病组织常长出不止一种可能病原物？如何排除非病原物？

采用组织分离时，罹病组织常长出不止一种可能病原物。这有两种可能：一种可能是病原物不止一种，即复合侵染；另一种可能是一种为病原物其余为腐生菌。在进行分离时可以采用：①延长表面消毒时间，杀死其他腐生菌；②取病健交界的新鲜组织进行分离；③如果是大型的罹病组织，可以先切除病组织的外部，只留中间部分，再进行组织分离；④如果分离病原真菌，可在培养基中加入细菌抗生素或调低培养基的 pH，使培养基偏酸性；⑤分离物纯化后，采用柯赫氏法则验证和确定病原物。

10. 什么是植物病害的数字化智能诊断？

目前，农民识别农作物的病害一般是通过已有的经验、对照专业的书籍、查询互联网、请教农业技术人员或专家等方法。近年来，随着计算机技术和数字图像处理的迅速发展，计算机视觉的应用日益广泛和各种模式识别技术的日趋成熟，对农作物病虫草害图像进行处理，提取特征参数，可以达到智能识别的目的。

植物病害的数字化智能诊断是在总结植物病害知识和专家经验的基础上，研制出的基于网络的植物病害诊断咨询专家系统。该系统按照面向对象的知识表示方法，以病害发生部位症状、病原的形态、色泽等为对象，运用数字图像分析技术，包括颜色空间区分法、纹理特征分析法、形态特征分析法、小波分析法、多种参数结合分析法以及特殊图像的分析法等数字图像处理技术，分析其症状及病原的数字化识别特征，对研究对象的特征进行分类和知识整理抽取，并根据数据知识是否用于推理过程，分别建立知识库和程序信息库，通过采用人工补充的系统学习机制和正反向混合推理策略保证系统诊断的准确性和实用性，从而实现对植物病害的计算机智能化诊断的方法。

植物病害的数字化智能诊断是植物病害诊断技术与计算机数字化技术结合产生的新兴研究领域，是近些年植物病害诊断研究领域的热点。例如，赵玉霞等根据玉米锈病、弯孢霉叶斑病、灰斑病、小斑病及褐斑病 5 种玉米病斑图像的实际情况，在图像分割和特征提取的基础上，利用朴素贝叶斯分类器的统计学方法，实现玉米叶部病斑的分类识别。再如岑枯鑫等运用数字图像分析技术，图像的颜色统计特征对来自不同时期的黄瓜炭疽病和黄瓜褐斑病样本图像进行分类和识别。采用逐步判别分析，选取显著性较大的特征参量，建立了黄瓜炭疽病、黄瓜褐斑病和无病区域的分类模型，实现对黄瓜炭疽病和黄瓜褐斑病的数字化、标准化、无损伤定量识别。

总之，植物病害的数字化智能诊断是植物病害远程诊断的基础，随着数字化技术的发展，必将得到更深入的研究和广泛的应用。

11. 什么是植物病害的远程诊断？通常如何进行远程诊断？

农业专家系统，是人工智能与农业结合发展起来的一项高新技术。其中农作物病虫害的智能诊断，是最先发展起来的应用形式，也是农业专家系统应用的重要方面。

植物病虫害远程诊断是农业专家系统的一个方面。植物病害的远程诊断就是利用现有的农业专家系统和网络资源对异地发生的病害进行及时准确的诊断。由此形成了病虫远程诊断系统（distance diagnostics and identification system for agricultural pest, DDIS）。该系统通过各种通讯网络综合分析远程异地病虫害信息，以达到对异地目标进行分类、识别与提供决策的目的。DDIS 为病虫害观察员、外部专家和诊断专家提供了一个对植物病虫害及入侵物种信息进行交流和合作的工具。该系统利用当地农业数据和数字媒体对植物病害、虫害、杂草、入侵物种、植物管理等问题进行早期诊断。世界各地的专家都可以使用此系统为客户诊断、识别，同时提供最佳的植物管理实践建议。远程诊断可以减少往返费用，降低成本；快速得到标本处理，使诊断准确；为专家会诊提供平台。

病害远程诊断的主要步骤如下所述。

（1）建立一个针对主要农作物病害的声、文、图、像等多媒体信息进行远程检索和管理的网络数据库系统。

（2）客户端登录服务器端建立连接，上传拟咨询的病害图片、文字资料或实物影像。

（3）专家与咨询需求方、专家与专家之间通过音视频交流、文字交流、电子白板、文件与图片共享、应用程序共享及浏览器协同等功能进行交流，对生产中的重大问题进行远程实时交流与咨询，并由专家组为生产部门提供权威的防治方案。

12. 什么是分子诊断？有哪些技术？

分子诊断是指以分子生物学理论为基础，应用分子生物学的技术和方法研究病原物遗传物质的结构或表达水平的变化而做出病害诊断的技术。主要包括 DNA 分子杂交技术，以 PCR 技术为基础的 DNA 诊断和以生物芯片技术为代表的高通量、密集型检测技术。

13. 什么是 PCR 技术？为什么 PCR 技术可以应用于植物病害的诊断和检测。

PCR 技术是一种体外扩增特异性 DNA 的技术，用于扩增位于两段已知序列之间的 DNA 区段。首先从已知序列合成两段寡聚核苷酸作为反应的引物，然后经过 DNA 加热变性、引物退火和引物延伸三个过程重复循环，在正常反应条件下，经 30 个循环可扩增至百万倍。

应用 PCR 扩增技术可将很少的病原微生物核酸扩增放大，可以用于病害的早期诊断，也可产生大量的核酸探针，用于病害的诊断。病害的防治通常是预防大于治疗。浓度偏低的病毒病标样的准确诊断和检测对病害的有效控制非常重要。PCR 和建立在 PCR 基础上的分子生物学技术以其灵敏、快速、简便等优点，能将病害快速、准确的鉴定出来，在植物病害检测和鉴定中得到了广泛应用，尤其是在病害大规模发生前的监测，进出口苗木病害的鉴定、检测方面非常适用。

14. 你认为植物病害诊断鉴定技术今后会有哪些发展方向和进步？

植物病害诊断是病害防治的基础。随着科学技术的不断发展、学科知识的交叉和融汇，植物病害的诊断技术也在不断进步，并产生了许多新的诊断技术。常见的诊断技术有生物学方法及血清学方法。血清学方法有：沉淀反应、凝集反应、酶联免疫吸附试验（enzyme-linked immunosorbent assay，ELISA）、放射免疫测定（radioimmunoassay，RIA）、点免疫结合测试技术（dot-immunobinding assay，DBIA）、组织斑免疫测定（tissue-blot immunoassay，TBIA）等。分子生物学与植物病害诊断技术的结合，产生了 PCR 或者 RT-PCR 等新的诊断技术。血清学与电镜技术结合产生了免疫电镜技术、胶体金技术等。血清学与分子诊断结合产生了免疫 PCR 技术、免疫捕捉 PCR 技术等。在抗血清研制方面，结合分子生物学 DNA 重组技术，产生了将抗血清蛋白构建到原核表达载体，进行原核表达的技术，避免了病原纯化的繁琐过程。此外，植物病害的诊断技术与计算机技术结合产生了图像识别智能远程诊断系统，植物病虫害专家咨询系统等。今后，植物病害的诊断仍然会朝着学科交叉融汇产生新技术的方向不断深入发展。

另外，生物技术的发展将使新的诊断技术会得到更为广泛的普及和应用。过去做PCR实验是很神秘的事情，现在许多植物检疫口岸，甚至生产单位已经能够稳定地使用该检测技术。国际互联网越来越普及，已进入了各乡镇，甚至种植大户，农业生产逐步朝精准生产方向发展，植物病害的远程智能诊断在不久的将来会广泛地应用于病害诊断和指导防控。

15. 菌物性病害有些什么病状和病征类型？

菌物性病害的病状多为坏死、腐烂和萎蔫3种，少数为畸形。病征类型有粉状物、霉状物、颗粒状物、菌核、锈状物等，这是菌物病害区别于其他病害的重要标志，也是进行病害田间诊断的主要依据。

16. 菌物的分离培养有哪些步骤？

在研究病原菌的形态、生理、生态以及病原菌对寄主植物的致病性等多种试验中，常需要病原菌的纯培养物。分离和培养是植病实验最基本的操作技术之一。病原菌分离的方法因材料不同而异。菌物病害最常见的方法有组织分离法、菌物直接挑取法和菌物表面消毒法。

（1）组织分离法的主要步骤有：①取病、健交界病组织；②在70%的乙醇中浸泡数秒；③在10%次氯酸钙溶液中消毒3～5min；④在无菌水中洗3次，每次3min；⑤然后直接移至PSA平板培养基（或其他适宜的培养基）上，倒置于温箱中培养，待菌落长出后，再进行纯化。

（2）菌物直接挑取法的主要步骤有：①取长有菌物的病组织；②在低倍显微镜下，用玻璃针或其他尖细的针状物，直接获得菌物的分生孢子或菌丝体；或用玻璃球取分生孢子，涂抹在加有抑制细菌的抗生素的琼脂平板上，将平板倒置于温箱中培养，6h后，待孢子萌发，在低倍显微镜下，用尖细的接种针，直接挑取菌物萌发的分生孢子或孢子的芽管；③将上述获得的菌丝体、分生孢子或芽管转入PSA斜面培养基或平板培养基（或其他适宜的培养基）；④将培养基置于培养箱中培养。

（3）菌物直接表面消毒法的主要步骤有：①取菌物休眠体（如菌核或菌索）；②放于70%乙醇中浸泡3～8min；或在70%的乙醇中浸泡数秒，在10%次氯酸钙溶液中消毒5～8min；③在无菌水中洗3次，每次3min；④然后直接移至PSA平板培养基（或其他适宜的培养基）上，倒置于温箱中培养，待菌落长出后，再进行纯化。

17. 原核生物病害有些什么病状和病征类型？

植物病原原核生物主要包括细菌和植原体。一般细菌病害的症状主要有坏死、腐烂、萎蔫和畸形等，变色的较少，并时常有菌脓（病征）溢出。植原体病害的主要症状有丛生、矮缩、小叶与黄化等，病部无病征。

18. 原核生物病害分离培养有些什么方法步骤，原核生物的分类培养对鉴定原核生物性病害的意义？

原核生物病害分离培养多采用稀释分离法和平板划线分离培养法。其主要步骤如下所述。

(1) 稀释分离法：该方法可分为两种类型。

第一种类型为混合平板分离法：分离时，在新的病斑边缘挑取少量病组织在无菌水试管中配成菌悬液，取灭菌培养皿3套，标好次序，其内各置无菌水1ml，用移置环移取菌悬液一环，放在第1皿水中混合均匀，从中挑取一环稀释液至第2皿，再以同法稀释成第3皿，取熔化后冷却至45℃左右的牛肉膏蛋白胨培养基，每皿约倒20ml，摇匀，铺平，凝固后倒置于26～28℃的温箱中培养，1～2d后可见白色、圆形或近圆形直径为1～2mm的菌落。

第二种类型为涂布平板分离：即不是将上述菌悬液与培养基混合，而是先将培养基制作成平板后，再取100μl左右的菌悬液，用玻璃三角架涂布于平板表面，其他操作同第一种类型。用移置环挑取长出的典型菌落移入牛肉膏蛋白胨斜面培养基上培养，每组转4～6管，注意过早出现的大型菌落多为腐生细菌。

(2) 平板划线分离培养法：取新鲜病叶，在病健交接处取几小块病组织，以洁净水多次淋洗，洗净表面杂物，再置于75%乙醇中1～3min，取出病组织，用无菌水清洗3次后，放在比色板或凹玻片的凹窝内（凹窝要经两次酒精火焰消毒），以吸管吸取无菌水滴入凹窝，并以灭菌的玻璃棒捣碎病组织，静置几分钟可得菌悬液。取两套牛肉膏蛋白胨培养基平板，然后用移置环蘸取一环稀释好的菌悬液，在第一个培养皿平面培养基的左方长方形区内划平行线5～7条，再以此移置环继续向右划5～7条平行线，依此法划两皿，倒置于26～28℃温箱中培养，1～2d后挑单个典型菌落移到斜面培养基上，培养待用。通过划线，将混杂的细菌在平板表面逐一分散，经培养后，各自形成菌落。根据菌落形态、特征挑选单个菌落，移种培养后，即得到纯种细菌。

在自然状况下，病原菌是和其他杂菌混生在一起的，病原菌成功的分离培养能获得纯培养物，但只有在完成柯赫氏法则后，才能鉴定新的原核病原物和诊断其分类学归属。

19. 植物病毒病害的症状特点是什么？

植物病毒病害症状往往表现为花叶斑驳、黄化、矮缩、皱缩、丛枝等，少数为坏死斑点或环斑。在田间，一般心叶首先出现症状，然后扩展至植株的其他部分。罹病植物体内可产生各种类型的内含体，但病部表面不会有如真菌子实体、细菌菌脓等病征。

20. 什么是负染？什么是超薄切片？说明其在诊断鉴定病毒病害中的意义和作用。

负染技术（negative staining）是电子显微镜观察病毒的最常用技术之一。负染又称阴性染色，是相对于普通染色（称正染色）而言的。所谓负染，是指通过重金属盐在样品四周的堆积而加强样品外围的电子密度，使样品显示负片的影像，衬托出样品的形态和大小。负染技术简单快速，可以显示生物大分子、细菌、分离的细胞器以及蛋白质晶体等样品的形态、结构、大小以及表面结构的特征。具有反差强，分辨力高的特点，可以看到病毒的亚单位结构。

超薄切片技术（ultrathin section）是为透射电镜观察提供薄样品的专门技术，是生物学中研究细胞超微结构最常用的技术。一般厚度在10～100nm的切片称为超薄切片，制作这种切片的技术叫做超薄切片技术。超薄切片制作的过程包括取材、固定、脱水、渗透、包埋、聚合、切片和染色等几个环节，与一般光学显微镜的石蜡切片过程相似。

但是，超薄切片技术的切片过程更为细致与复杂，要求更严格，而且所用的试剂比较昂贵，配制复杂，有致癌作用。在电子显微镜下可清楚看清超薄样品中病毒粒子的形态、结构及大小。

21. 对于不能在人工培养基上培养的病原物引起来的病害，如何完成柯赫氏法则？

柯赫氏法则是用于确定侵染性病害病原物的操作程序，是对病原物进行准确鉴定与分类的基础。可以在人工培养基易于培养的病原物能很容易完成柯赫氏法则的操作程序。但有些专性寄生物如病毒、锈菌、白粉菌和霜霉菌等，目前还不能在人工培养基上培养，完成柯赫氏法则就有一定的难度。但是，如果把培养基拓宽到任何可以增殖病原物的基质，即使不能培养的病原物也可以完成柯赫氏法则中的全部程序。如可以用活的植株、介体昆虫来培养病毒，用活的植株来培养锈菌、白粉病和霜霉菌等，其他步骤仍然按照柯赫氏法则来进行。由此看来，柯赫氏法则不仅适用于可人工培养的病原物引起病害的诊断，也可以适用于人工难以培养的病原物引起的病害的诊断。

22. 什么是多克隆抗体？什么是单克隆抗体？说明其在诊断鉴定病毒中的作用。

抗体是机体在抗原刺激下产生的能与相应抗原特异性结合的免疫球蛋白。常规的抗体制备是通过动物免疫并采集抗血清的方法而获得的，由多个淋巴细胞分泌产生，能识别抗原表面的多个抗原决定簇（决定抗原性的特殊化学基团）。因此，常规血清抗体又称为多克隆抗体（polyclonal antibody）。但多克隆抗体由于与抗原表面的多个抗原决定簇反应，其特异性不强，易产生交叉反应。

动物的淋巴细胞能够产生特异性抗体，但在体外培养时最多只能存活 10～20d，而骨髓瘤细胞可以在体外长期大量繁殖培养，但不具备分泌特异性抗体蛋白的功能。1975年 Koheler 等用淋巴细胞与小鼠骨髓瘤细胞融合，形成了能在体外无限生长，又能分泌特定抗体的杂交瘤细胞。通过筛选和分离，得到单个细胞杂交瘤系，它能产生针对单一抗原决定簇的抗体，即单克隆抗体（monoclonal antibody）。由于单克隆抗体只识别抗原上的单一抗原决定簇，特异性强，少或不产生交叉反应，且可长期无限量供应，因此，单克隆抗体已在植物病毒学上得到了广泛应用。

多克隆抗体和单克隆抗体技术在植物病毒学中的诊断鉴定中应用得非常广泛，包括对植物病毒的检测、种下分类级别划分、抗原决定簇鉴定、体内病毒含量测定及病毒纯化等。

23. 线虫性病害的症状特点是什么？

由于线虫的穿刺吸食对寄主细胞的刺激和破坏作用，植物线虫病害的症状往往表现为：①植物生长缓慢、衰弱、矮小，色泽失常，叶片表现萎垂等，类似营养不良的现象；②局部畸形，植株或叶片干枯、扭曲、畸形、组织干腐、软化及坏死，茎叶上产生褐色斑点，籽粒变成虫瘿等；③根部肿大、须根丛生、根部腐烂等。一般在植物的受害部位，特别是根结、虫瘿内有线虫虫体和卵，可以直接或分离后镜检。

24. 如何诊断鉴定植物线虫病害？

植物病原线虫在田间的分布一般是不均匀的，由于线虫的穿刺吸食对寄主细胞的刺激和破坏作用，植物线虫病害的症状往往表现为植株矮小、叶片黄化、局部畸形、根部肿大和根部腐烂等，因此当观察到田间出现局部的植株黄化、矮缩以及根系生长不良等现象时，可以初步确定是病原线虫所致。一般在植物的受害部位，特别是根结、虫瘿内有线虫虫体和卵，可以直接或分离后镜检。植物内寄生线虫容易在有病部分离到，而根的外寄生线虫一般需要从根围土壤中分离。分离的线虫还需进行人工接种试验，完成柯赫氏法则各步骤，以确定其病原性。值得指出的是，一种植物常常可以被多种线虫寄生。有些线虫还与真菌、细菌等一起，引起复合侵染。

25. 如何区分根结线虫病、根肿病、根癌病的症状？

根结线虫病主要发生在根部的须根和侧根上。病部产生肥肿畸形瘤状结，剖开根结，内部有许多细小的乳白色线虫，一般根结之上生出细弱的新根，再度侵染，形成根结状肿瘤，地上部轻病株症状不明显，重病株矮小，发育不良，自下部开始发黄萎蔫，并逐渐黄枯，严重时全株枯死。植株生长迟缓矮小，叶片扭曲，心叶僵缩色稍暗。植株带土拔起，于水中漂去泥土后可见根部有许多结节状小瘤，小瘤初呈乳白色，后期为褐色，细根很少。

根肿病常指十字花科作物根肿病。自苗期开始即可受感染，但田间植株一般在定苗后或移栽活棵至盘棵期表现明显症状。病株地上部分表现为生长缓慢、植株僵缩矮小、叶片无嫩绿光泽、叶色偏淡、凋萎下垂，在晴天中午前后尤为明显，基部叶片自叶尖逐渐变黄萎蔫并逐步向内叶发展，最后整株萎蔫死亡。拔起病株可见主根和侧根膨胀形成大小不等的肿瘤或鸡肠根，其形状大小受着生部位影响较大，主根上的瘤多靠近上部，球形或近球形，表面凹凸不平、粗糙，后期表皮有时开裂，有时不开裂；侧根上的瘤多呈圆筒形，手指状；须根上的瘤常串生在一起。发病后期易被软腐细菌侵染，造成组织腐烂，散发臭气致整株死亡。根肿病与根结线虫病症状基本相似，都表现为地上部生长不良，根部肿大，严重时整株枯死。主要区别在于：根肿病只发生在十字花科作物上，而根结线虫病寄主广泛，前者的根组织膨大成结肠状，后者则在细根上形成小瘤。

根癌病主要发生在根颈部，有的也发生于侧根和支根，在嫁接处较为常见。根部被害形成癌瘤，癌瘤形状、大小、质地因寄主而异。癌瘤通常以根颈和根为轴心，环生和偏生一侧。球形或偏球形或不定形。数目少的 1 或 2 个，多的 10 余个。大小也十分悬殊，小的如豆粒，大的如核桃、拳头或更大，或若干个瘤簇生形成 1 个大瘤。初生瘤光洁柔滑，多呈乳白色，也有微红的，后渐变成褐色至深褐色，表面粗糙，凹凸不平，内部坚硬。后期癌瘤深黄褐色，易脱落，表面组织易破裂腐烂，有腥臭味。老熟癌瘤脱落后的近处还可产生新的次生癌瘤。发病植株由于根部发生癌变，水分、养分流通阻滞，地上部生长发育受阻，树势日衰，叶薄、细瘦、色黄，严重时干枯死亡。此外，根癌病除在根部形成癌瘤外，还可在地上部有伤口处形成癌瘤。

26. 非侵染性病害诊断鉴定的方法是什么？

若在病植物上看不到任何病症，也分离不到病原物，且往往大面积同时发生同一症状，没有逐步传染扩散的现象，大体上我们就应该从非侵染性病害方面考虑。除植物遗传性疾病外，非侵染性病害主要是由不良的环境因子引起的。不良的环境因子种类繁多，但大体上可从发病范围、病害特点和病史几方面来分析。下列几点可以帮助诊断其病因：①病害突然大面积同时发生，发病时间短，只有几天；②病害只限于某一品种发生，多表现生长不良或表现有系统性的一致症状；③有明显的枯斑或灼伤，且多集中在某一部位的叶或芽上，无既往病史；④出现明显的缺素症状。

非侵染性病害约占植物病害总数的1/3。植病工作者应充分掌握对非侵染性病害的诊断技术。柯赫氏法则同样也适用于非侵染性病害的诊断，只是以某种怀疑因子来代替病原物的作用，病原因子不用繁殖，而是基于调查或大量供给。例如，当判断是缺乏某种元素引起病害时，可以补施某种元素来缓解或消除其症状，即可确认是某元素的作用。只有分清病因后，才能准确提出防治对策，提高防治效果。

27. 农作物常见的缺素症有哪些类型？各有什么特点？试述发生原因及控制方法。

植物生长发育需要多种营养元素，且各元素间需要保持平衡。一旦缺乏某种营养元素，或元素不平衡时，植物就表现出缺素症，故植物缺素症即为植物因缺乏某种必需营养元素或营养元素不平衡而出现的生理症状。对植物外表虽不表现出某种缺乏症，但产量因受营养元素不足而下降的现象，称为营养元素潜在性缺乏。人们已根据植物外部表现，能正确诊断出缺素症状，并能及时地补充所缺的营养元素，维持元素间的平衡，减少损失。

常见的缺素症状

缺氮：叶片变成淡绿色或黄白，枝细弱，顶梢新叶逐渐变小，下部叶片先出现症状，易落叶。

缺磷：磷肥不足会妨碍作物花器的形成，作物花小而少，并容易导致果实发育不良。下部叶片最先出现症状，叶片边缘变暗红色，植株生长矮小。

缺钾：茎杆纤细，严重时叶尖叶缘枯焦，叶片皱曲，老叶叶缘卷曲呈黄色及火烧色并易脱落，下部叶最先显症。严重时，植株嫩叶也变淡黄色，叶缘枯焦。

缺镁：老叶的叶脉间发生黄化，逐渐蔓延至上部新叶，叶肉呈黄色而叶脉仍为绿色，并在叶脉间出现各种色斑。

缺铁：缺铁的症状与缺镁相似，所不同的是缺铁先从新叶的叶脉间出现黄化、叶脉仍为绿色，继而发展成整个叶片转黄或发白。

缺锰：缺锰的症状与缺铁相似，叶脉之间出现失绿斑点，并逐渐形成条纹，但叶脉仍为绿色。

缺硼：嫩叶失绿，叶片肥厚皱缩，叶缘向上卷曲，根系不发达。顶芽和细根生长点死亡，落花落果，花而不实，果实的维管束常变褐色。

缺钙：顶芽最先出现症状，变黑，内卷，枯死；嫩叶失绿，叶缘向上卷曲枯焦，叶尖常呈钩状；根尖坏死。

缺硫：叶色变成淡绿色，甚至变成白色，扩展到新叶，叶片细长，植株矮小，开花推迟，根部明显伸长。

缺锌：植株节间明显萎缩、僵化，叶片变黄或变小，叶脉间出现黄斑，蔓延至新叶，幼叶硬而小，且黄白化。

缺钼：幼叶黄绿色，叶片失绿、凋萎，易致坏死。

缺铜：叶尖发白，幼叶萎缩，出现白色叶斑。

症状出现的部位

病征出现的部位主要取决于所缺乏元素在植物体内移动性的大小。氮、磷、钾、镁等元素在体内有较大的移动性，可以从老叶向新叶转移，因而这类营养元素的缺乏症都发生在植物下部的老熟叶片上。反之，铁、钙、硼、锌、铜等元素在植物体内不易移动，这类元素的缺乏症常首见于新生芽、叶。

缺素症起因

植物缺乏某些营养元素主要由以下几种原因造成。

（1）土壤贫瘠。有些由于受成土母质和有机质含量等的影响，土壤中某些种类营养元素的含量偏低。

（2）不适宜的 pH。土壤 pH 是影响土壤中营养元素有效性的重要因素。在 pH 低的土壤中（酸性土壤），铁、锰、锌、铜、硼等元素的溶解度较大，有效性较高；但在中性或碱性土壤中，则因易发生沉淀作用或吸附作用而使这些元素有效性降低。磷在中性（pH6.5～7.5）土壤中的有效性较高，但在酸性或石灰性土壤中，则易与铁、铝或钙发生化学变化而沉淀，有效性明显下降。通常是生长在偏酸性和偏碱性土壤的植物较易发生缺素症。

（3）营养元素比例失调。如大量施用氮肥会使植物的生长量急剧增加，对其他营养元素的需要量也相应提高。如不能同时提高其他营养元素的供应量，就导致营养元素比例失调，发生生理障碍。土壤中由于某种营养元素的过量存在而引起的元素间拮抗作用，也会促使另一种元素的吸收被抑制而促发缺素症。例如，大量施用钾肥会诱发缺镁症，大量施用磷肥会诱发缺锌症等。

（4）不良的土壤性质。主要是阻碍根系发育和危害根系呼吸的性质，使根的养分吸收面过狭而导致缺素症。

（5）恶劣的气候条件。首先是低温，它一方面影响土壤养分的释放速度，另一方面又影响植物根系对大多数营养元素的吸收速度，尤以对磷、钾的吸收最为敏感。这是气温偏低年份早稻缺磷发僵现象较为普遍的原因。其次是多雨常造成养分淋失，中国南方酸性土壤缺硼、缺镁即与雨水过多有关。但严重干旱，也会促进某些养分的固定作用和抑制土壤微生物的分解作用，从而降低养分的有效性，导致缺素症发生。

防治方法

可采取下列农业措施预防缺素症的发生。

（1）根据土壤性质选择植物。不同植物及品种对土壤酸碱度以及对营养元素组成和含量的要求各异，因而在某种营养元素不足的土壤不宜种植对该元素敏感的植物。

（2）合理轮作，可避免因某种元素需求量大的作物接茬而引起缺素症。

（3）合理搭配施用化学肥料种类，多施有机肥，以维持土壤养分元素间的平衡。

（4）正确的耕作管理可改善土壤理化性质，促进根系向纵深发展，防止有毒物质阻碍根系呼吸。

28. 如何区分污水浇地引起的病害与常见的根腐病、茎基腐病？

污水浇地引起的植物病害，是非侵染性的病害，其症状与植物生理病害症状相似、一般导致作物生长缓慢，茎叶上出现斑点等症状。如果用含氮量过高的污水浇地，则会引起作物陡长、倒伏、贪青、晚熟、易感染病虫害、颜色异常等。污水浇地引起植物根部腐烂，这种腐烂是全根系的，有的伴随着表皮脱落。污水浇地引起的植物病害不具有传染性。

根腐病和茎基腐病则是由多种病原复合侵染造成的侵染性病害，均具有传染性。根腐病由病原菌侵入引起，在成株期发生，其突出症状是烂根。发病部位仅局限于根颈及根部、病株根系、根颈褐腐，植株易拔起。地上部表现为萎蔫、青干、叶边缘焦枯等症状。茎基腐病在幼苗期易发生，仅危害茎部，病部皮层不易剥离，根部及根系不腐烂。病菌自茎基部直接侵入，危害茎基部，初呈暗褐色不规则斑，扩大后环绕茎基部1周，皮层变褐腐烂，地上部叶片萎蔫、变黄，后期整株枯死。

29. 如何区别急性型与普通型病斑？

急性型病斑一般水渍状边缘不明显，似开水烫过。有时正、反两面密生灰绿色霉层，是病害大流行的征兆；普通型病斑一般边缘明显，症状比较典型，发生速度慢。潮湿情况下背面可产生霉层。例如，水稻稻瘟病（rice blast）的急性型和普通型病斑的特点。①急性型：病斑暗绿色，多数近圆形，针头至绿豆大小，后逐渐发展为纺锤形。正、反两面密生灰绿色霉层。在温、湿度适宜及存在大量感病品种的条件下，很易引起病害流行。②慢性型：病斑先呈圆形的暗绿色或褐色的病斑，以后逐渐扩大，颜色变成暗褐色（坏死部），形状由圆形、椭圆形变成梭形，两端有沿叶脉延伸的褐色坏死线，病斑中央褪为灰白色（崩溃部），病斑周围出现黄色晕圈（中毒部）。天气潮湿时，在病斑背面产生大量灰色霉层（病菌的分生孢子和分生孢子梗）。遇干燥天气或经药剂防治后，急性型病斑便转化为慢性型。

30. 如何区别水稻干尖线虫病与风害引致的水稻干尖？

水稻干尖线虫病（crimp nematode of rice）引起水稻叶尖扭曲，呈褐色，在病健交界处有一条弯曲而明显的褐色锯齿状界纹，有发病中心，病害呈扩散状。风害引致的水稻干尖，水稻叶尖不扭曲，常呈枯白色，无发病中心。

水稻干尖线虫病能分离到线虫，而风害引致的水稻干尖分离不到线虫。

31. 如何区别水稻稻瘿蚊引起的危害与水稻一柱香症状？

水稻稻瘿蚊［*Orseoia oryzae*（Wood-Mason）］以幼虫在水稻秧苗期和分蘖期侵入生长点，被害叶鞘愈合形成葱管状，俗称“标葱”，使受害稻株不能抽穗造成严重损失。

水稻一柱香（udbatta）是由真菌引起的病害，主要危害穗部。受害水稻抽穗前，病菌在颖壳内长成米粒状子实体，将花蕊包埋在内，颖壳内子实体从内外颖的合缝延至颖壳外，颖壳外渐变黑，同时还有菌丝将小穗缠绕，使小穗不能散开，抽出后成直立圆柱状，故称“一柱香”。病穗初淡蓝色，后变白色，上生黑色粒状物，即病原菌的子座。

32. 如何区别水稻白叶枯病和细菌性条斑病？

水稻白叶枯病（rice bacterical leaf blight）病株叶尖及边缘初生黄绿色斑点，后沿叶脉发展成苍白色、稻草色，横行连片的长条斑，病健组织交界明显，呈波纹状（粳稻品种）或呈直线状（籼稻品种）。湿度大时，病部易见蜜黄色珠状菌脓。病情严重时叶片全部干枯，田间呈现一片枯白色，远看枯草状。

水稻细菌性条斑病（rice bacterial streak）病斑初为暗绿色水浸状小点，很快在叶脉间扩展为暗绿至黄褐色的细条斑，长约1cm，病斑黄绿相间，两端呈浸润型绿色。病斑上菌脓很多，呈鱼籽状，较白叶枯病菌的菌脓小而多，干燥后呈琥珀状附于病叶表面而不易脱落。发病严重时条斑融合成不规则黄褐至枯白大斑，与白叶枯类似，但对光看可见许多半透明条斑。病情严重时叶片卷曲，田间呈现一片枯黄色，远看像火烧状。

33. 黑粉病菌在农作物上常引起哪些病害？各有什么特点？

黑粉病菌是担子菌门黑粉菌目中能引起植物发生黑粉状病征的一类真菌。黑粉菌分布广泛，大多数黑粉菌的初次侵染来源于由种子上附着的和落入土壤中的厚垣孢子，一般无再次侵染，寄主范围也小，比较容易通过种子处理得到控制。这类病害又称为全株性侵染病害，根据侵染生育期的不同又分为苗期侵染病害（如玉米丝黑穗，小麦腥黑穗、秆黑粉、坚黑穗，大麦坚黑穗和高粱散黑穗，丝黑穗、坚黑穗）和花期侵染病害（如大、小麦散黑穗）。

黑粉菌引起的病害也有局部性侵染的。例如，玉米瘤黑粉病，属于单年流行的多循环病害，从植株的幼嫩组织侵入，在玉米的各个生长期都可以侵染，造成局部组织异常膨大形成肿瘤。在肿瘤中形成大量的冬孢子（厚垣孢子），肿瘤破裂后厚垣孢子散出，又可以萌发进行再侵染，这样的循环在玉米生长期中可以重复多次。

34. 如何区别灰霉病和叶点霉病？

从症状看灰霉病主要寄生于寄主的花及幼果，也寄生于植物的幼茎和嫩梢上，后期在病部外及幼茎内空腔部产生大量灰色霉层（菌丝、分生孢子梗和分生孢子），病斑常连成片，暗绿色，枯死；叶点霉病主要寄生于寄主的叶片和茎部，先出现针头状大小的暗绿色小病斑，病斑少见连片，如连片则呈褐色枯斑，病斑在后期产生黑色小颗粒（分生孢子器）。

35. 如何区别番茄、辣椒和马铃薯的早疫病与晚疫病？

从症状看，番茄、辣椒和马铃薯的早疫病主要寄生于叶片中部，病斑呈圆形或近圆形，具同心轮纹，病斑边缘黄褐、黄绿色，不易连片，后期产生黑色霉层；番茄、辣椒和马铃薯的晚疫病从叶尖叶缘出现水渍状暗绿色病斑，病斑周围具浅绿色晕圈，湿度大时迅速扩展，病斑大于早疫病的病斑，易连片，呈褐色，产生一层稀薄的白色霉层，干燥病斑变褐色，干枯易裂。晚疫病菌除侵染叶片外，也可侵染茎及薯块，潮湿时产生白色霉层。

36. 如何区分枯萎病、疫病、青枯病、基腐病、立枯病、白绢病引起的植株枯死症状？

枯萎病、疫病、青枯病、基腐病、立枯病、白绢病是旱地作物常见病害。它们的共同特点是：整株枯死，发病速度较快，引发损失巨大。但它们之间在病原、发病速度、病状和病征上存在明显差异。

枯萎病常由镰刀菌（*Fusarium* spp.）和长喙壳属病菌（*Ceratocystis* spp.）引起。其发病速度一般，病菌常在寄主维管束中大量繁殖，堵塞了导管后，导管常变黑褐色或蓝色，影响了水分向地上部运输，植株萎蔫、枯死。在保湿的条件下，受害株茎基部出现粉红色或白色霉层，有时将病株拔起置于阴凉处，病部也会长出粉红色或白色霉层，即病菌的菌丝体、分生孢子梗和分生孢子。

疫病常由疫霉菌（*Phytophthora* spp.）引起。其发病速度快，茎基部常变暗褐色，后期变黑色，皮层和维管束亦变褐色，但不会有黑色和蓝色。基部发病时，全株萎蔫、死亡。地上部枝、叶、果有时也发病，病斑发展非常快，且常与雨水多、湿度大相关联，湿度越大，发病越重。病斑褐色，易于在分叉处或果蒂及花蒂处发病。有时幼嫩、多汁组织可能出现软腐。病部常有白色霉层。病茎保湿时，产生大量白色霉层，即病菌的菌丝、孢囊梗或孢子囊。

青枯病常由拉尔氏菌（*Ralstonia* spp.）侵染引起，它是一类细菌性和全株性病害。病菌主要从根部侵入。其发病速度非常快。病株体表一般无明显变色、病斑等症状，植株萎蔫，死亡。常在植物开花至结果期，雨后天气突然转晴时，青枯病爆发。拔起病株后，折断茎部或茎基部，可见韧皮部变褐色，用手挤压时可见泡沫状液体渗出，将其放入少量清水中时，可见到折口处有混浊状物质外逸，且清水变混，即病菌从维管束中释放到水中。

基腐病常由多种病原菌侵染所致，如镰刀菌（*Fusarium* spp.）、疫霉菌（*Phytophthora* spp.）、立枯丝核菌（*Rhizoctonia solani*）、柱格孢（*Ramularia*）等。病情扩展一般较慢，从被侵入到发病历时较上述几种病害略长。植株罹病后，茎基部及根常变褐色，皮层易剥落，茎上部维管束不变色，但基部有时水渍状，全株枯萎、死亡。取病株洗净保湿培养，病部常可长出大量的白色、粉红色、灰色等霉层，即菌丝体、分生孢子梗和分生孢子或孢囊梗和孢子囊。霉层的颜色取决于引起发病的病原菌类群。

立枯病常由立枯丝核菌侵染所致。在苗期，植株近基部处缢缩、凹斑、褐色。在苗期发病时，发病较快，但当植株木质化程度较高时，发病就较慢，且没有明显缢缩现象。有时植株一半罹病、一半正常，致植株一半失水而萎蔫。病株近基部皮层变褐色，木质部的颜色没有明显差异，均呈暗褐色，近地表处偶见褐色菌核。病茎基部洗净保湿培养，可见大量生长疏松的白色菌丝。

白绢病多由齐整小核菌（*Sclerotium rolfsii*）引起。该病发生一般较慢，与植株后期立枯病发生的速度相当。病菌从茎基部侵入，病部变褐或黑色，略带水渍状和凹陷，引起全株枯萎死亡。病斑并不随维管束而扩展，即折断茎杆时，不能看到维管束独特的病变，而整个茎基部均变褐。在潮湿的天气或排水不良的土壤上易于发病。病株四周或茎基部常有放射状、白色、有光泽的大量菌丝体，在后期常有大量棕黑色菌核出现。

37. 如何区别炭疽病与常见坏死型的叶斑病？

叶部炭疽病的病斑中央凹陷，发病中后期病斑上会产生轮纹状排列的黑色颗粒状物，为分生孢子盘，湿度较高时会溢出粉红色至橘红色的黏状物（分生孢子堆）。坏死型的叶斑病可由多种不同病原物引起，在叶部形成不同形状的病斑，但病斑中央不凹陷，无轮纹状排列的小粒点；在天气潮湿时，其上有时附着霉层。

38. 简述害虫与病害的关系。

害虫能传播病毒、植原体、真菌、细菌。例如，蚜虫可传播烟草花叶病毒（tobacco mosaic virus，TMV），蚜虫发生量与病毒发生轻重呈正相关性；害虫危害使植物生长衰弱，抗性下降，有利于病害发生。同样，病害发生也降低寄主的抗虫性，有利于虫害发生。

第十六章　植物病害综合防控策略

第一部分　植物病害防治的总方针

【习题】

一、名词解释

1. 植保系统工程；2. 经济受害水平；3. 经济阈值；4. 有害生物综合治理（IPM）；5. 有害生物生态治理（EPM）；6. 有害生物持续治理（SPM）；7. 农田生态系统

二、问答及论述题

1. 试评价我国“预防为主、综合防治”的植保方针？
2. 什么是植物病害控制的生态观？什么是植物病害控制的经济观？为什么现在植物病害的防控更注重保护自然生态平衡和考虑经济效益？
3. 植物病害控制原理有哪些？
4. EPM 的核心概念是什么？它和 IPM 的着眼点有什么不同？
5. 当前在农作物抗病品种选育和利用方面存在哪些主要问题？
6. 怎样合理使用杀菌剂防治植物病害？
7. 从经济学和生态学观点评价现行 IPM 的合理性和不足之处？
8. 举例说明人为因素对植物病害发生的影响？
9. 就你熟悉的一种病害，设计一个持续综合治理的方案。

【解答】

一、名词解释

1. 植保系统工程（plant protection system engineering）：运用系统工程的理论方法，对植保科学中的事物进行分析研究、规划设计、运筹决策和管理评估的科学方法和工作程序，对提升植保科学的研究水平有重要的指导意义。

2. 经济受害水平（economic injury level，EIL）：是造成经济损失的最低病害发生程度。

3. 经济阈值（economic threshold，ET）：当人们预测到某一病害的发生程度超过 EIL 时，应根据病害发生的动态规律推算出在防治适期内的某一病害程度，在此程度必须采取某种防治措施，以防止因病害发生程度增加而出现的经济损失。它直接指导防治行动，所以也称防治阈值（control threshold，CT）。

4. 有害生物综合治理（integreted pest management，IPM）：是一种农田有害生物种群管理策略和管理系统。它从生态学和系统论的观点出发，针对整个农田生态系统，研究生物种群动态和与之相关联的环境，采用尽可能相互协调的有害防治措施并充分发挥自然抑制因素的作用，将有害生物种群控制在经济受害水平之下，并使防治措施对农田生态系统内外的不良影响减少到最低限度，以获得最佳的经济、生态和社会效益。

5. 有害生物生态治理（ecological pest management，EPM）：是在 IPM 的基础上，运用经济学和生态学理论与方法，研究有害生物对经济、生态、社会的影响和有害生物治理对经济、生态和社会安全的作用，分析有害生物流行、成灾风险及其安全阈值，指导有害生物的科学治理，以最大限度减少有害生物的经济损失，确保生态安全、社会安全，实现有害生物管理的最优化——低成本、高效益。

6. 有害生物持续治理（sustainable pest management，SPM）：生产上可恢复、经济上可再生、社会上可接受、生产系统能够持续健康发展的农业经营体系和技术体系，主要体现了有害生物治理目标的改进和提高。

7. 农田生态系统（farmland ecosystem）：作物的种植是复杂的过程，涉及作物品种的选用、种植面积、作物布局、栽培管理等，这些行为将形成一个与自然界有显著差异的系统，即农田生态系统。

二、问答及论述题

1. 试评价我国“预防为主、综合防治”的植保方针？

早在 1975 年我国就提出了“预防为主，综合防治”的植保工作方针。在综合防治中，要以农业防治为基础，同时要因地制宜，合理运用化学防治、生物防治、物理防治等措施，兼治多种有害生物。1986 年又将综合防治解释为：“综合防治是对有害生物进行科学管理的体系。它从农业生态系总体出发，根据有害生物和环境之间的相互关系，充分发挥自然控制因素的作用，因地制宜地协调应用必要的措施，将有害生物控制在经济受害允许水平之下，以获得最佳的经济、生态和社会效益。”这一综合防治定义与国际上常用的有害生物综合治理与植物病害管理的内涵一致。

2. 什么是植物病害控制的生态观？什么是植物病害控制的经济观？为什么现在植物病害的防控更注重保护自然生态平衡和考虑经济效益？

植物病害控制的生态观：有害生物不是一成不变的，有害和有益只是相对的概念。利用自然或人工生态系统中各种生物种群之间相生相克达到相互适应、协调平衡的生态关系，在战术上强调依赖自然因素或自然因素的产物来进行治理。在自然生态系统中，各物种通过竞争资源取得生存与发展，或者通过共生或互惠节约资源得到几个物种的共同持续发展。在农田生态系统中，以整个农田生态系统中的生物群落作为调节单元，在求得农业生态系统多样性、稳定性和经济性都处于最适宜的前提下，通过保护利用有益生物，增强和改善有利于有益生物的因素，恢复农田生态系的良性循环。也可以通过引进、繁殖有益生物，建立新的生物间制约关系，以达到长期有效抑制有害生物种群密度的目的。

植物病害控制的经济观：农业是一种产业，人们总以争取最大的经济效益为经营农业的目标。植物病害及其防治失当往往造成重大经济损失，因此如何减少损失，合理控制病害，就需要借鉴经济学的原理和分析方法，使植病经济——植病经济学的产生成为必然。经济阈值的研究涉及生物学、防治学和经济学理论与方法，带动了病害定量预测、所致的损失估计、防治技术规范和各种模拟模型的研究。在进一步开展生态效益和社会效益的研究中，经济阈值的原理和研究方法也值得借鉴。

从植物病害经济学和病害发生的规律出发，植物病害管理的核心理念是在农业生态系统，植物病害系统中考虑病害的预防，不是根治。是以针对保护对象——植物群体的健康为主体，而不是针对防治对象——有害生物的消灭为目的，以消灭一个病原生物为目标，既浪费大量的资源又破坏生态环境，这样的防治被证明是失败的，以往的实例证实了这一点。因此，经济阈值的明确提出，标志着植物保护工作目标由追求最大收获量向争取最大经济效益的战略转移，防治工作也由追求最高防治效果转向争取最大经济效益。管理的目标是保证农业的持续发展，而绿色理念、系统工程、生态学和经济学的理论是我们行动的指南。

3. 植物病害控制原理有哪些？

防治病害的途径很多，按照其作用原理，通常分为回避（avoidance）、杜绝（exclusion）、铲除（eradication）、保护（protection）、抵抗（resistance）和治疗（therapy）。

防治病害可以从三个侧面（寄主、病原物和环境）、四道防线（拒绝、免疫、保护和治疗）中采用多种措施与方法，并在一定情况下采取回避方式。每个防治途径又发展出许多防治方法和防治技术，分属于植物检疫、农业防治、抗病性利用、生物防治、物理防治和化学防治等不同领域。

4. EPM 的核心概念是什么？它和 IPM 的着眼点有什么不同？

有害生物生态治理（ecological pest management，EPM）的概念是从植物病害经济学和病害发生的规律性出发，强调植物病害管理的核心是预防，而不是根治；是保护植物群体健康，而不是消灭有害生物。EPM 可以从宏观和微观两个层次营造健康的植物生态环境，从而达到保护植物群体健康的目的。

IPM（integreted pest management）则是把研究对象由有害生物改成整个农业生态系统，通过综合多学科的方法和多种战略技术的协调配合融汇成一个体系。IPM 强调充分利用天然控制因素，如天敌益菌、生物种间竞争和抑制关系，以及耕作、栽培、品种抗性等作用，同时可以使用对环境污染较小的化学农药或在适当的时候使用适宜剂量的化学农药。因此，两种理论的着眼点基本是一致的。

5. 当前在农作物抗病品种选育和利用方面存在哪些主要问题？

抗病品种在推广利用过程中因机械混杂、天然杂交、突变以及遗传分离等诸多原因会出现感病植株，多年积累后可能导致品种退化。在抗病品种群体中及时拔除病株、杂株和劣株，选留优良抗病单株，搞好品种提纯复壮。当前所应用的抗病品种多数仅具有小种专化抗病性，推广应用后，就可能使病原菌群体中能够侵染该抗病品种的毒性菌株得以积累和扩展，成为优势小种。抗病品种推广的面积越大，这些小种积累的速度也越快，逐渐在病原菌群体中占据数量优势，成为优势小种，此时抗病品种就逐渐丧失抗病性，成为感病品种。这种抗病性“丧失”现象，是抗病品种应用中最重要的问题。除少数品种抗病性可维持较长时间外．多数品种一般应用 5 年左右就会丧失其抗病性，不得不被淘汰。

为了延缓品种抗病性的丧失速度，延长品种应用年限，除了在育种时尽量应用多种类型的抗病性和利用抗病基因不同的优良抗源，改变抗病性遗传基础贫乏而单一的局面以外，最重要的是搞好抗病品种的合理布局，在病害的不同流行区采用具有不同抗病基因的品种，在同一个流行区内也要搭配使用多个抗病品种。此外，有计划地轮换使用具有不同抗病基因的抗病品种，选育和应用具有多个不同主效基因的聚合品种或多系品种等也是可行的措施。

6. 怎样合理使用杀菌剂防治植物病害？

为了充分发挥药剂的效能，做到安全、经济、高效，提倡合理使用农药。任何农药都有一定的应用范围，即使是广谱药剂也不例外，因此要按照药剂的有效防治范围与作用机制以及防治对象的种类、发生规律和危害部位的不同合理选用药剂与剂型，做到对症下药。要科学地确定用药量、施药时期、施药次数和间隔天数。提倡合理混用农药，做到一次施药，兼治多种病虫对象，以减少用药次数，降低防治费用。药剂使用不当，可使植物受到损害，这称为药害。长期连续使用单一杀菌剂会导致病原菌产生抗药性，降低防治效果。有时对某种杀菌剂产生抗药性的病原菌，对未曾接触过的其他杀菌剂也有抗药性，这称为交互抗药性（cross-resistance)，化学结构与作用机制相似的化合物间，往往会有交互抗药性。为延缓抗药性的产生，应轮换使用或混合使用病原菌不易产生交互抗药性的杀菌剂，还要尽量减少施药次数，降低用药量。

7. 从经济学和生态学观点评价现行 IPM 的合理性和不足之处？

IPM 把“防治”改成“治理”含有容忍一定数量的有害生物存在的生态学概念和强调要根据生态学系统进行有害生物系统管理的宗旨，从经济学角度，它不再以消灭有害生物为目标，而是将它们控制在一个经济上可以接受的水平。它强调通过综合多学科的方法和多种战略技术的协调配合融汇成一个体系。

IPM 不足之处，在防治策略上仍然重视自然因素对有害生物的调节控制作用，而没有将重视植物群体的健康作为主体。因此，在植物病害/有害生物管理模式上必须以现行的 IPM 向植物生态系统群体健康为主导的新模式跨越。

8. 举例说明人为因素对植物病害发生的影响？

人为因素对植物病害具有显著地影响，甚至起主导作用。例如，1970 年美国发生的玉米小斑病大流行，主要原因是大面积种植得克萨斯雄性不育系（TMS）的玉米品种，这类依赖细胞质遗传的品种均不能抵抗玉米小斑病菌的 T 小种。大规模种植该系品种导致 T 小种数量的上升，最终造成病害大流行。人类通过大面积种植经过人工驯化的农作物改变了农业生态系统的结构，使相应农作物的遗传基因变得简单和集中，连续、大面积种植这些农作物，就有效地选择了适于该种植物基因型的病原生物，并在时间、空间上为它们提供了营养，这样就会对单一种植的农作物造成毁灭性破坏。

另外，为追求高产而大量增施氮肥肥料或加大种植密度往往会加重作物的病害。

9. 就你熟悉的一种病害，设计一个持续综合治理的方案。

一种病害的防控，需要依据病害的发生规律来制订防治方案。例如，水稻白叶枯病是危害水稻生产的重要细菌性病害，应采用预防为主、综合防治的技术措施，具体如下所述。

（1）农业栽培措施。①选用优质高产抗病良种。根据历年各地主栽水稻品种对白叶枯病的抗性监测结果，积极推广高抗或中抗的，且高产、优质的水稻品种，并根据各地病菌优势小种，合理布局抗病品种。②运用生态控制技术。在同一田块种植生育期相当的不同抗病品种，可减轻感病品种的病情。③平衡施肥和科学管水。避免偏施氮肥，严格防止得病田块的水流入健康田块，严禁漫灌。

（2）物理防治。及时处理病稻草。对病稻草另行堆放，尽早处理；不用病草盖房、捆秧；如用病草垫圈，要充分腐熟后才能施用。

（3）生物防治。严格地说来，还没有用生物防治制剂大面积应用来防治水稻白叶枯病的成功实例。但有采用荧光假单胞杆菌、枯草芽孢杆菌和抗生素溶杆菌菌株试验成功的报道，这将是水稻白叶枯病防治的发展方向之一。

（4）化学防治。在细菌性病害防治上，化学农药的防治效果不如对真菌性病害的防治效果。但在种子消毒方面及田间发病初期，还是有用化学农药防治成功的实例。

①种子消毒。选用10%浸种灵乳油2ml，兑水10kg，浸种6kg，浸泡72h后，捞出清洗后催芽播种，可有效地杀死种子中的白叶枯病菌。②药剂喷雾。在发病初期，对感病品种、常发区秧苗三叶期、本田期的发病中心及时喷药封锁发病中心或全田防治，能起到一定的防治效果。常用农药有50%氯溴异氰尿酸可溶性粉剂、25%噻枯唑（又名叶青双、叶枯宁、叶枯唑、敌枯宁、川化-018）可湿性粉剂、1%申嗪霉素悬浮剂等。

第二部分 植物检疫

【习题】

一、名词解释

1. 检疫法规；2. 植物检疫；3. 产地检疫；4. 口岸检疫；5. 有害生物风险分析

二、问答及论述题

1. 植物检疫的目的和任务是什么？
2. 植物检疫的基本原理是什么？
3. 什么是检疫性有害生物？我国的进境检疫性有害生物名单近年来有何新的变化？
4. 植物检疫与植物保护的关系？
5. 产地检疫和口岸检疫各有什么优缺点？它们之间的关系如何？

【解答】

一、名词解释

1. 检疫法规（quarantine regulations）：国家机关制定的有关动植物检疫的各种规范性文件的总称。它包括法律、行政法规、规章、双边或多边协议等。实施植物检疫就是在检疫法规规定的范围内，通过禁止和限制植物、植物产品或其他传播载体的输入（或输出），以达到防止有害生物的人为传播，保护农林生产和生态环境安全。

2. 植物检疫（plant quarantine；phytosanitary）：又称为法规防治，是利用立法和行政措施防止或延缓有害生物人为传播的一种强制性控制有害生物的措施。

3. 产地检疫（quarantine in origin area）：是指在植物或植物产品出境或调运前，检疫人员在其生长期间到原产地进行检验、检测的过程，是一项最重要的检疫措施。

4. 口岸检疫（port quarantine inspection）：在中华人民共和国国际通航的港口、机场以及陆地边境和国界江河的口岸对出入境植物或植物产品实施的检疫措施。

5. 有害生物风险分析（pest risk analysis）：评价生物或其他科学和经济学证据以确定是否应限定某种有害生物及将为此采取的任何植物检疫措施力度的过程。

二、问答及论述题

1. 植物检疫的目的和任务是什么？

植物检疫的目的是利用立法和行政措施防止或延缓有害生物的人为传播（man-associated dispersal），控制有害生物蔓延和危害。植物检疫的任务包括几个方面。

（1）阻止危险性病、虫、杂草随植物及其产品由国外传入或由国内传出。

（2）封锁国内局部地区已发生的危险性病、虫、杂草，不使其向没有发生的地区传播。

（3）对已传入新区的危险性病、虫、杂草，采取紧急措施，就地彻底消灭。

2. 植物检疫的基本原理是什么？

检疫对象的制定及采取的相应检疫措施都是以有害生物的生物学特性为科学依据的。成功检疫应考虑以下 4 个方面。

（1）植物有害生物分布的地区性。一些生物在特定生态条件下的长期生存和繁衍形成了对本地区生态条件的适应性。多种生物共生于一个生态条件下的统一体中，构成了各自然地理区域内植物有害生物的区域性分布。

（2）植物有害生物的人为传播。自有人类农业实践以来，有害生物从一个地区到另外一个地区主要是依靠人为传播。尤其是种子、苗木和其他繁殖材料的交流和贸易是构成危险性有害生物远距离传播的主要途径。

（3）检疫对象传入新区的后果。①新区气候环境不适应，不能成为有害生物分布区。例如，由冷凉地区到高温低海拔地区，就不会发生马铃薯癌肿病。② 新区与原产地气候条件近似，或检疫对象的适生性强，传入新区后就能很快造成灾害。例如，棉花枯萎病、黄萎病，由美国传入我国，已对我国棉花生产构成了严重威胁。③对原产地危害不严重，但适应新区生态条件，可造成毁灭性灾害。例如，葡萄霜霉病由美国传入欧洲后，对欧洲葡萄造成重大损失。

（4）有害生物人为传播需具备 4 个条件。①有害生物在甲地危害。②种苗或繁殖材料在甲地生产。③种苗或繁殖材料从甲地人为调运到乙地。④乙地生态环境条件适宜。

以上 4 个条件对有害生物的人为传播缺一不可，植物检疫的目的就是为了杜绝危险性有害生物的人为传播。因此，只要成功干预以上任何一个必要条件就可以最大限度地减少有害生物通过人为传播带来的风险。

3. 什么是检疫性有害生物？我国的进境检疫性有害生物名单近年来有何新的变化？

在一个国家或地区未发生或分布不广，且官方正在积极控制中的有潜在重大经济重要性和环境重要性的有害生物称为检疫性有害生物（quarantine pest）。

为防止危险性植物有害生物传入我国，根据《中华人民共和国进出境动植物检疫法》的规定，农业部与国家质量监督检验检疫总局于 2007 年 5 月共同制定并发布了《中华人民共和国进境植物检疫性有害生物名录》。1992 年 7 月 25 日发布的《中华人民共和国进境植物检疫危险性病、虫、杂草名录》同时废止。新名录严格按照国际植物检疫措施标准和检疫性有害生物定义，通过科学的有害生物风险分析来确定。新名录具有以下特点。①检疫性有害生物种类大幅增加，由原来的 84 种扩大到 435 种，不再分一、二类，有利于检验检疫工作中更好操作与掌握，符合国际相关标准。②重点突出，保护面明显扩大，既考虑到粮油、水果等重点作物，又兼顾并增加了花卉、牧草、原木、木质包装、棉麻等作物中有害生物的种类。③增大有害生物的防范力度，提高进境植物检疫门槛，有利于防控植物检疫性有害生物跨境传播。

4. 植物检疫与植物保护的关系？

植物检疫是一项传统的植物保护措施，但又不同于其他的有害生物防治措施。植物保护工作包括预防或杜绝（prevention or exclusion）、铲除（eradication）、免疫（immunity）、保护（protection）和治疗（therapy）5 个方面。植物检疫是植物保护领域中的一个重要部分，其内容涉及植物保护中预防、杜绝或铲除的各个方面，也是最有效的、最经济的一个方面。但植物检疫所具有的特点不同于植物保护通常采用的农业防治、物理防治、生物防治和化学防治等措施。

（1）植物检疫的对象与一般防治的对象不同。植物检疫针对的有害生物一般都是国家有关法律、法规规定的以及双边或多边植物检疫协定规定的危险性特别大的一些害虫、病原物或有害杂草，往往是国内未发生或分布不广的、且一旦传入可能引起重大经济损失的有害生物。这就决定了植物检疫所针对的是可能传带这些危险性有害生物的植物、植物产品及其他应检物（包括集装箱、植物性包装或填充及铺垫材料、运载工具等）。因此，对法定的应检物在某一特定区域（国家、地区）流通时都需接受植物检疫，只有经植物检疫合格，或经检验发现疫情但经有效的检疫处理合格后，这些应检物方可进入该地区。

（2）两者所采取处理的要求不同。经检验发现有害生物后要采取化学的或物理的方法来处理受感染或受害的应检物。从这点来说两者有一定的共性，但两者的最终要求却不同。植物检疫所要求的是应检物经检疫处理后不再带有限定的有害生物，即检疫处理的效果要求彻底杀灭有害生物；而植物保护中所言的化学防治、物理防治等的防治效果往往只要求将有害生物的危害程度控制在经济允许的阈值或防治指标以下。

（3）植物检疫的研究内容与工作方法不同。植物检疫所针对的有害生物一般都是该国、该地区未发生或分布不广的危险性有害生物。因此，植物检疫的重点是及时掌握国内外危险性有害生物的分布、发生、危害情况等情报资料，对这些危险性有害生物作风险分析，并在此基础上做出检疫决策（制定检疫法律、法规，确定应限制的有害生物及其他检疫措施等）。同时，有针对性地研究这些有害生物的生物学特性、检测技术与鉴定标准、处理方法等。工作中，植物检疫是以法规为依据，依靠各部门（海关、外贸单位、邮电、交通运输等部门）的紧密合作来防止有害生物传入或传出。通常植物保护所研究的是针对本区域内发生的各种重要病虫草鼠害，包括它们的发生、流行与防治，或者是某一特定有害生物的生物学特性、流行规律和防治方法，在此基础上制订某一地区、某一作物中特定有害生物的综合防治计划。

5. 产地检疫和口岸检疫各有什么优缺点？它们之间的关系如何？

产地检疫（quarantine in origin area）是检疫人员在植物或植物产品原产地实施的检疫，也是一项最重要的、主动的检疫措施；口岸检疫（port quarantine inspection）是检疫人员在出入境口岸实施检疫，是一种被动的检疫措施。

产地检疫是在有害生物发生高峰期进行产地调查与检验，一般在植物生长期间要进行多次，更易于发现疫情；口岸检疫一般是在通关口岸经取样、制样后进行实验室检验，但在取样过程中会因主观或客观原因导致样品中没有有害生物或有害生物个体较少造成漏检。另外，口岸检疫一般只能得到有害生物的某个生活史阶段，如害虫的卵，这对有害生物的鉴别或检验造成一定困难。

产地检疫和口岸检疫二者之间互为补充，缺一不可。在客观条件允许的条件下，尽量实施产地检疫，这有利于提高检疫效率，更好地为经济贸易服务；口岸检疫可有效防止植物或植物产品在利用运输工具远距离调运途中因经过疫区或第三国而导致携带危险性有害生物的危险。

第三部分　农业防治

【习题】

一、名词解释

1. 农业防治；2. 综合防治；3. 轮作；4. 间作与套种；5. 脱毒

二、问答及论述题

1. 什么是农业防治？农业防治有哪些技术措施？
2. 利用不同作物间作、混作及套作等农业措施控制植物病害的基本原理是什么？
3. 农业防治的优缺点是什么？如何在生产中合理利用农业防治措施，达到经济、环保的效果？
4. 如何利用植物抗性，充分发挥其抗性遗传潜能、防止品种老化、推迟品种抗性丧失？
5. 梨锈病是具有转主寄生的病害，搞好田园卫生是农业防治的一个重要内容，如何利用该基本原理防治梨锈病？
6. 为什么农业防治与其他防治方法结合能控制一些难以防治病害的发生？
7. 果园秋季修枝和春季的第一次防治为什么特别重要？
8. 为什么植物增抗剂的研发发展非常快？植物增抗剂控制植物病害的机制是什么？

【解答】

一、名词解释

1. 农业防治（agricultural control）：又称环境管理，其目的是在全面分析寄主植物、病原物和环境因素三者相互关系的基础上，运用各种农业调控措施，压低病原物数量，提高植物抗病性，创造有利于植物生长发育而不利于病害发生的环境条件。

2. 综合防治（integrated pest management）：是对有害生物进行科学管理的体系。它从农业生态系统总体出发，根据有害生物和环境之间的相互关系，充分发挥自然控制因素的作用，因地制宜地协调应用必要的措施，将有害生物控制在经济受害允许水平之下，以获得最佳的经济、生态和社会效益。含义与有害生物综合治理相仿。

3. 轮作（rotation）：在同一块田地上有顺序地在季节间或年度间轮换种植不同作物或复种组合的种植方式。是用地养地相结合的一种耕作措施。

4. 间作与套种（intercropping）：间作是指在同一块地上，成行或成带地相间种植两种或两种以上生育期相近的作物。套种是指生育期（生育季节）不同的两种或两种以上的作物，在前作物生育后期，在其行间或株间播种或移栽后一作物的种植方式。

5. 脱毒（virus-free）：利用茎尖微芽嫁接（shoot-tip grafting）技术或组织培养（tissue culture）技术使植物材料无病毒化的过程，是利用无病种苗的一项措施。

二、问答及论述题

1. 什么是农业防治？农业防治有哪些技术措施？

农业防治（agricultural control）是指为了防治农作物病、虫、草害所采取的农业技术综合措施，调整和改善作物的生长环境，以增强作物对病、虫、草害的抵抗力，创造不利于病原物、害虫和杂草生长发育或传播的条件，以控制、避免或减轻病、虫、草的危害的防控措施。

农业防治主要措施有选用抗病、虫品种，调整品种布局、选留健康种苗、轮作、深耕灭茬、调节播种期、合理施肥、及时灌溉排水、适度整枝打杈、搞好田园卫生和安全运输、储藏等。

2. 利用不同作物间作、混作及套作等农业措施控制植物病害的基本原理是什么？

间作、混作及套作是在田间种植两种或两种以上的农作物，这种复合群体的种植方式是我国传统精耕细作的主要内容，也是防病增产的主要措施。

长期大面积种植单一化品种增强了对病原物群体的选择性压力，加速病原物致病力优势群体的快速增长，从而使抗病品种“丧失”抗性。而复合群体具有的生物多样性，可以有效减轻病害的危害程度。农作物多样性种植控制病害的基本原理包括以下5个方面：①稀释效应（dilution effect）；②障碍效应（barrier effect）；③促进作用（facilitation）；④微生态效应（microecology effect）；⑤定向选择与稳定性选择（directional selection and stabilizing selection）。

3. 农业防治的优缺点是什么？如何在生产中合理利用农业防治措施，达到经济、环保的效果？

农业防治的优点：主要包括选用抗病、虫品种，调整品种布局、选留健康种苗、轮作、深耕灭茬、调节播种期、合理施肥、及时灌溉排水、适度整枝打杈、搞好田园卫生和安全运输储藏等措施，一般不需要特殊设施。

农业防治的缺点：与化学防治相比，农业防治措施在病害大量发生时见效慢，难以在短时间内获得较好的效果。

农业防治具有经济、安全、效果持久等优点，但也具有明显的缺点。在生产实践中，单独的农业防治措施往往达不到及时有效控制病虫害的目的，为了充分发挥农业防治的作用，并克服其缺点，与其他防治措施（化学防治、物理防治等）的合理搭配利用是必需的，这样就能有效提高单一措施的防治效果，减少农药施用量、降低防治成本、提高农作物产量。

4. 如何利用植物抗性，充分发挥其抗性遗传潜能，防止品种老化，推迟品种抗性丧失？

抗病育种（breeding for disease resistance）是最重要的病害防治措施，但不同病害系统应当采取不同的策略措施，主要应考虑以下几点。

（1）科学利用植物多种抗性机制

植物具有交叉保护、诱导抗性、系统获得性抗性及基于抗性基因的抗性等多种抗性机制，根据机制不同，应在充分研究不同病害系统的抗性机制前提下，制定科学合理的利用策略。

（2）科学利用主效和微效抗病基因（major and minor resistance gene）

目前育成的抗病品种多数是具有单个或少数几个主效基因的抗病品种，大面积单一化种植具有病害大面积爆发的潜在危险。因此应该考虑以下几个方面的补救措施：不同抗病基因定期轮换；将多个抗病主效基因聚合在一个品种内；将多个微效基因聚合在一个品种上。

（3）合理布局、科学增加农田多个层次的生物多样性

研究表明，农田各个层次生物多样性，尤其是抗病基因多样性的增加，可能有利于延缓抗病品种抗性丧失的时间。具体可采取如下措施：使用多系品种，增强病原物的稳定性选择作用；混合品种；抗病品种的合理布局。

5. 梨锈病是具有转主寄生的病害，搞好田园卫生是农业防治的一个重要内容，如何利用该基本原理防治梨锈病？

许多病原物可以在田间的病残体上越冬、越夏，搞好田园卫生可减少多种病害的初侵染源，从而降低病害的发生。

梨锈病由担子菌胶锈菌属真菌引起。梨胶锈菌以菌丝体在桧柏病部组织中越冬。病菌侵入桧柏后，10～12 月出现症状，呈黄色小斑。至第二年的 2 月、3 月，症状表现明显，冬孢子角突破寄主表皮而外露。3 月下旬以后冬孢子逐渐成熟。气温在 5℃以上时，冬孢子角遇雨即胶化，冬孢子萌发黄粉状的担孢子，后者不能危害桧柏，只能危害梨树，而在转主寄主（梨树）上形成的性孢子和锈孢子不能再危害梨树，转而侵害桧柏的嫩叶或新梢，形成新的侵染循环。因此，梨胶锈菌的 0、Ⅰ阶段侵染梨树等蔷薇科植物，

而锈孢子侵害圆柏属植物。由于缺少夏孢子阶段，所引起的病害只有初侵染而无再侵染。由此说明，梨胶锈菌必须有两种寄主才能完成其生活史，缺少一种寄主就不会发病。因此，防治梨锈病应该首先铲除梨园附近的桧柏，消灭桧柏病组织中的越冬菌丝，从而减少侵染梨树的担孢子数量，达到防治梨锈病的目的。

6. 为什么农业防治与其他防治方法结合能控制一些难于防治病害的发生？

农业防治是在全面分析植物、有害生物与环境因素三者相互关系的基础上，运用各种农业措施，降低有害生物的数量，提高植物抗性，创造有利于作物生长发育而不利于有害生物发生的农田生态环境，直接或间接地消灭或抑制有害生物发生与危害的方法，是最经济、最基本的防治方法。主要措施包括选用抗病、抗虫品种，调整品种布局，选留健康种苗、轮作、深耕灭茬、调节播种期、合理施肥、及时灌溉排水、适度整枝打杈、搞好田园卫生和安全运输储藏等。

对一些病害的防治使用单一措施往往不能取得很好的效果，而农业防治可以在多个环节采取措施，共同达到不利于病害发生的目的，因此，采用多种农业防治方法，结合化学防治或生物防治的综合防治措施可有效减少一些顽固性病害的危害。

7. 果园秋季修枝和春季的第一次防治为什么特别重要？

田间病株或病残体往往是病原物越冬的场所，果园秋季修枝可有效减少越冬菌源，从而降低来年初侵染源数量，达到控制病害发生的目的；而春季第一次防治可消灭发病中心或减少病原物群体数量，控制病害的再侵染，从而阻止病害发生或蔓延。

8. 为什么植物增抗剂的研发进展非常快？植物增抗剂控制植物病害的机制是什么？

由于环境污染和食品安全等问题日益突出，保护环境，发展可持续农业、开发有机农产品成为了当今农业发展、植物病害控制的总趋势。因此，在各国政府的积极引导下，相应地投入了大量资金进行研发。一些企业为了迎合潮流和市场需求也纷纷加入到植物增抗剂（anti-agent）的研发中来，使得植物增抗剂研发呈现了一种方兴未艾的局面。

植物增抗剂包括植物生长调节剂和植物抗病性诱导剂两大类。一类是植物生长调节剂，其作用机制相当于激素类物质或植物免疫调节剂，可调节和促进植物的生长，如“碧护”可湿性粉剂就是一种新型植物生长调节剂。另一类为植物抗病性诱导剂，其作用机理是在诱导剂刺激下，植物产生了系统抗性或免疫性，对随后的病原菌侵染具有抵抗性。例如，瑞宝牌 83 增抗剂具有抗植物病毒、促进农作物增产早熟的特性；植物抗病毒诱导剂 88-D 是在 83 增抗剂作用机制研究的基础上开发的，具有抑制植物病毒，防病、增产、优质的综合效果。

综上所述，植物增抗剂的研发是社会发展的必然，势必会有更多的产品更为广泛地应用于农业生产。

第四部分 物 理 防 治

【习题】

一、名词解释

1. 物理防治；2. 温汤浸种；3. 汰种

二、问答及论述题

1. 什么是物理防治？用于防治植物病害的物理防治方法有哪些？各种防治方法的原理是什么？
2. 生石灰水浸种防治病害的原理？
3. 常见的防治植物病害的"外科治疗"有哪些方法？
4. 简要说明热处理防治病害的原理和常用方法。
5. 物理防治和化学防治的优缺点比较？
6. 盐水或泥水浸种汰除病种子的应用范围和原理是什么？
7. 什么是植物茎尖脱毒技术？

三、判断及改错题

1. 热处理获得无病毒植物材料的原理是热处理过程中病毒被热力所钝化而失去致病力。
2. 土壤热力消毒通常是利用 80～90℃蒸汽处理土壤 30～60min，能杀死除芽孢之外的所有微生物。
3. 汰除防治病害原理是利用病原物和作物种子的形态及密度等差异而采取机械、比重汰除等方法选出无病种子。
4. 微波照射防治病害的原理是微波产生的热辐射作用和传导作用杀死或抑制处理材料中的病原物。

【解答】

一、名词解释

1. 物理防治（physical control）：物理防治是指利用高温、低温、辐射、重力、机械等物理方法，依据植物材料和病原物特性的差异，在确保植物材料安全的情况下减少、杀死病原物，从而控制植物病害的方法。

2. 温汤浸种（soaking seed in hot water）：即热水浸种，利用适当温度的热水浸泡种苗一定时间，在确保种苗安全的条件下通过热水热力杀死种苗上携带的病原物的病害防治方法。

3. 汰种（select by specific gravity）：依据作物种子和病原、病种、秕粒等在形状、大小、轻重或密度等方面的差异，采用筛选、风选等机械汰除法或清水、盐水、泥水等水浮法得到去除病原、病种、秕粒等的种子除杂过程，称为汰种。

二、问答及论述题

1. 什么是物理防治？用于防治植物病害的物理防治方法有哪些？各种防治方法的原理是什么？

利用高温、低温、辐射、重力、机械等物理方法，依据植物材料和病原物特性的差异，在确保植物材料安全的情况下减少、杀死病原物，从而控制植物病害的方法叫物理防治（physical control）。

用于防治植物病害的物理防治方法及原理。①热力处理，原理是在确保种苗安全的前提下用热力直接或间接杀死、抑制病原物。②辐射处理，原理是利用一定剂量的射线（如 γ 射线、同位素等）照射带菌种子，在确保种子安全的情况下杀死病菌。③嫌气处理，原理是利用石灰水造成一个病菌嫌气的环境，迫使病菌死亡。④汰除，原理是利用风力、筛网、清水、盐水、泥水等方法将在大小、形状或密度等方面有别于健康种子的病原物及带病种子等剔出。⑤外科治疗，原理是用刀等刮去病组织，以桥接法、环剥枝干等方法减少病原物数量和病原物对植物的危害。⑥微波，原理是种苗等材料经微波照射后自身吸收能量而升温，通过热力作用杀死、钝化病原物。⑦地膜覆盖，原理是地面（黑膜最好）覆盖提高土壤温度后的热力杀死病原物。⑧高脂膜防病，原理是物理隔离使病原物难以危害植物。

2. 生石灰水浸种防治病害的原理？

当生石灰放在水中后，吸收空气中的二氧化碳，形成一层碳酸钙薄膜隔绝空气，植物材料耐低氧压能力强于病原物，使后者因窒息而死亡。

3. 常见的防治植物病害的“外科治疗”有哪些方法？

防治植物病害的“外科治疗”（surgical operation）主要针对多年生植物，常见的方法有：刀刮病组织法、桥接法、环剥枝干法等。刀刮病组织法是用刀刮去发病部位的病组织，然后涂上防治药剂；桥接法是针对病斑环绕树干的情况，采用嫁接方法将被病斑隔断的树皮连通的方法；环剥枝干法是针对植原体等从韧皮部扩展病原的病害，对树木进行主干树皮环剥一圈，从而阻止病原扩展的方法。

4. 简要说明热处理防治病害的原理和常用方法。

热处理（heat treatment）是利用植物材料与病原物耐热性的差异，选择适宜的水温和处理时间在确保植物安全的情况下杀死病原物，从而防治病害。常用方法有：干热处理法、热水处理（温汤浸种）和热蒸汽处理。

5. 物理防治和化学防治的优缺点比较？

物理防治（physical control）是一种利用物理原理去除、杀死病原物的病害防治方法，优点是环保，缺点是应用范围、规模有限，主要应用于种苗、土壤、仓储等方面的病害防治；化学防治（chemical control）则是通过化学制品杀死、抑制病原物的病害防治方法，优点是简单易行，适用范围广泛，可应用于各时期、各领域的病害防治，缺点是易对环境、作物造成各种危害。

6. 盐水或泥水浸种汰除病种子的应用范围和原理是什么？

对在大小、形状、密度等方面存在差异的病种子和健康种子，采用盐水或泥水浸种，就能将密度轻的病种子漂浮在上层，从而将病、健种子分开。

盐水或泥水浸种汰除病种子的原理是病、健种子因密度差异在适当比重的水中会因重力、浮力差不同而上下分层，从而将健康种子与病种子区分开来。

7. 什么是植物茎尖脱毒技术？

利用植物茎尖分生区（0.1～1mm 区域）不带毒的部位，采用组织培养技术从病株获得不带毒的新植株的方法，称为茎尖脱毒技术（virus-free by meristem tip culture）。

植物茎尖脱毒技术常应用于能通过无性繁殖材料传毒的植物病毒病的防治。

三、判断及改错题

1. 热处理获得无病毒植物材料的原理是热处理过程中病毒被热力所钝化而失去致病力。
   错误。
   改正：热处理获得无病毒植物材料的原理是热处理过程中植物能够抑制病毒增殖，并钝化病毒，从而获得无病毒材料。
2. 土壤热力消毒通常是利用 80～90℃蒸汽处理土壤 30～60min，能杀死除芽孢之外的所有微生物。
   错误。
   改正：土壤热力消毒通常是利用 80～90℃蒸汽处理土壤 30～60min，能杀死绝大部分病原物，芽孢和耐高温微生物能继续存活。
3. 汰除防治病害原理是利用病原物和作物种子的形态及密度等差异而采取机械、比重汰除等方法选出无病种子。
   错误。
   改正：汰除防治病害原理是利用病原物、病种子的形态及密度等与健康种子存在差异而采取机械、比重汰除等方法选出无病种子。
4. 微波照射防治病害的原理是微波产生的热辐射作用和传导作用杀死或抑制处理材料中的病原物。
   错误。
   改正：微波加热是处理材料自身吸收能量，以升温的热力作用杀死或抑制病原物。

第五部分　化学防治

【习题】

一、名词解释

1. 农药；2. 原药；3. 农药剂型；4. 亲水亲油平衡值；5. 保护性杀菌剂；6. 内吸性杀菌剂；7. 安全间隔期；8. 每日允许摄入量；9. 毒力；10. 毒性；11. 药效；12. EC_{50}；13. 药害；14. 可湿性粉剂；15. 颗粒剂；16. 乳油；17. 悬浮剂；18. 微乳剂；19. 水剂；20. 最大残留允许量

二、问答及论述题

1. 原药为什么需加工成一定的剂型后才能使用？
2. 提高分散度对农药性能有何影响？
3. 第一代内吸性杀菌剂有哪些特点？
4. 试述杀菌作用与抑菌作用的关系？
5. 浸种防治作物病害要注意哪些问题？
6. 拌种防治作物病害要注意哪些问题？

7. 土壤消毒应注意哪些问题？
8. 叶面喷施应注意哪些问题？
9. 什么是无杀菌毒性药剂？其作用特点有哪些？
10. 杀菌剂要达到化学保护有哪些途径？
11. 化学治疗包括哪几个方面？
12. 影响植物病原物抗药性群体形成的原因有哪些？
13. 为防止抗药性发生或延缓抗药性群体的形成，应如何合理使用杀菌剂？
14. 如何合理使用化学农药，减少环境污染？
15. 避免药害应考虑哪些基本原则？

【解答】

一、名词解释

1. 农药（pesticide）：农药是指用于预防、消灭或控制危害农业、林业的病、虫、草和其他有害生物，能有目的地调节植物、昆虫生长的化学合成的或来源于生物、其他天然物质的一种物质或者几种物质的混合物及其制剂。

2. 原药（technical material，TC）：由工厂合成的未经加工的高含量农药称为原药，固体的称原粉，液体的称原油。

3. 农药剂型（pesticide formulation）：农药原药经加工后具有一定形态、组成、物理特性及规格称为农药剂型。

4. 亲水亲油平衡值（hydrophile-lipophile balance，HLB）：是衡量表面活性剂性能的重要指标，范围在 0～20，值越大，则化合物亲水性越强。

5. 保护性杀菌剂（protective fungicide）：在病菌入侵前施用，可防止病原菌入侵，使作物免受病菌侵害的杀菌剂。

6. 内吸性杀菌剂（systemic fungicide）：施用后可被植物吸收并输导到植物的各个部位的杀菌剂。

7. 安全间隔期（pre-harvest interval，PHI）：最后一次施药离作物收割的间隔天数。

8. 每日允许摄入量（acceptable daily intake，ADI）：农药的每日允许摄入量是根据当前已知该药剂对动物生理及下一代影响的全部知识而制订的，在一生中每日摄入该剂量的该种农药不会有明显的毒害作用。

9. 毒力（toxicity）：农药对有害生物的毒杀作用。一般是在相对严格的条件下，用较精密的测试方法，对采用标准化饲养的试虫、菌种及杂草进行测定而得。

10. 毒性（toxicity）：农药对人、畜及其他有益生物的毒害作用。

11. 药效（effectiveness of pesticide）：农药对有害生物的防治效果，是药剂本身和多种因素综合作用的结果。多是在田间条件下或接近田间的条件下，紧密结合生产实际进行测定而得。

12. EC_{50}（median effective concentration）：有效中浓度，指对供试生物体产生 50% 效果时的药剂浓度，多应用于杀菌剂离体测定。

13. 药害（phytotoxicity）：由于药剂使用不当，抑制或破坏了植物的正常生长发育，使作物受到伤害的现象。

14. 可湿性粉剂（wettable powder，WP）：是含有原药、载体和填料、表面活性剂（润湿剂、分散剂等）、辅助剂（稳定剂、警色剂等）并可分散于水中形成稳定悬浮液的粉状制剂。

15. 颗粒剂（granule，GR）：由原药、载体和助剂制成，有效成分均匀吸附或分散在颗粒中，即附着在颗粒表面，具有一定粒径范围，可直接使用的自由流动的粒状制剂。

16. 乳油（emulsifiable concentrate，EC）：是由农药原药按规定的比例溶解在有机溶剂中，再加入一定量的农药专用乳化剂制成的均相透明的油状液体制剂，加水能形成相对稳定的乳状液。

17. 悬浮剂（suspension concentrate，SC）：是指以水为分散介质，经加工后使非水溶性的固体有效成分与相关助剂在水中形成高分散度的黏稠悬浮液制剂，用水稀释后使用。

18. 微乳剂（micro-emulsion，ME）：透明或半透明的均一液体，用水稀释成微乳状液体的制剂，是一个自发形成的热力学稳定的分散体系。

19. 水剂（aqueous solution，AS）：由有效成分及助剂加工而成的水溶液制剂。

20. 最大残留允许量（maximum residue limit，MRL）：是指按适宜的施药方法规定的供消费食品中可允许的农药残留量。

二、问答及论述题

1. 原药为什么需加工成一定的剂型后才能使用？

现有农药原药多为有机合成物，大多数不溶或难溶于水且不能直接兑水使用；由于原药往往呈块状或油状不能直接作为粉剂使用，加之单位面积上原药用量甚少，不加工难以大面积均匀撒布，因此原药必须进行加工，在改善了其物理性状，提高了其分散性后方可使用。除了上述原因以外，为了增加药剂的湿展、黏着、渗透能力、存储稳定性等性能；为了使用安全方便、省工省力、延长持效期等目的，农药原药也必须加工成一定的剂型。

2. 提高分散度对农药性能有何影响？

首先，提高分散度可以增加药剂的覆盖面积，药剂覆盖面积的增加，意味着它与病虫接触机会增多，尤其是保护性杀菌剂，只有达到相当大的覆盖程度才能获得对作物的有效保护。其次，提高分散度可以增强药剂颗粒在处理表面上的附着性。药剂颗粒在处理表面上的附着受许多因素影响，其中颗粒的大小和重量是一个重要因素。若颗粒重量大于它在受药表面的吸附力时，则易于从该表面上滚落，所以适当提高药剂的分散度，有利于提高药剂的沉积量。提高分散度也会影响农药颗粒的运动性能。药剂被喷出后，颗粒的运动性能受分散度的影响，粗的颗粒由于重力较大，会很快沉降，对靶性强，但不易喷洒均匀。而较细的颗粒重力小，在空气的浮力作用下能在空间作水平方向地运动，散布较为均匀。颗粒极细，当直径小于 2μm 时，具有明显的“布朗氏”运动，扩散能力强，不但可沉积到物体上表面，而且可沉积到其侧面及下表面，但由于沉降速度慢，易被气流带走，且不易被处理表面捕捉。理想的分散度应既不妨碍颗粒在表面上有足够的沉积，又不至于严重妨碍药剂在表面上的附着性。提高分散度会提高药剂颗粒表面能，这往往能提高药剂的初效作用，而不利于其残效作用。提高分散度也有利于提高悬浮液的悬浮率及乳液的稳定性。

3. 第一代内吸性杀菌剂有哪些特点?

一般把1977年以前商品化的内吸杀菌剂称为第一代内吸杀菌剂，主要包括有机磷制剂，羧酸替苯胺类（萎锈灵）、苯并咪唑类（苯来特）、羟基嘧啶类（甲菌定、乙菌定）、哌嗪类、吗啉类（十三吗啉）等。这些杀菌剂有以下特点：植物吸收后都通过木质部运转，即从下至上的单向输导，药剂主要分布在有蒸腾作用的器官。药剂在木本植物移动性较草本植物差，因此，这些内吸杀菌剂多用于防治禾谷类病害。对鞭毛菌引致的病害防效差。病原菌易对其产生抗性。

4. 试述杀菌作用与抑菌作用的关系?

杀菌作用与抑菌作用是杀菌剂最常见的作用方式。从病菌的中毒表现来看，杀菌作用主要表现为孢子不能萌发，抑菌作用则表现为孢子萌发后的芽管或菌丝体不能继续生长。从菌体内代谢的变化来看，起杀菌作用的杀菌剂主要是影响菌体内生物氧化作用，起抑菌作用的杀菌剂主要是影响菌体内的生物合成。从药剂的种类上来看，有机硫类及重金属类等保护性杀菌剂往往表现为杀菌作用，而内吸性杀菌剂往往表现为抑菌作用，但二者不能截然分开，一种杀菌剂表现为抑菌作用或杀菌作用往往与使用浓度和作用时间有关。

5. 浸种防治作物病害要注意哪些问题?

浸种法所使用的药液必须是溶液或乳液，不能使用悬浮液，药液浓度、浸种时间是关键，对药害和药效都有重要影响，浸药量一般以盖过种子5～10cm为宜，干种子药液应多一些，一般浸种后不能堆放，要晾干后才能播种。

6. 拌种防治作物病害要注意哪些问题?

拌种的药剂应是粉状的，而且必须很干燥，不然会使拌种不均匀，而且易产生药害。一般拌种药剂量是种子重量的0.2%～0.5%，拌种时种子与药粉应分批加入，为了延长药剂的作用时间，可在播前数月甚至一年拌种，一般拌种药效比浸种低，药剂进入种子内部的渗透力也较差，拌种最好使用拌种药剂。拌种药剂一般要求有较好的内吸性及较长的持效期。

7. 土壤消毒应注意哪些问题?

土壤是许多病原菌栖居的场所，是许多病害初次侵染的来源。用化学药剂消毒土壤防病时，除根据病害种类选择适宜的药剂外，还应该考虑如何使药剂在土壤中能均匀分布，也就是药剂在土中浸透或扩散的问题。一般来说，蒸汽压较大的药剂在土中易于扩散，所以对蒸汽压较低的药剂，在施药过程中或施药后应加以机械混合，使其均匀分散。不同的土壤种类和结构，由于吸附性能的不同，对药剂的扩散有很大影响。黏土中含水量大，可直接影响气体药剂的扩散，并因土粒不易打碎而影响药剂的均匀性。含有机质过多的土壤，由于吸附性太强而使药剂分布不均匀。在土壤中施药后，药剂的气体向各个方向扩散，一般向上扩散比向下快，因此，有时药剂仅存在于通气性强的土壤表层，深层土壤永远达不到足以杀菌的浓度，为了避免这种现象，可以在施药后再在土面上加覆盖物或灌入高出土面约3cm的水层。

土壤消毒有候种期问题的存在，所谓候种期是土壤用药后与种植之间的间隔期。没有这种候种期，种下的种子或作物很容易受药害。间隔期长短根据不同药剂、土壤种类、土壤温度、种苗对药剂的敏感性和气候条件而定，一般 2～4 周。

8. 叶面喷施应注意哪些问题？

（1）药剂的种类和使用浓度。植物病害的防治首先应根据作物和病害考虑要选用的药剂种类，同一种病害在不同作物上发生，有时不能使用同一种药剂，如铜制剂对霜霉病效果好，但却不宜用来防治白菜霜霉病，施药浓度一般在作物敏感时期（如春芽萌动期）应较低，乳剂可比可湿性粉剂低。

（2）喷药时期和重复施药次数。杀菌剂与杀虫剂不同，往往不是喷一次药即可见效。防治一种病害的喷药时期和重复施药次数应根据作物生长规律和病害的发生发展规律来决定，如果预测预报搞得好，最好在病害快要发生时施药，但目前大多是在病害初发时喷药。尽早施药对一些发展很快的病害来说很重要，而对发展缓慢的病害（如花生叶斑病），可以在病害发生后有发展趋势时喷药，还可根据作物生长期（作物生长期往往与病害发生发展关系密切）决定，如瓜类、豆类白粉病多在作物开花时发生，水稻分蘖期易发生稻瘟病。

（3）注意病菌抗药性问题。应避免大面积长期使用单一药剂品种，特别是易引起抗性的品种。不管是保护性杀菌剂还是内吸性杀菌剂施药都要求均匀周到。

9. 什么是无杀菌毒性药剂？其作用特点有哪些？

无杀菌毒性药剂是指药剂喷到植物上，在能起到防病效果的浓度下，对病菌本身无毒性或几乎无毒。

这类药剂的作用：可以直接作用于病菌，影响病菌的致病能力，使其不能侵入植物或不能在植物组织内定殖，不能发展形成病害；或通过干扰病原菌致病的关键致病因素（如真菌毒素和酶的活性）达到削弱病原菌的致病能力；也可以影响病原菌和植物间的反应，使植物提高抗病能力。

10. 杀菌剂要达到化学保护有哪些途径？

化学保护作用（protective action）是指病原菌侵入寄主植物之前用药把病菌杀死或阻止其侵入，使植物避免受害而得到保护。杀菌剂要达到化学保护有两个途径。①按接种体来源施药。接种体来源包括病菌越冬越夏场所、中间寄主、带菌土壤、带菌种子、繁殖材料和田间发病中心。②在可能被侵染的植物表面或农产品表面施药。对大多数气流传播的叶部病害，这是最有效的化学保护途径。施药使植物表面形成一层均匀的药膜，病菌孢子不能萌发侵入。此外，用杀菌剂喷洒或浸蘸农产品，防止果品、蔬菜储运期间病害的发生，这也是一种化学保护。

11. 化学治疗包括哪几个方面？

化学治疗作用（chemotherapy）是在作物感病后施用杀菌剂达到防病效果的作用，包括以下几方面。

（1）局部化学治疗。这是果树、林木树皮腐烂病害常用的“外科治疗”方法。把腐烂部分用刀刮去，伤口用 1∶1000 汞液消毒，再涂以保护剂或防水剂，以免再受侵染。涂保护剂或防水剂时，切不可将形成层盖住，以利伤口愈伤组织的形成。

（2）表面化学治疗。有少数病菌主要是附着在植物表面（如白粉病菌），或在植物角质层与表皮之间活动，如苹果黑星病菌，前者可使用石硫合剂或喷撒硫黄粉，把表面病菌杀死；后者可使用渗透性较强的杀菌剂。表面化学治疗剂不一定具有内吸性能。

（3）内部化学治疗。化学治疗严格地说属于这一类型，即药剂能进入已感病的植物体内，使病害得到控制。典型的化学治疗剂必须具有内吸活性，并有两种可能的作用：一是药剂对病菌的直接毒杀作用、抑制作用或影响病菌的致病过程；二是药剂影响植物代谢，改变植物对病菌的反应以减轻或阻止病害的发生，亦即提高植物对病菌的抵抗力。

12. 影响植物病原物抗药性群体形成的原因有哪些？

植物病原物抗药性（resistance）是指本来对农药敏感的野生型植物病原物，由于遗传变异而对药剂出现敏感性下降的现象。影响病原物抗药性群体形成的原因主要包括以下几方面。

（1）病原菌群体中潜在的抗药性基因。病原菌抗性基因频率对病原菌抗性的形成与发展远不如在害虫抗药性中那样重要，虽然从理论上讲，原始抗性基因频率高就越易产生抗性，但实际情况并非如此。

（2）抗药性遗传特征。病原菌对杀菌剂抗药性遗传主要表现为质量遗传和数量遗传两种类型。表现为质量遗传的抗性水平往往很高，在抗性个体所占比例极低时药效很好，但当所占比例在1%～10%时再用药几次就会导致药剂的突然失效，停止用药后也不易降低抗性水平。表现为数量遗传的抗性，随着选择压加大抗性基因不断增加，停止用药后抗性水平易下降。

（3）药剂作用机制。病原菌对单一作用位点的药剂更易产生抗药性。

（4）适合度。抗性病原菌适合度高低对能否形成抗性群体有重要影响。适合度低不易形成抗性群体，即使在高压下形成，但当降低选择压后，抗性水平就会下降；适合度高则易形成抗性群体。

（5）病害循环。病原菌产孢量大而快，易通过风、水传播，易在田间形成抗性，如灰霉菌、白粉菌、青霉菌。而地下部分病害病菌如立枯、根腐则难于产生抗性。侵染周期短、再侵染循环快的病菌易产生抗性。

（6）农业栽培措施和气候条件。凡有利于病害发生和发展的作物栽培措施和气候条件均易形成病原抗性群体，如过量施用氮肥、较高的温度与湿度。

13. 为防止抗药性发生或延缓抗药性群体的形成，应如何合理使用杀菌剂？

病原微生物在自然界存在的数量大、繁殖快，在药剂选择压力下，易形成抗药性群体；为了防止抗药性发生或延缓抗药群体的形成，应尽量使用最低有效剂量，在病害发生和流行的关键时期用药，尽量减少用药次数，以化学保护代替化学治疗，避免以土壤或种子处理的方法防治叶面病害，降低选择压力；避免在较大范围内使用同种或同类药剂；采用不同作用机制，尤其是具有负交互抗性的杀菌剂混用或交替使用，如保护性杀菌剂与内吸性杀菌剂的复配，但应避免抗药性风险高的药剂混用或轮用，防止多重抗药性发生；在抗性发生严重的地区回收药剂，停止用药。

14. 如何合理使用化学农药，减少环境污染？

合理用药的主要措施有以下几种。

（1）有的放矢使用农药，不但要做到对症下药，而且要掌握用药的关键时期，严格按照安全间隔期等规定进行施药。

（2）注意用药的浓度与用量，掌握正确的施药量。

（3）改进农药性能，提高药效，降低用量。

（4）合理混用农药。

（5）发展高效低毒、低残留的农药品种。

15. 避免药害应考虑哪些基本原则?

避免药害有以下几个基本原则。

（1）选用对口农药。不同种类的药剂对不同的植物表现的药害差异极大，一般来说，无机农药比有机农药更易产生药害，除草剂比杀菌剂易产生药害，杀菌剂比杀虫剂易产生药害。施用的农药除对防治对象要有较好的效果外，还要求对作物安全无害，不可使用对作物较敏感的农药，如在高粱田中不可使用敌敌畏。

（2）配准农药剂量或浓度。确定用药剂量的标准，一要看对防治对象的有效性；二要看对作物的安全性；三要看农药有效成分含量；四要看施药的环境条件。

（3）掌握施药适期。在作物具抗性时期内，选择对防治对象较适宜的阶段用药，也是避免产生药害的一个方面。例如，在水稻秧田用禾大壮除稗草时，宜在3叶期进行，若在1叶期施药，秧苗易受药害。

（4）采用恰当的施药方法。①根据农药性能及对作物的敏感性来确定施药方法。例如，稻田施用恶草灵不宜喷雾，否则水稻易产生药害，可采用甩施，利用恶草灵的扩散性，收到较好的防治效果。②根据农药剂型确定相适应的施药方法。例如，水剂、乳油、可湿性粉剂一般适宜于喷雾，粉剂、颗粒剂适用于拌种或撒施。③根据天气状况灵活运用相适宜的施药方法。例如，在大风天，对一些广谱性除草剂不宜喷雾，可采用涂抹法，若要喷洒，必须加大雾滴直径，喷头配置防护罩，确保雾滴不漂移，避免引起作物药害。④注意施药质量。产生药害与否，与施药质量有较大关系，要提高施药质量，第一要做到土地平整，在施用除草剂时，若水田高低不平，往往在低洼处产生药害。第二配制农药要搅拌均匀，如拌土，要把农药与其充分拌匀再施用；对乳剂，分层、沉淀的农药不应施用，以免产生药害。第三喷洒要均匀，在喷雾时要选用恰当的雾滴直径，防止重喷，撒施时要采用少土多撒的方法，做到施药均匀。

（5）抓好药后避害措施。①彻底清洗喷雾器。有些药害是由于没有做好安全管理所致，在施用除草剂后，不清洗喷雾器又投入敏感作物的病虫害防治，往往引起作物药害。②妥善处理喷雾余液。施药完毕后，剩余药液不可随地乱倒，以免产生药害，要倒在远离敏感作物的合适场所。

第六部分　生 物 防 治

【习题】

一、名词解释

1. 生物防治；2. 重寄生作用；3. 交互保护；4. 捕食作用；5. 共栖；6. 抗菌作用；

7. 中立；8. 溶菌作用；9. 竞争作用；10. 拮抗；11. 拮抗菌；12. 共生；13. 偏生；14. 寄生；15. 协生作用；16. 吞噬；17. 生物演替

二、问答及论述题

1. 什么是生物防治？生物防治有些什么技术措施？
2. 试分析植物病害生物防治存在哪些优缺点？
3. 一个好的生物防治菌株应该具备什么特点？
4. 为什么生物防治的效果不如化学药剂的防治效果稳定？
5. 生物防治常有哪些可能机制？各种机制是如何发挥作用的？
6. 如何延长微生物制剂的货架期？
7. 生物技术革命对植物病害生物防治有什么意义？
8. 谈谈我国生物防治的研究开发现状及发展方向。
9. 简述分子生物学技术在植物病害生物防治上的应用前景。

【解答】

一、名词解释

1. 生物防治（biological control，biocontrol）：从广义理解是指利用除人以外的所有有益生物或其他生物来抑制或消灭有害生物的一种防治方法。在植物病理上主要是指狭义生物防治，即利用有益的微生物对病原物的各种不利作用，来减少病原物的数量和削弱其致病性。有益微生物还能诱导或增强植物抗病性，通过改变植物与病原物的相互关系，抑制病害发生。

2. 重寄生作用（hyperparasitism）：是指一种病原物被另一种非病原物寄生。这些寄生物可以是真菌，也可以是细菌或放线菌，甚至病毒。

3. 交互保护（cross protection）：是用预先接种一种微生物的方法，保护植物不受或少受后接种的病原物侵染和危害。这一现象最早是在植物病毒中发现的，现成为测定病毒毒株亲缘关系的一种方法。交互保护可发生在同种真菌或细菌的不同菌株间、同种病毒的不同株系之间，也可发生在不同种甚至不同类的病毒间。

4. 捕食作用（predation）：在植物病害生物防治中，捕食作用主要是指在土壤中的一些原生动物和线虫可以捕食真菌的菌丝和孢子以及细菌等，从而影响土壤中真菌的种群密度。

5. 共栖（commensalism）：是指两种微生物共同生长时，一方受益而另一方不受任何影响的单利共生关系。例如，兼性厌氧菌在生活过程中消耗氧，为专性厌氧菌的生长提供了良好的生活环境，后者从前者受益，而前者则不受任何有害影响。

6. 抗菌作用（antibiosis）：是拮抗生物通过其代谢产物来影响病原物的生存活动，这种代谢产物称为抗菌物质或抗生素。

7. 中立（neutralism）：指两种或两种以上微生物处于同一环境时，相互间不产生任何影响。常见于营养要求不同的微生物，如动物上呼吸道的正常菌群。

8. 溶菌作用（bacteriolysis）：是指由另一种不同生物所产生的酶的作用引起的溶菌。溶菌现象的发生可直接导致病原物细胞组织破坏。

9. 竞争作用（competition）：是指两种或两种以上微生物共同生存时，为获得能源、空间或有限的生长因子而发生的争取现象。竞争的双方都受到不利的影响。竞争的结果，一种是竞争排斥，一方战胜另一方，失利者被排斥出这个环境；另一种是和平共处，即在竞争过程中使双方及时分离，如昼夜交替和季节变化为竞争双方和平共处创造了条件。

10. 拮抗（antagonism）：两种或两种以上微生物共同生长时，使双方或一方受害的现象。双方受害叫竞争，一方受害叫偏生。

11. 拮抗菌（antagonist）：对某一微生物菌株的生长或繁殖具有抑制作用的菌株。

12. 共生（symbiosis）：是植物与微生物共同生活，紧密联系，形成了双方都可以得到好处的互利关系。

13. 偏生（amensalism）：是指两种微生物共同生长时，一方产生毒害或抑制对方生长的物质，使对方受害或生长受到抑制，而其本身不受影响或受益。例如，某些放线菌、真菌等产生的抗生素，能抑制或杀死其他微生物如细菌。另外，某些微生物在代谢过程中产生一些低分子的有机物（脂肪酸和乙醇等）或使环境中的某些微量物质浓度改变，从而影响其他微生物的生长。

14. 寄生（parasitism）：是一种生物依赖另一种生物提供营养物质的生活方式，提供营养物质的一方称为寄主，攫取营养的一方称为寄生物。

15. 协生作用（互生作用，synergism）：指两种或两种以上微生物共同生存时可互相受益的关系。互生关系，有的是专性关系，任何一方都不能由其他微生物所取代，使其成为一个整体而共同生活，这种互生称为助生（mutualism），由海藻、蓝绿菌和真菌形成的地衣是最典型的例子；有的也并非固定关系，即互生双方在自然界均可单独存在，共生时又可使对方受益。互生双方可为对方提供营养物质和生长因子或生存条件。互生关系还表现在共同排除有毒产物，以产生可利用的物质。

16. 吞噬（devour）：是指一种较大型的微生物吞入并消化另一种小型微生物以满足其营养需要的相互关系。前者称吞噬者，后者称牺牲者。原生动物吞食细菌和藻类的现象就体现了这种关系。

17. 生物演替（biotic succession）：在水平方向上，不同地段的生物种类分布有差异，随着时间的推移，一个生物群落被另一个生物群落代替的过程，就叫做生物演替。

二、问答及论述题

1. 什么是生物防治？生物防治有些什么技术措施？

生物防治（biological control）是利用生物或其代谢产物防治病虫害的方法。研究利用有益生物及其产物来控制农作物有害生物的发生及危害的措施叫做生物防治。

传统的生物防治是指利用或引进一种无害生物及其代谢产物以控制有害生物。广义的植物病虫害生物防治指利用除人以外的各种生物因素、生物有机体或其天然代谢产物来控制病虫害。

生物防治的主要方法有：利用天敌防治，利用作物对病虫害的抗性防治，利用耕作方法防治，利用不育昆虫和遗传方法防治，利用拮抗菌防治等。

2. 试分析植物病害生物防治存在哪些优缺点？

生物防治的优点：对环境污染小，对人畜相对安全，能有效地保护天敌，发挥持续控灾作用。

生物防治的缺点：第一，多数为预防作用好于治疗作用，对目标杀灭效果比化学药剂差，防治上有滞后现象，即在病害的高发期不能迅速达到防治的目的；第二，防治效果没有化学杀菌剂稳定，主要表现在不能较长期储藏和对应用条件有特定的需求；第三，生物防治有时不太稳定，在一地效果好，在另一地可能效果较差。

3. 一个好的生物防治菌株应该具备什么特点？

一个好的生物防治菌株应当具备以下特点。

(1) 抑菌谱广，能够抑制多种病原菌的生长和繁殖。

(2) 定殖能力强。强定殖能力菌株可以在田间形成足够数量的生物群体，解决因群体数量不足而引起的防效不理想或重复施药增加成本的问题。

(3) 具有一定的抗药性。对化学农药具有一定抗药性的生防菌，可以在与化学农药轮用、混用的条件下保证种群数量，达到良好的防治效果。

(4) 具有良好的稳定性。良好的稳定性可以保证生防菌株在田间应用时不会因温度、湿度、土壤 pH 等外界因素而影响防效，能够经受一定强度的太阳光中紫外线的照射。

(5) 便于工厂化生产、运输、储藏，方便使用，易于大面积推广。

4. 为什么生物防治的效果不如化学药剂的防治效果稳定？

(1) 生物防治实质上是生物间在自然界中的平衡作用。因此，生态环境中的各种因素都可能影响生物农药的防治效果。由于天敌微生物对其寄主存在跟随现象，故防治效果没有农药那样迅速。

(2) 生物农药田间药效不如化学农药快，使用次数较多，如果使用技术不规范，也容易造成田间效果不稳定。由于农民长期习惯使用化学农药，对生物农药的优点和可持续控制作用缺乏感性认识，加上生物农药的毒性低、药效相对慢等特点，农民对生物农药的优越性认识不足，直接影响到生物农药的推广应用。

(3) 生物制剂的生产不及化学农药那样易于成批生产，成批生产的质量也不及化学农药那样较易控制。生防制剂的生产是一个生物发酵的过程，发酵过程中条件的控制会直接影响发酵产品的质量与品质，从而对田间防效产生直接性的影响。

(4) 生物制剂的使用和效果不及化学农药简便。生物制剂良好药效的发挥要考虑土壤、气温、降雨、定殖能力等因素，而化学防治则直接考虑农药对病害虫的杀害能力，受其他因素的影响较小。

5. 生物防治常有哪些可能机制？各种机制是如何发挥作用的？

生物防治的一般机制有以下几种。

(1) 溶菌现象。一般是指微生物间因抗生作用、竞争以及直接的寄生或酶解等引起受害者细胞壁溶解，将其细胞质释放到环境中，为其他微生物所消耗的现象。溶菌现象的发生可导致病原物细胞组织破坏。

(2) 抑菌现象。指真菌的孢子在土壤中温湿度适宜的条件下不能萌发，或者萌发后的芽管和菌丝的进一步生长受阻。

(3) 重寄生现象。一种寄生物被另一种生物寄生的现象。重寄生的一般过程是其菌丝首先与靶标病原菌平行生长，然后卷曲缠绕在病原菌菌丝上，并产生吸器侵入菌丝细胞内，最后使菌丝被溶解并变得透明。

(4) 交互保护作用。交互保护一般是指同一病原物的不同致病力株系中弱致病株系先侵入寄主体内，使后侵入的强致病株系削弱，从而使寄主植物得到保护。

(5) 诱导抗性。指一种微生物或其产物施用后，提高了作物的抗病性，从而减轻了病害的现象。

6. 如何延长微生物制剂的货架期？

微生物制剂实质上就是一种微生物农药，是未来农药重要的发展方向。既然是一种农药，就离不开原药（微生物有机体或其代谢活性物质）、剂型、助剂以及填充剂等成分。同时微生物制剂大多数是在工厂化的生产条件下获取的，这又牵涉发酵条件这一环节。

发酵，一般分为固体发酵和液体发酵。相比较而言，液体发酵所生产出的产品由于控制比较严格，受污染的概率比固体发酵要小，同时效果也较后者稳定。

剂型，对微生物制剂货架期也有极大的影响。在设计剂型时，要考虑微生物自身生活习性，又要结合其在自然环境中的消长及作用靶标的特性。例如，单位重量的粉剂、颗粒剂、片剂等所含的微生物个体数可能不及乳油、悬浮剂、油剂和水剂，同时粉剂在大田使用时逸散现象十分严重，控制不好可能会威胁其他作物的正常生长和发育；乳油剂型中大多数添加有以芳香族化合物为代表的有机物作为溶剂或助剂，这类物质往往会对微生物的正常生理代谢产生不良的影响，长时间搁置，有可能会出现分层现象，降低活体的数量，从而间接导致防治效果剧减，缩短微生物制剂的货架期，同时在环境中难以降解，容易造成环境污染。现在的发展方向主要是采用水型或油型制剂，除单位体积含有微生物个体数较多外，还考虑环保因素以及其更能适应以后的以飞机或机动式大喷雾机的施药方式。但是目前水剂存在效果不够稳定的问题，有时防治效果不及乳油。一般在设计水剂时，应根据微生物自身特性，及时添加少量助剂或增效剂。

助剂，必须在适当长的时间内保持自身理化性质的稳定，不能失效或变质。同时在添加时，又要考虑微生物制剂包装设计体积以及运输等需要。体积过大或有剧毒、易燃易爆等特性的物质显然是不能作为助剂的。如果能够使微生物暂时失活，进入休眠期，大大延长货架期；在使用时，又能够快速地激活菌体，帮助微生物在作物组织上附着定殖，这样的助剂当然是比较理想的。

此外，出厂条件、温度、光照等条件也会影响其货架期。

总之，要延长微生物制剂货架期，要考虑多方面的综合因素。

7. 生物技术革命对植物病害生物防治有什么意义？

生物技术革命在植物病害生物防治中具有重要的意义。DNA 体外重组技术——基因工程技术的出现，引发了生物技术领域新的革命，是 20 世纪科学技术最具革命性的成就之一。基因工程技术在农业生产中具有非常广阔的应用前景。尤其是利用基因工程技术提高生物防治菌的拮抗性能，扩大其防治对象对植物病害生物防治具有重要意义，已经成为当今生防研究领域的热点，并且已经取得了突破性的进展。现今利用基因工程技术对生物防治菌进行的遗传改良包括以下几个方面。①导入外源拮抗基因，增强其拮抗活性。例如，在生物防治枯草芽孢杆菌中导入病原真菌细胞壁降解酶基因，并实现分泌表达，使基因工程菌株在不丧失原有拮抗性能的情况下获得裂解病原菌丝的能力，提高了生物防治效果。或者在生物防治枯草芽孢杆菌中导入与拮抗物质合成和分泌相关的基因，使生物防治菌株获得分泌新的抗生素的能力，可提高抑制病原菌生长或杀灭效果。②提高抗生素表达量，提高拮抗性能。抗生素对微生物生物防治效果具有重要贡献，因此对抗生素合成操纵子进行遗传操作是增强生物防治微生物拮抗活性的有效途径。另外，生产抗生素的微生物都具有相对应的免疫机制，防止自身分泌抗生素的拮抗作用，提高其免疫能力是提高抗生素分泌量的重要途径之一。③结构基因突变重组合成新型抗生素。例如，根据枯草芽孢杆菌抗生素结构和功能的对应关系，采用基因重组技术构建基因工程菌能够合成化学结构更稳定、抗菌谱加宽、克服病原菌抗性的新型抗生素。④扩大防治对象。我们可以将某一抗虫生物防治菌中编码杀虫蛋白的基因导入另一控病生物防治菌株中，从而构建病虫兼治的基因工程菌。例如，将枯草芽孢杆菌和苏云金芽孢杆菌进行细胞融合可获得具有抑菌杀虫作用的融合子。总之，利用基因工程手段构建集多种生防菌优点于一体的工程菌对植物病害的生物防治具有很重要的意义，它已经成为现今生物防治领域研究的热点。

8. 谈谈我国生物防治的研究开发现状及发展方向。

在生物防治方面，人类从自然界分离筛选出大量微生物（主要是链霉菌，还有真菌类的青霉菌等），以发酵抽提的方法提取它们的活性成分，用来防治引起作物病害的真菌、细菌、线虫，可收到显著的效果。例如，井冈霉素是一种链霉菌的产物，对稻、麦、玉米的纹枯病有特效。此外，近年来研制的阿维菌素（阿维链霉菌的产物）控制叶螨类和斑潜蝇类有特效，对另一些害虫及家畜寄生虫也具有良好的效果。在利用工程微生物治病方面，如有的研究者用转座子 Tn（一种可在细菌基因组内移动的 DNA 片段）诱变小麦主要内生菌荧光假单孢杆菌，从中选出高活力的菌株“荧光 93”，用来喷洒小麦幼苗，对小麦全蚀病（一种很难防治的真菌性基腐病害）有很好的防病增产作用。还有的研究者将 Bt（苏云金杆菌）内毒素基因转化到经过诱变成为能够控制水稻纹枯病菌的枯草杆菌 B916 中，初步构建成能够兼治水稻螟虫和纹枯病的转外源基因工程菌，室内试验证明，具有良好的应用前景。

在防治害虫方面有效的微生物包括细菌（如苏云金杆菌、金龟子芽孢杆菌等）、真菌（如白僵菌、绿僵菌、蚜霉菌等）、病毒（如核多角体病毒、颗粒体病毒、质型多角体病毒等）、昆虫病原线虫（如斯氏线虫、异小杆线虫等）、微孢子虫（如蝗虫微孢子虫等），各类微生物引起害虫生病需要一定的环境条件，在条件适宜时常引起昆虫疾病流行，使害虫大批死亡。

利用基因工程技术提高生物防治菌的拮抗性能，扩大其防治对象对植物病害生物防治具有重要意义，已经成为当今生防研究领域的热点，并且已经取得了突破性的进展。现今利用基因工程技术对生物防治菌进行的遗传改良包括：①导入外源拮抗基因，增强其拮抗活性；②提高抗生素表达量，提高拮抗性能；③结构基因突变重组合成新型抗生素；④扩大防治对象。

9. 简述分子生物学技术在植物病害生物防治上的应用前景。

分子生物学是从生物化学发展而来的一门学科，从分子水平阐述生命现象和生物学规律。而分子生物学与植物病理学组成了一个新的学科——分子植物病理学，它应用分子生物学理论和 DNA 重组技术，研究植物病害的发生机制，阐明病程中寄主——病原物相互作用的分子基础，寄主、病原物与病程相关的基因及其结构、表达和调控机制。其在病害的生物防治上主要表现在以下几个方面。

植物抗病基因工程（plant disease resistance engineering）：包括植物抗病毒、真菌、细菌基因工程。在植物病毒方面，利用生物技术，将编码植物病毒的外壳蛋白基因导入植物细胞中，并获得转基因植株。这些植株叶片细胞中有病毒外壳蛋白的积累，能够抑制侵染病毒的复制，从而减轻病毒的症状，或推迟病害的发生时间，从而保护了植物。同样在真菌、细菌的植物病害中，利用生物技术生产培育了很多抗病植物，从而减轻了病害的发生。

工程菌的改造（construction of engineered microorganism）：利用生物技术，对某些生物防治菌株进行改造，对其具有抗病功能的目的基因进行鉴定和克隆、加工、重组、转化，从而使其抑菌谱加宽、抑菌能力增强等。

内生菌的应用（endophyte application）：许多学者认为，内生细菌是植物病害生物防治的天然资源菌，具有广阔的理论研究价值和开发应用前景，已在生物防治细菌性病害、真菌性病害和线虫病害方面发挥了巨大的作用。利用生物技术，可以将其抗病基因转入植物中，产生抗病性植株。

蛋白质纯化技术（protein purification technology）：随着分子生物学等研究的不断深入，人们意识到仅仅依靠基因组学的系列分析来试图阐明生物防治菌的抗病机制是远远不够的，只有从蛋白质组学的角度对所有蛋白质的总和进行研究，才能更科学地掌握其规律，而研究蛋白质的首要步骤就是分离纯化蛋白质。常用的技术有：凝胶过滤色谱、离子交换色谱、亲和色谱、共价色谱、电泳技术等。

发酵工程（zymolysis engineering，fermentation engineering）：发酵工程是指采用现代工程技术手段，利用微生物的某些特定功能，为人类生产有用的产品。在生物防治方面，发酵工程的内容包括菌种的选育、培养基的配制、灭菌、扩大培养和接种、发酵过程和产品的分离提纯等方面。

酶工程技术（enzyme engineering technology）：在生物防治方面，构建具有抗病功能的工程菌，应用基因重组技术将生物细胞中存在的极少的具有催化某一生化反应的酶通过基因扩增和增强表达，建立高效表达特定酶制剂的基因工程菌或基因工程细胞，并进一步将其构建成固定化工程菌或固定化工程细胞。

综上所述，分子生物学的发展带动了植物病理学的发展，在植物病害的防治上具有很好的应用前景。

第七部分　生物多样性控制植物病害

【习题】

一、名称解释

1. 生物多样性；2. 农业生物多样性；3. 遗传多样性；4. 物种多样性；5. 生态系统多样性

二、问答及论述题

1. 试述生物多样性的组成。
2. 简述农业生物多样性的组成。
3. 试述农业生物多样性控制植物病害的原理。
4. 试从寄主对病原菌的定向选择和稳定化选择的角度分析为什么应用生物多样性能够持续控制植物病害?
5. 为什么说利用生物多样性防治病害不是原始农业的简单回归?
6. 简述生物多样性控制病害的发展趋势。

【解答】

一、名词解释

1. 生物多样性（biodiversity）：生物多样性是指所有来源的活的生物体中的变异性，这些来源包括陆地、海洋和其他水生生态系统及其所构成的生态综合体；包括物种内、物种间和生态系统的多样性，是一个地区内基因、物种和生态系统的总和。也指地球上所有生物（动物、植物、微生物等），它们所包含的基因以及由这些生物与环境相互作用所构成的生态系统的多样化程度。由遗传多样性、物种多样性、生态系统多样性组成。

2. 农业生物多样性（agrobiodiversity）：农业生物多样性是以自然生物多样性为基础，以人类的生存和发展为动力而形成的人与自然相互作用的多样性系统。与自然生物多样性相对应，分为品种多样性、物种多样性、生态系统多样性和资源管理类型多样性。

3. 遗传多样性（genetic diversity）：遗传多样性是生物多样性的重要组成部分。广义的遗传多样性是指地球上生物所携带的各种遗传信息的总和。狭义的遗传多样性主要是指生物种内基因的变化，包括种内显著不同的种群之间以及同一种群内的遗传变异。

4. 物种多样性（species diversity）：物种多样性是指地球上动物、植物、微生物等生物种类的丰富程度。物种多样性包括两个方面：其一，是指一定区域内的物种丰富程度，可称为区域物种多样性；其二，是指生态学方面物种分布的均匀程度，可称为生态多样性或群落物种多样性。

5. 生态系统多样性（ecosystem diversity）：生态系统的多样性主要是指地球上生态系统组成、功能的多样性以及各种生态过程的多样性，包括生境的多样性、生物群落和生态过程的多样化等多个方面。其中，生境的多样性是生态系统多样性形成的基础，生物群落的多样化可以反映生态系统类型的多样性。

二、问答及论述题

1. 试述生物多样性的组成。

生物多样性由遗传多样性、物种多样性、生态系统多样性构成。

2. 简述农业生物多样性的组成。

与自然生物多样性相对应农业生物多样性，分为品种多样性、物种多样性、生态系统多样性和资源管理类型多样性。

3. 试述农业生物多样性控制植物病害的原理。

农业生物多样性控制植物病害的原理包括：①遗传异质作用；②农田微生态作用；③栽培方式与群体结构比例；④病菌稀释效应；⑤物理阻隔作用；⑥根系相互作用；⑦其他重要原理：寄主与病菌协同进化作用、作物与作物之间相互作用、作物与病虫害间化学信息、农田生物多样性综合作用。

4. 试从寄主对病原菌的定向选择和稳定化选择的角度分析为什么应用生物多样性能够持续控制植物病害？

①寄主与病原菌的协同进化：寄主对病原菌的定向选择；②植物与病原菌互作研究的遗传学原理和分子基础：品种内和物种间的遗传异质作用；③病原菌群体遗传结构及消长动态：品种和物种的群体遗传多样性对病菌的稳定化选择，引起病原菌群体遗传的多样性；④病原菌群体遗传多样性诱导寄主抗病性。

5. 为什么说利用生物多样性防治病害不是原始农业的简单回归？

利用生物多样性防治病害是作物生产中对光、温、水、肥以及对作物生长空间的科学利用，是一种能动、自主的认识，也是人类从占有性的片面生存观上升到注重生存意义与生命质量，强调人、社会、经济、自然的全面协调。多样的物种之间相互依存和制约形成一种缓冲和调节的兼容机制，使系统的生产力也随之提高，并有利于提高系统的抗病、抗虫能力。形成物种多样，相克相生的一种协调发展，环境友好型的生态农业。它不是原始农业的简单回归，而是需要遵循一定规律和原则。

6. 简述生物多样性控制病害的发展趋势。

生物多样性控制病害的发展趋势主要有以下几个方面。

（1）抗病基因多样性在水稻抗病育种中的利用

到目前为止，已鉴定出了40多个抗稻瘟病主效基因、20多个抗白叶枯病主效基因和抗水稻东格鲁病的主效基因，新的水稻抗病基因还在不断被发现。尽管只有少数的几个抗病基因在水稻生产上得到了应用，但多数的抗病基因在病原菌生理小种鉴别品种上已经得到广泛应用，已经育成了几套抗白叶枯病、稻瘟病和水稻东格鲁病的水稻近等基因系，这些近等基因系是研究病原菌生理小种组成、抗病基因的抗性评价以及抗病基因分子克隆的非常宝贵的实验材料。水稻抗病近等基因系及分子标记技术的发展，为研究在多个抗病基因混合使用的条件下，病原菌的遗传多样性及群体结构特征提供了重要的手段。近等基因所携带的单个抗病基因可以用来监测病原菌中相应无毒基因的变化，这种方法已经被广泛地应用在研究抗病基因的使用和对白叶枯病菌及稻瘟病菌群体进化的影响上。自 20 世纪 80 年代中期以来，已经积累了大量有关稻瘟病、白叶枯病和水稻东格鲁病病原物群体的研究数据。对稻瘟病来说，抗病育种的目标已经是针对各地特定的小种或谱系（由具有相同 DNA 指纹图谱的一组菌株组成的集合，它们可能具有较近的亲缘关系），可以形成一种非常有效的抗病育种策略，这种策略已经被国际热带农业研究中心和亚洲的其他研究单位采用。对病原菌的致病性及其无毒基因的分子标记研究为抗病基因在特定地区的有效使用提供了重要依据。

在长期的抗病育种工作中，育种学家已经认识到单基因或寡基因抗病育种的局限性，因此聚合多个主效抗病基因或利用微效抗病基因已经成为抗病育种的发展趋势。同时在稻瘟病、白叶枯病和水稻东格鲁病的抗病种质资源鉴定和抗病品种选育等方面还逐步采用了水平抗性的思路和方法。这些措施本质上都是利用抗病基因的多样性来减小对病原菌群体的选择压力，最终达到有效控制病害的目的。

在主效抗病基因和微效抗病基因多样性的利用方面，世界各国做了大量的工作。大量携带主效抗病基因和微效抗病基因的供体已经在抗病育种中被利用，平均每年对 10 万个品系进行抗病性鉴定。国际水稻研究所自 1973 年育成 IR26 后，育成的品种都分别含有多个抗稻瘟病、白叶枯病、水稻黄矮病和水稻东格鲁病的基因。而且有些品种还表现出了持久抗性。例如，IR36 对稻瘟病的持久抗性，但这种抗性可能是由微效或数量性状基因控制的；抗白叶枯病基因 *Xa4* 在相当长的时期内表现出了稳定的抗性，尽管在菲律宾存在致病性菌株，但其抗性仍保持了 20 多年，因此推断含有 *Xa4* 的品种可能还具有多个微效抗病基因，其持久抗性是主效抗病基因和微效抗病基因共同作用的结果。

由于在一个菌株中同时发生多个毒力基因突变的可能性不大，因此在进化风险性评估模型研究的基础上，提出了利用多样性抗病基因累加技术控制水稻病害的策略。然而，由于不同基因之间相互掩盖的上位效应，将多个抗病基因聚合在一个品种中的目标一直没有实现。近年来，随着越来越多的抗稻瘟病基因和抗白叶枯病基因被分子标记定位，基因累加技术在抗病育种中得到了广泛应用，利用分子标记辅助选择，在一个基因组能够鉴定出多个抗病基因，使得在一个品种中聚合多个抗病基因成为可能，并通过大面积种植这些具有多个抗病基因的品种，增加田间抗病基因的多样性，达到控制病害的目的。菲律宾国际水稻研究所（IRRI）、印度尼西亚农业生物技术与遗传资源研究所（IABGRRI）、印度旁遮普（Punjab）农业大学等研究单位利用分子标记辅助选择育成了一系列含有多个抗白叶枯病基因的新品种，经过 3 年在病害多发区的评比试验表明，这些品种在有大量病原菌存在的条件下保持了对白叶枯病的稳定抗性，产量超过对照。在印度和印度尼西亚，抗稻瘟病主效基因 *Pi-1*、*Pi-2* 和 *Pi-9*（*t*）被聚合到了一些优良品种中，但它们的抗性还有待于进一步测定。过去的经验表明，抗病基因累加对控制水稻白叶枯病是有效的，但对稻瘟病抗性的持久性较差，这可能是由于稻瘟病菌具有较高的突变率造成的。

（2）抗病基因多样性在水稻抗病品种栽培中的利用

水稻抗病品种轮换种植是在时间上利用抗病基因多样性的方法，即当一个品种的抗性丧失之后，利用携带不同抗病基因的新抗病品种替换旧品种。通过品种轮换控制稻瘟病的研究较多。1994 年云南省泸西县开始大面积种植楚粳 12，4 年后稻瘟病菌生理小种

ZE1 成为优势小种，该品种丧失抗性，1999 年用另一新品种合系 41（抗 ZE1 生理小种）连片更换了 803.6hm^2 的楚粳 12，当年该县稻瘟病控制效果达到了 83.2%。1979～1980 年韩国对单基因轮换的方法进行了改进，采用同时携带两个不同抗病基因的品种进行轮换，有效地控制了稻瘟病的流行。印度尼西亚利用不同季节和地点进行抗病品种轮换，成功地控制了水稻东格鲁病的昆虫介体叶蝉的发生。该技术不仅能有效地控制多种水稻病害的流行，而且还能满足农民和消费者不断变化的需求。但该方法的推广是以新抗病品种的选育速度超过品种抗性丧失的速度以及生理小种的准确预测为基础。另外，同时进行大面积品种更换操作难度很大，尤其在我国以小农生产方式为主的稻区操作难度更大。

水稻不同抗病品种的合理布局是空间上利用抗病基因多样性的方法，即在同一地区合理布局多个品种，增加抗病基因的多样性，减小对病原菌的选择性压力，降低病害流行的可能。1998～2000 年云南农业大学在云南省石屏县宝秀镇进行了品种合理布局控制稻瘟病的试验，选用 7 个抗病性不同的品种，以各农户的承包田为单位，每户种植一个品种，将 7 个品种随机种植在面积 42hm^2 的区域内，结果表明，该区域的稻瘟病平均发病率连续 3 年都控制在 4.78%以内，获得了良好的防治效果。但是在没有经济补偿的条件下，农户都不愿意种植这些抗性较差的品种，而我国目前的农业生产方式又无法形成补偿政策，因此该方法的推广存在很大限制。

种植多系品种和多品种混栽是利用抗病基因多样性的另一重要方法，研究表明多系品种和多品种混栽与净栽相比，具有较好的稻瘟病防治效果。通过病原菌进化模型研究，Winterer 等（1994）提出与基因累加和品种轮换相比较，多品种混栽具有最佳的防病效果。在多品种混栽或多系品种种植的田块中，没有复杂小种和超级小种的产生。在亚洲和非洲，如印度尼西亚和马达加斯加，水稻品种混栽已经被广泛应用在传统品种的栽培上。在日本，多系品种已经在水稻生产上推广了 90 万 hm^2，并可以根据病原菌群体组成情况及时调整多系品种的组成。Chin 和 Husin（1982）提出只要多系品种中含有 66%的抗病品种，就能达到控制稻瘟病的效果；Koizumi（2001）认为多系品种中抗病品种所占比例达到 75%就能达到与化学保护相同的防治效果。

（3）农业生物多样性控制病害的利用

利用水稻遗传多样性控制稻瘟病。云南农业大学选用了两个杂交稻品种（汕优 63 和汕优 22）和两个优质糯稻地方品种（黄壳糯和紫谷）进行品种多样性控制稻瘟病田间小区试验。经品种抗性基因指纹分析，两个杂交稻品种的抗性基因指纹相似系数为 86%；两个杂交稻品种与紫谷的相似系数为 65%，与黄壳糯的相似系数仅为 45%。经温室人工接种进行抗性测定，30 个稻瘟病菌株对两个优质糯稻地方品种的毒力频率为 86.2%，对两个杂交稻品种的毒力频率为 13.8%。根据品种的遗传背景、农艺性状和经济性状，以及对稻瘟病抗性的差异，设置了 15 种不同的处理，以杂交稻（汕优 63 和汕优 22）为主栽品种，优质地方糯稻（黄壳糯和紫谷）为间栽品种，在杂交稻常规条栽方式的基础上，每隔 4 行间栽一行糯稻。杂交稻与糯稻混栽具有明显增产作用的主要原因是减少了因稻瘟病和倒伏引起的产量损失。

（4）利用物种多样性控制作物病害。

我国西南山区降雨高峰与主要粮食作物病害发生高峰重叠，年年阴雨年年病害流行，化学防治等常规技术实施难度大，且防效甚微，长期严重影响山区少数民族赖以生存的马铃薯、玉米等作物的粮食生产。应用生物多样性与生态平衡的原理，利用生物之间相互依存、相互制约的自然规律，采用分子生物技术和其他高新技术，以小麦、大麦、玉米、马铃薯、魔芋等粮食作物为研究对象，从遗传多样性和物种多样性层面，通过研究不同作物的搭配方法，探明了作物多样性优化配置，稀释病菌，阻隔病害蔓延的基本原理，集成作物合理搭配、提前推后播种、条带轮作等关键措施，形成了一套简单易行和效果明显的控病增产栽培技术。①改变作物传统种植节令，提前推后播种，俗称“天拉长”，项目组根据西南山区气候变暖实际，改变了沿袭数百年的马铃薯、玉米、小麦、大麦、蚕豆等作物传统播种节令，提前或推后播种，既满足作物生长发育光热水条件，又使作物病害发生高峰避开降雨高峰，避雨避病增产。②优化群落空间，作物合理搭配，条带轮作，稀释病菌阻隔病害，俗称“地拉宽”。根据不同作物发生不同病害的规律，改变单一作物种植传统习惯，实行作物合理搭配条带种植和长期条带轮作。条带轮作减少土壤病菌积累和初侵染。不同作物高矮搭配的条带群落，不仅互为病害蔓延的障碍，稀释病菌阻隔病害传播，而且通风透光抑制病害流行。③集成作物多样性时空优化配置要素，构建简单易行的控病增产技术。在探明原理的基础上，集成作物合理搭配，提前推后播种，避雨避病，条带轮作等措施，建立推广技术规程。多年大面积推广应用结果表明，技术简单易行，有效控制了马铃薯、玉米、小麦、大麦、蚕豆、魔芋等作物主要病害的流行，大幅度增加了粮食产量，提高了土地利用率。

第十七章　大田作物病害（水稻、麦类、玉米病害）

【习题】

问答及论述题

1. 简述叶稻瘟病的 4 种病斑类型症状特点。
2. 简述稻瘟病的病害循环、流行类型及防治要点。
3. 比较水稻白叶枯病与细菌性条斑病的叶部症状特点。
4. 简述水稻白叶枯病原的形态特征及病害循环特点。
5. 试从稻瘟病和纹枯病的病害循环和流行特点比较两病的防治策略和方法。
6. 试述合理的肥水管理在防治水稻纹枯病和稻瘟病的作用机制。
7. 试述水稻胡麻叶斑病的发病规律及防治策略。
8. 简述水稻干尖线虫病的症状特点、发病规律及防治要点。
9. 简述水稻稻曲病的症状特点、发病规律及防治策略。
10. 试述水稻条纹叶枯病症状特点及防治要点。
11. 简述稻粒黑粉病的症状特点、发病规律及防治要点。
12. 比较玉米大、小斑病的症状及其分生孢子的形态、特征。
13. 试述玉米大、小斑病的流行特点及防治策略。
14. 试从玉米灰斑病的病害循环及发病条件的特点拟定防治措施。
15. 简述玉米锈病的症状特点、侵染循环及防治策略。
16. 描述玉米丝黑穗病的症状特点。
17. 简述玉米丝黑穗病的病害循环和流行特点，拟定防治策略。
18. 描述玉米瘤黑粉病症状。
19. 简述玉米瘤黑粉病的病害循环和流行特点，拟定防治策略。
20. 试比较说明玉米丝黑穗病和玉米瘤黑穗病在侵染循环过程中的异同点。
21. 简述玉米茎基腐病的病害循环和流行特点，拟定防治策略。
22. 比较玉米粗缩病和玉米矮花叶病的侵染循环特点。
23. 比较 3 种小麦锈病菌的症状及病原特点。
24. 比较 3 种小麦锈病病菌的寄主和转主寄主。
25. 如何有效防治小麦 3 种锈病？
26. 小麦赤霉病症状有何特点？
27. 试述小麦赤霉病的病害循环。
28. 请制订一个小麦赤霉病防治的综合方案。
29. 简述小麦矮腥黑穗病症状。

30. 小麦散黑穗病症状有何特点？
31. 试述小麦秆黑粉病的症状特点。
32. 根据麦类黑穗病的侵染循环特点，试拟定综合防治措施。
33. 比较麦类黑穗病与锈病的侵染循环特点。
34. 简述小麦白粉病症状。
35. 试述小麦白粉病的侵染循环特点及防治。
36. 简述小麦纹枯病的症状。
37. 简述小麦纹枯病的侵染循环及防治。
38. 试述小麦全蚀病的症状特点。
39. 简述小麦全蚀病的侵染循环及防治策略。

【解答】

问答及论述题

1. 简述叶稻瘟病的 4 种病斑类型症状特点。

叶稻瘟（rice leaf blast）发生在水稻秧苗和成株的叶片上。随水稻品种抗病性和天气条件的不同，病斑分为 4 种症状类型。①白点型：为初期病斑，白色，多为圆形，不产生分生孢子。在感病品种的幼嫩叶片上发生时，遇适宜温、湿度能迅速转变为急性型病斑。②急性型：病斑暗绿色，多数近圆形，针头至绿豆大小，后逐渐发展为纺锤形。正、反两面密生灰绿色霉层（分生孢子梗、分生孢子）。在温、湿度适宜及存在大量感病品种的条件下，很易引起病害流行。③慢性型：病斑先呈圆形的暗绿色或褐色的病斑，以后逐渐扩大，颜色变成暗褐色（坏死部），形状由圆形、椭圆形变成梭形，两端有沿叶脉延伸的褐色坏死线，病斑中央褪为灰白色（崩溃部），病斑周围出现黄色晕圈（中毒部）。天气潮湿时，在病斑背面产生大量灰色霉层，为病菌的分生孢子和分生孢子梗。遇干燥天气或经药剂防治后，急性型病斑便转化为慢性型。④褐点型：病斑为褐色小点，多局限于叶脉间，中央为褐色坏死部，外围为黄色中毒部，不会产生分生孢子（对稻瘟病的发展基本不起作用）。褐点型病斑的出现，是品种抗病的表现，是一种过敏性坏死反应。常发生在抗病品种或稻株下部老叶上。

2. 简述稻瘟病的病害循环、流行类型及防治要点。

稻瘟病（rice blast）属于多循环单年流行病害。以菌丝体或分生孢子在病谷、病稻草上越冬成为第二年的初侵染源。越冬的病菌，当第二年气温回升到 20℃左右时，遇降雨后，不断产生分生孢子。孢子主要借风雨传播，昆虫也可传播。孢子接触稻株后，遇适宜温、湿度萌发并直接侵入表皮，引起周围秧田或大田稻株首先发病，并在病组织上产生大量分生孢子传播，引起再侵染。病菌以表皮上的机动细胞为主要侵染点，也从伤口侵入，但不从气孔侵入。

防治策略：以种植高产抗病品种为基础，减少菌源为前提，加强保健栽培为关键，药剂防治为辅助。具体方法有以下几种。

（1）种植抗病品种：由于病菌群体易发生变异，故在大田生产中应合理使用抗病基因资源，做到①抗病品种定期更换和轮换，避免单一抗病基因长期种植；②抗病品种合理布局；③应用主效抗病基因和微效抗病基因品种。

（2）减少病源：①不用带病种子；②处理病稻草；③带菌种子消毒。

（3）改进栽培方式，加强水肥管理。

（4）应用生物多样性控制稻瘟病。云南农业大学朱有勇等利用生育期相当但高度有差异的感病品种与抗病品种混合间栽，使高感、优质稻的病害减轻 80%～90%，延长了感病品种的使用年限。

（5）药剂防治：防治苗瘟一般在秧苗 3 或 4 叶期或移栽前 5d 施药；防治穗颈瘟可于破口至始穗期喷施一次杀菌剂，然后根据天气情况在齐穗期施第二次药。但用药次数和间隔期取决于用药时的天气、杀菌剂的种类和田间病害严重度。一般用药时雨水多、内吸性不好和田间病害较严重时，间隔期相应缩短，用药次数增加。

3. 比较水稻白叶枯病与细菌性条斑病的叶部症状特点。

由于水稻品种、环境和病菌侵染方式的不同，水稻白叶枯病（bacterial leaf blight of rice）分为普通型（即典型的叶枯症状）、急性型、凋萎型和中脉型。急性型发生在环境条件适宜或感病品种上。病叶暗绿色，迅速失水纵卷青枯，病部有蜜黄色珠状菌脓。凋萎型一般不常见，多在秧田后期至拔节期发生。病株心叶或心叶下 1 或 2 叶先呈现失水、青枯，随后其他叶片相继青枯。中脉型是病菌系统侵染的结果。在剑叶下 1～3 叶中脉表现为淡黄色症状，沿中脉逐渐上下延伸，并向全株扩展，成为发病中心。

典型的白叶枯病症状苗期很少出现，一般在分蘖期后才较明显。发病多从叶尖或叶缘开始，初为暗绿色水渍状短侵染线，后沿叶脉从叶缘或中脉迅速向下加长加宽而扩展成黄褐色，最后呈枯白色病斑，可达叶片基部和整个叶片。病健组织交界明显，呈波纹状（粳稻品种）或直线状（籼稻品种）。有时病斑前端还有鲜嫩的黄绿色断续条状晕斑。湿度大时，病部易见蜜黄色珠状菌脓。此病的诊断要点是病斑沿叶缘坏死，呈倒“V”字形斑，病部有黄色菌脓溢出，干燥时形成菌胶。

细菌性条斑病（bacterial leaf streak of rice）主要危害水稻叶片，在秧苗期即可出现典型的条斑型症状。病斑初为深绿色水渍状半透明小点，后沿叶脉扩展形成淡黄色狭条斑，长约 1cm。呈黄绿相间条斑。大田发病时，感病品种上的病斑纵向扩展快，长达 4～6cm，病斑两端菌脓很多，呈鱼籽状，干燥后呈琥珀状附于病叶表面而不易脱落。病斑多时，整片叶枯死，远望发病田呈火烧状赤红色。此病的诊断要点是沿叶脉扩展形成淡黄色狭条斑，形成鱼籽状菌脓。

4. 简述水稻白叶枯病原的形态特征及病害循环特点。

水稻白叶枯的病原为稻黄单胞杆菌稻致病变种［*Xanthomonas oryzae* pv. *oryzae* (Ishiyama) Swing］，假单胞菌科黄单胞杆菌属。菌体短杆状，两端钝圆，单鞭毛极生，不形成芽孢和荚膜，但在菌体表面有一层胶质分泌物。在琼脂培养基上生长缓慢，菌落呈蜜黄色或淡黄色。革兰氏染色阴性。生长温度 5～40℃，最适温度 26～30℃。致死温度在无胶膜保护下为 53℃，10min；在有胶膜保护下为 57℃，10min。

病菌主要潜伏于稻种表面、胚和胚乳表面，随着病稻种越冬或随着病稻草、稻桩、马唐等多种杂草和茭白及紫云英越冬，作为翌年发病的初侵染源。带菌稻种调运是远距离传播的主要途径，也是新病区的主要初侵染源。播种有病稻种和用有病稻草覆盖催芽均能使秧苗发病。病菌在根际聚集、活化增殖后，从叶片的水孔和伤口、茎基和根部的伤口以及芽鞘或叶鞘基部的变态气孔侵入。移栽后，可成为大田的发病中心。病菌通过灌溉水和雨水传播。遗留在田间、沟旁病稻草上的病菌，遇到雨水，容易冲到秧田和本田侵染秧苗引起发病。病菌在病株的维管束中大量繁殖后，从叶面或水孔大量溢出菌脓，遇水、湿便溶散开来，借风雨、露滴或流水传播，进行再侵染。一个生长季节中，只要环境条件适宜，再侵染就会不断发生，致使病害不断传播蔓延和流行。

5. 试从稻瘟病和纹枯病的病害循环和流行特点比较两病的防治策略和方法。

稻瘟病（rice blast）属多循环单年流行病害。稻瘟病菌［*Magnaporthe oryzae* Couch & Kohn.］以菌丝体或分生孢子在病谷、病稻草上越冬成为第二年的初侵染源。分生孢子主要借风雨传播，引起多次再侵染，年度间病害流行波动大。纹枯病菌（*Rhizoctonia solani* Kühn）主要以菌核在土壤中越冬，也能以菌丝和菌核在病稻草、其他寄主和田边杂草上越冬。纹枯病菌在水稻收割时，大量菌核落入田间，成为次年或下季的主要初侵染源。在整田时，越冬菌核飘浮于水面，栽秧后随水漂流并附着在稻株基部叶鞘上，萌发长出的菌丝，在叶鞘上延伸并从叶鞘缝隙处进入叶鞘内侧，先形成附着胞，通过气孔侵入叶鞘。虽然有再侵染但不重要，从流行方式来看，它属积年流行病害，流行程度取决于初始菌量。

稻瘟病（rice blast）的防治策略是在种植抗病品种的基础上，减少初始菌源并及时辅以药剂防治。而纹枯病（rice sheath blight）由于缺乏抗病品种，强调以药剂防治为主，结合栽培防治并打捞菌核、清除菌源。

6. 试述合理的肥水管理在防治水稻纹枯病和稻瘟病的作用机制。

以水控病，彻底改变长期深灌高湿的环境，做到浅水发根、薄水养胎、湿润长穗，其中尤以分蘖末期至拔节前进行适时搁（晒）田、后期干干湿湿的排灌管理，降低株间湿度，提高光合作用，促进稻株生长健壮，提高作物的抗病性。

平衡施肥有利于降低植株体内的游离氮，增加表皮细胞的硅化程度。施肥对纹枯病（rice sheath blight）的影响一般与稻瘟病（rice blast）相似。施氮肥过多、过迟，使稻株内部纤维素、木质素减少，节间伸长，茎秆变细，组织软弱，硅化程度降低。体内的游离氮增加从而降低了水稻抗侵入的能力，不仅有利于病菌侵入，而且易引起倒伏，致使病害发生更重。氮素过多也使稻株茎叶茂盛，田间湿度加大，有利于发病。

7. 试述水稻胡麻叶斑病的发病规律及防治策略。

水稻胡麻叶斑病（rice brown spot）的发病规律：水稻胡麻斑病菌［*Cochliobolus miyabeanus*（Ito et Kurib.）Drechsl.］以分生孢子附着于稻种或病稻草上，或以菌丝体潜伏于病稻草组织内越冬成为该病的初侵染源。播种病种后，潜伏的菌丝可直接侵染幼苗；在有病稻草上越冬的菌丝体产生大量分生孢子随气流传播，引起秧田或本田初次侵染。病菌从表皮细胞直接侵入或从气孔侵入。潜育期长短与温度有关，25～30℃时仅需 24h 左右即可产生病斑，随即形成分生孢子进行再侵染。同一品种不同生育期抗病性也有差异，一般在苗期和抽穗前后易感病。

防治策略：以农业防治为主，特别是要加强深耕改土和肥水管理，辅以药剂防治。

①农业措施：深耕能促进根系发育良好，增强稻株吸水、吸肥能力，提高抗病性；增施有机肥，用腐熟堆肥作基肥，改善砂质土的团粒结构；适量施用生石灰中和酸性土壤，促进有机质正常分解；在施足基肥的同时要注意氮、磷、钾配合使用，科学施用微量元素肥料；科学用水，实行浅水勤灌。②处理病种和病稻草。③在抽穗至乳熟阶段辅以药剂防治保护剑叶、穗颈和谷粒不受侵染。

8. 简述水稻干尖线虫病的症状特点、发病规律及防治要点。

水稻干尖线虫病（rice white tip nematode）在水稻整个生育期都会发生，发病部位主要是叶和穗部。病株多在孕穗期症状表现最为明显，剑叶或上部第二、三叶片尖端1～8cm处细胞逐渐枯死，叶片变成黄褐色、半透明、捻曲而成干尖，渐成灰白色，在病健交界处有一条弯曲而明显的褐色锯齿状界纹。

水稻干尖线虫（*Aphelenchoides besseyi* Christie）以成虫和幼虫潜伏在谷粒的颖壳和米粒间越冬，带虫种子是本病主要初侵染源。当浸种催芽时，种子内线虫开始活动，播种带病种子后，线虫多游离于水中及土壤中，但大部分线虫死亡，少数线虫遇到幼芽、幼苗，从芽鞘、叶鞘缝隙处侵入，潜存于叶鞘内。随着水稻的生长，线虫逐渐向上部移动，数量也渐增。到幼穗形成时，则侵入穗部，大量集中于幼穗颖壳内、外部。雌虫在水稻生育期间可繁殖1或2代。在田间线虫可从病株传到健株，引起发病。线虫的远距离传播，主要靠稻种调运或稻壳作为商品包装运输的填充物，从而把干尖线虫传到其他地区。

防治要点：①调种时必须严格检疫；②在无病区或无病田选留无病种子；③病种可采用温汤浸种或药液浸种杀死种子内线虫。

9. 简述水稻稻曲病的症状特点、发病规律及防治策略。

稻曲病（rice false smut）仅在水稻开花以后至乳熟期的穗部发生，且主要分布在稻穗的中下部。一穗中仅几粒多者十几粒颖壳变成稻曲病粒，比健粒大5～8倍，黄绿色或墨绿色，状似黑粉病粒。

稻曲病菌［*Ustilaginoidea virens*（Cooke）Takahashi］以菌核在地面越冬，翌年7～8月菌核萌发产生子座，上生子囊壳，释放的子囊孢子成为主要的初侵染源；初侵染的部位是水稻的花器，侵染时期是孕穗期到破口期。厚垣孢子也可在被害的谷粒内及健谷颖壳上越冬，可随时萌发产生分生孢子且有持续6个月的发芽力。子囊孢子和分生孢子可随气流传播，侵害花器和幼颖。病菌在孕穗期侵害子房、花柱及柱头；后期则侵入幼嫩颖果的外表和果皮，蔓延到胚乳中，然后大量增殖，并形成孢子座。水稻扬花末期至灌浆初期出现病粒。

防治策略：以抗病育种为主，化学防治为辅，注意适期用药，合理调节农业栽培措施。

10. 试述水稻条纹叶枯病症状特点及防治要点

水稻条纹叶枯病（rice stripe）侵染水稻，表现为病株心叶沿叶脉呈现断续的黄绿色或黄白色短条斑，以后常连成大片褪绿，使叶片一半或大半变成黄白色，但在其边缘部分仍呈现上述褪绿短条斑。高秆品种发病后心叶细长，卷曲成纸捻状，弯曲下垂而成“假枯心”。矮秆品种发病后心叶展开仍较正常。病株分蘖减少，抽穗不良。

该病由水稻条纹叶枯病毒（rice stripe virus，RSV）引起。初侵染源是带毒越冬的灰飞虱。病害的发生程度与灰飞虱发生量及迁移情况密切相关。应采取以农业防治为基础，治虫防病为中心的防治策略进行防治。①因地制宜种植抗病品种。②清除田边、路边、沟边杂草，以减少毒源；加强肥水管理，使植株健壮，减少损失。③在化学防治上，采取以“治麦田，保秧田；治秧田，保大田；治大田前期，保大田后期”为主的治虫防病综合措施，可得到良好的防病效果。

11. 简述稻粒黑粉病的症状特点、发病规律及防治要点。

稻粒黑粉病（rice kernel smut）危害穗部，一般仅个别小穗受害，病粒外表带污绿色或污黄色，内部隐约显示有黑色物，成熟时腹部裂开露出圆锥形黑色角状物，病谷全部或部分被黑粉代替，有些病粒呈暗绿色，不开裂，似青秕谷，手捏有松软感，内部充满黑粉（冬孢子）。

稻粒黑粉病菌［*Neovossia horrida*（Takah.）Padwick & A. Khan］孢子以在土壤中或种子内外越冬为主，翌年萌发产生担孢子或次生担孢子，随气流传播至花器、子房或幼嫩的谷粒上萌发侵入。病菌主要在水稻开花至灌浆期侵染，侵染高峰为盛花期。水稻扬花至灌浆期遇高温、多雨等条件发病加重。无再侵染。

该病应采用减少菌源，栽培控病和穗期药剂保护相结合的防治策略。①种子处理，减少初侵染菌源；②栽培控病：合理配方施肥，避免偏施、过施氮肥，加强水肥管理；③选用抗病品种；④药剂防治：杂交制种田和种植感病品种的田块，母本盛花期进行药剂防治是控病的关键措施。

12. 比较玉米大、小斑病的症状及其分生孢子的形态、特征。

玉米在整个生育期均可感染大斑病（northern leaf blight of corn）。其典型症状为叶片上出现梭形大斑，一般长 5～10cm，宽 1～2cm，病部有灰黑色的霉状物出现。无性态为玉米大斑凸脐蠕孢菌［*Exserohilum turcicum*（Pass.）Leonard & Suggs］，分生孢子直、梭形，顶端细胞钝圆或长椭圆形，基部细胞尖锥形；孢子的脐点明显且突出于基细胞之外。

玉米小斑病（southern leaf blight of corn）从苗期到成株期均可发生，但苗期发病较轻，其典型症状为叶片上有黄色（颜色或深或浅）的小病斑（一般长度不会超过 2cm），病部有灰黑色的霉层。无性态为玉蜀黍平脐蠕孢［*Bipolaris maydis*（Nisikado et Miyake）Shoem.］，分生孢子长椭圆形，褐色，两端钝圆，多向一端弯曲，中间粗两端细，具 3～13 个隔膜，脐点凹陷于基细胞内。

13. 试述玉米大、小斑病的流行特点及防治策略。

玉米大、小斑病的侵染循环相似，主要以菌丝体或分生孢子在病残体中越冬。翌年产生分生孢子，成为初侵染源。分生孢子靠风力和雨水的飞溅传播，在田间形成再次侵染。在玉米整个生长期内可进行多次再侵染。

防治策略：应采用以种植抗病品种为基础，及时清理田园，加强栽培管理措施减少菌源，适时进行药剂防治的综合防治措施。①选用抗、耐病品种及兼抗大小斑病的玉米杂交种；②实行轮作；③改善栽培技术，增强玉米抗病性；④喷药防治：在玉米抽雄前后，田间病株率达 70%以上，病叶率 20%时，喷药防治。

14. 试从玉米灰斑病的病害循环及发病条件的特点拟定防治措施。

玉米灰斑病菌（*Cercospora zeae-maydis* Tehon et Daniels.）以菌丝体、子座在病株残体上越冬，成为第二年田间的初侵染源。主要在玉米抽雄后侵染植株叶片。以分生孢子借风雨传播，进行再侵染。

玉米灰斑病（gray leaf spot of corn）的发生和危害与品种抗性、耕作制度、气候环境等有密切关系。①品种抗性：具有热带、亚热带血缘的自交系具有很高的抗性，该血缘自交系间抗性差异不明显。其他血缘自交系抗性较差。玉米对灰斑病的抗性主要由数量性状控制，且其抗性水平受环境因素的影响较大。同一个品种在不同的栽培区域对玉米灰斑病可表现出不同的抗性水平；②降雨量、空气相对湿度和叶片湿度是影响玉米灰斑病发生和流行的重要环境因子。温度 20～25℃、相对湿度大，有利于病害的发生和流行，干旱条件下不利于病害的发生和流行；③耕作与栽培措施：免耕或少耕的田块发病重，主要由于田间地表残留的病残体是该病的主要初侵染源。

防治策略：①广泛收集抗源，选育和利用抗病品种；②玉米收获后，及时深翻或轮作，减少越冬菌源数量；③播种时施足底肥，及时追肥，防止后期脱肥。④搞好轮作倒茬，实行间作套种，改善田间小气候；⑤灰斑病发生偏重的制种田或试验田辅以药剂防治，根据云南农业大学何月秋课题组研究的结果，在玉米大喇叭口期至抽雄穗前 5～7d，将杀菌剂（如苯醚甲环唑等）与干细土混匀后，每株用药土 10g 左右施入喇叭口中，对防治灰斑病有很好的效果。

15. 简述玉米锈病的症状特点、侵染循环及防治策略。

玉米锈病（corn rust）在世界各玉米主产区均有发生。玉米有 3 种锈病，即高粱柄锈菌（*Puccinia sorghi* Schw）引起的普通锈病，多堆柄锈菌（*P. polysora* Unedrw.）引起的南方锈病，及玉米壳锈菌（*Physopella zeae* Mains Cuminins & Ramachar）引起的热带型玉米锈病。我国只有普通锈病和南方锈病。玉米锈病病原菌主要侵染叶片，但也侵染雄花穗轴、颖壳、雌穗苞叶及植株的叶鞘。初期叶片生浅黄色长形至卵形褐色小疱斑，后小疱破裂，散出铁锈色夏孢子粉；后期病斑上生出黑色近圆形或长圆形突起，开裂后露出黑褐色冬孢子。

我国南方以高粱柄锈菌引起的普通锈病为主，后期也有多堆柄锈菌引起的南方锈病。我国北方以南方锈病为主，普通锈病较轻。两种锈病菌以冬孢子在病残体上越冬，但南方亦能以夏孢子越冬，气流传播至寄主叶面成为该病初侵染源。北方玉米锈病的初侵菌源还可能来自南方通过高空远距离传播的夏孢子。田间叶片染病后，病部产生的夏孢子借气流辗转传播，进行再侵染，蔓延扩展。

防治策略：①选育和种植抗病品种；②施用酵素菌沤制的堆肥，增施磷钾肥，避免偏施、过施氮肥，提高寄主抗病力；③加强田间管理，清除酢浆草（针对普通锈病）和病残体，集中深埋或烧毁，以减少侵染源；④在发病初期开始喷药防治。

16. 描述玉米丝黑穗病的症状特点。

玉米丝黑穗病（maize head smut）是苗期的一种系统性侵染病害。大多穗期出现典型症状，病株雌穗短小，基部大而顶端小，不吐花丝，除苞叶外整个果穗变成一个大黑粉苞。苞叶通常不易破裂，黑粉不外漏，后期有些苞叶破裂散出黑粉（病菌冬孢子）。

黑粉一般黏结成块，不易飞散，内部夹杂丝状寄主维管束组织。丝状物在黑粉飞散后才显露，故称丝黑穗病。受害雄穗多数仍保持原来的穗形，仅个别小穗变成黑粉苞，黑粉常黏结成块，不易分散；但在某些品种上，雄穗雌性化，小穗变成小的雌穗形状，较大，后期内部变成黑粉。

17. 简述玉米丝黑穗病的病害循环和流行特点，拟定防治策略。

玉米丝黑穗病菌（孢堆黑粉菌）以散落在土中、混入粪肥或黏附于种子表面的冬孢子越冬，成为次年的初侵染源，其中土壤带菌在侵染循环中最为重要。越冬的冬孢子经有性结合产生侵染丝，在玉米播种后从玉米幼芽和芽鞘、胚轴或幼根侵入。玉米在 3 叶期以前是病菌的主要侵染时期，7 叶期后病菌不再侵染玉米。侵入玉米的病菌很快蔓延到玉米的生长锥，以菌丝随玉米生长而扩展，玉米雌雄穗分化时，病菌进入花芽和原始穗造成系统侵染。病菌丝在雌、雄穗内形成大量的黑粉（冬孢子）。丝黑穗病不会发生再侵染，属于积年流行的单循环病害。

防治策略应采用以种子处理为主，种植抗病品种，及时消灭菌源的综合防治措施。

（1）种植抗病品种。

（2）杜绝和减少初侵染菌源。①禁止从病区调运种子。②进行高温堆肥，厩肥合理堆放，高温发酵，杀死病菌后再用。③选不带菌的田块或经土壤消毒后育苗，玉米苗育至 3 或 4 片叶后再移栽于大田。④及时拔除病株。⑤合理轮作。

（3）种子处理：播前晒种，并精选籽粒饱满、品种纯正、发芽率高、发芽势强的种子，再用药剂进行种子处理。

（4）加强栽培管理。①调整播期。要求播种时气温稳定在 12℃以上。②提高播种质量。做好整地保墒，根据土壤墒情适当浅播，点水播种或趁墒抢种。③覆盖地膜。播种后，覆盖地膜，提高土壤温度，加快玉米出苗速度，缩短玉米易感期。

18. 描述玉米瘤黑粉病症状。

玉米瘤黑粉病（corn smut）为局部侵染性病害，在玉米整个生育期中，任何地上部的幼嫩组织都可能受害，病部组织肿胀成瘤，病瘤大小和形状因发病部位不同而异。叶片上的病瘤较小，多如豆粒或花生粒大小，常成串密生，内部很少形成黑粉。茎或气生根上的病瘤大小不等。雄花大部分或个别小花感病形成长囊状或角状的病瘤。雌穗被侵染后多在果穗上半部或个别籽粒上形成病瘤，严重的全穗形成大的畸形病瘤。病瘤初期白色，有光泽，肉质多汁，以后迅速膨大，表面暗褐色，内部变黑。病瘤成熟后，外膜破裂，散出大量黑粉（冬孢子）。

19. 简述玉米瘤黑粉病的病害循环和流行特点，拟定防治策略。

玉米瘤黑粉病菌［*Ustilago maydis*（DC.）Corda］主要以冬孢子在土壤、病残体上越冬，也可混在粪肥或黏附于种子表面越冬。越冬的冬孢子在适宜条件下萌发产生担孢子和次生担孢子，随风雨传播，直接穿透寄主表皮或从伤口侵入叶片、茎秆、节部、腋芽和雌雄穗等幼嫩的分生组织。冬孢子萌发也可直接产生侵染丝侵入玉米组织。侵入的菌丝只能在侵染点附近扩展，在生长繁殖过程中分泌类似生长素的物质刺激寄主的局部组织，使其增生、膨大，形成病瘤。最后病瘤内部产生大量黑粉状冬孢子，随风雨传播，进行再侵染。属于单年流行的多循环病害。

防治策略：应采取以减少菌源、种植抗病品种为主的综合防治措施。①减少菌源：彻底清除田间病残体，秸秆用作肥料时要充分腐熟，重病田实行 2～3 年轮作。②积极培育和因地制宜地利用抗病品种。③加强栽培管理：合理密植，避免偏施、过施氮肥，适时增施磷钾肥。④药剂种子处理。⑤在发病初期，辅以药剂防治。

20. 试比较说明玉米丝黑穗病和玉米瘤黑穗病在侵染循环过程中的异同点。

玉米丝黑穗病和玉米瘤黑穗病越冬场所相同，但侵入方式和流行类型等具有各自的特点（表 17-1）。

表 17-1　玉米丝黑穗病和玉米瘤黑穗病的侵染循环

项　目	玉米丝黑穗病	玉米瘤黑穗病
越冬场所	病菌主要以冬孢子在土壤、病残体上越冬，也可混在粪肥或黏附于种子表面越冬	同左
侵入方式	侵染丝从玉米幼芽和芽鞘、胚轴或幼根侵入	担孢子直接穿透寄主表皮或从伤口侵入叶片、茎秆、节部、腋芽和雌雄穗等幼嫩的分生组织
再侵染	无	多次
流行类型	积年流行的单循环病害	单年流行的多循环病害

21. 简述玉米茎基腐病的病害循环和流行特点，拟定防治策略。

玉米茎基腐病（corn stalk rot）属于土传病害，在我国主要由腐霉菌（*Pythium* spp.）、禾谷镰刀菌［*Fusarium graminearum* Schawbe，有性态为玉蜀黍赤霉菌 *Gibberella zeae*（Schw.）Petch.］及串珠镰刀菌（*F. moniliforme* Sheldon）等引起。

禾谷镰刀菌和串珠镰刀菌以菌丝和分生孢子在病株残体组织内外、土壤中存活越冬，成为第二年的主要侵染源。串珠镰刀菌还以分生孢子在种子上越冬。带有镰刀菌的植株残体可以产生子囊壳，翌年 3 月中旬以后释放出子囊孢子，借气流传播进行初次侵染。种子带菌也是田间初侵染来源。自伤口或直接侵入根颈、中胚轴和根。分生孢子和菌丝体借风雨、灌溉机械和昆虫进行传播，在温暖潮湿条件下进行再侵染。

腐霉菌以卵孢子在病株残体组织内外、土壤中存活越冬，成为第二年的主要侵染源。卵孢子释放出游动孢子在潮湿的土壤中可以移动到根部，自伤口或直接侵入根颈、中胚轴和根。借风雨、灌溉机械和昆虫进行传播，在温暖潮湿条件下进行再侵染。

由于玉米茎基腐病是以苗期侵染为主，全生育期均可侵染的病害，因此前期侵染的病菌可以潜伏在病根组织内，待玉米进入散粉期—灌浆期后，潜伏的病菌进入茎基髓部，并逐渐向地上部各节扩展，甚至进入穗轴，但一般是在茎基部显症，即呈茎基腐状。从侵染过程来看，品种间两种病菌侵入的时间无显著差异，而对同一品种，镰刀菌和腐霉菌侵入所需的时间不同，并受温度、湿度条件制约。一般低温、低湿条件有利于禾谷镰刀菌侵染，而高湿有利于腐霉菌侵染。在潮湿和黏土中以腐霉菌为主，而镰刀菌易在干燥的砂壤土中存活。排灌不良，相对湿度接近 100%或土壤黏滞的田块或多雨地区以腐霉菌引起的茎基腐为主，降雨量少的地区以镰刀菌引起的茎基腐为主。

防治策略以选育和应用抗病品种为主，实施系列保键栽培措施为辅的综合防治措施。①选育和种植抗病品种。②玉米收获后彻底清除田间病残体。③实行玉米与其他非寄主作物轮作 2～3 年。④适期晚播。⑤种子处理。⑥加强田间管理，增施钾、硅、锌肥和使用有机肥。⑦生物防治。

22. 比较玉米粗缩病和玉米矮花叶病的侵染循环特点。

玉米粗缩病和玉米矮花叶病的侵染特点如表 17-2 所示。

表 17-2　玉米粗缩病和玉米矮花叶病的侵染循环

项　目	玉米粗缩病	玉米矮花叶病
病原	玉米粗缩病毒（maize rough dwarf virus，MRDV）	玉米矮花叶病毒（maize dwarf mosaic virus，MDMV）
传播介体	灰飞虱	玉米蚜、麦二叉蚜、棉蚜、桃蚜、种子
越冬场所	小麦和杂草及传毒昆虫体内	多年生禾本科杂草
再侵染	有	有

23. 比较 3 种小麦锈病菌的症状及病原特点。

3 种锈病症状的共同特点是在受侵染叶片或秆上出现鲜黄色、红褐色或深褐色的夏孢子堆，表皮破裂，孢子飞散，呈铁锈状，故称锈病。后期病部还生成黑色的冬孢子堆。可简单地记为“条锈成行，叶锈乱，秆锈是块大红斑”。3 种锈病症状可根据其夏孢子堆和冬孢子的形状、大小、颜色、着生部位和排列来区分（表 17-3）。

表 17-3　3 种小麦锈病的症状及病原特点

项　目	条锈病	叶锈病	秆锈病
危害部位	叶片为主，也危害叶鞘、茎秆和穗	叶片为主，叶鞘次之，茎秆少，穗部偶尔发现危害	茎秆和叶鞘为主，也危害叶片和穗，有时芒也受害
夏孢子堆	小，鲜黄色长椭圆形，在成株上沿叶脉排列成行，呈虚线状，幼苗期则不排列成行。表皮破裂不明显	大，长椭圆形，高隆起，黄褐色，不规则散生，表皮破裂不显著	大，长椭圆形，红褐色，常愈合成大斑，成熟时突破表皮，散出褐色夏孢子粉
冬孢子堆	多生于叶背，长期埋生于表皮下，灰黑色	多生于叶背，埋生于表皮下，散生，黑色，椭圆形，不突破表皮	散生在茎秆、叶鞘上，常在夏孢子堆附近产生；黑色，长椭圆形至狭长形，后期破裂散出黑色冬孢子粉

24. 比较 3 种小麦锈病病菌的寄主和转主寄主。

3 种小麦锈病的寄主范围和转主寄主存在着差异，详见表 17-4。

表 17-4　3 种小麦锈病病菌的寄主和转主寄主

项　目	小麦条锈病菌（*Puccinia striiformis*）	小麦叶锈病菌（*Puccinia recondita*）	小麦秆锈病菌（*Puccinia graminis*）
寄主	小麦、大麦、黑麦和杂草	小麦、冰草属和山羊草属的一些种	小麦、大麦、黑麦和一些禾本科杂草
转主寄主	未发现	小乌头、唐松草属、牛舌草属、兰蓟属	小檗属和十大功劳属

25. 如何有效防治小麦 3 种锈病？

防治锈病要采取抗病品种为主，合理栽培，辅以药剂防治的综合防治措施。①选用高产抗病品种，密切注意品种抗病性的变化，发现丧失抗性时应及时更换新品种。②适期播种，避免早播，减轻秋苗发病，减少秋季菌源。越夏区要消灭自生麦苗，减少越夏菌源的积累和传播；在土壤缺乏磷、钾肥的地区，应增施磷、钾肥，增强植株抗病性，减少锈病发生；合理灌溉，将病害的发生和产量损失减轻到最低程度。③生物多样性控制病害，利用不同作物间套种或不同抗性水平的品种间作。④药剂防治，在播种前采用15%粉锈宁（三唑酮）可湿性粉剂或20%乳油拌种，当大田病叶率达到5%时，需及时进行药剂防治。

26. 小麦赤霉病症状有何特点？

赤霉病（wheat scab）在小麦各生育期均能发生。引起苗枯、茎腐和穗腐等。①穗腐。开始在小穗颖片上出现水浸状病斑，逐渐扩大至整个小穗和穗子，严重时整个小穗或穗子后期全部枯死，呈灰褐色。田间潮湿时，病部产生粉红色霉层（分生孢子），后期穗部出现黑色小颗粒，即子囊壳。②苗枯。种子带菌引起苗枯症状，使根鞘及芽鞘呈黄褐色水浸状腐烂，严重时全苗枯死，病残苗上有粉红色菌丝体。③茎腐。主要发生于茎的基部，使其变褐腐烂，严重时整株枯死。在病部产生粉红色霉层（分生孢子）。

27. 试述小麦赤霉病的病害循环。

小麦赤霉病菌［*Gibberella zeae*（Schw.）Petch.］属于子囊菌门赤霉属真菌。腐生能力强，在北方地区麦收后以子囊壳、菌丝体和分生孢子在各种寄主植物的残体上越冬。土壤和带病种子也是其重要的越冬场所。病残体上的子囊壳和分生孢子以及带病种子是下一个生长季节的主要初侵染源。种子带菌是导致苗枯的主要原因，而土壤中如有较多的病菌则有利于产生茎基腐症状。

小麦抽穗后至扬花末期最易受病菌侵染，子囊孢子借气流和风雨传播，孢子落在麦穗上后萌发产生菌丝，先在颖壳外侧蔓延后经颖片缝隙进入小穗内并侵入花药，进而侵害颖片两侧薄壁细胞以至胚和胚乳，引起小穗凋萎。潮湿条件下病部可产生分生孢子，借气流和雨水传播，进行再侵染。小麦赤霉病虽然是一种多循环病害，但因病菌侵染寄主的方式和侵染时期比较严格，穗期靠产生分生孢子再侵染次数有限，作用也不大。穗枯的发生程度主要取决于花期的初侵染量和子囊孢子的连续侵染。对成熟参差不齐的麦区，早熟品种的病穗有可能为中晚熟品种和迟播小麦的花期侵染提供一定数量的菌源。

28. 请制订一个小麦赤霉病防治的综合方案。

小麦赤霉病（wheat scab）的综合防治方案采取以消灭菌源为前提，以培育和栽培抗病品种为基础，加强栽培管理，根据测报实行化学防治为保证的综合防治措施。具体抓好以下几个环节。①培育和栽培抗病品种。②消灭越冬菌源：清除田间稻麦桩、玉米秸秆等病残体，并结合防治黑穗病等进行播种前的种子消毒。③加强栽培管理：因地制宜调整播期，配方施肥，增施磷钾肥，勿偏施氮肥；整治排灌系统，降低地下水位，防止根系早衰。④药剂防治：在当前品种普遍抗性较差的情况下，药剂防治仍是小麦赤霉病防治的关键和有效措施。各地应根据菌源情况和气象条件，适时做出病情预测预报，并及时进行喷药防治。防治穗腐的最适施药时期是小麦齐穗期至盛花期，施药应宁早勿晚。

29. 简述小麦矮腥黑穗病症状。

小麦矮腥黑穗病（bunt smut of wheat）主要在穗部表现症状。病株一般较健株稍矮，分蘖增多。病穗短直，颜色较健穗深，初为灰绿色，后变灰黄色，病粒较健粒短而胖，因而颖片略开裂，露出部分病粒（称菌瘿），初为暗绿色，后变灰黑色，如用手指微压，则易破裂，内有黑色粉末（即病菌的冬孢子）。菌瘿因含有挥发性三甲胺，有鱼腥气味，所以称“腥黑穗病”。

30. 小麦散黑穗病症状有何特点？

小麦散黑穗病（loose smut of wheat）是系统性侵染病害，病株在抽穗前症状不明显，一般病株较矮而直立，抽穗早。最先抽出的病穗，外面包有一层薄膜，不久自行破裂，散出黑色粉末，剩下穗轴。

31. 试述小麦秆黑粉病的症状特点。

小麦秆黑粉病（flag smut of wheat）主要危害麦秆、叶和叶鞘，拔节期以后症状最明显。主要症状为：病斑初淡灰色条纹，逐渐隆起，转深灰色，最后寄主表皮破裂，露出黑粉（冬孢子）。病株显著矮小，分蘖增多，病叶卷曲，病穗很难抽出，多不结实，甚至全株枯死。

32. 根据麦类黑穗病的侵染循环特点，试拟定综合防治措施。

麦类黑穗病（smut）包括散黑穗病（loose kernel smut）、腥黑穗病（bunt smut）和秆黑粉病（flag smut）。散黑穗病属花器侵染类型，腥黑穗病和秆黑粉病属苗期侵染型病害。它们共同的循环特点是：一年侵染一次，系统性病害，初侵染源简单，冬孢子在土壤、粪肥及种子内外休眠，无再侵染。所以防治措施有：①种子检疫（针对小麦矮腥黑穗病菌）；②种子处理；③建立无病留种田；④栽培防病（轮作、粪肥处理、适时播种、减少不利于幼苗出土的因素）。

33. 比较麦类黑穗病与锈病的侵染循环特点。

黑穗病（smut）是单循环系统侵染病害，初侵染源简单，无再侵染，防治容易；锈病（rust）是多循环局部侵染病害，初侵染源复杂，再侵染频繁，防治困难。

34. 简述小麦白粉病症状。

小麦白粉病（wheat powdery mildew）在小麦整个生育期均可发生，主要危害叶片，严重时也危害叶鞘、茎秆和穗部，通常叶面病斑多于叶背，下部叶片较上部叶片受害重，典型病状为病部覆有一层白色粉状霉层。组织受侵染后，先出现白色绒絮状霉斑，逐渐扩大并相互联合长成椭圆形的较大霉斑或不规则形霉斑，表面呈粉状（分生孢子），严重时粉状霉层覆盖叶片大部分或全部，霉层厚度可达 2mm 左右，后期霉层渐变为灰色至灰褐色，上面散生黑色小颗粒（闭囊壳）。霉层下面及周围的寄主组织褪绿。病叶早期黄化、卷曲并枯死。茎和叶鞘受害后，植株易倒伏。重病株通常矮缩不抽穗。

35. 试述小麦白粉病的侵染循环特点及防治。

小麦白粉病菌［*Blumeria graminis*（DC.）Speer. f. sp. *tritici* Marchal］以分生孢子在自生麦苗和夏播小麦上或以闭囊壳在病残体上越夏。病菌越夏后侵染秋苗，导致秋苗发病。在冬季病菌以菌丝体潜伏在植株下部叶片或叶鞘内越冬。次年春天，越冬病菌先侵染底部叶片呈水平方向扩展，后向中上部叶片发展，发病早期发病中心明显，产生的分生孢子和子囊孢子借助气流传播，而且病菌可借助高空气流进行远距离传播。在适宜条件下侵入寄主，菌丝即可在寄主组织表面不断蔓延生长，随后在菌丝中分化形成分生孢子梗并产生大量的分生孢子，分生孢子成熟后脱落，由气流向周围传播引起多次再侵染。

推广抗病品种为主，药剂防治为辅，加强栽培管理，进行综合防治。①选育选用抗病品种。②药剂防治：播种期拌种和春季喷药防治。③加强栽培管理：提倡适时播种，控制种植密度，合理施用氮肥，增施有机肥和磷、钾肥，及时排除田间积水，干旱时及时浇水。

36. 简述小麦纹枯病的症状。

小麦茎秆上的云纹状病斑及菌核是纹枯病（wheat sheath blight）诊断识别的典型症状。小麦各生育期均可受害，造成烂芽、病苗死苗、花秆烂茎、倒伏、枯孕穗等多种症状。①烂芽：种子发芽后，芽鞘受侵染变褐，继而烂芽枯死，不能出苗。②病苗死苗：主要在小麦3或4叶期发生，在第一叶鞘上呈现中央灰白、边缘褐色的病斑，严重时因抽不出新叶而造成死苗。③花秆烂茎：返青拔节后，病斑最早出现在下部叶鞘上，产生中部灰白色、边缘浅褐色的云纹状病斑，多个病斑相连接，形成云纹状的花秆，条件适宜时，病斑向上扩展，并向内扩展到小麦的茎秆，在茎秆上出现近椭圆形的“眼斑”，病斑中部灰褐色，边缘深褐色，两端稍尖。田间湿度大时，病叶鞘内侧及茎秆上可见蛛丝状白色的菌丝体，以及由菌丝纠缠形成的黄褐色的菌核。④倒伏：由于茎部腐烂，后期极易造成倒伏。⑤枯孕穗：发病严重的主茎和大分蘖常抽不出穗，形成“枯孕穗”，有的虽能够抽穗，但结实减少，籽粒秕瘦，形成“枯白穗”。

37. 简述小麦纹枯病的侵染循环及防治。

小麦纹枯病菌（*Rhizoctonia cerealis* Vander Hoeven）以土壤中的菌核和病残体中的菌丝体在田间越夏越冬，作为第二年的初侵染源，其中菌核的作用更为重要。翌年春天，土壤中的菌核和病残体长出的菌丝接触寄主后，形成附着胞或侵染垫产生侵入丝直接侵入寄主，或从根部伤口侵入。病部产生的菌丝向周围蔓延扩展引起再侵染。田间发病有两个侵染高峰，第一个是在冬前秋苗期；第二个是在春季小麦的返青拔节期。此病是典型的土传病害，带菌土壤、混有病残体和带菌而未腐熟的有机肥都可以传播病害。此外，农事操作也可传病。

小麦纹枯病的发生与农田生态状况关系密切，在病害控制上提倡以改善农田生态条件为基础，结合药剂防治的策略。①种植抗（耐）病品种。②加强栽培管理，平衡施用氮、磷、钾肥，避免大量施用氮肥。重病地块适期晚播，控制播量，做到合理密植。灌溉时忌大水漫灌。及时防除杂草，改善田间生态环境。③药剂防治。播种期用药剂处理种子。在小麦返青拔节期，根据病情发展及时喷药防治。④生物防治。

38. 试述小麦全蚀病的症状特点。

小麦全蚀病菌［*Gaeumannomyces graminis*（Sacc.）Arx et Olivier var. *tritici*（sacc.）Walker］侵染小麦，在小麦苗期和成株期均可发病，以近成熟时病株症状最为明显。病菌只危害寄主根部及茎基部的第一、二节。幼苗期病原菌主要侵染种子根、地下茎，使之变黑腐烂，部分次生根也受害。病苗基部叶片黄化、心叶内卷，分蘖减少，生长衰弱，严重时死亡。病苗返青推迟，矮小稀疏，根部变黑加重。拔节后茎基部1或2节叶鞘内侧和茎秆表面在潮湿条件下形成肉眼可见的黑褐色菌丝层，称为“黑脚”，这是全蚀病区别于其他根腐病的典型症状。抽穗后，根系腐烂，病株早枯，形成“白穗”。在潮湿情况下，小麦近成熟时在病株基部叶鞘内侧生有黑色颗粒状突起，即病原菌的子囊壳。但在干旱条件下，病株基部“黑脚”症状不明显，也不产生子囊壳。

39. 简述小麦全蚀病的侵染循环及防治策略。

小麦全蚀病（wheat take-all）病菌为土壤寄居菌，病菌主要以菌丝体随病残体在土壤中或混杂在种子间、粪肥中越夏或越冬，成为第二年的初侵染源。病菌从麦苗根部、幼芽鞘侵入，沿根扩展、蔓延，导致根部、茎基部变黑腐烂，植株死亡。此病是一种土传病害，施用带有病残体的未腐熟的粪肥也可传播病害；田间浇水、翻耕犁耙等导致病菌在较近距离的扩散；大型收割机跨地区作业能起到远距离传播的作用。在一个生长季节里，病原菌第二次再传播的作用不大。

小麦全蚀病的防治应以农业措施为基础，充分利用生物、化学的防治手段达到保护无病区、控制初发病区、治理老病区的目的。①保护无病区：严禁从病区调运种子。②合理轮作：坚持1～2年与非寄主作物轮作一次。③平衡施肥：增施有机底肥，注意氮、磷、钾的配合施用。④生物防治：用荧光假单胞菌、枯草芽孢杆菌等。⑤药剂防治：播种前拌种或使用种衣剂包衣处理种子。

第十八章　马铃薯病害及薯类病害

【习题】

问答及论述题

1. 简述危害马铃薯的主要病害及症状特点。
2. 简述马铃薯病毒病的综合防治措施。
3. 简述马铃薯晚疫病的综合防治措施。
4. 简述马铃薯粉痂病的防治措施。
5. 简述马铃薯青枯病的防治措施。
6. 简述甘薯主要病害及症状特点。
7. 简述甘薯黑斑病的综合防治措施。
8. 简述甘薯病毒病种类及其综合防治策略。
9. 简述甘薯茎线虫病的病原及综合防治措施。

【解答】

问答及论述题

1. 简述危害马铃薯的主要病害及症状特点。

危害马铃薯的主要病害有晚疫病、青枯病、病毒病、粉痂病和黑胫病等。其症状特点如下。

（1）马铃薯晚疫病（potato late blight），由晚疫病菌［*Phytophthora infestans*（Mont.）de Bary］侵染引起。主要侵害马铃薯的叶、茎和薯块。罹病叶片先在叶尖或叶缘生水浸状绿褐色斑点，病斑周围具浅绿色晕圈，湿度大时病斑迅速扩大，呈褐色，并产生白霉（孢囊梗和孢子囊），尤以叶背最为明显。干燥时病斑变褐干枯，质脆易裂，不见白霉，且扩展速度减慢。通常在叶片病斑的周围形成淡黄色的褪绿边缘。茎部或叶柄染病现黑色或褐色条斑。茎上病斑很脆弱，茎秆经常从病斑处折断。发病严重的叶片萎垂、卷缩，终致全株黑腐，全田一片枯焦，散发出腐败气味。块茎染病初生褐色或紫褐色大块病斑，稍凹陷，病部皮下薯肉亦呈褐色，慢慢向四周扩大或腐烂。

（2）马铃薯青枯病（potato bacterial wilt），由茄拉尔氏青枯菌［*Ralstonia solanacearum*（Smith）Yabuuchi et al.］侵染引起。青枯病危害马铃薯的根、茎、叶，最明显的症状是枯萎。受害植株在发病前数天看不出明显的症状，数天后茎叶骤然凋萎，因感病初期这些叶片仍为绿色，故称青枯病。植株感病后，初期病株白天萎蔫，傍晚后可恢复正常，后期病株不再恢复而全株枯萎死亡。病茎表面粗糙，常有不定根长出，纵剖病茎，可见维管束有暗褐色至黑色线条。横切茎秆，用手挤压切口，切面有乳白色黏液流出，发病后期茎秆内部腐烂变空。

(3) 马铃薯病毒病（virus disease），主要由 4 种病毒引起，分别是马铃薯 X 病毒（potato virus X，PVX）、马铃薯 Y 病毒（potato virus Y，PVY）、马铃薯卷叶病毒（potato leafroll virus，PLRV）和马铃薯 S 病毒（potato virus S，PVS）。PVX 和 PVY 引起的典型症状是植株长势衰退、株型变矮、叶面皱缩，叶片出现黄绿相间的嵌斑，甚至叶脉坏死，整个复叶脱落。PLRV 严重危害马铃薯，侵染初期表现为顶叶红化，有的直接表现为卷叶，底部叶片卷曲，发病后期叶片变为紫红色。病毒可侵染块茎，块茎产生内部网状坏死，块茎缩小。PVS 危害马铃薯因品种和病毒株系不同，症状也不同，使多数品种叶脉颜色变深，叶片粗缩，叶尖下卷，叶色变浅。有的品种感病后期变成青铜色，严重皱缩，叶面产生小的坏死斑。

(4) 马铃薯粉痂病（potato powdery scab），由马铃薯粉痂病菌［*Sporgospora subterranea*（Walr.）Lagerh. f. sp. *subterranea*］引起。马铃薯粉痂病的症状主要表现在马铃薯植物的地下部分，主要危害块茎及根部，有时茎也可染病。块茎染病，最初在表皮上出现针头大小的褐色小斑，外围有半透明的晕环，后小斑逐渐隆起、膨大，成为直径 3～5mm 的“疱斑”，其表皮尚未破裂，为粉痂的“封闭疱”阶段。后随病情的发展，“疱斑”表皮破裂、反卷，皮下组织现橘红色，散出大量深褐色粉状物（孢子囊球），“疱斑”下陷呈火山口状，外围有木栓质晕环，为粉痂的“开放疱”阶段。如果侵染较严重，“疱斑”连接成片，形成大片不规则的伤口，甚至造成薯块畸形，严重影响薯块的市场价值。根部染病时，于根的一侧长出豆粒大小单生或聚生的白色瘤状物，成熟时变成棕色，这是被侵染细胞的扩大和增生物，严重的根部侵染，会引起弱小植物的枯萎和死亡。

(5) 马铃薯黑胫病（blackleg of potato），是典型的细菌性病害，有 3 个亚种能危害马铃薯，温暖气候下以亚种［*Erwinia carotovora* ssp. *carotovora*（Jones）Bergey et al.］为主、冷凉气候条件下以亚种［*Erwinia carotovora* ssp. *atroseptica*（van Hall）Dye］为主、炎热气候条件下以［*Erwinia chrysanthemi*（Burkholder et al.）Dye］为主发生危害。病株一般在 16～20cm 高时表现出症状，植株矮小，叶色褪绿，茎基以上部位组织发黑腐烂，故称为黑胫病。病轻时，只脐部呈很小的黑斑，有时能看到薯块切面维管束呈黑色小点状或断线状。

2. 简述马铃薯病毒病的综合防治措施。

马铃薯病毒病（virus disease）的综合防治措施。①选用抗病品种。选用抗病品种是防治病害最有效、最经济的方法。②消灭病毒源和传播媒介。因此，种植马铃薯前应清除杂草寄主，并尽可能避免与茄科、十字花科植物相连种植，尤其是种薯生产地。许多马铃薯病毒只能由蚜虫等害虫传播，要有效防治传播害虫。③药剂防治。虽然目前还没有植物病毒的治疗药剂，但用于预防的抗病制剂在生产中取得了显著效果，如将植病灵、菌毒清、病毒必克、几丁寡糖素、菇类蛋白多糖水剂等药剂交替使用，与其他农业防治措施相配合，可取得 60%～70%的防效。④应用脱毒技术：采用茎尖组织培养技术获得马铃薯无病植株来有效控制病毒病害。

3. 简述马铃薯晚疫病的综合防治措施。

马铃薯晚疫病（potato late blight）是世界性的植物病害，其危害严重，防治困难。因此，在防治上应选用以抗病品种为主的综合防治技术措施。①抗病育种。马铃薯对晚疫病的抗病性有两种类型：一种为小种专化抗性，或称垂直抗性；另一种为非专化抗性，又称为田间抗性或水平抗性。垂直抗性是由主效抗病基因控制的，田间抗性则由多基因控制。因晚疫病菌极易发生变异，特别是A2交配型出现后，垂直抗性品种容易“丧失”抗性。而具有田间抗性的品种，抗病性比较稳定。在生产上，应根据晚疫病的流行程度，选用抗病品种。②建立无病留种地，消灭初侵染来源。由于病薯是主要的初侵染来源，建立无病留种地，可以减少初期菌源。③加强栽培管理。合理施肥，增强抗病性。生长后期培土，减少病菌侵染薯块的机会。扩大行距、缩小株距，或在花蕾期喷施90mg/L的多效唑控制地上部植株生长，降低田间小气候湿度，均可减轻病情。④生长期化学防治。由于没有高抗晚疫病的品种，在晚疫病流行期，化学防治是目前控制马铃薯晚疫病流行的主要措施，只要使用得当，可以收到很好的防病增产效果，如可喷施烯酰吗啉、银发利（霜霉威氟吡菌胺）等。⑤收获前防治措施：在流行年份，为了减少收获期晚疫病菌侵染块茎，可以在成熟期或接近成熟期前10～15d清除地上茎叶，或用化学药剂杀死地上茎叶，也可用0.1%～0.2%的硫酸铜液或除草剂、干燥剂杀死地上茎叶。

4. 简述马铃薯粉痂病的防治措施。

马铃薯粉痂病（potato powdery scab）是一种土传病害，休眠孢子囊在土中可存活4～5年，最长可在土中存活10年，甚至20年。马铃薯粉痂菌［*Spongospora subterranea* f. sp. *subterranea*（Wallr.）Lagerh］是活体专性寄生菌，病原菌很难离体培养及在土壤中存留，难以被杀死，给粉痂病的防治带来了很多困难。目前防治上主要有以下几方面措施。①抗病品种和种质资源的利用：控制粉痂病最经济有效且具有环保价值的方法是培育对粉痂病有抗性的马铃薯品种。可以从一些野生的或栽培的种质资源中广泛收集抗原，进行鉴定，从中筛选出有用的抗原进行抗病育种。②严格实行检疫制度：对病区种薯严加封锁，禁止外调。以法规的形式限制带菌种薯的外调，起到控制粉痂病传播的目的，保护非病区受到病害的传播。③种薯消毒处理：通常采用甲醛、硫酸铜和硫黄处理薯块来降低种薯带菌。④土壤处理：将杀死土壤中的病原菌与种植不带菌的种薯结合起来是最有效的控制粉痂病的方法。土壤处理常采用土壤熏蒸剂如98%溴灭泰，施用杀菌剂如福美双等。⑤农业措施：在病害发生地区，实行将马铃薯与豆类或谷类作物进行4～5年轮作的方法来控制粉痂病。种植马铃薯之前，种植诱导植物诱捕土壤中的病原菌能快速降低土壤中的菌量，这是一种不可替代的控制粉痂病的方法。

5. 简述马铃薯青枯病的防治措施。

目前，生产上对马铃薯青枯病（potato bacterial wilt）还无有效的药物防治，防治方法主要通过合理轮作、选用抗病品种以及用小整薯做种等农业综合防治措施来减轻其危害。

（1）选用抗病良种：根据生产实际需要，选用比较抗病早熟的优质良种。①精选种薯，以小整薯做种。小整薯做种，可避免切刀传病，而且小整薯的生活力和抗旱力强，播后出苗早而整齐，每穴芽数、主茎数及块茎数增多。因而采用 25g 左右健壮小薯作种，有显著的防病增产效果。但小薯一般生长期短、成熟度低、休眠期长，而且后期常有早衰现象。在栽培上需要掌握适当的密度，作好催芽处理，增施钾肥，并配合相应的氮磷肥，这样才能发挥小薯作种的生产潜力。②催芽。催芽是马铃薯栽培中一个防病丰产的重要措施。播前催芽，可以促进早熟，提高产量。同时，在催芽过程中，可淘汰病烂薯，减少播种后田间病株率或缺苗断条，有利于全苗壮苗。③适时播种。确定马铃薯播种适期的重要条件是生育期的温度，原则上要使马铃薯结薯盛期处在日平均温度 15～25℃的条件。④合理密植。一般在 60cm×20cm 或 55cm×25cm 左右，每亩种 4700 株至 5000 株，多至 6000 株左右，每株 2 或 3 茎较为适宜。

（2）合理轮作：旱地实行与瓜类、大豆、薏米、玉米、小麦、大麦等 3～5 年轮作的方式；马铃薯、水稻 2 年以上轮作为好。选用土质疏松、排水良好的地块，采用 2 行高垄栽培。

（3）合理施肥：多施农家肥、有机肥、复合肥，减少氮肥用量。每亩撒施石灰粉 50kg、草木灰 5kg，调节土壤酸碱度，可提高植株抗病力。

（4）科学灌溉：马铃薯苗期植株小，可不浇水，只在过分干旱时适当浇水一次，浇后要中耕；现蕾时就进入了马铃薯生长茎叶的旺盛期，需要充足的水分，稍有干旱，即行浇水；但收获前一周要停止灌水，以免不耐储藏。

（5）种薯带菌检测：可利用硝酸纤维素膜酶联免疫吸附（NCM-ELISA）马铃薯青枯病检测试剂盒和免疫荧光马铃薯青枯病检测试剂盒（荷兰）对种薯带菌进行检测，避免带菌种薯流入大田。

（6）药剂防治。①在病穴灌注 2%甲醛液或 20%石灰水，也可以在拔除病穴撒施生石灰，以防止病菌在土壤中扩散。②进行微生物和生态防治。利用拮抗性微生物，包括荧光假单胞菌、芽孢杆菌、青枯菌无致病力产细菌素菌株、噬菌体等来抑制有害病原菌。③在发病初期用 72%农用硫酸链霉素可溶性粉剂 4000 倍液、或 25%络氨铜水剂 500 倍液、77%可杀得可湿性微粒粉剂 400～500 倍液、50%百菌通可湿性粉剂 400 倍液、12%绿乳铜乳油 600 倍液、47%加瑞农可湿性粉剂 700 倍液灌根，每株灌兑好的药液 0.3～0.5L，隔 10d 1 次，连续灌 2 或 3 次。

6. 简述甘薯主要病害及症状特点。

危害甘薯的主要病害有甘薯茎线虫病、甘薯病毒病、甘薯黑斑病等，其主要症状特征如下所述。

（1）甘薯茎线虫病

甘薯茎线虫病（stem nematode of sweet potato）又叫空心病，是典型的茎线虫危害病害。由毁灭茎线虫（*Ditylenchus destructor* Thorne）引起。甘薯茎线虫病主要危害甘薯块根、茎蔓及秧苗。秧苗根部受害，在表皮上生有褐色晕斑，秧苗发育不良、矮小发黄。茎部症状多在髓部，初为白色，后变为褐色干腐状。块根症状有糠心型和糠皮型。严重发病时，两种症状可以混合发生。

（2）甘薯病毒病

甘薯病毒病（virus disease of sweet potato）主要由甘薯羽状斑驳病毒（sweet potato feathery mottle virus，SPFMV）和甘薯潜隐病毒（sweet potato latent virus，SPLV）引起。症状特点。①叶片斑点型：苗期和大田期均可发生，叶片感病初期有明脉症状，也可出现褪绿半透明斑，随后周围变成紫褐色，形成紫斑、紫环斑、黄色斑或枯斑。②花叶型：苗期感病后，初期叶脉呈网状透明，后沿叶脉出现不规则黄绿相间的花叶斑纹。③卷叶型：叶片边缘上卷，严重者可形成杯状。④叶片皱缩型：病苗叶片较小，皱缩，叶缘不整齐，甚至扭曲。有与中脉平行的褪绿半透明斑。⑤叶片黄化型：包括叶片黄化及网状黄脉。⑥薯块龟裂型：薯块上产生黑褐色或黄褐色龟裂纹。

（3）甘薯黑斑病

甘薯黑斑病（black rot of sweet potato）是由甘薯长喙壳菌（*Ceratocystis fimbriata* Ellis and Halsted）侵染引起的真菌性病害。罹病基部长出椭圆形或梭形病斑，稍凹陷，病斑初期有灰色霉层，后逐步出现黑色刺毛状物和黑色粉状物。病斑逐渐扩大，苗的基部变黑，呈黑脚状而死。严重时苗未出土即死于土中，种薯变黑腐烂，造成烂床。病苗移栽大田后，基部叶片变黄脱落，地下部分变黑腐烂，苗易枯死，造成缺苗断垄。新形成的薯块以收获前后发病最多，病斑为褐色至黑色，中央稍凹陷，上生有黑色霉状物或刺毛状物。病薯变苦，不能食用。

7. 简述甘薯黑斑病的综合防治措施。

①严格检疫：不从病区调运种薯，对调运的种薯实施产地或调运检疫，防止带病种薯调出调入，保护无病区。②选用无病种薯：种薯用51～54℃温烫浸种，苗床用净土或用50%代森铵处理，以培育无病壮苗。③培育无病薯苗：种薯上床前进行精选，剔除病薯及有伤口的薯块，再把精选的种薯用51～54℃温水浸泡10～15min，然后上床，育秧期要加强管理，培育无病壮苗。剪苗时在苗床上离坑面3～5cm以上剪秧，以避开秧苗茎基部的感病部分。④药剂浸薯苗：用10%多菌灵或50%甲基托布津100倍液浸10min。

8. 简述甘薯病毒病种类及其综合防治策略。

（1）甘薯主要病毒种类。已报道侵染甘薯的病毒有10余种，主要有甘薯羽状斑驳病毒（sweet potato feathery mottle virus，SPFMV）、甘薯潜隐病毒（sweet potato latent virus，SPLV）、甘薯花椰菜花叶状病毒（sweet potato caulimo-like virus，SPCLV）、甘薯脉花叶病毒（sweet potato vein mosaic virus，SPVMV）、甘薯轻斑驳病毒（sweet potato mild mottle virus，SPMMV）、甘薯黄矮病毒（sweet potato yellow dwarf virus，SPYDV）、烟草花叶病毒（Tobacco mosaic virus，TMV）和黄瓜花叶病毒（cucumber mosaic virus，CMV）等。我国甘薯发生的病毒病主要为甘薯羽状斑驳病毒和甘薯潜隐病毒。

（2）综合防治策略。①采用茎尖分生组织培养脱毒苗的方法防治病毒病，恢复品种的优良种性。②药剂防治，还没有植物病毒的治疗药剂，但植病灵、菌毒清、病毒必克、几丁寡糖素等药剂在发病前施用，还是有一定防治效果。③种薯处理，对于脱毒种薯要单收单储。

9. 简述甘薯茎线虫病的病原及综合防治措施。

甘薯茎线虫病（stem nematode of sweet potato）又叫空心病，是中国国内植物检疫对象之一。由甘薯茎线虫（*Ditylenchus destructor* Thorne）引起，除危害甘薯外，还危害马铃薯、蚕豆、小麦、玉米、蓖麻、小旋花等植物。防治措施主要有以下几点。

①加强检疫：严格控制种苗调入调出，对引进新品种必须由技术部门到有资质的种苗繁育部门引种并通过严格检疫方可栽植。②建立无病留种田：选择地势较高多年未栽植甘薯的地块，不浇带病菌的肥水。实行 3 年以上轮作，种薯要单收单藏，远离商品、食品薯类储藏。③选用抗病品种：选用抗病甘薯品种是比较经济有效而且简单易行的方法，甘薯品种间抗茎线虫病差异明显，引进推广适宜当地栽植的抗病品种。④推广脱毒种薯：脱毒种薯不但脱去病毒，还能脱去携带的真菌、细菌、线虫等病原体，繁殖出的秧苗成为无病壮苗，栽后缓苗快，生长旺盛。⑤培育无病壮苗：苗床要选无病土并要消毒。育苗的薯块用 50～55℃温水浸种 10min，苗床要进行两次消毒，第一次是种薯上床时，第二次是拔两茬苗后。栽苗采用高剪苗，剪去苗基部白色部分（3～5cm），然后用 50%甲基托布津 100 倍液浸苗基部 30min。⑥建立轮作倒茬制度：栽植甘薯地块要求做到轮作倒茬，倒茬作物为禾本科作物，如谷子、玉米、高粱等，轮作不能少于 3 年，这样土壤中的线虫就能大大减少。⑦大田栽植时药剂处理：在发病区，大面积生产中倒茬困难，为防止土壤中的茎线虫侵害无病秧苗，在栽植秧苗时将茎线灵 40～50g/m^2 与细土混匀后撒入土中。⑧清洁处理好病薯、病蔓及杂草：在甘薯收获后要及时清除田间病薯块、病薯蔓、枯叶、杂草等，将它们集中到田外地头焚烧。严禁用病薯块、病薯蔓喂牲畜、沤肥，发现病薯块也不能随处乱丢乱放，要及时集中销毁。

第十九章　蔬菜病害Ⅰ（十字花科蔬菜、茄科蔬菜病害）

【习题】

问答及论述题

1. 列举几种十字花科蔬菜、茄科蔬菜上的主要病害。
2. 全国性的十字花科蔬菜三大病害是什么？
3. 试描述十字花科蔬菜软腐病在田间的发病期及症状。
4. 试述十字花科蔬菜软腐病的病原、在田间的初侵染源及其病害循环。
5. 试述影响软腐病的发病因素。
6. 试述十字花科软腐病的防治方法。
7. 试述十字花科蔬菜霜霉病的症状及病原形态。
8. 试述十字花科蔬菜霜霉病的病害循环及防治。
9. 试述茄科蔬菜青枯病的危害症状、病原及防治方法。
10. 试述番茄病毒病主要的发病类型及各自的症状。
11. 描述番茄早疫病在叶、茎和果实上发病的典型症状。
12. 试述番茄叶霉病的病原及病害循环。
13. 试述茄黄萎病的发病症状及致病病原。
14. 试述茄黄萎病的病害循环。
15. 试述辣椒疫病的发病症状、病原、病害循环及防治措施。
16. 试述辣椒疫病成株期症状与枯萎病的区别。
17. 茄类病毒病的病原主要有几种？
18. 试比较番茄早疫病与晚疫病的症状、发生规律。
19. 十字花科根肿病的症状、病原及发病规律是什么？如何防治？

【解答】

问答及论述题

1. 列举几种十字花科蔬菜、茄科蔬菜上的主要病害。

十字花科蔬菜病害的主要病害有：软腐病（bacterial soft rot）、霜霉病（downy mildew）、白锈病（white rust）、黑腐病（black rot）、黑斑病（alternaria leaf spot）、病毒病（viral disease）等。

茄科蔬菜主要病害有：茄科蔬菜青枯病（bacterial wilt）、灰霉病（grey mold）、枯萎病（wilt）、病毒病（viral disease）、早疫病（early blight）、叶霉病（leaf mold）、茄

黄萎病（verticillium wilt）、褐纹病（brown streak）、疫病（phytophthora blight）、白粉病（powdery mildew）等。

2. 全国性的十字花科蔬菜三大病害是什么？

十字花科蔬菜的三大病害是指病毒病（viral disease）、软腐病（soft rot）和霜霉病（downy mildew）。

3. 试描述十字花科蔬菜软腐病在田间的发病期及症状。

十字花科蔬菜软腐病（soft rot of crucifers）于大白菜和甘蓝的包心期开始发生。通常外叶基部先发病，病部呈水浸状黄色病斑，后扩大成黄褐色而腐烂，呈黏滑软腐状，并发出恶臭味。之后外叶萎垂外露，病组织内充满污白色或灰黄色黏稠物质。发病严重时，叶柄基部和根茎处心髓组织完全腐烂，导致整株死亡。腐烂病叶在干燥环境下失水变黑，渐成薄纸状。

4. 试述十字花科蔬菜软腐病的病原、在田间的初侵染源及其病害循环。

十字花科蔬菜软腐病的病原为胡萝卜软腐欧文氏菌胡萝卜致病亚种（*Erwinia carotovora* subsp. *carotovora* Dye）。

十字花科蔬菜软腐病的初侵染源主要是田间病株、病残体、带菌越冬的媒介昆虫，以及田间其他寄主植物。病菌通过昆虫或灌溉水传播，从伤口侵入，导致发病。病组织中的病菌又借昆虫、雨水等传播，引起再次侵染，使病害扩展蔓延。

5. 试述影响软腐病的发病因素。

软腐病的发生与伤口及影响寄主愈伤能力的因素均有密切关系。①气象条件。雨水与发病的关系最为密切，雨水多时发病重。②虫害。害虫一方面体外携带病菌，另一方面又在寄主体上取食时造成伤口，帮助病害传播。③栽培管理。低洼地区，积水造成土中缺氧，影响伤口的愈合，并有利于病菌繁殖和传播。④寄主自身伤口的愈合能力。⑤品种抗病性。品种抗性存在差异，但没有免疫品种。

6. 试述十字花科软腐病的防治方法。

十字花科软腐病的防治方法：以选用抗病品种、加强栽培管理为主，结合防虫和药剂保护的综合防治措施。

（1）选育抗病品种。

（2）加强栽培管理：①实行轮作；②采用垄作或高畦栽培，有利于田间排水；③在不影响产量的前提下，适时迟播；④及时清除田间病株和病残体；⑤合理施肥，促进幼苗生长健壮，减少自然创口；⑥增施钙素可提高寄主的抗病性。

（3）治虫防病。

（4）药剂防治：可选用农用链霉素、氯霉素等。

（5）生物防治。

7. 试述十字花科蔬菜霜霉病的症状及病原形态。

十字花科作物整个生育期都可以发生霜霉病。一般以晚秋和早春时的蔬菜发病较普遍。主要危害叶片，其次危害茎、花梗和种荚等。叶片被害时，初期在叶片正面产生淡绿色的病斑。病斑逐渐扩大，色泽由淡绿色转为黄色至黄褐色，并受叶脉限制而成多角形或不规则形，在叶片背面的病斑上则出现白色霉层。

十字花科蔬菜霜霉病（downy mildew of crucifers）的病原为寄生霜霉［*Peronospora parasitica*（Pers.）Fr.］，属卵菌门，霜霉属真菌。菌丝无色，无隔膜，寄生于寄主细胞间隙，以吸器伸入寄主细胞内吸取养分。孢子梗由菌丝直接产生，从气孔伸出到寄主体外，无色、无分隔，状如树枝，呈锐角二叉状分枝，末端小梗尖细，向内弯曲，其上生 1 个孢子囊。

8. 试述十字花科蔬菜霜霉病的病害循环及防治。

在北方，十字花科蔬菜霜霉病病菌以卵孢子随病残体在土壤中越冬、越夏。春季环境适宜时，卵孢子萌发，侵染小白菜等春菜，在发病中、后期的病组织内产生卵孢子越夏，当年秋季可萌发，侵染大白菜等秋菜。在南方，田间终年种植十字花科作物，病菌借助不断产生的大量孢子囊在多种植物上辗转危害。在长江中下游地区，病菌以卵孢子随病残体越冬或以菌丝体在田间寄主体内越冬，成为次春的初侵染源。卵孢子或菌丝体上产生的孢子囊靠气流或雨水传播，萌发后从气孔或表皮直接侵入。

在防治上，以种植抗病品种、加强栽培管理为主，结合药剂防治的综合防治措施。①利用抗病品种：由于抗花叶病品种也抗霜霉病，应因地制宜地结合防治花叶病选用抗病品种。②合理轮作：由于卵孢子随着病残体在土壤中越冬，为减少菌源，应与非十字花科作物轮作，最好实行水旱轮作，以减少发病。③加强水肥管理：施足基肥，增施磷钾肥，合理追肥。收获后清洁田园，进行秋季深翻。④药剂防治：发现中心病株及时喷药，以控制病害蔓延。

9. 试述茄科蔬菜青枯病的危害症状、病原及防治方法。

茄科青枯病（bacterial wilt of solanaceous vegetable）是一种细菌性维管束病害。一般在苗期不表现症状，在结果以后才开始表现症状，至盛夏时发病最为严重。病株初期仅部分幼叶出现萎蔫，同时下部老叶轻微黄化，其茎、根部的维管束被害后变褐腐烂，而根部则呈水渍状；后期茎的外部亦可部分呈现褐色病变。切断病茎，用手挤压即可从断面的变色导管部分分泌出污白色黏液。番茄发病后首先是顶部叶片萎垂，接着下部叶片枯萎，中部叶片反应最迟。病株开始仅在中午萎垂，傍晚恢复，经 2～3d 即全株萎垂死亡。植株虽然有时落叶，但很少黄化而保持绿色。病株根部常变褐腐烂，茎部表皮粗糙并可产生很多长短不等的不定根；髓部在潮湿时变褐腐烂或呈“空心”，干燥时则仅木质部变为紫褐色，病叶有时叶脉变黑。

病原物为茄科劳尔氏菌［*Ralstonia solanacearum*（Smith）Yabuuchi et al.］，变形菌门劳尔氏菌属。

茄科蔬菜青枯病是一种较难防治的病害，宜采取选用抗病品种，加强栽培控病措施为主，适当结合施药的综合防治措施。①因地制宜选用抗病品种。②加强栽培控病措施：清除病残体，避免连作，最好与水稻轮作一年以上。深翻晒土，增施优质有机肥和增施磷钾肥。③药剂防治：青枯病等细菌性病害在防治上，侧重预防，如田间已发病，施药效果较差。病区可选用链霉素等药剂作预防性喷浇，有一定效果。④生物防治：已有一些关于茄科蔬菜青枯病防治的生物防治制剂的报道，如云南农业大学何月秋教授课题组，已在小面积上于发病初期利用芽孢杆菌，取得了 70%左右的防治效果。

10. 试述番茄病毒病主要的发病类型及各自的症状。

番茄病毒病（virus disease）在全国各地普遍发生，危害严重。发病率以花叶型最高，蕨叶型次之，条斑型较少。而危害程度以条斑型最严重甚至绝收，蕨叶型居中，花叶型较轻。花叶型：叶片出现明脉、轻型或重花叶、斑驳和皱缩，顶叶变小，叶细长狭窄或扭曲畸形。蕨叶型：黄绿色顶芽幼叶细长，呈螺旋形下卷，并自上而下叶片全部或部分变成蕨叶，叶片背面叶脉紫色，轻微花斑。条斑型：可发生在叶片、茎蔓和果实上。叶片上为茶褐色斑点或云纹斑。此外，在同一植株上有时会同时出现两种或两种以上不同症状类型，即混合型；而两种或两种以上不同病毒的复合侵染也相当普遍。

11. 描述番茄早疫病在叶、茎和果实上发病的典型症状。

番茄早疫病（tomato early blight）侵染叶片后，受害叶片边缘深褐色、中央灰褐色、有同心轮纹的圆形病斑。受害茎部的病斑多数发生在分枝处，灰褐色、椭圆形，稍凹陷，有同心轮纹。受害果实上的病斑多发生在蒂部附近和裂缝处，圆形或近圆形，黑褐色，稍凹陷，也有同心轮纹。

12. 试述番茄叶霉病的病原及病害循环。

番茄叶霉病（tomato leaf mold）的病原为［*Fulvia fulva*（Cooke）Cif.］，属褐孢霉属真菌，异名为黄枝孢菌（*Cladosporium fulvum* Cooke）。

番茄叶霉病的病菌以菌丝体随病残体在土壤中越冬，也可以分生孢子附着在种子表面或以菌丝体潜伏于种皮内越冬。翌年，在田间病残体上越冬的菌丝体产生分生孢子，通过气流传播，引起初侵染。播种带菌种子也可引起植株发病。在适宜环境条件下，发病部位产生大量分生孢子，借风雨或气流传播引起再侵染。病菌孢子萌发后从寄主叶背的气孔侵入，菌丝在寄主细胞间隙蔓延，产生吸器吸取寄主养分。病菌也可从萼片、花梗的气孔侵入，并能进入子房，潜伏在种皮上。

13. 试述茄黄萎病的发病症状及致病病原。

茄黄萎病（verticillium wilt）是茄重要病害之一。该病在现蕾期始见，一般在茄坐果后普遍表现症状。发病初期在叶片的叶脉间或叶缘出现失绿，呈黄色不规则圆形斑块，病斑逐渐扩展成大块黄斑，可布满两支脉之间或半张叶片，甚至整张叶片。始病时，病叶不凋萎或仅中午强光照时凋萎。随病情的发展，病株上病叶由黄变褐，并自下而上逐渐凋萎、脱落。植株可全株发病，也可半边发病半边正常（俗称半边疯），还有的仅个别枝条发病。病株的果实小而少，质地坚硬，果皮皱缩干瘪。病株根和主茎的维管束变成深褐色，重病株的分枝、叶柄和果柄的维管束也变成深褐色。

病原为大丽轮枝孢（*Verticillium dahliae* Kleb.），属轮枝孢属真菌。

14. 试述茄黄萎病的病害循环。

茄黄萎病菌（*Verticillium dahliae* Kleb.）以休眠菌丝、厚垣孢子和微菌核在土壤中越冬，成为主要的初侵染源。翌年，病菌菌丝体从根部伤口或直接穿透根表皮或根毛侵入。病菌还可以菌丝体和分生孢子在种子内外越冬。病菌表面一般不产生分生孢子，没有再侵染。病菌主要借助风雨、水流、农具或农事操作在田间或田块间传播蔓延。

15. 试述辣椒疫病的发病症状、病原、病害循环及防治措施。

辣椒疫病（pepper phytophthora blight）在辣椒整个生育期均可发病，以苗期和挂果期发生更为普遍。幼苗发病多在根颈部与近土表的茎基部，病斑初为水渍状、暗绿色小斑块，病斑后由上向下发展并环绕茎部，形成褐色至黑褐色、明显缢缩的病斑，病株易折倒。高湿时，病部可见白色稀疏霉层（菌丝体和孢子囊）。成株期果实受害多从蒂部开始，病斑水渍状、青灰色、无光泽，后期常伴有细菌腐生，呈白色软腐。

病原为辣椒疫霉（*Phytophthora capsici* Leonian），属卵菌门疫霉属。

辣椒疫病病菌以卵孢子在土表病残体或土壤中越冬。植株发病后形成发病中心或中心病株，其病部在高湿条件下可形成大量游动孢子囊，并借助雨水或灌溉水传播，不断进行再侵染。病菌可直接侵入或通过伤口侵入寄主，伤口更有利于病菌侵入。

在防治上，应以农业防治和药剂防治相结合。

（1）农业防治措施：①与韭菜、豆科、十字花科蔬菜轮作 2～3 年，避免用番茄、茄子或瓜类作物作前茬；②推广高垄双行栽培，小水勤灌，既保持土壤湿润，又不使灌溉水漫过根茎；③一旦发现中心病株及时拔除销毁。

（2）药剂防治：药剂防治的关键时期是在多雨季节，田间出现中心病株时进行防治，常用的药剂有甲霜铜、烯酰吗啉、丙森锌等。

16. 试述辣椒疫病成株期症状与枯萎病的区别。

辣椒疫病（pepper phytophthora blight）成株期症状容易和枯萎病混淆，枯萎病病株全株青枯凋萎，不落叶，维管束变深褐色，根系发育不良，地上部未见到明显的病斑。而辣椒疫病病株仅部分叶片凋萎，相继脱落，维管束色泽正常，根系发育良好；地上部嫩枝褪绿，软腐，主枝和茎褪绿变褐，特别是在分叉处变褐更明显。在空气湿度大时，嫩枝、叶、果实上均有白色稀疏的霉层（病菌的孢囊梗和孢子囊）。在空气湿度不高，雨水较少的季节里，如果土壤中湿度较大，尤其是漫灌的温室和大田中，辣椒疫病也时常发生，地上部无病斑，仅茎基部外表皮褪绿变褐色，此时的症状同枯萎病较难区别，但疫病引起的枯死植株维管束基本正常。

17. 茄类病毒病的病原主要有几种？

茄科病毒病主要有 6 种：①烟草花叶病毒（tobacco mosaic virus，TMV）；②黄瓜花叶病毒（cucumber mosaic virus，CMV）；③马铃薯 X 病毒（potato virus X，PVX）；④马铃薯 Y 病毒（potato virus Y，PVY）；⑤烟草蚀纹病毒（tobacco etch virus，TEV）；⑥苜蓿花叶病毒（alfalfa mosaic virus，AMV）。

18. 试比较番茄早疫病与晚疫病的症状、发生规律。

番茄的早疫病（tomato early blight）、晚疫病（tomato late blight）并不是指发病时间的早晚，而是指两种病的病原菌和发生危害方式都不同。

早疫病又叫轮纹病，主要危害叶片，也侵害茎杆和果实。发病初期，在叶片上呈水渍状暗褐色病斑，扩大后呈近圆形并有同心轮纹。一般从下部叶片发病，逐步向上蔓延，严重时下部叶片枯死。果实受害部位多在果柄附近，呈黑褐色凹陷并有霉状物。

晚疫病危害叶片、茎及果实，苗期就可发病。开始从叶尖或叶缘处出现不规则的暗绿色水渍状病斑，扩大后变为褐色。雨水多、湿度大时发病迅速，茎杆、果实均会变为黑褐色，所以有的又叫黑杆病。

发病规律：早疫病是由链格孢属-茄链格孢［*Alternaria solani*（Ell. et Mart）

Jones et. Grout］侵染引起的病害。病菌以菌丝或分生孢子随病残体在土壤中或种子上越冬，借风雨传播，适宜发病的气温为20～25℃，相对湿度高于70%。

晚疫病由卵菌门、疫霉属的致病疫霉［*Phytophthora infestans*（Mont.）de Bary］真菌侵染引起，病菌主要在种子、病残体及土壤中越冬，借风雨传播。一般气温在18～22℃，相对湿度在95%以上时发病最快。在雨水多、气温忽高忽低，雾露大的初夏或晚秋最易发病流行。

防治方法有以下几种。

（1）实行轮作，避免与茄科作物（包括烤烟及马铃薯）连作。

（2）种子及苗床消毒：用1%的硫酸铜浸种10～15min或用0.1%的高锰酸钾（锰强灰）浸种30min，清洗后播种。土壤消毒可选用代森锌、多菌灵或五氯硝基苯按5g/m^2 与土壤混合拌匀施于播种层内可防苗期发病。

（3）采用深沟高畦栽培并加强管理及时搭架整枝，摘除病叶、黄叶，增加通风透光。

（4）药剂防治：发病初期可用1∶1∶200倍的波尔多液喷洒预防，也可用50%的霉疫净500倍，或75%的百菌清500～800倍喷雾防治，尤其在大雨后加强防治。

（5）大棚栽培最好采用地膜加无滴拱膜覆盖，注意通风降低棚内湿度。

19. 十字花科根肿病的症状、病原及发病规律是什么？如何防治？

十字花科根肿病（crucifers clubroot）在大白菜、小白菜、菜薹、雪里蕻等白菜类蔬菜的幼苗或成株均可发生。病株叶色变淡，凋萎下垂。病株根部肿大呈瘤状，其形状大小受着生部位影响较大，主根上的瘤多靠近上部，球形或近球形，表面凹凸不平，粗糙，后期表皮开裂或不开裂；侧根上的瘤，多呈圆筒形，手指状；须根上的瘤，较多，并串生在一起。

其病原物为芸苔根肿菌（*Plasmodiophora brassicae* Wornin.）。病菌以休眠孢子囊随病残体在土壤中，或黏附在种子上越冬越夏，可在土中存活10～15年，在水中19个月不丧失生活力，靠流水和土壤中的线虫、昆虫的活动及农事操作等传播，病菌还可随带病根的菜苗、菜株的调运或带菌泥土的转移传播，远距离的传播主要依靠黏附在种子表面的厚垣孢子。在适宜条件下，休眠孢子囊萌发后，产生游动孢子，从寄主的根毛或侧根的伤口侵入寄主，刺激寄主细胞分裂、体积增大，根部出现肿瘤。一般病菌侵染10d左右根部长出肿瘤。地势低洼或连作田、水改旱的菜地或土壤偏酸性的田块（pH5.4～6.5）及氧化钙（CaO）含量不足的田块发病重。最适土壤含水量为70%～90%，低于45%，病菌容易死亡。

防治方法：选用和合理利用抗病品种，选用抗病品种星星、白菜王等，并合理布局。11月～翌年3月可选用83-1。播种和2叶期时，采用有效药剂百菌清、多菌灵灌根或药肥拌土塘施，以培育无病壮苗为目标，适时防治，可减轻病害损失。近年来，云南农业大学何月秋项目组采用枯草芽孢杆菌XF-1进行生物防治，已取得了化学农药不可及的防治效果，白菜类于播种前或播种后施用1次，随后再每隔7～10d补施1或2次，防治效果可高达80%以上，基本能控制损失；在甘蓝型油菜上的防治方法同白菜类，但再增施1或2次，防治效果亦高达75%以上。

第二十章　蔬菜病害Ⅱ（葫芦科植物、豆科蔬菜、芹菜、葱、姜、蒜病害）

【习题】

问答及论述题

1. 黄瓜霜霉病主要症状是什么？病原是什么？试述其防治要点。
2. 瓜类疫病的病原有何特征？影响瓜类疫病发生的因素有哪些？如何有效防治该病害？
3. 黄瓜枯萎病有哪些症状？试述其病原、发生规律及防治要点。
4. 黄瓜白粉病有哪些症状？试述其病原、发生规律和防治要点。
5. 黄瓜病毒病有哪些症状？应如何防治？
6. 简述蔬菜根结线虫病的一般症状特点，如何有效防治蔬菜根结线虫病？
7. 保护地茄科蔬菜灰霉病的病原、防治措施有哪些？
8. 菜豆炭疽病的症状、病原及发病规律是什么？如何防治？
9. 豌豆褐斑病的症状、病原及发病规律是什么？如何防治？
10. 大葱霜霉病的症状、病原及发病规律是什么？如何防治？
11. 大蒜叶枯病的症状、病原及发病规律是什么？如何防治？
12. 试述黄瓜细菌性角斑病的症状、病原、发生规律及防治对策。
13. 试述南瓜白粉病的症状、病原、发生规律及防治方法。
14. 试述南瓜病毒病的症状、病原及发病规律。
15. 芹菜斑枯病有哪些症状？简述其病原，应如何防治？
16. 大葱锈病有哪些症状？简述其病原，应如何防治？
17. 大葱黑斑病有哪些症状？简述其病原，应如何防治？
18. 大葱紫斑病有哪些症状？简述其病原，应如何防治？
19. 菜豆菌核病有哪些症状？简述其病原，应如何防治？
20. 菜豆锈病有哪些症状？简述其病原，应如何防治？
21. 菜豆褐斑病有哪些症状？简述其病原，应如何防治？
22. 菜豆枯萎病有哪些症状？简述其病原，应如何防治？
23. 菜豆炭疽病有哪些症状？简述其病原，应如何防治？
24. 菜豆细菌性疫病有哪些症状？简述其病原，应如何防治？

【解答】

问答及论述题

1. 黄瓜霜霉病主要症状是什么？病原是什么？试述其防治要点。

黄瓜霜霉病（cucumber downy mildew）主要危害叶片、茎、卷须和花梗。幼苗子叶感病后正面出现不均匀的褪绿黄化，以后变成不规则的枯黄斑，空气潮湿时，病斑表面产生一层稀疏的紫黑色霉层，叶片很快干枯，幼苗死亡。多数植株进入开花结果期后，从下部老叶片开始发病。发病初期，叶正面出现淡黄色病斑，背面出现水渍状多角形病斑，或叶片正反两面均出现多角形水渍状病斑，病斑发展后叶片正面为褐色多角形病斑，外圈仍为黄绿色，病健交界模糊，潮湿时叶背病斑处产生紫黑色霉层，后期变成黑色霉层。空气干燥时病斑易碎裂，空气潮湿时则易腐烂。

黄瓜霜霉病是由假霜霉属真菌［*Pseudoperonospora cubensis*（Berkeley et Curtis）Rostovzev］侵染引起的，该病菌的孢子囊靠气流和雨水传播。在温室中，该菌依靠人们的生产活动传播。最适宜发病温度为16～24℃，低于10℃或高于28℃，较难发病，低于5℃或高于30℃，基本不发病。适宜的发病湿度为85%以上，特别在叶片有水膜时，最易受侵染发病。湿度低于70%，病菌孢子难以发芽侵染，低于60%，病菌孢子不能产生。

防治黄瓜霜霉病，必须认真执行“预防为主、综合防治”的植保方针，推广抗病品种，抓好生态防治和化学防治，如微生物制剂有枯草芽孢杆菌，化学农药有50%烯酰吗啉可湿性粉剂、60%乙膦铝、烯酰吗啉可湿性粉剂、40%嘧霉胺水分散粒剂、44%百菌清·精甲霜灵悬浮剂等。

2. 瓜类疫病的病原有何特征？影响瓜类疫病发生的因素有哪些？如何有效防治该病害？

瓜类疫病（phytophthora blight）的病原是甜瓜疫霉（*Phytophthora melonis* Katsura），病菌的孢囊梗简单，与菌丝无明显分化，宽1.5～3.0μm，长可达100μm。孢子囊无色，卵圆形，其大小差异很大。卵孢子球形，淡黄色，表面较平滑，直径10.7～35.7μm。此外病菌还可产生淡黄色近球形的厚壁孢子，病菌生长发育要求较高的温度（28～30℃）和湿度。

瓜类疫病的发生与气象因子、栽培措施和品种抗性等因素有关，其中以气象因子和栽培措施的影响最大。

防治瓜类疫病应采取以农业防治为主、药剂防治为辅的综合防治措施。具体注意以下3个方面：①选用抗病品种；②推广高畦种植，及时排除雨后积水，减少病菌的传播蔓延；③及时喷药保护，如50%烯酰吗啉可湿性粉剂。

3. 黄瓜枯萎病有哪些症状？试述其病原、发生规律及防治要点。

黄瓜枯萎病（cucumber fusarium wilt）属于土壤传染的维管束病害。主要侵害植株根部和茎基部维管束，病菌在维管束内繁殖蔓延，通过堵塞维管束导管和分泌有毒物质毒害寄主细胞，破坏寄主正常的吸收输导机能，使养分、水分转运受阻，造成植株叶片萎蔫，终致全株枯萎死亡。剖检病株茎基部，可见茎部皮层及木质部维管束呈褐色病变。潮湿时患部表面还可长出黄白色至粉红色粉状霉，即病菌的菌丝体、分生孢子梗和分生孢子。

黄瓜枯萎病与疫病症状均可引起植株萎蔫。但黄瓜疫病染病的茎蔓维管束不变色，仅茎节表面变褐，收缩成线状，并侵害果实引致果腐，潮湿时果面出现稀疏白色霉状物。在田间，枯萎病菌不侵染果实，染病茎基部潮湿时长出黄白色至粉红色粉状霉，内部维管束变成褐色。

黄瓜枯萎病由镰孢属的尖镰孢菌黄瓜专化型［*Fusarium oxysporum*（Schl.）f. sp. *cucumerinum* Owen］侵染所致。病菌主要以厚垣孢子和菌丝体随寄主病残体在土壤中或以菌丝体潜伏在种子内越冬。厚垣孢子在土中能存活 5 年以上。病菌远距离传播主要借助带菌种子和带菌肥料，田间近距离传播主要借助土壤移动、灌溉水、流水、风雨、小昆虫及农事操作等，从伤口或不定根处侵入致病。

防治方法。①选用抗耐病丰产良种。②推广嫁接栽培（以南瓜苗做砧木，以黄瓜苗做接穗）。③种子消毒。④实行轮作。⑤推行药土，如以 50%多菌灵可湿性粉剂 30～45kg/hm^2 做成营养袋或育苗盆育苗，并采用高畦地膜覆盖栽培。⑥加强以肥水为中心的栽培管理。⑦在发病前，采用微生物制剂灌根，如云南农业大学研制的“苗根健”。

4. 黄瓜白粉病有哪些症状？试述其病原、发生规律和防治要点。

黄瓜白粉病（cucumber powdery mildew）多发生于植株生长的中后期，主要危害叶片，严重时可延及叶柄、茎蔓和卷须，但瓜果通常较少受害。被害叶片初现近圆形白色霉点，边缘不明晰，仔细观察能见到蛛丝状向四周扩展的菌丝体。后霉点逐渐扩大，数量也逐渐增多，由霉点发展为白粉斑，数个粉斑可融合为粉状斑块，严重时全叶为白粉状物所覆盖，如被撒上一薄层面粉。病叶后变黄甚至焦枯。

病原的有性态属子囊菌门，单丝壳属［*Sphaerotheca fuliginea*（Schl.）Poll＝S. *cucurbitae*（Jacz.）Z. Y. Zhao］真菌，其无性阶段属粉孢属（*Oidium* sp.）真菌。

病菌以无性态分生孢子作为初侵染与再侵染接种体，依靠气流传播，在田间瓜类作物上辗转侵害，完成病害周年循环，越冬期不明显。病菌喜高温、高湿，但耐干燥，在温度为 20～25℃、相对湿度为 70%～85%时最有利于发病，但相对湿度低至 25%时孢子仍能萌发侵染致病。

防治方法。①种植抗耐病高产良种。②抓好以肥水为中心的栽培防病措施。③抓好无病早防，见病早治的喷药预防工作。从植株上架封行时开始，定期或不定期喷施百菌清·戊唑醇悬浮剂、粉锈宁、三唑酮、硫黄悬浮剂等控制病情。

5. 黄瓜病毒病有哪些症状？应如何防治？

黄瓜的病毒病（cucumber viral disease）的症状可分 3 种类型：花叶型、蕨叶型、条斑型。引起该病的有 20 多种病毒，主要有黄瓜花叶病毒（cucumber mosaic virus，CMV）、甜瓜花叶病毒（melon mosaic virus，MMV）、烟草花叶病毒（tobacco mosaic virus，TMV）、烟草卷叶病毒（tobacco leaf curl virus，TLCV）、马铃薯 X 病毒（potato virus X，PVX）、苜蓿花叶病毒（alfalfa mosaic virus，AMV）等，但最为主要的是由 CMV 、MMV 和 TMV 3 种病毒引起的。在黄瓜生长过程中，常多种病毒病混合发生。一般先从上部嫩叶显症，有的出现花叶，有的出现浓绿色隆起皱纹、凹凸不平，有的产生蕨叶、裂片，发病早，植株矮小或出现萎蔫。病株瓜条表面出现褪绿斑驳，或畸形呈瘤状物突起。病毒由蚜虫传播，蚜虫大发生时，该病发生严重。大部分病毒还可在一些杂草或十字花科蔬菜上寄生，秋季棚室外的杂草和一些蔬菜又是传毒蚜虫的寄生场所，从而成为棚室内病毒的侵染来源。

目前还没有特效防治植物病毒病的药剂，需要通过选用抗病或耐病品种、治蚜防病等综合防治措施预防。常用于防治病毒病的化学药剂有以下 4 种。①毒克星，又名病毒

A 或 20%盐酸吗啉胍·铜可湿性粉剂，可用来防治番茄、辣椒、黄瓜等作物的多种花叶病毒病。该药剂在高浓度下易产生药害，一般以 400～600 倍液为宜。②15%植病灵，每亩 60～120ml，加适量水喷雾。③83 增抗剂，是一种耐病毒诱导剂，用于防治多种蔬菜病毒病，定植前后喷洒，每亩 600～1000ml 加适量水喷雾。④0.5%几丁聚糖水剂 100 倍，在移栽后或始见病株时喷施。上述各种药剂均要 5～7d 喷施一次，连喷 3 次以上。

6. 简述蔬菜根结线虫病的一般症状特点，如何有效防治蔬菜根结线虫病？

根结线虫病（root knot nematode）侵染，主要危害植株地下部，以侧根和须根最易受害，被害植株根部形成大小不一、形状不同的瘤状物，即根瘤或根结，其大小因寄主和根结线虫的种类不同而异，最小的根结肉眼可见，呈微肿状，较大的如蚕豆大小有的甚至更大，有时数个根瘤成串珠状，初期根结颜色与健根相同，表面光滑，发病中、后期，大型根结表面粗糙，最后变褐色，易腐烂，剖视根结，可见许多柠檬形的雌虫，有时可见蠕虫形的雄虫。受害植株地上部通常表现为营养不良，植株矮小，生长衰弱，叶片褪绿黄化，结果少且小，品质变劣，严重时整个植株逐渐萎蔫死亡。

蔬菜根结线虫有南方根结线虫（*Meloidogyne incognita* Kofoid et White）、北方根结线虫（*M. hapla* Chitwood）和爪哇根结线虫（*M. javanica* Treub.）、花生根结线虫[*M. arenaria*（Neal）Chitwood]。

防治方法。①抗病品种：使用抗、耐病品种是最经济的防治措施。②轮作：轮作可有效控制虫口密度，以水旱轮作效果最好。因为线虫在淹水状态下不侵染植物，淹水数月后，绝大多数线虫会死亡。③热力处理：温水处理携带线虫的植物材料。④生物防治：云南农业大学何月秋项目组采用解淀粉芽孢杆菌 P3，于发病前浇灌植株 2～4 次，防治效果能达到 80%左右，基本能控制病害引起的产量损失。⑤化学防治：将杀线虫剂施入土中，使药剂挥发，达到熏蒸土壤而杀死线虫的目的。

7. 保护地茄科蔬菜灰霉病的病原、防治措施有哪些？

引起灰霉病（grey mold）的病原主要有 3 种：灰葡萄孢（*Botrytis cinerea* Pers. ex Fr.）、葱鳞葡萄孢（*B. squamosa* Walker）和葱腐葡萄孢（*B. allii* Munn），以灰葡萄孢的寄主范围最广。灰葡萄孢的无性时期菌丝体白色，有隔膜；分生孢子梗丛生，分生孢子簇生于顶端，圆形或倒卵形，表面光滑，无色，孢子聚集时呈淡褐色。菌核黑色，不规则状，扁平，以无性态侵染植物。有性时期为富克尔核盘菌[*Botryotinia fuckeliana*（de Bary）Whetzel]，子囊盘 2 或 3 个束生于菌核上。子囊圆筒形至棍棒状，侧丝有隔膜。子囊孢子卵形至椭圆形，单胞，无色。在自然条件下，难以产生有性繁殖器官，因此，有性时期在灰霉病的发生发展中不起作用。

根据保护地番茄灰霉病的发生特点，采取以培育无病壮苗为基础，定植后选用高效低毒农药保护以及改进栽培技术等防控措施。

（1）调节棚室环境条件：采用双层覆膜、膜下灌水的栽培措施，不仅增加土壤温度，还明显减低棚室内空气湿度，从而抑制病害发生。根据天气情况，合理放风，降低棚室内湿度，缩短叶、果表面结露时间，在日均温度低于 15℃时，通过加温来提高棚室内温度，预防病害的发生，同时提高番茄植株生长速度，增强植株抗病力。

（2）减少侵染源：收获后，深翻15cm以上，以减少越冬菌源。

（3）药剂防治：苗期应加强叶部灰霉病的初期诊断，及时用药防治，如使用40%嘧霉胺悬浮剂。

（4）生物防治：在发病初期，喷施木霉菌水分散微粒剂。

8. 菜豆炭疽病的症状、病原及发病规律是什么？如何防治？

菜豆炭疽病（bean anthracnose）罹病叶片上的病斑多循叶脉与叶柄发展，初生暗褐色多角形小斑，叶脉由褐色变黑色。茎上病斑稍凹陷、龟裂。豆荚上生褐色凹陷斑，潮湿时病斑上产生粉红色黏质物。

病原为豆小丛壳［*Glomerella lindemuthianum*（Sacc. et Magn.）Shear et Wood］，属于子囊菌门真菌，无性态为菜豆炭疽菌［*Colletotrichum lindemuthianum*（Sacc. et Magn.）Bri. et Cav.］。

病菌主要以菌丝在罹病种子上越冬，也能随病残体在土表越冬。

防治方法。①选用无病种子。②发病初期喷施0.5%等量式波尔多液、50%托布津500倍或其他药剂。

9. 豌豆褐斑病的症状、病原及发病规律是什么？如何防治？

豌豆褐斑病（pea brown spot）主要危害叶、茎、荚。叶片染病产生圆形淡褐色至黑褐色病斑，病斑边缘明显。病斑上具针尖大小的小黑点，即分生孢子器。茎染病，病斑褐色至黑褐色，纺锤形或椭圆形；病斑稍凹陷，向内扩展波及到种子上，致种子带菌；种子病斑不明显，湿度大时呈污黄色或灰褐色。

病原物为豌豆壳二孢（*Ascochyta pisi* Libert）。病菌以分生孢子器或菌丝体附着在种子上或随同病残体在田间越冬。播种带菌种子，长出幼苗即染病，子叶或幼茎上出现病痕和分生孢子器，产出分生孢子借雨水传播，进行初侵染和再侵染，潜育期6～8d，田间温度15～20℃及多雨潮湿时易发病。

防治方法。①实行2～3年轮作。②选留无病种子。③选择高燥地、合理密植，采用配方施肥技术，提高抗病力。④收获后及时清洁田园，进行深翻，减少越冬菌源。⑤化学防治：使用苯菌灵、多·硫悬浮剂、甲基硫菌灵、百菌清等防治。

10. 大葱霜霉病的症状、病原及发病规律是什么？如何防治？

大葱霜霉病（downy mildew of welsh onion）可侵染大葱、洋葱和香葱等。在大葱上主要危害叶及花梗。花梗上初生黄白色或乳黄色较大侵染斑，纺锤形或椭圆形，其上产生白霉，后期变为淡黄色或暗紫色。中下部叶片染病，病部以上渐干枯下垂。假茎染病多破裂，弯曲。鳞茎染病，可引致系统性侵染，这类病株矮缩，叶片畸形或扭曲，湿度大时，表面长出大量白霉。

在洋葱和香葱上主要危害叶片。发病轻的病斑呈苍白绿色长椭圆形，严重时波及上半叶，植株发黄或枯死，病叶呈倒“V”字形。花梗染病同叶部症状，易由病部折断枯死。湿度大时，病部长出白色至紫灰色霉层，即病菌的孢囊梗及孢子囊。鳞茎染病后变软，外部的鳞片表面粗糙或皱缩，植株矮化，叶片扭曲畸形。

病原物为毁坏霜霉［*Peronospora destructor*（Berk.）Casp.］。病菌以卵孢子在寄主或种子上或土壤中越冬，翌年春天萌发，从植株的气孔侵入。湿度大时，病斑上产生孢子囊，借风、雨、昆虫等传播，进行再侵染。一般地势低洼、排水不良、重茬地发病重，阴凉多雨或常有大雾的天气易流行。

防治方法。①选择地势高、易排水的地块种植，并实行2～3年轮作。②选用抗病品种。③使用雷多米尔拌种。④收获时清理病残株，带出田外深埋或烧毁。⑤化学防治：用烯酰吗啉、三乙膦酸铝、百菌清、甲霜铜等防治。

11. 大蒜叶枯病的症状、病原及发病规律是什么？如何防治？

大蒜叶枯病（garlic leaf blight）主要危害大蒜的叶或花梗。叶片染病多始于叶尖或叶的其他部位，初呈花白色小圆点，扩大后呈不规则形或椭圆形灰白色或灰褐色病斑，其上生出黑色霉状物，严重时病叶枯死。花梗染病易从病部折断，最后在病部散生许多黑色小粒点。受害严重的大蒜不能抽薹。

病原物为枯叶格孢腔菌［*Pleospora herbarum*（Pers. ex FR.）Rabenk.］，无性阶段为葱叶枯匍柄霉（*Stemphylium botryosum* Wallroth）。病菌主要以菌丝体或子囊壳随病残体遗落土中越冬，翌年散发出子囊孢子引起初侵染，以后病部产出分生孢子进行再侵染。该菌系弱寄生菌，常伴随霜霉病或紫斑病混合发生。

防治方法。①及时清除被害叶和花梗。②加强田间管理，合理密植，及时排水，提高寄主抗病能力。③化学防治：使用百菌清、扑海因、杀毒矾、琥胶肥酸铜、琥·乙膦铝等防治。

12. 试述黄瓜细菌性角斑病的症状、病原、发生规律及防治对策。

黄瓜细菌性角斑病（bacterial angular leafspot of cucumber）的症状：黄瓜的幼苗和成株期均可受害，以成株期叶片受害为主，但叶柄、卷须和果实均可受害。叶片发病初为鲜绿色水浸状斑，渐变淡褐色，病斑受叶脉限制呈多角形，灰褐或黄褐色，湿度大时叶背溢出乳白色浑浊水珠状菌脓，蒸发后形成一层白色粉末状物质，或留下一层白膜，后期干燥时病斑中央干枯脱落成孔。

角斑病易与霜霉病混淆而用错药，使病害屡治不愈。一般霜霉病叶片病斑背面有黑色或紫色霉层，病斑后期不穿孔，瓜条不受害；角斑病叶背病斑溢出菌脓，穿孔，瓜条受害有臭味。

病原为丁香假单胞杆菌黄瓜角斑病致病变种［*Pseudomonas syringae* pv. *lachrymans*（Smith et Bryan）Young，Dye & Wilkie］。病菌附着在种子内部或随病残体落入土中越冬，成为翌年初侵染源。病菌由叶片或瓜条伤口、气孔、水孔侵入，进入胚乳组织或胚根的外皮层，造成种子内部带菌。初侵染大都从近地面的叶片和瓜条开始，然后逐渐扩大蔓延。此外，采种时病瓜接触污染的种子可致种子表面带菌。病菌在种子内可存活1年，在土壤中的病残体上可存活3～4个月。

防治方法。①选用抗、耐病品种。②选用无病种子。③加强田间管理，降低田间湿度，培育无病种苗，用无病土苗床育苗；实行2年以上轮作，生长期及收获后清除病叶，及时深埋。④药剂防治：使用百菌清、新植霉素、农用链霉素等防治。

13. 试述南瓜白粉病的症状、病原、发生规律及防治方法。

南瓜白粉病（squash powdery mildew）主要危害叶片，被害叶片表面多被白粉状物覆盖，使光合作用明显受阻，严重的叶片枯黄乃至焦枯，影响南瓜结实。

病原为粉孢属（*Oidium* sp.）真菌。病菌以有性阶段，即闭囊壳随病残体遗留在土表越冬，翌春放射出子囊孢子，进行初侵染。在温暖地区或棚室，病菌主要以菌丝体在寄主上越冬。在南方温暖地区无越冬现象，以分生孢子辗转传播，侵入寄主，引起发病。分生孢子主要通过气流传播蔓延，与寄主接触后，孢子萌发，侵染丝直接从表皮细胞侵入，并在其内形成吸器吸取营养。菌丝体于寄主表面，且多处形成附着器，后不断蔓延，条件适宜，产生大量分生孢子，进行重复侵染。分生孢子萌发温限 10～30℃，以 20～25℃为适，且需较高湿度，田间湿度大，气温 16～24℃，或干湿交替发病重。

防治方法。

(1) 选育和引种抗病高产良种。

(2) 及早动手预防控病。按无病早防、见病早治的要求抓好下述环节。①提倡药土营养袋（钵）育苗和带袋移栽（40％三唑酮多菌灵可湿粉＋细土按 1∶300 配成）。②直播的应穴施药土护种（苗）。③在南瓜茎蔓爬地延伸尚未覆盖地面时开始，定期或不定期喷药预防控病。白粉菌对无机或有机硫或有机杂环类杀菌剂较敏感，喷施硫黄、石硫合剂等无机硫制剂，或代森类等有机硫，或三唑酮等有机杂环类杀菌剂都有良好的防效。

14. 试述南瓜病毒病的症状、病原及发病规律。

南瓜病毒病（squash viral disease）的常见症状有花叶、黄化、皱缩、绿斑、坏死等，几种病毒复合侵染后症状表现复杂，且发病较重。症状有花叶型、皱缩型、绿斑型、黄化型。

病原：主要有黄瓜花叶病毒（Cucumber mosaic virus，CMV）和南瓜花叶病毒（Squash mosaic virus，SqMV）。前者经桃蚜、棉蚜、菜蚜等作非持久性传染，甲虫、汁液接触亦可传染；黄瓜、南瓜及甜瓜种子可以带毒；寄主范围广，可侵染近 800 种植物，瓜类上引起系统花叶或黄化皱缩。后者经甲虫，汁液接触亦可传染，种子可以带毒；在南瓜、西葫芦上引致鸡爪叶，植株矮化，果实上有疣状鼓突。

发病规律：高温干旱、强日照，有利传毒介体的传播和病毒在植株体内增殖。土壤缺水、缺肥，植株长势差，抗病力降低，病毒病发生均较重。主要病原病毒的寄主范围都较广，除瓜类外还侵染田间多种蔬菜和杂草，因而初侵染的毒源普遍存在。生长期间主要通过媒介昆虫和农事操作传播，进行再侵染。一些瓜类病毒还可通过种子带毒成为初侵染源。

15. 芹菜斑枯病有哪些症状？简述其病原，应如何防治？

芹菜斑枯病（late blight of celery）症状：芹菜叶、叶柄、茎均可发病。叶柄发病初期为淡褐色油浸状小斑点，后期病斑逐渐扩大，中部成褐色坏死。病斑边缘多为深红色，中间散生少量小黑点（分生孢子器），后中间呈黄白色或灰白色，外缘明显且呈黄褐色，边缘聚生很多黑色小粒点，病斑外常具一圈黄色晕环。叶柄或茎部发病，病斑褐色，长圆形稍凹陷，中部散生黑色小点。

病原菌为芹菜生壳针孢（*Septoria apiicola* Speg），芹菜壳针孢（*S. apii* Chest）及芹菜大壳针孢（*S. apii-graveolentis* Dorogin）。分生孢子器埋生于表皮组织下，大小 87～155μm，遇水从分生孢子器孔口逸出孢子角和器孢子。分生孢子无色透明，长线形，微弯曲，顶端较钝，具 0～7 个隔膜，多为 3 个，大小为 (17～61)μm×(1.5～3.0)μm。病菌在低温下发育良好，病菌发育最适温度为 20～27℃。分生孢子萌发的温度是 9～28℃。孢子萌发时隔膜增多，并可断裂成若干段，每段均能产出芽管，孢子上又可生出孢子。主要以菌丝体潜伏在种皮或病残体上越冬，遇到适宜温、湿度条件，产生分生孢子器和分生孢子，借风、雨水传播。该病在低温高湿条件下易发生。

防治方法。①种子消毒。②加强田间管理，施足底肥，清洁田园，及时间苗改善株行间通风透光条件，切忌大水漫灌。③药剂防治：在发病初期可施用 65%代森锌可湿性粉剂 500 倍液，或 75%百菌清 500～800 倍液等。

16. 大葱锈病有哪些症状？简述其病原，应如何防治？

大葱锈病 (welsh onion rust) 主要危害叶片、叶鞘和花茎。病部最初出现椭圆形褪绿斑点，不久以后在病斑中部表皮下生出圆形稍隆起的黄褐色或红褐色疱斑。植株生长后期，病叶上形成长椭圆形稍隆起的黑褐色疱斑。

病原为葱柄锈菌 [*Puccinia porri* (Sow.) Wint = *Puccinia allii* (DC.) Rudolphi]。病菌形成夏孢子和冬孢子，夏孢子堆椭圆形或纺锤形。

病菌以冬孢子和夏孢子在病株上越冬。翌年春，夏孢子通过气流传播，雨水也能传播，萌发后从植株的表皮和气孔侵入。在夏季冷凉的地区，夏孢子可以在病株上越夏。

防治方法。①选用抗病品种，避免葱属蔬菜连作或间作套种。②加强水肥管理，增强植株生长势和抗病能力。雨后及时排水，降低田间湿度。③药剂防治：喷药封锁发病中心，以后视病势发展和降雨情况，及时喷药，有效药剂有三唑酮等。

17. 大葱黑斑病有哪些症状？简述其病原，应如何防治？

大葱黑斑病 (black spot of welsh onion) 发病初期出现黄白色长圆形病斑，而后迅速上、下扩展，呈梭形，黑褐色，边缘有黄晕圈，病斑上略显轮纹。后期病斑上密生黑色绒毛状霉层。发病严重时，使叶、花梗变黄枯死并折断。花茎和花序受害变色黄枯。该病常与紫斑病混合发生。

病原为葱叶枯匐柄霉 (*Stemphylium botryosum* Wallroth.)。有性态为枯叶格孢腔菌 (*Pleospora herbarum* Rabenhorst)。病菌分生孢子梗 3～5 根丛生，由气孔伸出，稍弯曲，暗色，具 4～7 个隔膜，大小 (30～110) μm×(3～6)μm。分生孢子灰色或暗黄褐色，单生，卵形至椭圆形或广椭圆形，具横隔膜 3～8 个，纵隔膜 1～3 个，隔膜处略缢缩，大小 (22～40)μm×(18～22)μm，表面密布疣状细点。子囊壳群生或散生，球形或扁球形，具孔口，直径 180～250μm，子囊壳内含长椭圆形或棍棒状子囊 20～30 个；子囊无色，含 8 个子囊孢子；子囊孢子黄褐色，纺锤形或椭圆形，具横隔膜 3～7 个，纵隔膜 0～7 个，大小 (25～45)μm×(10～15)μm。

防治方法。①实行 2～3 年轮作，最好与谷类作物进行 3 年以上轮作。②合理密植，清洁田园。幼苗期清除病、弱苗，发病早期及时摘除老叶、病叶或拔除病株，以减少菌源。③加强栽培管理，培育无病壮苗，避免偏施氮肥。高温阶段切勿大水漫灌。④药剂防治：有效的药剂有扑海因、杀毒矾、甲霜灵、代森锰锌等。

18. 大葱紫斑病有哪些症状？简述其病原，应如何防治？

大葱紫斑病 (purple blotch of welsh onion) 主要危害叶片。发病初期病斑小，灰色至淡褐色，中央微紫色。其上带有黑色煤污状物。病斑很快扩大为椭圆或纺锤形，凹陷，暗紫色，常形成同心轮纹。环境条件适宜时，引起外叶大量枯死。病斑常扩大到全叶。

病原菌为香葱链格孢［*Alternaria porri*（Ell.）Ciferri］。分生孢子单生或 5～10 根簇生，淡褐色，有隔膜 2 或 3 个，不分枝或不规则，分生孢子梗粗壮、曲膝状。

防治方法。①选用抗病或发病轻的品种。②重病地与非葱类作物轮作。③及时清除田间病残体，收获后深耕。④防止生长后期脱肥。⑤适时收获，防止病害在储藏期继续蔓延。⑥药剂防治：使用咪鲜胺、百菌清、代森锰锌、甲霜灵锰锌等控制。

19. 菜豆菌核病有哪些症状？简述其病原，应如何防治？

菜豆菌核病（bean sclerotinia rot）侵染叶片呈水浸状软腐，致叶片腐烂、脱落。茎基部染病初呈水浸状浅褐色斑，后变为棕褐色，迅速环腐，干燥后呈灰白色，植株表皮破裂，纤维束外露似麻状，病茎上面的枝干枯死，湿度大时，病部表面生有白色棉絮状菌丝体。发病后期，在病叶、病茎表面和髓部产生黑色菌核。菌核鼠粪状、圆形或不规则形。

病原菌为核盘菌［*Sclerotinia sclerotiorum*（Lib）de Bary.］。子囊盘小，呈小杯状，浅肉色至褐色，单个或几个从菌核上生出，直径 0.5～1cm；柄褐色细长，弯曲，长 3～5cm，向下渐细，与菌核相连。菌核形状多样，长 3～15μm。子囊圆柱形，(120～140)μm×11μm；一般有孢子 8 个，单行排列，椭圆形，(8～14)μm×(4～8)μm，侧丝细长，线形，无色，顶部较粗。此菌在多种培养基上均可生长，最适生长培养基为 PDA。菌落生长温度为 5～30℃，最适菌落生长温度为 18～23℃。菌丝生长的适宜湿度为 90%～100%；病原菌对乳糖和硫酸铵利用最好；菌丝在 pH3～10 均可生长，生长的最佳 pH 为 6.5。

防治方法。①清除混在种子中的菌核，防止把菌核播入苗床。②深翻土地，地膜覆盖栽培，防止菌核萌发出土。③土壤消毒：用多菌灵、五氯硝基苯等进行土壤处理。

20. 菜豆锈病有哪些症状？简述其病原，应如何防治？

菜豆锈病（bean rust）主要侵染叶片，严重时也危害叶柄和豆荚。发病初期，叶背产生淡黄色的小斑点，后变为锈褐色，隆起，呈小脓疱状病斑。发展后期扩大成红褐色颗粒状（即夏孢子堆），表皮破裂散出红褐色粉末。

菜豆锈病由菜豆单胞锈菌［*Uromyces phaseoli*（Pers.）Wint.］侵染引起。该病菌生活史上属于全孢型单主寄生锈菌，即其性子器、锈子器、夏孢子堆、冬孢子堆 4 个不同发育阶段及其所产生的 5 种不同孢子都出现于同一寄主上。

防治方法。①加强田间管理，避免连作，合理密植，注意氮、磷、钾肥的合理使用，及时排除田间积水，清洁田园，减少再侵染菌源及越冬菌量，春季豆类蔬菜地与秋季豆类蔬菜地应隔一定距离，避免病菌交互侵染。②及时摘除中心病叶，防止病菌扩展蔓延。③药剂防治：可选用萎锈灵、硫磺、敌唑酮等防治。

21. 菜豆褐斑病有哪些症状？简述其病原，应如何防治？

菜豆褐斑病（bean cercospora leafspot）主要危害叶片，发病初期在叶的正、背面产生近圆形或不规则形褐色斑，边缘赤褐色，后期病斑中部变为浅黄色至灰褐色，叶背病斑颜色稍深，边缘仍为赤褐色。高湿时叶背面病斑产生灰黑色霉状物。

病原形态特征：菜豆假尾孢［*Pseudocercospora cruenta*（Sacc.）Deighton.］属假尾孢属真菌，异名 *Cercospora cruenta* Sacc.。子实层多生在叶背，灰褐色至榄褐色，分生孢子梗近无色至淡榄褐色，直或波纹状，偶尔分枝，具 0～4 个隔膜，顶端圆锥形，大小（10～75）μm×(2.5～5)μm；分生孢子无色至淡榄褐色，倒棍棒形或圆筒形，具 4～14 个隔膜，大小（25～150）μm×(2～5)μm。有性态为［*Mycosphaerella cruenta*（Sacc.）Lath.］属球腔菌属真菌。

防治方法。①加强田间管理，及时排除田间积水，提高土壤的通透性。②与非豆类蔬菜实行 2 年轮作。③合理密植，增施钾肥，清洁田园。④种子消毒。⑤药剂防治：使用诺田、胜炭、百菌清、甲基托布津、百菌清等防治。

22. 菜豆枯萎病有哪些症状？简述其病原，应如何防治？

菜豆枯萎病（bean fusarium wilt）发病病株下部叶片先变黄，然后逐渐向上发展。叶脉两侧变为黄色至黄褐色，叶脉呈褐色，严重时全叶枯焦脱落。病株根系发育不良，根部皮层腐烂，容易拔起。剖开根、茎部或剥离茎部皮层，可见到维管束变为黄褐色至黑褐色。发病初期病株白天呈萎蔫状，早晚可恢复正常，后期全株枯死。

病原菌为尖镰孢菌菜豆专化型（*Fusarium oxysporum* f. sp. *phaseoli* Kendrick & Snyder）。菌丝棉絮状，白色。大型分生孢子圆筒形或镰刀形，无色顶端尖细，一般有 2 或 3 个隔膜，大小（25～33)μm×(3.5～5.6)μm。小型分生孢子卵形，无色，单胞，大小（6～15)μm×2.5μm。

防治方法。①实行轮作，选种抗病品种，增施磷、钾肥。②采取高畦或半高畦地膜覆盖栽培，防止大水漫灌，雨后及时排出积水。③土壤消毒，用多菌灵、克萎星、霜霉威水剂、代森锰锌、恶霉灵等进行处理。

23. 菜豆炭疽病有哪些症状？简述其病原，应如何防治？

菜豆炭疽病（bean anthracnose）在整个生育期植株地上部分均可发生。幼叶发病在叶背出现近圆形红褐色病斑，幼茎下部产生淡红褐色小斑点和长棱形凹陷，叶脉处变为红褐色条斑，后期变成黑色网状脉。茎和叶柄染病有褐色凹陷龟裂斑，后期变成黑褐色长条斑。豆荚染病有黑色圆形凹陷斑。

病原菌为豆刺盘孢［*Colletotrichum lindemuthianum*（Sacc. et Magn.）Bri. et Cav］，有性态为菜豆小丛壳［*Glomerella lindemuthianum*（Sacc. et Magn.）Shear et Wood］。

防治方法。①选用抗病品种。②与非豆科蔬菜实行 2 年以上轮作。③播种前要严格剔除带病种子，用甲醛等进行种子消毒。④药剂防治：使用诺田、胜炭、捷菌、代森锰锌等防治。

24. 菜豆细菌性疫病有哪些症状？简述其病原，应如何防治？

菜豆细菌性疫病（Common bacterial leaf blight of bean）可以侵染叶片、茎蔓、豆夹和种子。染病叶片叶缘处产生绿色油渍斑，后发展为红褐色，周围有黄色晕圈，随着病情发展，病斑连片。茎蔓感病后产生凹陷红褐色长斑，发病严重时病斑绕茎一周，病斑上部叶片枯凋。豆荚感病后，产生稍凹陷的圆形或不规则形褐色斑。潮湿时，病部有无色透明的菌脓溢出。

病原菌为油菜黄单胞豇豆致病变种［*Xanthomonas campestris* pv. *vignicola*（Burkholder）Dye］。菌体杆状，大小（0.4～0.7）μm×（0.7～1.8）μm，单生为主，革兰氏染色阴性，具单极生鞭毛，该致病变种能水解明胶和淀粉。

防治方法。①加强栽培管理，增加植株通风透光，及时排出田间积水，避免大水漫灌。②种子消毒。③药剂防治：可用硫酸链霉素、络氨铜水剂、唯它灵（科博）等进行防治。

第二十一章　油料作物（大豆、花生、油菜）病害

【习题】

问答及论述题

1. 危害大豆生产的主要病害有哪些？
2. 简述大豆根腐病的病原及危害症状、发病条件和防治措施。
3. 简述大豆霜霉病的病原及危害症状、病害循环及防治。
4. 简述大豆灰斑病的病原、危害症状及防治措施。
5. 简述大豆花叶病的病原与危害症状、病害循环及防治方法。
6. 简述大豆胞囊线虫病的病原特征与危害症状、病害循环及防治方法。
7. 大豆菟丝子有何特征？如何防治大豆菟丝子？
8. 简述大豆锈病对生产的危害、发病症状，流行规律及防治策略。
9. 危害花生的主要病害有哪些？
10. 简述花生叶斑病的发病症状、发病条件和防治方法。
11. 简述花生青枯病症状特征、发生规律和防治方法。
12. 简述花生根结线虫病的症状特征、病害循环和发病条件。
13. 简述花生根结线虫病的传播途径及防治方法。
14. 简述花生病毒病的发病症状，病原、病害循环和防治方法。
15. 简述油菜菌核病的病原及主要症状。
16. 简述油菜菌核病的防治方法。
17. 油菜白锈病的症状有哪些？
18. 简述油菜白锈病的病害循环。
19. 如何防治油菜白锈病？
20. 简述油菜病毒病的病原及诊断要点。

【解答】

问答及论述题

1. 危害大豆生产的主要病害有哪些？

大豆在生产过程中受到多种病原生物的危害，影响大豆的产量和质量。其中大豆锈病（soybean rust）、大豆根腐病（soybean root rot）、大豆霜霉病（downy mildew of soybean）、大豆花叶病（soybean mosaic virus）、大豆灰斑病（cercospora leaf spot of soybean）和大豆胞囊线虫病（soybean cyst nematode）等是主要病害。

2. 简述大豆根腐病的病原及危害症状、发病条件和防治措施。

引起根腐病（root rot）的病原菌有多种菌物，主要有尖孢镰孢菌（*Fusarium oxysporum* Schl.）、茄腐镰孢菌［*F. solani*（Mart.）Sacc.］、立枯丝核菌（*Rhizoctonia solani* Kühn）、终极腐霉菌（*Pythium ultimum* Trow）等。多种病原菌混合感染引起大豆根部病害，因此症状表现复杂，幼苗或成株期主根受到危害。病斑初为褐色至黑褐色或赤褐色小斑点，以后迅速扩大呈梭形、长条形、不规则形大斑，整个主根变为红褐色或黑褐色溃疡状，皮层腐烂，病部细缢，有的凹陷，重者因主根受害使侧根和须根脱落而变成秃根。植株地上部长势很弱，叶片黄而瘦小，植株矮化、分枝少，重者可死亡，轻者虽可继续生长，但叶片变黄，以致提早脱落，结荚少，粒小，产量低。

大豆根腐病发病主要受到土壤中的菌源数量、土壤理化性质及土壤温湿度等条件的影响。①连作：由于根腐病菌属土壤习居菌，可以在土壤中腐生，在不适宜寄主植物（大豆等）的条件下，病菌生育良好，繁殖快，从而土壤中菌源数量增多，发病重。②土壤理化性质：土壤质地疏松、通透性好的地块发病轻。土壤肥沃地较土壤瘠薄地发病轻。③土壤温湿度：大豆种子发芽与幼苗生长适温为20～25℃，温度低于9℃出苗就受到严重影响。因此播种期土壤温度低，发病重。土壤含水量大，特别是低洼潮湿地，大豆幼苗长势弱，抗病力差，易受病菌侵染，发病重。土壤含水量过低，久旱后突然连续降雨，大豆幼苗迅速生长，根部表皮易纵裂，伤口增多，亦有利于病菌侵染，发病重。④栽培耕作方式：一般垄作栽培的大豆比平作栽培的发病轻，大垄栽培的大豆比小垄栽培的大豆发病轻。⑤播种深度：大豆播种深度直接影响幼苗出土速度，播种过深，供氧量不足，加之地温低，幼苗生长慢，组织柔嫩，地下根部延长，根易被病菌侵染，病情加重。⑥施肥：施肥水平和施肥种类对根腐病的发生也有很大影响。一般氮肥用量大，幼苗组织柔嫩，发病重，增施磷肥可减轻病情。⑦害虫：一般根部如有潜根蝇危害，有利根腐病发生，虫株率越高发病越重，反之则轻。⑧化学除草剂：大豆田化学除草剂应用得好，可以对大豆田灭草起到良好作用，但某些化学除草剂因施用方法和使用剂量不当，可造成大豆幼苗药害，使幼苗生长受阻，同时也加重了根腐病的发生。

大豆根腐病菌多为土壤习居菌，且寄主范围广，防治上宜采取农业措施与药剂防治相结合的综合措施。

（1）农业措施防治。①大豆无免疫和高抗根腐病品种，可选用发病轻的高产、优质的大豆品种，适时晚播。②合理轮作，实行与禾本科作物3年以上轮作，严禁大豆重茬。③采取垄作栽培，有利降湿、增温，减轻病情。④施足基肥、种肥，及时追肥，尤其要应用多元复合液肥，以弥补因根部病害而产生的吸收肥、水的不足。⑤药剂拌种后，药效只能维持15～25d，因此要及时进行中耕培土，尤其在地下根部受害以致死亡的情况下中耕培土措施更为重要，以促进地上茎基部侧生新根的形成，能及时补充肥、水，否则造成无侧根使幼苗死亡。

（2）药剂防治：通过药剂拌种，推迟侵染期，常用方法有以下几种。①用含有多菌灵、福美双和杀虫剂的大豆种衣剂拌种，每100kg种子用种衣剂1000～1500ml。②每100kg种子用50%多菌灵和50%福美双可湿性粉剂各2g进行拌种。③每100kg种子用2.5%适乐时悬浮种衣剂150ml加20%阿普隆拌种剂40ml拌种。④每100kg种子用2%

菌克毒克（宁南霉素）水剂 1000～1500ml 拌种。此外，还可施用大豆根保菌颗粒剂，每公顷用 30kg 与种肥混施。

3. 简述大豆霜霉病的病原及危害症状、病害循环及防治。

大豆霜霉病（downy mildew of soybean）的病原为东北霜霉菌［*Peronospora manschurica*（Naum.）Syd］，属卵菌门。大豆产区普遍发生霜霉病，冷凉地区发生较多。主要危害幼苗或成株叶片、豆荚及豆粒。带病种子长出的幼苗能系统发病，子叶未见症状，从第一对真叶基部现褪绿斑块，沿主脉、侧脉扩展，造成全叶褪绿。以后全株的叶片均可显症。花期前后雨多或湿度大，病斑背面生灰色霉层，病叶转黄变褐而干枯。豆荚染病外部症状不明显，但荚内常现黄色霉层，即病菌菌丝和卵孢子，受害豆粒发白无光泽，表面附一层黄白色粉末状霉层。

孢子囊萌芽形成芽管，从寄主气孔或细胞间侵入，并在细胞间蔓延，以吸器吸收寄主养分。种子上附着的卵孢子是最主要的初侵染源，卵孢子可随大豆萌芽而萌发，形成孢子囊和游动孢子，侵入寄主胚轴，进入生长点，蔓延全株成为系统侵染的病苗。病苗又成为再次侵染的菌源。

防治方法。①选育抗病品种：根据各地病菌的优势小种选育和推广抗病良种，如吉林的早丰 5 号和白花锉等。②种子处理：用瑞毒霉拌种，或以克霉灵、福美双及敌克松拌种。③清除病苗：病苗症状明显、易于识别，可结合中耕除草拔除病苗，减少侵染源。④喷洒药剂：病害流行条件出现时，及早用烯酰吗啉、乙膦酸铝、多菌灵、退菌特等喷施防治。

4. 简述大豆灰斑病的病原、危害症状及防治措施。

大豆灰斑病（cercospora leaf spot of soybean）由大豆尾孢菌（*Cercospora sojina* Hara）侵染所引起。该病菌主要危害成株期叶片，也可侵染幼苗、茎、荚和种子。罹病种子萌发的幼苗子叶上出现半圆或圆形褐色病斑。成株期叶片上的病斑最初为褪绿圆斑，逐渐发展成为边缘褐色、中央灰色或灰褐色的蛙眼状斑，故又名蛙眼病。后期也可形成不规则形病斑。潮湿时叶背面病斑中央部分密生灰色霉层，为病菌的分生孢子。严重时病斑布满叶面，病斑合并，叶片枯死脱落。茎上的病斑纺锤形或椭圆形，荚上病斑圆形或椭圆形，因荚上多毛，不易看到霉层。籽粒上的病斑与叶斑相似，多为圆形、蛙眼状。

防治方法。①合理轮作：与禾本科作物实行 2～3 年轮作。②农业防治：大豆收获后及时翻地、整地，清理田间病株残体，减少田间菌源；适期播种和避免涤播，合理密植；在生长季节及时排除田间积水，降低湿度提高地温、增施有机肥和磷肥，加强铲趟管理，做好化学除草，改善田间通风透光条件，增强植株抗病能力。③种子处理：精选种子，淘汰带病种子，同时进行药剂拌种。④药剂防治：在发病初期，喷洒甲基托布津、苯醚甲环唑等杀菌剂防治。

5. 简述大豆花叶病的病原与危害症状、病害循环及防治方法。

大豆花叶病（soybean mosaic virus）的病原为大豆花叶病毒（Soybean mosaic virus，SMV），属马铃薯 Y 病毒属（*Potyvirus*）病毒。寄主范围较窄，只能侵染大豆、蚕豆、豌豆、秣食豆、紫云英等豆科作物。症状常因品种、感病阶段及气温不同变异较大。常见症状有 4 种。①轻花叶型，叶片生长基本正常，叶上出现轻微淡黄绿相间斑驳，通常后期病株或抗病品种多表现此种症状。②重花叶型，病叶呈黄绿相间斑驳，皱缩严重，叶脉变褐弯曲，叶肉呈泡状凸起，叶缘下卷，后期致叶脉坏死，植株明显矮化。③皱缩花叶型，症状介于轻、重花叶型之间，病叶出现黄绿相间花叶，沿中叶脉呈泡状凸起，叶片皱缩呈歪扭不整形。④黄斑型，轻花叶型与皱缩花叶混生，出现黄斑坏死，表现为叶片皱缩褪色为黄色斑驳，叶片密生坏死褐色小点，或生出不规则的黄色大斑块，叶脉变褐坏死。此外，该病常引起豆粒出现斑驳，其色泽随豆粒脐部颜色而异，多褐色或浅褐色。此外，还可引起花芽萎蔫不结实或呈黑褐色枯死。

东北等一季作地区及南方大豆栽培区，种子带毒在田间形成病苗是该病初侵染来源。长江流域该毒原可在蚕豆、豌豆、紫云英等冬季作物上越冬，也是初侵染源。该病是由桃蚜、豆蚜、大豆蚜等 30 多种蚜虫传毒实现再侵染的。东北主要靠大豆蚜和豆蚜传毒、大豆蚜占传毒蚜总数的 74%、豆蚜占 15.5%。山东以桃蚜、豆蚜、大豆蚜等为主。南京以大豆蚜为主。发病初期蚜虫一次传播范围在 2m 以内，5m 以外很少，蚜虫进入发生高峰期传毒距离增加。带毒豆种比例大，介体蚜虫发生早、数量大，植株被侵染早、发病重。

防治方法。①农业措施。播种前严格选种，清除褐斑粒。留种田采取隔离种植方式，选择与其他大豆地间隔 100m 以上的地块，适时播种，使大豆在蚜虫盛发期前开花。苗期拔除病苗，及时防治蚜虫，加强田间管理，培育壮苗，提高品种抗病能力。②选育推广抗病品种。③防治蚜虫：由于蚜虫是田间花叶病毒的自然传播体，特别是有翅蚜对病毒病远距离传播起较大作用，应根据有翅蚜的消长规律，消除传播介体。

6. 简述大豆胞囊线虫病的病原特征与危害症状、病害循环及防治方法。

大豆胞囊线虫病（soybean cyst nematode）的病原为大豆胞囊线虫（*Heterodera glycines* Ichinohe），属线虫动物门胞囊线虫属，雌雄异形线虫。线虫的卵初为蚕茧形，形成于雌虫体内，储存于胞囊中。幼虫分 4 龄，1 龄幼虫在卵内；2 龄幼虫破卵壳而出，雌雄难分，均为线形，在土中自由活动数周后即从根冠侵入寄主；3 龄和 4 龄雄虫仍为线形，雌虫腹部膨大成囊状、梨形。大豆胞囊线虫病，又称黄萎病，俗称“火龙秧子”，主要危害大豆根部。苗期罹病，子叶和真叶变黄，生育停滞枯萎，被害株矮小、花芽簇生、节间缩短，开花期延迟，不能结荚或少结荚，叶片黄化。重病株则花及嫩荚枯萎，整株叶由下而上枯黄似火烧状。病株被害主根一侧鼓包或破裂，露出白色的胞囊，被害根很少或不结根瘤。由于胞囊撑破根皮，造成根液外渗，致使次生土传病害加重而形成根腐。

病原线虫主要以胞囊在田间土壤中越冬，也可在粪肥中或在混杂于种子中的土粒内越冬，并随种子的调运而远距离传播，田间近距离传播主要通过耕作时土壤的移动、农机具和人、畜黏附以及灌溉水和雨水传带含孢囊的土壤或混有孢囊的粪肥。以 2 龄幼虫侵入寄主根部危害。

防治方法。①加强检疫，保护无病区：在调查了解该病分布的情况下，禁止从病区往无病区调种。②选用抗病品种或耐病品种：大豆品种对胞囊线虫病的敏感程度有明显差别。③轮作倒茬：大豆胞囊线虫在土壤中存活期长，与禾本科作物轮作 3 年，可明显减轻发病，水旱轮作效果更好。④加强栽培管理：在干旱地区及时浇水，促使大豆根的生长可减轻大豆胞囊线虫的危害。⑤药剂防治：每亩用3%甲基异柳磷颗粒剂5～8kg，具有明显的防治效果，要注意避免种子与药剂接触，先开沟施药，后盖土播种。

7. 大豆菟丝子有何特征？如何防治大豆菟丝子？

大豆菟丝子（*Cuscuta chinensis* Lam.）为高等寄生性植物。它的叶片退化为鳞片状，没有叶绿素，茎藤丝状，黄色或带红色。花小，白色或淡红色，簇生，蒴果开裂，种子2～4粒，种子椭圆形，浅黄褐色，胚乳肉质，种胚弯曲成线状。菟丝子的繁殖再生能力极强，一株菟丝子能连续寄生300株大豆，被折断的菟丝子茎蔓只要有一个生长点，就可发育成一个新植株，继续危害。

防治方法。

（1）精选种子，防止菟丝子种子混入，可以配成一定浓度的硫酸铵溶液，使菟丝子种子浮在水面而大豆等种子沉在底部，将其分开。

（2）搞好栽培管理，减轻菟丝子危害。①深翻土地至21cm，将田间散落的菟丝子种子埋入深土中，以抑制其萌芽。②及时摘除菟丝子藤蔓，带出田外深埋或烧掉。③及时中耕，在菟丝子幼苗未长出缠绕茎以前将其铲除。④适当轮作，与禾本科植物等非寄主植物进行轮作。⑤使用腐熟有机肥料，厩肥经高温发酵后，菟丝子失去发芽力或被沤烂。

（3）进行药剂防治：除草剂中以地乐胺的效果最好。也可在播种作物后于苗前用五氯酚钠处理土壤，可杀死菟丝子出土的幼苗。

8. 简述大豆锈病对生产的危害、发病症状、流行规律及防治策略。

大豆锈病（soybean rust）属世界性气传、专性寄生病害，是中国南方大豆上的重要病害之一。主要危害大豆的茎、叶片和柄。叶片两面均可发病，初生黄褐色斑，病斑扩展后叶背稍隆起，即病菌的夏孢子堆，表皮破裂后散出棕褐色粉末，为夏孢子。使叶片早枯，严重者导致叶片脱落，影响叶片的光合作用。其病原菌豆薯层锈菌（*Phakopsora pachyrhizi* Syd.）为担子菌门真菌。夏孢子堆埋藏在植物组织下，夏孢子的萌发温度为8～28℃，适宜温度为15～26℃，主要靠夏孢子传播、蔓延，降雨量大、降雨日数多、持续时间长、发病严重，品种间抗性有差异。防治锈病要采取抗病品种为主，合理栽培，辅以药剂防治的综合防治措施。

9. 危害花生的主要病害有哪些？

危害花生的病害主要有：花生青枯病（peanut bacterial wilt）、花生茎腐病（peanut diplodia collar rot）、花生根腐病（peanut root rot）、花生叶斑病（peanut leaf spot）、花生根结线虫病（peanut root knot nematode）等，其中以花生青枯病的危害最大，防治最为困难。

10. 简述花生叶斑病的发病症状、发病条件和防治方法。

花生叶斑病分褐斑病（peanut early leafspot）和黑斑病（peanut late leafspot）两种，发病部位主要在叶部，严重时茎秆、叶柄和托叶也有发生。

花生褐斑病叶片受害时，病斑初成圆形或不规则形，叶片正面病斑暗褐色，背面褐色或淡褐色，周围有黄色晕圈。潮湿条件下，在叶正面病斑上产生灰色霉状物，严重时病斑常汇合在一起，常使叶片干枯脱落。茎部和叶柄的病斑为长椭圆形、暗褐色、稍凹陷。

黑斑病与褐斑病可同时混合发生，黑斑病病斑一般比褐斑病小，近圆形或圆形，直径1～5mm，颜色较褐斑病深，呈黑褐色，叶片正反两面颜色相似，病斑周围黄色晕圈不明显。病害晚期，叶背面病斑生有呈轮纹状排列的小黑点，并有一层灰褐色霉状物；病害严重时产生大量病斑，引起叶片干枯脱落，茎秆变黑枯死。

发病条件。①温湿度：病菌生长发育温度为10～37℃，最适温度为25～30℃，病害流行要求相对湿度在80%以上。因此，秋季多雨天气潮湿病害重，干旱少雨病害轻。②生长前期发病轻，后期发病重；幼嫩叶片发病轻，老叶发病重。③花生不同品种的感病程度有明显差异。④连作地菌源量大、病害重，连作年限越长，病害越重；通常土质好、肥力高、长势强的地块病害轻，而坡地、砂性强、肥力低、长势弱的地块病害重。

防治方法。①选用抗病品种：选育抗病品种是防治叶斑病的重要途径。②农业防治：花生收获后，要清除田间病残体，并及时进行耕翻，将病残体翻入土中，可减少初侵染源。重病地块应实行与禾本科、薯类作物轮作，可减少田间菌源。适期播种，合理密植，施足底肥，加强田间管理，促进花生健壮生长，可提高植株抗病能力。③化学防治：应用杀菌剂是防治叶斑病的重要措施。在花生始花期（7月上旬）开始调查，当病叶率达10%～15%时开始施药，每隔15d施药1次，连续防治2或3次。可喷洒50%多菌灵可湿性粉剂800～1000倍液，或75%百菌清可湿性粉剂600～800倍液，喷药液量为75～100kg/亩。

11. 简述花生青枯病症状特征、发生规律和防治方法。

花生青枯病（peanut bacterial wilt）一般在初花期最易感染青枯病。病株初期，主茎顶梢第一、二片叶片先失水萎蔫，1～2d后，病株全株或一侧叶片从上至下急剧凋萎，色暗淡，呈青污绿色。后期病叶变褐色枯焦。病株易拔起。其主根尖端果柄、果荚呈黑褐色湿腐状，根瘤黑绿色。病茎纵剖，维管束呈黑褐色，横切面保温下稍加挤压可见白色黏液溢出。

花生青枯病菌（*Ralstonia solanacearum* Smith）随带菌土壤、病株残体、带菌杂草和粪肥，借雨水、灌溉水、农具、昆虫媒介传播。此菌在土壤中可存活14个月到8年，病菌从植株根部伤口及自然伤口侵入，在维管束内繁殖，分泌毒素，造成导管堵塞，植株失水萎蔫，而后病菌进入皮层与髓部薄壁组织的细胞间隙，使之崩解腐烂，再次散出，重复侵染。高温高湿最有利于此病发生；一般时晴时雨、久旱骤雨或久雨骤停时发生严重；土壤温度与湿度骤变或地块线虫增多，造成根部受伤或腐烂时发生严重；低洼排水不良地块较高地块发生严重；砂土、薄土层、保水保肥差的地块较壤土、黏土发生严重；连作田较轮作田发生严重；酸性土壤较微碱性土壤发生严重；草害多较草害少地块发生严重。另外，品种间抗性差异显著。

防治方法。①农业防治。选用高产抗病品种，合理轮作。有水源的地方，实行水旱轮作。旱地可与瓜类、禾本科作物轮作3～5年，避免与茄科、豆科、芝麻等作物连作。旱地花生，播种前进行短期灌水，可使病菌大量死亡。采用高畦栽培，适期播种，合理密植。防止田间荫蔽与大水漫灌。注意排水防涝，防止田间积水与水流传播病害。②化学防治。拌种：播种前，用"天达 2116"浸拌种专用型 50g，兑水 750g 拌种 20kg，切勿闷种。喷雾：花生出齐苗后，用 72%农用链霉素 4000 倍液、10%世高 2500 倍液喷雾，为增加药效，可与"天达 2116"壮苗灵 600 倍液混合喷雾。

12. 简述花生根结线虫病的症状特征、病害循环和发病条件。

花生根结线虫病（peanut root knot nematode）能危害地下部分的根、荚果、果柄等。花生受害后地上部分主要症状为植株矮小，茎、叶发黄，底部叶边缘枯焦，造成早期落叶。地下部分症状为：初期根茎交界无须根，皮呈黑色，侧根短而丛生，根尖上长满虫瘿，虫瘿上生有许多毛根，毛根上可以再生虫瘿，使整个根系成为一个须根团。花生结果期，荚果上生有瘤状突起物，初期颜色与果皮相仿，后期变成褐色，里面包藏着各种形态的线虫。

根结线虫主要有北方根结线虫（*Meidogyne hapla* Chitwood）和花生根结线虫［*M. arenaria*（Neal）Chitwood］。以卵和幼虫附于残根、残果上，在土壤和粪肥里越冬。来年春天当土壤地温达到 11.3℃时，卵就孵化为第二龄幼虫。当平均地温达到 12℃以上时，越冬幼虫与刚孵化的幼虫开始在土壤中活动，侵入花生根内危害，分泌毒素，刺激细胞不能正常分裂，形成突起的瘤状虫瘿。蜕第二次皮的幼虫称第三龄幼虫，此期可分出雌雄，继续发育蜕皮 3、4 次发育为成虫。雌成虫在虫瘿内定居危害，繁殖后代。卵在土壤中孵化成侵染期的幼虫，再次侵染危害。

花生根结线虫病的发生与土壤温度、土质、耕作制度有密切关系。①土壤温度：土壤温度 11.3℃时，线虫才开始侵染。侵染的适宜温度为 20～25℃，致死温度为 45℃。②湿度：线虫侵染的适宜土壤湿度为田间持水量达 70%左右。线虫能随土壤表层水分的变化上下移动，表层土壤湿度大就上升，湿度小就下降。③土质：砂质土、砂土等通气良好、质地疏松的土壤有利于幼虫生长发育；低洼、黏性、碱性等通气差的土壤不利于线虫生长发育。④耕作制度：连作地发病重，连作期越长，危害越重。轮作地发病轻。早播的花生比晚播的花生发病重。一般 5 月播种的花生发病重，6 月播种的花生发病轻。

13. 简述花生根结线虫病的传播途径及防治方法。

花生根结线虫病的传播途径。①染病地块：带线虫的土壤可被人、畜、农具携带，在田间传播扩散。②土壤粪肥：用花生收获时带的碎土和落叶或用发病地块的土壤垫圈，线虫就可能混进粪里，再随粪肥传到田里。③流水：夏季雨水漫流，线虫可随流水的冲刷广泛传播。④杂草：花生根部线虫可侵染危害多种杂草，被寄生的杂草是病原线虫的天然储存库，若在被害杂草的地方种花生，线虫就很容易从杂草传染到花生上。

花生根结线虫的防治，应采取药剂防治与农业措施相结合的综合防治方法。①轮作换茬，实行花生与玉米、小麦、谷子等禾本科 2～3 年以上的轮作。可显著减少土壤中的线虫密度，减轻危害。②深耕改土：深翻改土可以改变线虫在土壤中不同土层内的分布，特别能减少 10～20cm 土层中的线虫密度。③减少传播源：不用病土攒粪，清除田内的野生寄主。在田间挖好排水沟，以防大雨后线虫随雨水漫流而进行远距离传播。花生收获后，将病株的根深深刨起，充分晒干，可杀死虫瘿内的线虫，减少土壤内的虫口密度。④药剂防治：花生播种时，用 5%神农丹颗粒剂或 5%茎线灵颗粒，每亩 2.5kg

兑水 25～30kg，结合播种施于播种沟内或穴内，然后覆土播种。

14. 简述花生病毒病的发病症状，病原、病害循环和防治方法。

引起花生病毒病的病毒主要有 3 种，因此症状表现复杂，主要症状表现为。①花生条纹病毒病（peanut stripe virus）：感病植株先在顶端嫩叶上出现褪绿斑，后发展成浅绿与绿色相间的斑驳，沿叶脉形成断续绿色条纹或橡叶状花纹，或一直呈系统性的斑驳症状。感病早的植株稍有矮化。②花生黄花叶病毒病（peanut yellow mosaic virus）：病株先在顶端嫩叶上出现褪绿黄斑，叶脉变淡，叶片发黄，叶缘上卷，随后发展为黄绿相间的黄花叶症状，病株中度矮化。该病常与花生条纹病毒病混合发生，表现黄斑驳、绿色条纹等复合症状。③花生普通病毒病（peanut stunt virus）：病株顶端叶片出现褪绿斑，并发展成绿色与浅绿相间的花叶，新长出的叶片通常展开时是黄色的，但可以转变成正常绿色。病叶变窄小，叶缘有时出现波状扭曲。病株结荚少而小，有时畸形或开裂。

病原：花生条纹病毒（peanut stripe virus，PStV）引起花生条纹病毒病。黄瓜花叶病毒中国花生株系（cucumber mosaic virus-China arachis，CMV-CA）引起花生黄花叶病毒病。花生矮化病毒（peanut stunt virus，PSV）引起花生普通花叶病毒病。

PStV、CMV 和 PSV 3 种病毒病均可通过花生种子传播，传毒率分别达 1%～10%、1%～3%和 0.1%。带毒种子是 PStV 和 CMV 的主要初侵染源，CMV 和 PSV 还可在田间越冬的寄主上存活，成为来年病害的初侵染源。在花生生长季节，3 种病毒均主要靠蚜虫以非持久性方式在田间传播。豆蚜、棉蚜、桃蚜等多种蚜虫均可传播，以豆蚜传播 PStV 和 PSV 的效率最高。汁液摩擦也可传毒。

防治方法。①应用无（低）毒种子，减少或杜绝毒源可以有效地防治 PStV 和 CMV 病害。②地膜覆盖能驱蚜和减轻病害。③应用感病程度轻和有田间抗性的花生品种。④早期拔除种传病苗。CMV 种传病苗在田间出现早，易于识别。及时拔除，可以显著减少毒源，减轻病害。⑤清除田间和周围杂草，减少蚜虫来源，可减轻病害发生。⑥药剂治蚜防病，种衣剂拌种可控制苗期蚜虫，有一定防病效果。⑦病害检疫，由于 CMV 种传率高，容易通过种子调运而扩散，有必要严禁从病区向外调运种子。同时应防止从北方病区向南方调种，将病害带到南方产区。

15. 简述油菜菌核病的病原及主要症状。

油菜菌核病（rape sclerotinia rot）的病原为核盘菌［*Sclerotinia sclerotiorum*（Lib.）de Bary］，属子囊菌门核盘菌属真菌。在油菜整个生育期均可发病，结实期发生最重。茎、叶、角果均可受害，茎部受害最重。茎部染病初现浅褐色水渍病斑，后发展为具轮纹状的长条斑，边缘褐色。病茎表皮开裂后露出麻丝状纤维，内髓部烂成空腔，内生很多黑色鼠粪状菌核。病部以上茎枝萎蔫枯死，病茎易折断。叶片染病初呈不规则水浸状，后形成近圆形至不规则形病斑，病斑中央黄褐色，外围浅黄色，病叶易穿孔。花瓣染病，初呈水浸状，渐变为苍白色，后腐烂。角果染病，初现水渍状褐色病斑，后变灰白色，种子瘪瘦，无光泽。以上各病部的表面湿度大时先有棉絮状白色菌丝出现，以后形成黑色菌核。

16. 简述油菜菌核病的防治方法。

油菜菌核病应以农业防治措施为主，药剂防治为辅的综合防治措施。①选用抗病品种，如中油 821、中成四号抗性较强。②减少初侵染源，收获时尽可能将病株带出田间，烧毁。③水旱轮作。④选种和种子处理：选无病株留种，筛去种子中的菌核，然后用盐水或硫酸铵水选种，并用清水洗种。⑤油菜收后深耕，在油菜抽薹期培土。⑥改善油菜生态环境，如重施基肥、苗肥，早施或控施蕾薹肥，施足磷、钾肥，防止倒伏。深沟窄畦，清沟防渍。在油菜开花期摘除病叶、黄叶。适时播种，适当迟播等。⑦药剂防治，油菜主茎开花 95%以上时开始喷药，效果较好，常用药剂有菌核净、多菌灵、异菌脲、甲基硫菌灵、速克灵、氯硝铵等。⑧生物防治，将盾壳霉和木霉施入土壤中，或施枯草芽孢杆菌对该病会起到较好的防治效果。

17. 油菜白锈病的症状有哪些？

油菜白锈病（rape white rust）在油菜的整个生育期内其地上部分各器官均可感病。叶片表面初生淡绿色小斑点，后呈黄色圆形病斑，叶背面病斑处长出隆起的白漆色疱斑，疱斑破裂后散出白粉。严重时病叶枯黄脱落。幼茎和花梗受害后肿大，弯曲成“龙头”状，俗称“龙头病”。花器受害，花瓣畸形、膨大，变绿呈叶状，久不凋萎，亦不结实。受害的茎、枝、花梗、花器和角果均可长出长圆形或短条状的疱斑和白色霉层。

18. 简述油菜白锈病的病害循环。

油菜白锈病菌［*Albugo candida*（Pers.）Kuntze］以卵孢子在“龙头”、病残株、土壤中和种子上越夏和越冬。秋播油菜出苗后，卵孢子萌发产生游动孢子，随雨水溅至叶面，萌发长出芽管，从气孔侵入，引起初侵染。病斑上长出孢子囊后，随风雨传播，反复进行再侵染。在北方以卵孢子（或菌丝）在病株体内越冬，在南方无越冬现象。病害的流行与雨量和温度有密切关系，春季温度回升至 10℃左右时，病斑上又产生大量孢子囊，再次传播（尤以开花期花梗发病形成“龙头”）危害最重。

19. 如何防治油菜白锈病？

油菜白锈病的防治应以种植抗病品种为主，搞好栽培防病，及时进行药剂防治。①选用抗病品种和使用健康种子。②种子处理：各地因地制宜选用抗病品种。种子处理可用 25%瑞毒霉浸种或拌种，用量为种子重量的 1%。③轮作，改进栽培措施：可与大麦、小麦、蚕豆、豌豆等轮作 2 年以减少土中的卵孢子量。适当迟播，控制密度，增施有机肥，不偏施氮肥，春雨多时注意清沟排渍。④药剂防治：在抽薹期或开花初期，短柄叶上发病较重，应及时喷药防治。有效药剂有瑞毒霉锰锌、退菌特、乙膦铝、代森锌、百菌清、烯酰吗啉等。

20. 简述油菜病毒病的病原及诊断要点。

油菜病毒病（rape virus disease）主要由芜菁花叶病毒（Turnip mosaic virus，TuMV）、黄瓜花叶病毒（Cucumber mosaic virus，CMV）、甜菜西方黄化病毒（Beet western yellows virus，BWYV）、花椰菜花叶病毒（Cauliflower mosaic virus，CaMV）和油菜花叶病毒（Oilseed rape mosaic virus，ORMV）等引起。甘蓝型油菜表现为叶片上产生黄斑、枯斑和花叶，茎秆上产生褐色条斑、轮纹斑和点状枯斑；白菜型和芥菜型油菜苗期表现为花叶和皱缩，成株期表现为矮化。

第二十二章　棉花、甘蔗和甜菜病害

【习题】

问答及论述题

1. 简述棉花枯萎病主要症状及其病原物特点。
2. 棉花枯萎病致病机制是什么？如何有效防治棉花枯萎病？
3. 简述棉花黄萎病症状以及影响棉花黄萎病发生的因素。
4. 如何防治棉花铃期病害，减少对产量的影响？
5. 棉花苗期有哪些主要病害？如何区分？
6. 棉花枯萎病和黄萎病主要症状有何区别？
7. 棉花黄萎病致病的机制是什么？如何有效防治棉花黄萎病？
8. 简述甘蔗红腐病病害循环。
9. 简述甘蔗凤梨病的典型症状及防治要点？
10. 简述甘蔗花叶病的传播途径。
11. 简述甜菜褐斑病是如何完成侵染循环的，其发生与哪些因素有关？
12. 甜菜根腐病传播途径和发病条件如何？

【解答】

问答及论述题

1. 简述棉花枯萎病主要症状及其病原物特点。

症状：棉花枯萎病（cotton fusarium wilt）在棉花出苗后即可被侵染，现蕾期达到高峰。因生育阶段和气候条件不同，田间常表现出黄色网纹型、紫红型、黄化型、凋萎型和矮缩型几种不同的症状类型。黄色网纹型：叶脉变黄，叶肉部分保持绿色，叶片局部或全部呈黄色的网纹状。紫红型：子叶和真叶变紫红色或出现紫红色斑块，略呈萎蔫状。黄化型：子叶或真叶出现黄色或淡黄色斑块，随后逐渐变褐枯死。凋萎型：叶片急性失水，青枯萎蔫致死，有时仅半边植株青枯萎蔫。矮缩型：植株节间缩短，株型矮小，叶片深绿变厚皱缩不平。

病原特点：由尖镰刀菌（*Fusarium oxysporum* Schl. f. sp. *vasinfectum*）萎蔫专化型引起，可产生大型分生孢子、小型分生孢子和厚垣孢子 3 种类型，大型分生孢子无色，镰刀型，略弯曲，两端稍尖，足胞不明显，一般有 3 个隔膜，少有 2 个隔膜，偶尔可见 4 或 5 个隔膜的孢子。小分生孢子卵圆形至纺锤形，无色透明，无隔膜或有 1 个隔膜。厚垣孢子近圆形，卵黄色，表面光滑，单生或串生。生长温度 10～35℃，适温 25～30℃，寄主范围广，有不同的生理小种。

2. 棉花枯萎病致病机制是什么？如何有效防治棉花枯萎病？

棉花枯萎病（cotton fusarium wilt）致病机制：病原菌产生的镰刀菌酸是一种非特异性毒素，对棉花的组织有毒害作用；或病原菌对寄主导管有堵塞作用。

防治方法。保护无病区，种植抗病品种，合理轮作，加强栽培管理，进行生物防治和抗病性诱导。

3. 简述棉花黄萎病症状以及影响棉花黄萎病发生的因素。

棉花黄萎病（cotton verticillium wilt）症状：在苗期及定植初期易染。发病初期，叶片边缘及叶脉间首先发黄，逐渐发展至叶片半边或整个叶片发黄。天气干旱或晴天中午前后棉苗萎蔫，早晚恢复正常。后期由黄变褐，有时叶缘向上卷曲、萎垂或脱落，严重时病株叶片落光，仅剩茎秆。

发病因素：棉花黄萎病的发生与土壤菌量、气候条件、病菌的致病性变异、品种抗病性和耕作制度措施密切相关。

4. 如何防治棉花铃期病害，减少对产量的影响？

（1）加强栽培管理：合理施肥，合理排灌，开沟排水，及时整枝、打顶、摘叶，抢摘早剥病铃。

（2）选育抗病品种。

（3）及时防治苗期叶病及铃期虫害。

（4）喷药保护：可选用乙膦铝、保铃丰、粉锈宁等。

5. 棉花苗期有哪些主要病害？如何区分？

棉花苗期重要的病害有立枯病（cotton soreshin）、炭疽病（cotton anthracnose）和红腐病（cotton red rot）等。立枯病在茎基部近土面处出现淡黄色或黄褐色病斑，后逐渐扩展，围绕嫩茎使病部变成黑褐色并皱缩，病苗很快萎蔫倒伏而枯死。在病部及周围土面常见有白色蛛丝状的菌丝体。炭疽病一般在近地面的茎基部出现红褐色梭形条斑，略凹陷，纵裂，严重时病部变黑，苗干枯死亡，天气潮湿时，病部表面散生小黑点状的分生孢子盘，其上产生橘红色黏质状的分生孢子团。红腐病先在根尖呈现黄褐色至褐色，逐渐蔓延到全根呈褐色腐烂，有时病部略肿大，后呈黑褐色干枯，潮湿时病斑表面产生粉红色或粉白色霉层。

6. 棉花枯萎病和黄萎病主要症状有何区别？

棉花枯萎病（cotton fusarium wilt）和黄萎病（cotton verticillium wilt）症状的主要区别如表 22-1 所示。

表 22-1 棉花枯萎病和黄萎病的主要症状

区别点	棉花枯萎病	棉花黄萎病
发生时期	苗期至成熟期	一般在现蕾期后开始发病
株型	有矮缩现象	一般不矮缩
叶脉	常变黄，成网纹状	叶脉保持绿色，脉间及叶缘变黄，呈斑驳状
落叶	常早期落叶，成为光秆，造成死苗	常在后期落叶，早期很少死亡，后期也不及枯萎病严重
维管束	变色较深，呈墨绿色	变色较浅，呈淡褐色
霉层	粉红色	白色粉状

7. 棉花黄萎病致病的机制是什么？如何有效防治棉花黄萎病？

棉花黄萎病（cotton verticillium wilt）造成棉花萎蔫的原因有两种：一是导管被病菌的菌丝和孢子堵塞，同时病原菌分泌果胶酶分解果胶质，刺激导管产生侵填体，使导管堵塞，阻碍水分运输，因而造成萎蔫；二是棉花黄萎菌分泌轮枝菌素（一种酸性糖蛋白），对棉苗有强致萎作用。

防治方法。①加强植物检疫，保护无病区。②培育和种植抗病品种。③适时选用药剂进行化学防治。④经常检测，及时消灭病点。⑤加强栽培管理，轮作倒茬。

8. 简述甘蔗红腐病病害循环。

甘蔗红腐病（sugarcane red rot）病菌以分生孢子盘和菌丝体在枯叶、宿根或蔗渣中越冬，并可以厚垣孢子在土壤中越冬。种蔗亦可携带病菌。越冬后的病菌产生分生孢子，引起初次侵染。甘蔗被侵染后 2～3d，开始表现症状，10～14d 后又产生分生孢子，引起再次侵染。

9. 简述甘蔗凤梨病的典型症状及防治要点？

甘蔗凤梨病（pineapple disease of sugarcane）的典型症状：甘蔗种茎染病后，切口两端开始变红，散有凤梨（菠萝）香味，后逐渐变黑并产生很多黑色的煤粉状物或刺毛状物，前者是病菌的分生孢子及厚垣孢子，后者是子囊壳，病菌从两端切口向茎的中心迅速扩展，使种茎的薄壁细胞遭到破坏，致使种苗形成空腔，仅残留似一束头发状的维管束在其中。甘蔗植株染病后叶凋萎，外皮皱缩变黑，严重的植株死亡。

防治方法。①提倡选用无病的梢头苗，其萌发迅速，发病轻。②实行种苗消毒，栽植前用 2%石灰水或清水浸 1d 后，再用 50%多菌灵可湿性粉剂或 36%甲基硫菌灵悬浮剂或 50%苯菌灵可湿性粉剂 1000 倍液浸苗 5～10min 消毒。窖藏的蔗种可用 0.2%的上述药液淋浸切口。常发病的蔗区每亩沟施石灰 75kg。③冬春栽植甘蔗时，采用地膜覆盖，提高地温，使甘蔗早生快发，减少发病。④精耕细作，土壤黏重、水位高的地块要破碎整平，开沟排水，下种后浅覆土。⑤选用广东 3、粤蔗 64/395 等抗病品种。

10. 简述甘蔗花叶病的传播途径。

甘蔗花叶病（sugarcane mosaic）的传播途径为：带毒的蔗种及田间病株是该病主要初侵染源。传毒介体主要是切刀和传毒蚜虫，如玉米蚜［*Rhopalosiphum maidis*（Fitch）］、甘蔗蚜［*Longiunguis sacchari*（Zehntner）］、桃蚜［*Myzus persicae*（Sulzer）］等。台湾省传毒蚜虫主要是禾谷缢管蚜［*Rhopalosiphum padi*（Linnaeus）］。此外蔗田中的蚂蚁与若蚜一起活动，具间接传病的作用。

11. 简述甜菜褐斑病是如何完成侵染循环的，其发生与哪些因素有关？

甜菜褐斑病（beet cercospora leaf spot）的病害循环：病菌主要以菌丝块随病株残余在土壤内越冬，带菌的种子，特别是侵入种子内部的越冬菌丝更值得注意。此外，附着在种子外表的分生孢子有一部分可越冬，窖藏母根亦可能带菌并传染给后代。再次侵染主要依靠分生孢子。它能借风、雨、昆虫等传播，尤以雨滴溅散为主。病菌从寄主的气孔侵入组织，即在细胞间蔓延，吸取养料。

发病因素：降雨量是决定此病流行的主导因子。首先病菌孢子的形成需要相对湿度在 98%以上，雨滴飞溅可使孢子分散，有助于病菌的传播。降雨量达 20mm 以上时，病害就能迅速发展。

一般在低洼、排水不良，过施氮肥，缺乏磷、钾肥及初期灌水过多的地方都容易诱发此病。

如果连作或在上年甜菜地和当年采种地邻近种植甜菜，由于环境中的病菌积累量多，发病常常较早、较重。

12. 甜菜根腐病传播途径和发病条件如何？

甜菜根腐病（beet root rot）是甜菜受多种真菌和细菌侵染而引起的块根腐烂病的总称。引起甜菜根腐病的几种菌物主要以菌丝、菌核或厚垣孢子在土壤中或病残体上越冬；翌年借耕作、雨水、灌溉水传播。主要从根部伤口或其他损伤处侵入。6月中下旬开始发病，7月中旬至8月中旬进入发病盛期。该病发生情况与甜菜生育状况和环境条件关系密切，田间发育不良的根、畸形根、虫伤根、人为造成的伤根均有利于病菌侵入。7～8月雨多、土壤水分过大，或土壤过干，都易诱发该病。低洼地块，春季土壤温度低，甜菜生长缓慢，使其根系的细胞渗透压降低，从而影响水分通过，造成细胞原生质被破坏，根系生长缓慢或停滞或损伤，导致发病。品种间有明显抗病差异。细菌引起的根腐病在根部伤口多，雨水多、排水不良地块等条件下发病重。

第二十三章　烟草病害

【习题】

一、问答及论述题

1. 烤烟漂浮育苗与传统的营养袋假植等育苗技术中病害发生的特点有何不同？
2. 简述烤烟漂浮育苗中茎基腐烂病的病原、发病特点及防治方法。
3. 请按病原物类型列举出常见的烟草侵染性病害。
4. 影响烤烟漂浮育苗阶段 TMV 传播蔓延的主要因素是什么，如何控制？
5. 烟草 TMV 和 CMV 的病原及发病症状的主要差异是什么？
6. 烟草丛顶病和烟草丛枝病的病原是什么？
7. 烟草普通花叶病毒在烟草上分为哪些株系，可采用什么方法鉴定？
8. 马铃薯 Y 病毒不同株系感染烟草后出现的类型有哪些？
9. 依据病毒的特性，纲要性提出烟草病毒病的综合防治策略。
10. 简述烟草黑胫病的田间症状及防治要点。
11. 简述烟草赤星病的发病规律、识别要点及防治方法。
12. 烟草有哪些细菌性病害？主要的防治药剂有哪些？
13. 从病原物、症状特点及防治药剂等方面说明烟草野火病、烟草赤星病和烟草环斑病的区别。
14. 烟草根结线虫病害的田间症状如何？病原有哪些种？如何防治？
15. 常见的烟草非侵染性病害有哪些？引起的原因来自哪些方面？
16. 简述气候性斑点病的发病原因、规律及田间症状类型。
17. 化学防治是烟草生产中控制病害的主要技术，哪些不当的农药施用方法可能导致药害出现？

二、判断及改错题

1. 在烟草生产中，TMV 能通过摩擦传播，而 CMV 是通过蚜虫和摩擦传播。
2. TMV 是非种传病毒，因此，它不会通过病株种子传播。
3. TMV 和 CMV 都能在病残体中越冬，但 TMV 在病残体中存活的时间远比 CMV 长。
4. PVY 主要通过蚜虫以持久性方式传播，也可通过汁液、机械摩擦传播。
5. 烟草丛顶病毒病在田间由烟蚜传播，田间机械摩擦不传毒，人工汁液摩擦可传毒。
6. TEV 只能以蚜虫传病，及时拔除病株，治虫防病和加强烟田栽培管理等措施可取得良好防治效果。
7. 烟草炭疽病在烟草生长各时期均可发病，典型病斑圆斑，周围隆起，呈红褐色，中央稍凹陷，呈灰白至黄褐色，病斑外有黄色晕圈。

8. 烟草白粉病主要是高温、高湿、遮阴、通风不良条件下易发病。发病烟叶正、反面形成大量白色粉状物。

9. 烟草根黑腐病是一种细菌性病害。

10. 烟草煤污病由草本枝孢菌、出芽短梗霉菌、链格孢菌等多种真菌混合寄生引起。

11. 烟草低头黑病是一种真菌性病害。

12. 烟草青枯病为典型的维管束病害。感病初期田间病株一般表现为发病叶片一侧枯萎，另一侧叶片正常生长，俗称“半边疯”。

13. 烟草霜霉病和烟草靶斑病被列为我国植物检疫禁止进境对象。

【解答】

一、问答及论述题

1. 烤烟漂浮育苗与传统的营养袋假植等育苗技术中病害发生的特点有何不同？

烤烟漂浮育苗技术的应用改变了传统的烟苗生长环境，传统育苗方式下常发生的炭疽病（anthracnose）、立枯病（sore shin）、猝倒病（damping-off）、野火病（wildfire）等在漂浮育苗方式中发病很少，而烟草普通花叶病（tobacco mosaic）、灰葡萄孢菌（*Botrytis cinerea*）引起的烟苗茎基腐烂病（root and caulis rot）在局部烟区成为烟苗主要病害。在管理水平较差的地方还出现药害、肥害、缺素等非侵染性病害。

2. 简述烤烟漂浮育苗中茎基腐烂病的病原、发病特点及防治方法。

烟苗茎基腐烂病（foot root）病原为灰葡萄孢菌（*Botrytis cinerea* Pers.）。病害从茎基部开始发生，受害处初呈水浸状斑痕，随后斑痕发展成长圆形病斑，病斑中央黑褐色、凹陷，随着病斑的扩展，有病斑的一侧叶片叶尖开始变黄，接着叶片萎蔫，烟株向有病斑一侧倾斜。茎部腐烂部位和死亡叶片表面密生灰色霉层。

防治方法：高湿度、18℃左右低温是该病发生的重要环境条件，生产上要注意育苗中后期遇到低温天气要及时做好药剂预防工作。25%咪鲜胺乳油对病菌菌丝生长的抑制效果最好，10%多氧霉素 WP、50%秀安 WP、58%多菌灵 WP、50%速科灵 WP、50%农利灵干悬浮剂、20%嘧霉胺悬浮剂等杀菌剂对病菌生长也有较好的抑制作用，都可作为生产中防治该病的药剂。

3. 请按病原物类型列举出常见的烟草侵染性病害。

（1）真菌病害：炭疽病（anthracnose）、黑胫病（black shank）、根黑腐病（black root rot）、赤星病（brown spot）。

（2）病毒病害：普通花叶病（tobacco mosaic）、黄瓜花叶病（cucumber mosaic）、蚀纹病毒病（tobacco etch）。

（3）细菌病害：野火病（wild fire）、青枯病（bacterial wilt）、角斑病（angular spot）、空胫病（hollow stalk）。

（4）线虫病害：根结线虫病（root-knot nematode）。

4. 影响烤烟漂浮育苗阶段 TMV 传播蔓延的主要因素是什么，如何控制？

剪叶是烤烟漂浮育苗阶段 TMV 传播蔓延的主要因素。选用不带毒种子，做好育苗环境及用品消毒，加强管理是控制 TMV 的基本工作。针对剪叶是烤烟漂浮育苗阶段 TMV 传播蔓延的主要因素，主要采用对剪叶工具进行有效消毒是控制 TMV 通过剪叶传播的关键，采用二氧化氯、优氯净、漂白粉、消毒灵等消毒剂浸泡剪叶工具可有效控制该病的传播蔓延。

5. 烟草 TMV 和 CMV 的病原及发病症状的主要差异是什么?

病原：TMV 为烟草花叶病毒属的代表成员，杆状，主要靠机械摩擦传播；CMV 为黄瓜花叶病毒属的代表成员，球状，通过蚜虫及机械摩擦传播，田间以蚜虫传播为主。

TMV 和 CMV 在烟草苗期和大田期均可发病，早期均会出现花叶、明脉症状。区别：TMV 呈现典型花叶、泡斑、叶缘逐渐形成缺刻并向下卷曲，皱缩扭曲，有些叶片甚至变成细带状；CMV 严重时，叶片变窄、扭曲、叶尖细长呈鼠尾状，表皮茸毛脱落，失去光泽等。有时中下部叶片上常出现沿主侧脉的褐色坏死斑，或小叶脉或中脉出现对称的深褐色的闪电状坏死斑纹。TMV 的症状与 CMV 引起的花叶病显著不同的特点是病叶边缘向下翻卷，叶基部不伸长，茸毛不脱落，而 CMV 叶尖突然变细，呈鼠尾状。

6. 烟草丛顶病和烟草丛枝病的病原是什么?

烟草丛顶病（tobacco bushy top disease）的病原是由幽影病毒属（umbravirus）的烟草丛顶病毒（tobacco bushy top virus，TBTV）及黄症病毒科（luteoviridae）的烟草扭脉病毒（tobacco vein distorting virus，TVDV）复合引起；烟草丛枝病（tobacco witches' broom，TWB）是由植原体［phytoplasma，原称类菌原体（mycoplasma-like organism，MLO)］引起。

7. 烟草普通花叶病毒在烟草上分为哪些株系，可采用什么方法鉴定?

在烟草上常见的 TMV 株系有普通株系、番茄株系、黄色花叶株系和环斑株系。株系间可依据在烟草上的症状、血清学及分子克隆等方法来鉴定。

8. 马铃薯 Y 病毒不同株系感染烟草后出现的类型有哪些?

马铃薯 Y 病毒不同株系感染烟草后出现的类型有花叶症、脉坏死症、点刻条斑症和茎坏死症 4 种类型。

9. 依据病毒的特性，纲要性提出烟草病毒病的综合防治策略。

烟草病毒病是由非细胞结构的微生物引起，基本都是系统性病害，一旦病毒侵入烟株，不但危害严重，而且没有有效药剂可以防治，需以预防为主，可从以下 6 个方面进行综合防治：①选用优良抗病、耐病品种；②严格执行育苗过程中的消毒和检测工作，培育无病壮苗；③坚持轮作；④禁止使用被 TMV 病残体污染过的水源和农家肥；⑤搞好田园卫生，及时清除病株残体和杂草，集中销毁，防止移苗、采收及封顶打杈等环节的人为传病；⑥治虫防病。

10. 简述烟草黑胫病的田间症状及防治要点。

烟草黑胫病（tobacco black shank）在烟草生长的各个时期均可发病。苗期发病烟株常在茎基部出现黑色病斑，导致烟苗萎蔫、发黄；大田发病烟株先在近地茎基部出现黑斑，后逐渐扩大、加深，影响烟株水分和养分的运输，导致烟叶发黄、萎蔫、腐烂，严重时茎、叶上形成大量湿腐病斑，整株烟叶下垂，干枯坏死。后期剖开病茎可见髓部干缩呈碟片状，其间生有菌丝、菌核。大田期黑胫病的典型症状有"黑膏药"、"腰漏"、"穿大褂"和"碟片状"。

防治方法。①因地制宜选用优良抗病品种。②培育无病壮苗。③坚持2～3年轮作。④及时揭膜提沟培土，降低根区土壤温湿度，减轻病害。⑤搞好田园卫生，及时清除病株残体。⑥在有病史的烟区，禁止采用放"跑马水"等漫灌措施。⑦化学防治。常用药剂有甲霜灵·锰锌、宝克、霜霉威等。

11. 简述烟草赤星病的发病规律、识别要点及防治方法。

发病规律。烟草赤星病（tobacco brown spot）为烟草成熟期的病害，烟草叶片、茎、花梗和蒴果等部位均可受害。识别要点。侵染叶片，初期出现黄褐色或褐色圆形小点，以后扩大成近圆形病斑，直径1～2.5cm，具明显同心轮纹，外围淡黄色晕圈较窄或不明显，严重时病斑连片，导致烟叶大面积坏死。天气干燥时病斑破裂，天气潮湿时病斑中心产生深褐色或黑色霉层；叶脉上出现暗褐色凹陷病斑，近圆形或椭圆形，边缘不清，但中央颜色较深，直径0.1～1.5cm。茎、花梗和蒴果上均出现近似于叶脉上的病斑，颜色由浅褐色至深褐色，严重时病斑可覆盖整个表面。

防治方法。①选用优良抗病和耐病品种。②合理施肥，合理稀植，适时早采。③搞好田园卫生，及时清除病株残体，集中销毁。④化学防治。在发病初期采用多抗霉素、菌核净、赤斑特、菌克、宝丽安等药剂叶面喷雾。

12. 烟草有哪些细菌性病害？主要的防治药剂有哪些？

烟草细菌性病害主要有野火病（wild fire）、青枯病（bacterial wilt）、角斑病（angular spot）、空胫病（hollow stalk）等。对于烟草野火病、烟草角斑病及空胫病，发病前可用波尔多液预防，发病期可用农用硫酸链霉素、多宁、新植霉素等喷雾防治。对于青枯病可采用生物防治制剂于发病前或发病初期，采用灌根法防治。

13. 从病原物、症状特点及防治药剂等方面说明烟草野火病、烟草赤星病和烟草环斑病的区别。

烟草野火病是由野丁香假单孢菌烟草致病变种［*Pseudomonas syringae* pv. *tabaci*（Wolf et Foster）Young et al.］引起的细菌性病害。在苗期和大田期均会发生，发病叶片初期产生褐色或黑褐色水渍状小圆点，周围有一明显的黄色晕圈。病斑扩展后直径可达1～2cm，病斑愈合形成不规则大斑，斑上有轮纹。一般无病症，天气潮湿时病部表面可能有薄层菌脓病征。防治时，采用农用链霉素、新植霉素等防细菌药剂。

烟草赤星病是由链格孢菌［*Alternaria alternate*（Fries）Keissler.］引起的真菌性病害。在大田后期发生。烟草叶片、茎、花梗和蒴果等部位均可受害。受侵染的叶片，初期出现黄褐色或褐色圆形小点，以后扩大成近圆形病斑，直径1～2.5cm，具明显同心轮纹，外围淡黄色晕圈较窄或不明显，严重时病斑连片，导致烟叶大面积坏死。病斑中央有明显针尖大小的点状物病征。防治药剂有：多抗霉素、菌核净、赤斑特、菌克、赤清、宝丽安等防真菌药剂。

烟草环斑病（tobacco ringspot）是由烟草环斑病毒（tobacco ringspot virus,

TRSV）引起的病毒病害。主要在大田期发生，感病烟株叶面上出现黄色、褐色或白色轮纹、波浪状或不规则坏死斑纹。病斑最初褪绿变黄，后变成黄褐色坏死环或弧形斑，其周围有失绿晕圈。病斑上无病征。防治上采用治虫防病的策略，尚无非常有效化学药剂。

14. 烟草根结线虫病害的田间症状如何？病原有哪些种？如何防治？

烟草根结线虫病（root-knot nematode）的发病部位虽在根部，但却在地上部分表现为烟株变矮，叶片黄化。白天高温时萎蔫，夜间可以恢复。中下部叶片的叶尖和叶缘出现红褐色坏死斑，叶缘下卷。在根上形成大小不一的根结，烟根畸形，形同鸡爪。病原有南方根结线虫［*Meloidogyne incognita*（Kofoid and White）Chitwood］、爪哇根结线虫［*M. javanica*（Treub）Chitwood］、花生根结线虫［*M. arenaria*（Neal）Chitwood］、高弓根结线虫（*M. exigua* Goeld）和北方根结线虫（*M. hapla* Chitwood）5个种。

防治方法。①选用优良抗病品种。②实行与禾本科作物3～5年轮作，水旱轮作效果更佳。③田园卫生。捡出带虫烟根，增施有机肥。④深耕晒土、培肥地力，加强管理及时拔除病株。⑤化学防治。移栽时用克线磷、克线丹、线虫必克等药剂土壤根际施药。⑥生物防治。采用云南农业大学研制的解淀粉芽孢杆菌“苗根健”，于发病前浇灌烟株根基部，有较好的防治效果。

15. 常见的烟草非侵染性病害有哪些？引起的原因来自哪些方面？

常见的烟草非侵染性病害（noninfectious disease）有缺素征、气候性斑点病、雨斑、肥害、药害、遗传变异等。引起烟草非侵染性病害的原因主要有养分胁迫、水分胁迫、温度胁迫、不当的农药使用、自然灾害、环境污染、遗传变异、不当的农事活动等。

16. 简述气候性斑点病的发病原因、规律及田间症状类型。

烟草气候性斑点病（weather fleck）是烟草上常见、有时危害较重的一种病害。该病害在苗期和大田期均可发生，但主要是大田期发生严重。发病的原因主要是大气中的臭氧损害所致，低温（12℃以下）是臭氧毒害烟株产生气候性斑点的诱因。

发病初期为水渍状小点，先褐色后变灰色或白色，直径1～2μm，圆形或不规则形，病斑多集于叶尖或叶脉两旁。田间症状表现很快，发病迅速，病斑往往在1～2d就可从水渍状转变为褐色，进而呈灰色或白色。不同品种、生育期及发病条件所致症状类型不同，主要有白斑型、褐斑型、环斑型、尘灰型、坏死褐点型、非坏死褐点型、成熟叶褐斑型和雨后黑褐斑型8种类型。

17. 化学防治是烟草生产中控制病害的主要技术，哪些不当的农药施用方法可能导致药害出现？

烟草苗期和大田期，轻微的药害就会导致烟株变色、畸形、局部坏死，长势不良，严重时导致叶片或烟株枯死。导致药害的主要原因有：①施药器械残存农药；②用药浓度过高；③错误混用农药；④错误施用农药；⑤用药时期不当；⑥施用过期、假冒农药。

二、判断及改错题

1. 在烟草生产中，TMV 能通过摩擦传播，而 CMV 是通过蚜虫和摩擦传播。
   正确。
2. TMV 是非种传病毒，因此，它不会通过病株种子传播。
   错误。
   改正：TMV 是非种传病毒，但病株种子种皮能携带病毒，因此，未消毒彻底的病株种子可能传播该病。
3. TMV 和 CMV 都能在病残体中越冬，但 TMV 在病残体中存活的时间远比 CMV 长。
   错误。
   改正：CMV 不能在病残体中越冬，TMV 能在病残体中越冬且存活期长。
4. PVY 主要通过蚜虫以持久性方式传播，也可通过汁液、机械摩擦传播。
   错误。
   改正：PVY 主要通过蚜虫以非持久性方式传播，也可通过汁液、机械摩擦传播。
5. 烟草丛顶病毒病在田间由烟蚜传播，田间机械摩擦不传毒，人工汁液摩擦可传毒。
   正确。
6. TEV 只能以蚜虫传病，及时拔除病株，治虫防病和加强烟田栽培管理等措施可取得良好防治效果。
   错误。
   改正：TEV 以汁液接触和蚜虫传病，及时拔除病株，治虫防病和加强烟田栽培管理等措施可取得良好防治效果。
7. 烟草炭疽病在烟草生长各时期均可发病，典型病斑圆形，周围隆起，呈红褐色，中央稍凹陷，呈灰白至黄褐色，病斑外有黄色晕圈。
   错误。
   改正：烟草炭疽病在烟草生长各时期均可发病，典型病斑圆形，周围隆起，呈红褐色，中央稍凹陷，呈灰白至黄褐色，病斑外无黄色晕圈。
8. 烟草白粉病主要是高温、高湿、遮阴、通风不良条件下易发病。发病烟叶正、反面形成大量白色粉状物。
   正确。
9. 烟草根黑腐病是一种细菌性病害。
   错误。
   改正：烟草根黑腐病是一种真菌性病害。
10. 烟草煤污病由草本枝孢菌、出芽短梗霉菌、链格孢菌等多种真菌混合寄生引起。
    错误。
    改正：烟草煤污病由草本枝孢菌、出芽短梗霉菌、链格孢菌等多种真菌混合附生引起。
11. 烟草低头黑病是一种真菌性病害。
    正确。

12. 烟草青枯病为典型的维管束病害。感病初期田间病株一般表现为发病叶片一侧枯萎，另一侧叶片正常生长，俗称“半边疯”。

正确。

13. 烟草霜霉病和烟草靶斑病被列为我国植物检疫禁止进境对象。

错误。

改正：烟草霜霉病被列为我国植物检疫禁止进境对象。

第二十四章　果树病害Ⅰ（苹果、梨、桃病害）

【习题】

问答及论述题

1. 哪些主要病害影响苹果与梨的生产？
2. 简述苹果腐烂病的主要症状，防治的关键措施有哪些？
3. 苹果白粉病的发病规律如何？如何进行防治？
4. 苹果早期落叶病由哪几种病害组成？试述其症状区别和防治措施。
5. 简述梨黑星病的症状，如何进行防治？
6. 以梨锈病为例解释什么是转主寄生现象？其病原多型性、其发病特点是什么？拟定防治的关键措施？
7. 简述桃褐腐病的症状，如何进行防治？
8. 简述桃缩叶病的症状，病原菌是什么？说明其分类地位和越冬方式？如何进行防治？
9. 简述桃根癌病的症状，如何进行防治？

【解答】

问答及论述题

1. 哪些主要病害影响苹果与梨的生产？

苹果和梨是我国主要的大宗水果。种植面积和产量逐年上升，出口量也逐年增加。由于栽培面积广泛，树种繁多，病害种类也较多，严重制约着产量和品质的提高。影响苹果树生产的主要病害有苹果早期落叶病（apple early defoliation disease）和苹果腐烂病（apple valsa canker），此外，轮纹病（apple ring rot）、白粉病（apple powdery mildew）、苹果炭疽病（apple anthracnose）、黑星病（apple scab）、褐腐病（apple brown rot）、白绢病（apple tree southern blight）、苹果锈果病（apple scar skin）等也是苹果树上的常见病和多发病；影响梨树的主要病害有梨黑星病（pear scab）、梨轮纹病（pear ring rot）、褐腐病（pear brown rot）、梨锈病（pear rust）、梨黑斑病（pear black spot）等。

2. 简述苹果腐烂病的主要症状，防治的关键措施有哪些？

苹果腐烂病（apple valsa canker）主要危害树干、枝条、亦可危害果实。病树干和枝条的皮层腐烂、坏死有溃疡和枯枝两种类型。病部常有黄褐色汁液流出，湿腐状，有酒糟味。在发病后期，病斑上产生黑色小粒点（为分生孢子器）。潮湿时，分生孢子器吸水从孔口涌出橘黄色、卷须状分生孢子角。

防治苹果腐烂病的根本措施是加强栽培管理，增强树势，搞好果园清洁和及时处理病斑。培育好幼树的树体和树形，严格控制好结果树的大小年现象；做好合理施肥；防止冻害、日灼和虫害。清洁果园方面，要做到及时清除修剪下来的树枝、病干，及时烧毁。病斑要彻底刮除，并涂上杀菌剂保护。常用的杀菌剂有 843 康复剂原液，70%甲基托布津可湿性粉剂 50 倍液。

3. 苹果白粉病的发病规律如何？如何进行防治？

苹果白粉病（apple powdery mildew）的发病规律：病菌在病芽内越冬，于翌年春季果树发芽后随病芽萌发，病菌就近传播危害，故在新梢抽生时，即可发现病芽病叶。春梢和秋梢旺盛生长期是白粉病的两个发病高峰期，凡春季温暖干旱的年份，则有利于病害的前期流行。夏季多雨凉爽，秋季晴朗，则有利于后期发病。

防治方法。①清除菌源。结合冬剪，认真剪去病芽、病枝和病叶，病情严重的果园应避免轻剪，适当重剪，消灭越冬菌源。在萌芽前后对叶芽实施破顶修剪，不仅可有效消灭菌源，而且还可提高中短枝量，促进花芽分化。在花期，结合疏花疏果，摘除病芽病叶，并带出园外烧毁或深埋。②药剂防治。在花序分离期，从芽鳞片脱落后到花前及春梢封顶期，对全园细致喷洒布金力士等药液，每次间隔 7～10d，依据果园发病情况可连续多次喷施。为了提高叶片的抗病能力，还可增加叶面肥同杀菌剂一起喷施。

4. 苹果早期落叶病由哪几种病害组成？试述其症状区别和防治措施。

苹果早期落叶病（apple early defoliation diseases）由苹果褐斑病（marssonina leaf spot of apple，apple brown spot）、斑点落叶病（alternaria leaf spot of apple）、灰斑病（apple gray spot）、轮斑病（alternaria rot）、苹果圆斑病（alternaria blotch of apple）等几种病害引起，苹果早期落叶病是这些病害的统称。但这几种病害的症状各有不同。

苹果褐斑病主要危害叶片。被害叶片有 3 种类型：①同心轮纹型：病斑暗褐色，周缘有绿色晕圈，后期在病斑上产生黑色小点，排列成同心轮纹状；②针芒形：病斑小、形状不规则、褐色或暗褐色，呈放射状向外扩展；③混合型：有同心轮纹形和针芒形两种病斑，病斑较大、近圆形或不规则形、褐色或暗褐色。叶片生长后期，3 种类型的病斑均可导致叶片变黄或干枯。雨水多的年份发病重，树冠郁闭、通风透光不良的果园发病重。用药防治不及时也可造成病害流行，提早落叶。

斑点落叶病主要危害叶片，也可危害果实。首先在嫩叶上出现症状，病叶初期产生褐色至深褐色圆形斑点，周围有紫褐色晕圈。夏季高温季节，病斑增多，扩展迅速，形成较大病斑，使叶片扭曲皱缩、边缘干枯、提早脱落。病果表面产生深褐色圆形斑点，病斑稍凹陷，周围有红色晕圈。

轮斑病主要危害叶片。病斑多分布在叶片边缘，有时也出现在叶片中脉附近。病叶初期出现褐色小斑点，逐渐扩大成褐色病斑，其上有颜色深浅相同的轮纹。有时数个病斑连在一起，形成不规则的大病斑，叶片边缘枯焦、提早脱落。天气潮湿时，病斑背面产生墨绿色霉状物。

灰斑病主要危害叶片。叶片感病后出现针头状褐色小点，逐渐扩大成圆形病斑，直径 2～6mm，灰色或灰褐色，病健交界处常有深褐色晕圈。叶片生长后期，病斑上产生深褐色小粒点。

苹果圆斑病主要危害叶片。叶片病斑圆形，褐色，大小比较一致，中部有一深色环纹，后期中央有一针尖大黑色小粒点。病斑布满全叶，叶背呈褐色，重病叶片上数斑相连，亦有深褐色小粒点。

苹果早期落叶病的综合防治措施有两种。①加强肥水管理，确保树体健壮生长。肥水是树体健康生长的基础，尤其是有机肥，钾肥可提高树体，特别是叶片的抗病能力。后期应在土壤追肥的基础上加强叶面喷肥，以提高叶片抗病力和果实质量。②正确选择药剂，及时喷药防治。针对该病的暴发流行规律，进入 6 月高温多雨期后，要迅速喷施杀菌剂防治。

5. 简述梨黑星病的症状，如何进行防治？

梨黑星病（pear scab）能够侵染梨树所有的绿色幼嫩组织，如叶片、叶柄、芽、花序、新梢及一年生枝条等部位，其中以叶片和果实受害最为常见。该病症状的主要特点是：受害部位呈墨绿色至黑色，有时呈银灰色的霉状物；病部初期变黄，后期枯死，但病部组织不腐烂。

叶片：多于叶片背面沿叶脉长出星状放射的墨绿色至黑色霉状物，对应的叶片正面开始出现不规则形黄斑，最后病斑逐渐变褐枯死。叶柄和叶脉也可受害，叶柄受害常造成早期落叶。

果实：幼果受害后在果柄或果面形成黑色或墨绿色的近圆形霉斑，往往造成果实早落。成果期受害形成圆形凹陷斑，病斑表面木栓化、开裂，呈“荞麦皮”状，这类病果不畸形。近成熟期果实受害形成淡黄绿色病斑，稍凹陷，有时在病斑上产生稀疏的霉层。病果或带菌果实冷藏后，在病斑上产生浓密的银灰色霉层。

芽部：芽部发病极难辨认。病芽的主要特征是鳞片变黑并产生黑色霉状物。在一个枝条上，顶芽基本不受害，亚顶芽最易受害，亚顶芽往下 3 或 4 个芽也较易受害。病芽绝大部分是叶芽，花芽发病极为少见。

病梢：病芽萌发形成病梢，俗称“乌码”，又称“病芽梢”。一般从 4 月下旬开始出现，几乎全为病芽萌发而成。病梢的主要特点是从新梢基部开始，逐渐向上产生一层浓密的墨绿色至黑色霉状物，并一直向上可扩展到叶柄甚至叶片基部。病梢叶片初变红，再变黄，最后干枯脱落，只留下一个“黑橛”。

防治方法。①清除菌源。结合冬剪，认真剪去病芽、病枝和病叶，消灭越冬菌源。②化学防治。第一次喷药应在花序分离期，第二次应在坐果后的春梢封顶期。

6. 以梨锈病为例解释什么是转主寄生现象？其病原多型性、其发病特点是什么？拟定防治的关键措施？

梨锈病（pear rust）转主寄生是指病原菌侵染循环的整个生活史要在两种亲缘关系完全不同的寄主上完成。梨锈病在原寄主梨上产生性子器、性孢子、锈子器、锈孢子，然后在转主寄主桧柏上产生冬孢子。

梨锈病病害循环的特点存在转主寄主（柏属植物），在田间无再次侵染现象。

防治方法。①避免在梨园附近 10km 内栽种柏属植物。②针对梨只受一次侵染的特点，注重梨幼叶初展后的喷药保护。③对转主寄主柏属植物喷药，阻止其上的冬孢子萌发。

7. 简述桃褐腐病的症状，如何进行防治？

桃褐腐病（peach brown rot）能危害桃树的花、叶、枝梢及果实，其中以果实受害最重。

（1）花与叶。花部受害自雄蕊及花瓣尖端开始，先发生褐色水渍状斑点，后逐渐延至全花，随即变褐而枯萎。天气潮湿时，病花迅速腐烂，表面丛生灰霉；若天气干燥时则萎垂干枯，残留在枝上，长久不脱落。嫩叶受害，自叶缘开始，病部变褐萎垂，最后病叶残留枝上。

（2）新梢。侵害花与叶片的病菌菌丝，可通过花梗与叶柄逐步蔓延到果梗和新梢上，形成溃疡斑。病斑长圆形，中央稍凹陷，灰褐色，边缘紫褐色，常发生流胶。当溃疡斑扩展环割一周时，上部枝条即枯死。气候潮湿时，在溃疡斑上出现灰色霉丛。

（3）果实。最初在果面产生褐色圆形病斑，如环境适宜，病斑在数日内便扩及全果，果肉也随之变褐软腐。随后在病斑表面生出灰褐色绒状霉丛，常成同心轮纹状排列，病果腐烂后易脱落，但不少失水后变成僵果，悬挂枝上经久不落。

防治方法。①消灭越冬菌源。结合修剪做好清园工作，彻底清除僵果、病枝，将其集中烧毁，同时进行深翻，将地面病残体深埋地下。②及时防治害虫。如桃象虫、桃食心虫、桃蛀螟、桃蟪象等，应及时喷药防治。有条件套袋的果园，可在5月上中旬进行套袋。③喷药保护。桃树发芽前喷布5波美度石硫合剂或45%晶体石硫合剂30倍液。落花后10d左右喷施65%代森锌可湿性粉剂500倍液等杀菌剂。不套袋的果实，依病情每间隔10～15d可多喷施几次。

8. 简述桃缩叶病的症状，病原菌是什么？说明其分类地位和越冬方式？如何进行防治？

桃缩叶病（peach leaf curl）主要危害桃树嫩叶片，严重时亦危害花、嫩梢和幼果。

叶片：春季嫩梢刚从芽鳞抽出时就显现卷曲状，颜色发红。随叶片逐渐开展，卷曲皱缩程度也随之加剧，叶片增厚变脆，并呈红褐色。春末夏初在叶表面生出一层灰白色粉状物，即病菌的子囊层。最后病叶变褐，焦枯脱落。叶片脱落后，腋芽常萌发抽出新梢，新叶不再受害。

枝梢：枝梢受害后呈灰绿色或黄色，较正常的枝条节间短，而且略为粗肿，其上叶片常丛生，严重时整枝枯死。

病原菌为畸形外囊菌［*Taphrina deformans*（Berk）Tul.］，属外囊菌属真菌。病菌有性阶段形成子囊及子囊孢子。子囊孢子还可在子囊内或子囊外芽殖，产生芽孢子。芽孢子卵圆形，可分为薄壁与厚壁两种，前者能直接再芽殖，而后者能抵抗不良环境，可用于休眠。

病菌主要以厚壁芽殖孢子在桃芽鳞片上越冬，亦可在枝干的树皮上越冬，到翌年春季，当桃芽萌发时，芽孢子即萌发，由芽管直接穿过表皮或由气孔侵入嫩叶。由于病菌在树枝上可残存1年以上，上年病重，残留病菌多，来年发病也重。

防治方法。

（1）加强管理：在病叶初见而未形成白粉状物前及时摘除病叶，集中烧毁，可减少当年的越冬菌源。发病较重的桃树，由于叶片大量焦枯和脱落，应及时增施肥料，加强培育管理，促使树势恢复。

（2）药剂防治：在花瓣露红（未展开）时喷洒1次2～3波美度的石硫合剂或1∶1∶100波尔多液、70%代森锰锌可湿性粉剂500倍液、70%甲基硫菌灵可湿性粉剂1000倍液等。但桃树发芽后，一般不需要再喷药。

9. 简述桃根癌病的症状，如何进行防治？

桃根癌病（peach crown gall）主要发生在根颈部，也发生于侧根或支根，瘤体初生时乳白色或微红，光滑、柔软，后渐变褐色，木质化而坚硬，表面粗糙，凹凸不平。瘤体发生于支根处的较小，根颈处的较大，以根颈部位的瘤体影响最大。受害桃树生长严重不良，植株矮小，果少质劣，严重时全株死亡。

防治方法。①避免重茬连作。②苗木出圃时严格剔除病苗；新建桃园时加强检疫，防止带入病苗。③加强果园检查，对可疑病株挖开表土，发现病状后用刀刮除或彻底刮除并用1%五氯酸钠或0.1%氯化汞消毒；也可用根癌灵20倍液浸根（对病苗）或泼浇根部（大树）。④苗圃应用无病土育苗，培育健壮无病苗木。⑤加强土壤管理，合理施肥，改良土壤，增强树势。

第二十五章　果树病害Ⅱ（葡萄、柿子、枣树和猕猴桃、山楂和石榴病害）

【习题】

一、问答及论述题

1. 简述葡萄霜霉病和白粉病在病原、症状及发病条件方面的差异。
2. 简述葡萄炭疽病（熟腐病）的主要症状、病原及发病规律。
3. 简述柿树常见的病害及引起病害的病原和发病规律。
4. 柿树落果的原因是什么？如何防治？
5. 简述枣疯病由什么病原引起？通过什么途径传播？应如何防治？
6. 毛叶枣常见病害有哪些？在防治策略上应注意些什么？
7. 猕猴桃的根部病害主要有哪些？简述其症状特点、发病规律及防治措施。
8. 猕猴桃根癌病的病原是什么？简述其症状特点。
9. 简述猕猴桃黑霉病的症状特点。
10. 简述猕猴桃溃疡病的症状特点及防治方法。
11. 简述山楂白粉病的症状特点。
12. 简述山楂花腐病的症状特点及其防治措施。
13. 试述山楂锈病的发病规律。
14. 哪些主要病害危害石榴生产？
15. 试述石榴枯萎病的症状、病原、发生规律及防治要点。
16. 试述石榴黑斑病的症状、病原、发生规律及防治要点。
17. 试述石榴干腐病的症状、病原、发生规律及防治要点。

二、判断及改错题

1. 葡萄霜霉病菌和白粉病菌均为专性寄生菌。
2. 葡萄霜霉病菌和白粉病菌的孢子主要由风雨传播，而葡萄炭疽病菌和白腐病菌的孢子主要由气流传播。
3. 猕猴桃溃疡病是一种高温、高湿性病害，容易在冷凉、湿润地区发生并造成大的危害。
4. 猕猴桃溃疡病菌致病力较弱。因此，其发生必须首先要有伤口的出现，如冻伤、雹伤、擦伤、剪口伤、裂皮等，溃疡病病菌才能从伤口侵入引起发病。
5. 猕猴桃花腐病是真菌性病害。
6. 山楂白粉病的病原菌没有无性态。

7. 山楂花腐病和猕猴桃花腐病的病原菌是同一种病原菌。
8. 松树是山楂锈病的转主寄主。
9. 山楂锈病的病原菌一年可有多次侵染。
10. 石榴黑斑病是由有丝分裂孢子真菌，腔孢纲，球壳孢目，鲜壳孢属的石榴鲜壳孢（*Zythia versoniana* Sacc.）引起的。
11. 石榴干腐病一般发病初期在5月中下旬，7月中旬进入发病高峰，末期在8月下旬。
12. 石榴疮痂病的病斑主要出现在伤口处。

【解答】

一、问答及论述题

1. 简述葡萄霜霉病和白粉病在病原、症状及发病条件方面的差异。

葡萄霜霉病（grape downy mildew）和白粉病（grape powdery mildew）的菌丝与孢子在葡萄叶片上均为白色，因此两种病害的症状容易混淆，但葡萄白粉病和霜霉病的病原及发病条件有明显不同，具体分析如下。

（1）症状。霜霉病：危害叶片，也能侵害嫩梢、花、幼果等柔嫩部分；叶片发病，初出现细小的不定形的淡黄色水渍状斑点，以后逐渐扩大，在叶正面呈现黄色或褐色的不整形病斑；病斑背面产生白色浓霜状霉层，此为病菌的孢囊梗和孢子囊；嫩梢受害，开始也产生水渍状病斑，淡黄色，逐渐变为黄褐色至褐色，表面也密生白色霜状霉；嫩梢被害后生长停滞，扭曲，严重时干枯死亡；幼果受害，病部凹陷，遍长白霉，不久即皱缩脱落。白粉病：危害葡萄的果粒、叶片、新梢及卷须等绿色幼嫩组织，以果实受损失最大；叶片受害时，最初在叶面上产生细小、淡白色的霉斑，以后逐渐扩大成灰白色粉末状，严重时蔓延到整个叶片，致使病叶卷缩枯萎；果实受害时在果面产生粉状霉层，擦去霉层后，果面有褐色斑纹；幼果期受害，果实萎缩脱落；果实稍大时受害，表皮细胞死亡而变褐，果实停止生长、硬化、畸形，有时开裂，果味极酸；后期病果干枯腐烂。新梢及果梗受害，初期病斑白色，以后转为褐色，最终变成黑色，表面着生稀疏的白粉层。

（2）病原。葡萄霜霉病由卵菌门、葡萄霜霉［*Plasmopara viticola*（Berk. et Curtis）Bert. et de Toni］侵染引起；而葡萄白粉病由子囊菌门、葡萄钩丝壳菌［*Uncinula necator*（Schw.）*Burr.*］侵染引起。

（3）发病条件。霜霉病和白粉病的发病条件差异明显。霜霉病适宜在高湿、低温的气候条件下发生和流行。温度20℃左右，湿度＞95％的条件下利于霜霉病的发生，且孢子囊和游动孢子的萌发、侵入，均需要在有水膜的情况下进行；而白粉病分生孢子萌发的最适温度为25～30℃，相对湿度为83.0％～86.5％的条件下有利于白粉病的发生。水膜反而对孢子堆萌发不利，在较干旱条件下也可萌发，闷热的气候有利于病害发生。

2. 简述葡萄炭疽病（熟腐病）的主要症状、病原及发病规律。

葡萄炭疽病（grape ripe rot）主要由胶孢刺盘孢［*Colletotrichum gloeosporioides*（Penz.）Penz. et Sacc.］侵染所致，常出现葡萄花穗腐烂和成熟期果腐。该病能侵染果、枝蔓、叶和卷须等部位，被侵染处发生褐色小圆斑点，逐渐扩大并凹陷，病斑上产生同心轮纹状近圆形线纹，并生出排列整齐的小黑点。这些黑点是分生孢子盘，潮湿天气分生孢子盘泌出粉红色胶状分生孢子团，是该病的特征。病斑可扩展到整个果面，病果逐渐干缩成僵果，有时整穗干缩形成僵果。

葡萄炭疽病菌主要以菌丝体潜伏在受侵染的一年生枝蔓表层组织、叶痕等部位，或以分生孢子盘在枯枝、落叶、烂果等组织上越冬。翌年在葡萄发芽展叶或花穗期，如逢遇降雨，越冬分生孢子则通过雨滴或昆虫等进行传播，实行初侵染。炭疽病菌从幼果侵入后一般不表现症状，直到果实成熟，抗性降低后，病菌迅速扩展而表现症状。葡萄不同品种对炭疽病的抗性有明显差异，一般果皮薄的品种较易感病。

3. 简述柿树常见的病害及引起病害的病原和发病规律。

柿树常见的病害有柿白粉病（persimmon powdery mildew）、柿炭疽病（persimmon anthracnose）、柿角斑病（persimmon angular leaf spot）和柿圆斑病（persimmon circular leaf spot），其症状、病原和发病规律如表 25-1 所示。

表 25-1　柿树常见病害的症状、病原及发病规律

病　害	症　状	病　原	发病规律
柿白粉病	危害叶片，造成早期落叶。夏季病斑黑色，秋季老叶背面出现典型的白粉斑，后期白粉中产生初黄色后变为黑色的小粒点	*Phyllactinia kakicola* Sowada	病菌以闭囊壳在病落叶上越冬
柿炭疽病	危害果实及新梢。果实病斑圆形，深褐色或黑色凹陷，密生呈轮纹状排列的灰色至黑色小粒点，湿度大时溢出粉红色黏质团；新梢病斑长椭圆形，中部凹陷纵裂，并产生黑色小粒点，潮湿时溢出粉红色黏质团	*Colletotrichuim gloeosporioddes* (Penz.) Penz. et Sacc.	病菌主要在枝梢病斑中越冬，也可在病果、叶痕和冬芽中越冬，翌年初夏通过风雨、昆虫传播，初侵染新梢和幼果，直至采收期可不断受害。病菌喜欢高温、高湿，病害消长与降雨关系密切
柿角斑病	危害叶片和柿蒂，叶片上病斑多角形，黄绿色至褐色，病斑上密生黑色绒状小霉点	*Cercospora kaki* Ell. Et Ev.	病菌以菌丝体在病蒂和病落叶上越冬，分生孢子借风雨传播，发病早晚和病情轻重与雨季早晚和雨量大小密切相关
柿圆斑病	主要危害叶片，病斑圆形褐色，边缘黑色，病斑周围有黄绿色晕圈。后期病斑背面产生小粒点	*Mycosphaerella nawae* Hiura et Ikata	病菌以未成熟的子囊果在病落叶上越冬，子囊孢子借风雨传播，从气孔入侵，多雨利于发病

4. 柿树落果的原因是什么？如何防治？

柿树落果的原因主要有两类：即生理失调引起的落果和炭疽病或柿蒂虫等病虫害造成的落果。生理落果的程度与品种和结果部位等有关，如花芽分化不完全、授粉不良或树体结构不合理，树体高大、枝条过密、通风透光不良、影响枝条的有机养分累积，造成树条生长细弱；生理干旱，土壤长期干燥，土壤贫瘠，肥水吸收困难造成落果多；柿园过涝，根的吸收能力下降等也可引起早期落果。

根据以上原因，可采取如下措施以减少落果。①需配置授粉树品种，建议种植授粉树或进行人工授粉，尤其甜柿必须配置授粉树品种。②花期对强壮树的主干或主枝进行环割，环割后要加强肥水供应，确保及时愈合。③适当修剪，尤其要加强夏季修剪，去除无用的和多余的枝条，促进通风透光，增加内膛光照，及时更新结果母枝。④花期或幼果期喷 40μg/ml 的赤霉素，或 3%过磷酸钙浸出液。⑤加强肥水管理，保证肥料的及时供应，同时要保证柿园内不要过旱或过涝。⑥及时喷施农药，防治病虫害。

5. 简述枣疯病由什么病原引起？通过什么途径传播？应如何防治？

枣疯病（jujube witches' broom）是枣树生产上的一种重要病害，几乎遍布于国内外所有的枣树栽培区。该病害由植原体（*Phytoplasma*）侵染所致。植原体是一类引起植物“黄化类型”病害的非螺旋形菌原体。感病植株外观通常表现为黄化丛枝症状，用四环素抗菌处理后，其症状可暂时性消退。

传播途径：枣疯病主要由叶蝉传播，北方枣区自然传病媒介主要是3种叶蝉，即凹缘菱纹叶蝉（*Hishimonus sellatus* Uhler）、橙带拟菱纹叶蝉（*H. aurifaciales* Kuoh）和红闪小叶蝉（*Typhlocyba* sp.）。植原体不能经卵传至子代，但虫体终身带菌，可以持续传染许多枣树。植原体被传播到枣树上先运行到根部，经过增殖后，才能向上运行，引起树冠发病。

防治方法。枣疯病的防治应采取及时清除病株，培育无病苗木，加强枣园管理和辅以药剂治疗等综合防治措施。①清除病株，防治传病叶蝉。在发病枣园应及时挖除病树，补栽健苗。新建枣园附近最好不栽松、柏，严禁与芝麻间作。枣树萌发前后是药剂防治介体的关键时期。②选用抗病砧木，培育无病苗木。③加强栽培管理。注意加强枣园肥水管理，促进枣树生长健壮，提高抗病力。④接穗处理和病树治疗。用1000mg/ml盐酸四环素浸泡接穗0.5～1h，可以预防病害的发生。发病较轻的枣树，用盐酸四环素注射，有一定的治疗效果，但治愈的树该病害也容易复发。

6. 毛叶枣常见病害有哪些？在防治策略上应注意些什么？

毛叶枣又名台湾青枣，它原产于我国云南和印度等地，但我国真正大面积以经济水果栽培还是从台湾省和东南亚等地引入芽变高产品种开始的。因此，病害系统研究不够深入，仅云南农业大学何月秋教授课题组、广西大学等做过部分研究，以前者研究较深入，并于2009年出版了世界上第一本《毛叶枣（台湾青枣）的有害生物及其防治》专著，该书介绍了12种侵染性病害，10种非侵染性病害。依据现有研究成果，白粉病、炭疽病、疫病、煤烟病及缺镁征是毛叶枣上常见病害。对于侵染性病害，应将重点放在预防上，及时清除病残体，避免林下种植低矮农作物，雨季及时开沟排水，在发病初期及时喷施化学药剂。对于非侵染性的缺素征，强调营养平衡和配方施肥。特别是毛叶枣对镁元素较为敏感，施用硫酸镁或钙镁磷肥极其重要。

7. 猕猴桃的根部病害主要有哪些？简述其症状特点、发病规律及防治措施。

猕猴桃根部病害主要有根朽病（kiwi fruit root rot）和枝干溃疡病（kiwi fruit stem canker）。

（1）根朽病：病原菌为担子菌门，小密环菌［*Armillariella mellea*（Vahl ex Fr.）Karst］。主要危害根颈部、主根、侧根。初期根颈部皮层出现黄褐色水渍状斑，皮层逐渐变黑软腐，韧皮部和木质部分离，易脱落，木质部也可变褐腐烂。被害根的皮层内及皮层与木质部之间会长出一层白色菌丝层，呈扇形扩展。受害严重的植株1～2年内整株死亡。

（2）枝干溃疡病：病原菌为卵菌门，疫霉属的恶疫霉菌［*Phytophthora cactorum*（Leb et Cohn）Schort］。主要危害主干茎基部和根颈部。初期发病部位有圆形或近圆形水渍状斑，不久呈暗褐色不规则病斑，皮层坏死腐烂，皮层内部也呈暗褐色，有的可危害木质部。严重时，病斑绕茎一周，致使叶片萎蔫，整株死亡。

以上两种病害的病原菌均随病残组织在土壤中越冬，而猕猴桃根系为肥大的肉质根系，木质化较差，呼吸旺盛，根部病害的发生与肥水管理、土壤疏松度、根系深度及树势密切相关。根据调查和观察①7～8月高温季节为病害发生高峰期；高温期间若大水漫灌，易诱发根部病害的发生；高温期间降雨量多，田间湿度大、排水不良时，根部病害发生严重。②粗放的掠夺式管理和连年使用大果灵而造成树势衰弱的易感染根部病害。③施肥不当使根部受损的易感染根部病害。④连年施用土粪使须根入土过深、呼吸受阻的，易导致根部病害的发生。⑤根部冻伤、虫伤及机械损伤等伤口越多，根部病害越重。

鉴于上述发生规律，在防治上采用以下措施防治。

（1）农业防治。①培育无病苗木，选多年种植禾本科植物的无病地育苗。②灌水要均匀，防止积水时间过长，影响根系呼吸。③及时开沟排水，降低田间湿度，增加土壤透气性。④避免根系过深，以免根系因呼吸受阻，活力下降而感染病菌。⑤切实做好人工疏果工作，对伤果、病虫果、畸形果均要及时疏除，以达到合理负载、减少养分消耗、培养强壮树势的目的。

（2）药剂防治。对已感病的树，可用0.8%的菌立灭300倍液、40%多菌灵400倍液灌根，每隔15d 1次，连灌2或3次，均能抑制病害。

8. 猕猴桃根癌病的病原是什么？简述其症状特点。

猕猴桃根癌病（root cancer of kiwi fruit）的病原为根癌土壤杆菌［*Agrobacterium tumefaciens*（Smith and Townsend）Cinn］。

症状特点。发病初期主要在侧根和主根上形成球形或近球形的多个瘤体，乳白色至红白色，表面光滑，多个瘤体汇合后呈不规则根瘤，并变为深褐色，表面粗糙，质地较硬。有些瘤体中间有裂痕。罹病植株根系吸收功能受阻，叶片发黄，叶子和果实均较小，经过一段时间后，植株因缺乏必要的营养而死亡。

9. 简述猕猴桃黑霉病的症状特点。

猕猴桃黑霉病（kiwi fruit black mildew）感染叶片，叶面感病后先出现褪绿小黄斑点，后逐渐扩大成圆形或不规则的黄褐色至褐色病斑，其上形成黑色绒球状霉丛，随病害发展，霉丛逐渐密集成片布满叶面。病斑背面产生浓密的黑色或墨绿色霉层，即病原菌分生孢子梗和分生孢子。最后多个病斑连成大斑，叶片枯死，形成早期落叶。

10. 简述猕猴桃溃疡病的症状特点及防治方法。

症状特点：猕猴桃溃疡病（kiwi fruit canker）主要危害猕猴桃的新梢、枝蔓、叶片和花蕾，以危害1～2年生枝梢为主，一般不危害根和果实。植株受害后，于2月中下旬开始发病，在枝蔓上发生1～3cm长的纵裂缝，并流出深绿色水渍状黏液，高湿条件下，在裂缝处分泌白色菌脓，最后流胶部位组织下陷变黑呈铁锈状溃疡斑，病部上端枝条发生龟裂、萎缩枯死。叶片受害后出现1～3mm不规则形的暗褐色病斑，病斑外缘2.5mm范围变黄，重病叶向内卷曲、枯焦、易脱落。花蕾受害后，在开花前变褐枯死。花器受害，花冠变褐呈水腐状。

防治方法。①严禁栽植病苗，严禁从发病果园采集接穗，防止把菌源带进果园。②发病果园修剪时，剪口、剪具要严格消毒，做到每剪必消，防止人为传播。剪掉的病枝和刮掉的病组织要带出田外销毁，不能堆放在田间或扔在园内。③落叶后、春季萌芽前选用45%施纳宁水剂300～400倍液或5波美度石硫合剂、0.15%梧宁霉素水剂400倍液全园淋洗式喷雾。④伤流结束后，及时刮除主干或大枝上的病疤，用45%施纳宁水剂100～150倍液，或0.15%梧宁霉素水剂5～10倍液涂抹。⑤3～4月发病果园可选用农用链霉素、春蕾霉素、龙克菌、杀毒矾、菌毒清、梧宁霉素等全园喷雾2或3次，防止病菌扩展蔓延。⑥对整株发病、主干基部发病或全园仅个别植株发病的，应及时铲除病株，消灭传染源。⑦加强田间管理，冬季或早春喷施防冻剂，增强树体抗性。⑧分片、分区统一防治，清除传染源，防止果园间相互传播。

11. 简述山楂白粉病的症状特点。

山楂白粉病（whitethorn powdery mildew）主要危害叶片、新梢和果实。早春，山楂芽开绽时就可侵染。嫩芽染病，出现粉红色病斑，抽发新叶时，病斑迅速蔓延至新叶。病部布满白粉，呈毛毯状，即病菌的分生孢子和分生孢子梗。新梢受害，除出现白粉外，还出现生长瘦弱、节间缩短、叶片细长、卷缩扭曲现象，严重时干枯死亡。幼果发病，首先在近果柄处发生病斑，被覆白色粉状物，果实向一侧弯曲，病斑逐渐扩展到整个果面，严重时从果柄病斑处断落。稍大的幼果受害，病斑硬化，并发生龟裂，果实畸形，着色不良。

12. 简述山楂花腐病的症状特点及其防治措施。

山楂花腐病（whitethorn flower rot）主要危害山楂叶片、新梢和幼果，造成病部腐烂。叶片受害时，病斑棕褐色，病叶枯萎。新梢的发病多由感病叶柄的病菌蔓延而成，病斑初为褐色，后变红褐色，以后病梢枯死。幼果受害，在果面上最初出现1～2mm褐色斑点，约2～3d后，病斑扩展到全果，变暗褐色，表面溢出黏液，并有酒糟味，7～8d后果实脱落。

在防治上，应采用以下措施。

（1）清除病源。发病后及时摘除病叶、病梢和病果，集中烧毁或深埋，减少病菌传染源。

（2）地面处理。4月中下旬结合翻树盘深翻土地，将遗留在地面的病僵果埋入土层15cm以下，消灭菌源。

（3）药剂防治。于6月上旬开花前连续喷两次75%百菌清750倍液，盛花期喷1次25%甲基托布津1000倍液，均能有效控制花腐病。

13. 试述山楂锈病的发病规律。

山楂锈病（whitethorn rust）病原菌均以菌丝体在桧柏针叶、小枝干上部组织上的菌瘿中越冬，翌年4月上、中旬在降雨或高湿情况下胶化并萌发产生担孢子。担孢子借风雨和气流传播侵染危害；在5月上、中旬被害叶片正面出现绿色小斑点，并逐渐扩大为橙黄色或橘黄色、大小0.5～5.0mm的近圆形病斑；5月中、下旬病斑上密生鲜黄色、形似小粒点的性孢子器，并从其上溢出黄色具光泽的黏液性孢子；5月底、6月初为性孢子产生盛期。6月中、下旬黏液渐干，小粒点逐渐变为黑色，至7月上、中旬全部变黑，7月下旬病叶背部隆起，并逐渐伸长，至8月上旬长出黄绿色的细管状突起，8月中旬管状物发展成土黄色、形似毛状物的锈孢子器，一般为5～6mm，长的可达8～11mm。此时病斑处的叶片肥厚，且周围渐变为红褐色。8月中、下旬，病原菌返回桧柏当年生枝条上，在枝条上形成稍粗、褐色木质瘿瘤。瘿瘤呈半圆形或圆球形，直径1～3mm，长2～3mm，有些2年生枝条上亦可形成瘿瘤，但瘤体较大，直径7～8mm。后瘿瘤逐渐长大，至4月可达10～14mm，表面出现裂纹，露出暗黄色粉末，4月中、下旬遇雨后瘿瘤吸水膨胀，呈胶质花斑状，即病菌的冬孢子角，冬孢子萌发产生担孢子，引起山楂发病。

梨胶锈菌山楂专化型（*Gymnosporangium haraeanum* Syd. f. sp. *crataegicola*）和珊瑚形胶锈菌［*G. clavariiforme*（Jacq.）DC.］在山楂树上产生性孢子和锈孢子，在桧柏树上产生冬孢子或担孢子，无夏孢子阶段，因此，山楂锈病的病原菌一年只有1次侵染，不会产生多次侵染。

14. 哪些主要病害危害石榴生产？

危害石榴生产的主要病害有：石榴黑斑病（pomegranate black spot）、石榴干腐病（pomegranate stem rot）、石榴枯萎病（pomegranate wilt）、石榴疮痂病（pomegranate scab）等。

15. 试述石榴枯萎病的症状、病原、发生规律及防治要点。

石榴枯萎病（pomegranate wilt）的病原菌为甘薯长喙壳（*Ceratocystis fimbriata* Ellis and Halst），子囊菌门，长喙壳属，甘薯长喙壳种。

该病最初引起1至数个枝条上的叶片黄化和萎蔫，感病植株从根到主干木质部横切面变为褐色，一周后整个植株萎蔫死亡。

石榴枯萎病是一种土传真菌病害，石榴果实和种子不带菌。病原菌以厚垣孢子、菌丝体等在病根、茎、枝及大田和苗床土壤、粪肥中越冬，成为翌年发病的主要侵染来源。病原菌从根部伤口或自然孔口侵入，造成石榴根部的腐烂坏死，全株萎蔫，最后枯死。

防治方法。①清除病树。②果园免耕和种植绿肥。③劳动工具消毒。④科学的肥水管理。⑤疏花疏果。⑥防治钻蛀性害虫和地下害虫。⑦生物药剂防治。

16. 试述石榴黑斑病的症状、病原、发生规律及防治要点。

石榴黑斑病（pomegranate black spot）的病原菌为石榴生尾孢霉菌（*Cercospora punicae* P. Henn.），属尾孢菌属真菌。

石榴黑斑病主要危害叶片和果皮，初期病斑在叶面为一针眼状小黑点，后不断扩大，发展成圆形至多角状不规则斑，大小0.4～3.5mm。后期病斑深褐色或黑褐色至黑色，边缘常呈黑线状。一般情况下，叶面散生数个病斑，严重时可达20多个，导致叶片提早枯落。果皮受害时，出现黑色多角形病斑，呈微凹状。后期产生灰色颗粒。

病原以分生孢子梗和分生孢子在罹病叶组织上越冬，翌年4月中旬至5月上旬，越冬分生孢子或新生分生孢子借风雨溅到石榴新梢叶上萌发出菌丝侵染，此后继行重复侵染。此病危害期一般在7月下旬至8月中旬，9～10月由于叶上病斑数量增多，病叶率增加，叶片早落现象明显，对花芽分化不利，是来年生理落果严重的原因之一。

在防治上采取以下措施。

(1) 农业措施。加强田间管理，提高树体抗病能力，冬季结合修剪彻底清扫地面病残枝叶，将病叶、病果等清理出去就地烧埋或入坑作肥，减少菌源。夏季随时摘除病叶、果。注意保护树体，防止受伤及各种机械创伤，出现伤口时，及时涂药保护，防止病菌侵入。

(2) 果实套袋。刚坐果即行套袋，防效可达 80.5%，并可兼治疮痂病和桃蛀螟。

(3) 药剂防治。5 月下旬至 7 月中旬，降水日多，病害传播快，应抓晴朗日及时化学防治。效果较好的药剂为 20%多菌灵硫黄胶悬剂 500 倍液喷雾，不易被雨水冲洗，保护效果良好。中后期用 25%代森锌对高脂膜 300 倍液喷雾保护。

17. 试述石榴干腐病的症状、病原、发生规律及防治要点。

石榴干腐病（pomegranate stem rot）的病原菌为（*Zythia versoniana* Sacc.），称石榴鲜壳孢，属鲜壳孢属真菌。

该病主要危害花、花梗和果实。花梗、花托染病时出现褐色凹陷，重病花提早脱落。果实染病变灰黑色，松软，渐失水干缩，后期其上密生黑色小斑点，即病菌分生孢子器。

干腐病菌可以菌丝或分生孢子在病果、病果苔、病枝内越冬，分生孢子萌发最适宜温度为 25℃，在≤10℃或>35℃时不萌发，适宜的 pH 为 3～6，菌丝生长最适温度为 30℃，相对湿度<45%时孢子不萌发。干腐病菌可从花蕾、花、果实侵入，有伤口时，发病快，病情重。病菌在田间主要靠雨水传播，风不能单独传播，风雨交加可导致石榴株间病菌扩散。

在防治上采用以下措施。

(1) 清园。在春季开展修剪，销毁残留越冬的病僵果、病枝、果苔，生长期注意及时清除树上、树下病组织。

(2) 套袋。刚坐住果即套袋，可兼治疮痂病和防治桃蛀螟危害。

(3) 加强栽培管理。平衡施肥、合理修剪等措施，可提高树体抗病能力，对保果防病有一定作用。

(4) 药剂防治。早春喷雾 3～5 波美度石硫合剂，5～8 月喷 1∶1∶160 波尔多液，40%多菌灵 0.17%溶液等交替使用，每 15～20d 喷 1 次，效果较好。

二、判断及改错题

1. 葡萄霜霉病菌和白粉病菌均为专性寄生菌。

   正确。

2. 葡萄霜霉病菌和白粉病菌的孢子主要由风雨传播，而葡萄炭疽病菌和白腐病菌的孢子主要由气流传播。

   错误。

   改正：葡萄霜霉病菌和白粉病菌的孢子主要由风雨传播，而葡萄炭疽病菌和白腐病菌的孢子主要由雨水进行传播。

3. 猕猴桃溃疡病是一种高温、高湿性病害，容易在冷凉、湿润地区发生并造成大的危害。

错误。

改正：猕猴桃溃疡病是一种低温、高湿性病害。

4. 猕猴桃溃疡病菌致病力较弱。因此，其发生必须首先要有伤口的出现，如冻伤、雹伤、擦伤、剪口伤、裂皮等，溃疡病病菌才能从伤口侵入引起发病。

正确。

5. 猕猴桃花腐病是真菌性病害。

错误。

改正：猕猴桃花腐病是细菌性病害。

6. 山楂白粉病的病原菌没有无性态。

错误。

改正：山楂白粉病病原菌的无性态（*Oidium crataegi* Grogn.）称山楂粉孢霉，属有丝分裂孢子真菌。

7. 山楂花腐病和猕猴桃花腐病的病原菌是同一种病原菌。

错误。

改正：猕猴桃花腐病的病原为绿黄假单胞菌［*Pseudomonas viridiflava*（Burkholder）Dowson］；而山楂花腐病的病原菌属于柔膜菌目，核盘菌科，山楂链核盘菌真菌［*Monilinia johnsonii*（Ell. et Ev.）Honey］。

8. 松树是山楂锈病的转主寄主。

错误。

改正：桧柏是山楂锈病的转主寄主。

9. 山楂锈病的病原菌一年可有多次侵染。

错误。

改正：山楂锈病的病原菌一年只有1次侵染，不会产生多次侵染。

10. 石榴黑斑病是由有丝分裂孢子真菌，腔孢纲，球壳孢目，鲜壳孢属的石榴鲜壳孢（*Zythia versoniana* Sacc.）引起的。

错误。

改正：石榴黑斑病（pomegranate black spot）的病原菌为石榴生尾孢霉菌（*Cercospora punicae* P. Henn），属有丝分裂孢子真菌，丝孢纲，丛梗孢目，暗梗孢科，尾孢菌属真菌。

11. 石榴干腐病一般发病初期在5月中下旬，7月中旬进入发病高峰，末期在8月下旬。

正确。

12. 石榴疮痂病的病斑主要出现在伤口处。

错误。

改正：病斑主要出现在自然孔口处。

第二十六章 花卉病害

【习题】

问答及论述题

1. 影响香石竹生产的主要病害有哪些？
2. 简述香石竹枯萎病的症状特点。
3. 为什么香石竹枯萎病较难防治？
4. 香石竹枯萎病的综合防治措施有哪些？
5. 简述香石竹立枯病的症状特点。
6. 简述香石竹锈病的病害发生规律。
7. 简述香石竹灰霉病的症状特点。
8. 香石竹根结线虫病由什么引起？该线虫有何特征？
9. 简述百合疫病的主要症状。
10. 百合枯萎病由哪些病原侵染引起？其症状特征有哪些？
11. 简述百合灰霉病的症状特点。
12. 目前生产上常见的百合病毒病主要有哪几种病毒引起？这些病毒侵染百合后产生的症状有何异同？
13. 影响月季生产的病害有哪些？
14. 简述月季黑斑病的症状特点。
15. 简述月季黑斑病的发生规律。
16. 简述月季白粉病的症状特点。
17. 月季白粉病的防治措施有哪些？
18. 如何区别月季霜霉病和月季灰霉病的危害症状？
19. 已报道的月季病毒病的种类有哪些？主要分布在哪些地区？

【解答】

问答及论述题

1. 影响香石竹生产的主要病害有哪些？

香石竹在整个栽培过程中可遭受许多病害的危害，包括真菌性病害（fungal disease）、病毒性病害（viral disease）、原核生物病害（prokaryotic disease）和线虫病害（nematode disease）等 30 多种。有些病害在世界上各个种植区都能发生，如枯萎病（wilt）、叶斑病（leaf spot）、锈病（rust）、香石竹斑驳病毒病（carnation mottle virus）、香石竹潜隐病毒病（carnation latent virus）等，其他病害在局部地区发生严重。

我国香石竹病害种类较多，常见真菌性病害有枯萎病（wilt）、叶斑病（leaf spot）、灰霉病（gray mold）、锈病（rust）等。常见细菌性病害有细菌性枯萎病（bacterial wilt）。常见病毒性病害有香石竹斑驳病毒病、香石竹脉斑驳病毒病（carnation vein mottle virus）、香石竹潜隐病毒病、香石竹蚀环病毒病（carnation etched ring virus）和香石竹坏死斑点病毒病（carnation necrotic fleck virus）。线虫病害有香石竹根结线虫病（root-knot nematode）等。

2. 简述香石竹枯萎病的症状特点。

香石竹枯萎病（carnation fusarium wilt）发病初期植株下部枝、叶褪绿和枯萎，有时茎节间褪绿或变褐色，典型病株只有植株的一侧受到侵害，病株下部受害叶片的基部可能干枯，而且这些叶片的中脉也可能褪绿；渐渐的受害叶片全部褪绿呈淡黄色。病株初期只在一侧出现症状，但随着病情的加重，症状向植株上部缓慢延伸而受害，叶片和枝全部枯死，染病植株常出现“歪脖”症状，主枝或一侧的梢部弯曲。植株顶部出现症状后，在褪绿的或干枯的茎节间会出现纵裂，整个植株矮化，嫩枝生长扭曲、畸形和生长停滞；幼株受侵染后迅速死亡。剥开皮层，露出维管束时，形成层呈白色干枯状，维管束的横切面呈稻草色至褐色。病害后期会影响到根部，引起根腐和茎基腐。

3. 为什么香石竹枯萎病较难防治？

香石竹枯萎病（carnation fusarium wilt）是一种土传病害，很难防治。该病主要危害植株根茎部分，当危害达到一定程度时，地上部分才开始表现症状，因此在防治过程中经常忽视前期的预防工作，而把防治的大部分精力放在病害发生的后期；另外，由于枯萎病菌是一种土壤习居菌，喷施的农药很难杀死埋伏于土壤深层的病原菌，因而药剂防治效果常不理想。同时，当前市场上最受欢迎的品种如马斯特等，大多抗病性较差。

4. 香石竹枯萎病的综合防治措施有哪些？

由于香石竹枯萎病（carnation fusarium wilt）一旦发生后基本很难得到有效根治，故生产上对香石竹枯萎病的防治应采取“预防为主，综合防治”的方针。香石竹枯萎病的综合防治措施主要有以下几点。

（1）选用抗病品种。虽然目前尚未发现对枯萎病免疫的种质材料，但还是有一些抗病性相对较好的品种可供选用，如晚霞、黄色格恩西、大太阳、流星雨、扑克、斯佳丽皇后、皇太子、芭芭拉系列等，目前最受欢迎品种马斯特的抗病性最差，可与其他抗性品种搭配种植。

（2）加强田间管理。应从健康的无病母株上采取插条，建立无病母本区，供采条用。发现病株及时拔除并销毁，减少病菌在土壤中的积累。若苗圃地的土壤或盆土被污染，则必须更换或消毒处理后再使用，有条件的温室可用蒸汽消毒，国外曾利用威百亩等对土壤进行熏蒸消毒，用50%克菌丹或50%多菌灵500倍液于种植前浇灌土壤，或3%硫酸亚铁处理土壤均有防治效果。合理施用肥料，控制氮肥、增施钾肥有利于防病。轮作有减少病害的作用。

（3）化学防治。初见病株时，对茎基部根围内施50%多菌灵1000倍液，作为地下不定根的常规浇灌保护，每隔10d左右灌1次。对病情较重或基部叶发黄的情况，应以多菌灵或苯来特1000倍液加强灌药，用量为8000ml/m^2，隔两个月再浇灌1次，施药时期以雨季初、中期为好。重病地块10～15d进行1次药剂灌根处理。在使用过程中注意交替施用农药。

（4）生物防治。由于枯萎病属于土传病害，在防治中往往效果都不太理想。因此，近年来以生物防治为主导的综合防治措施也逐渐应用到生产中，枯萎病生物防治中研究和应用较多的有木霉属真菌、丛枝菌根真菌、非致病尖孢镰刀菌、淡紫拟青霉、假单胞菌和芽孢杆菌、植物提取物、放线菌等。

5. 简述香石竹立枯病的症状特点。

立枯病（blight）为香石竹上的重要病害，主要在植株的苗期危害。病株的根茎部腐烂，易从土壤中拔出。在扦插苗床上，病菌侵染使插条愈伤组织湿软腐烂，有时腐烂组织表面可以看到绒毛状淡褐色菌丝体，切开茎观察无褐色条纹。病菌侵染幼苗近土表的根颈处，初期出现褐色或黑褐色斑，逐渐扩展到周边，幼苗基部腐烂、缢束、造成倒伏，近土表的皮层腐烂发黏，病菌由木质部侵染至髓部，阻碍输导组织输送水分和养分，病株叶片呈苍白色，萎蔫下垂，最后整株枯死。

6. 简述香石竹锈病的病害发生规律。

香石竹锈病（rust）由香石竹单胞锈菌［*Uromyces dianthi*（Pers.）Niessl］引起。香石竹单胞锈菌为转主寄生菌，能借风力、水等传播到其他部位或其他植株。以冬孢子越冬，翌春冬孢子萌发侵染大戟属植物并产生性孢子和锈孢子，锈孢子再侵染香石竹。夏孢子可通过气流传播，多次侵染香石竹，该病一年四季均可发生，温室及露地栽培都有发生，以温室栽培发生较普遍。

7. 简述香石竹灰霉病的症状特点。

灰霉病（gray mold）主要危害香石竹花瓣和花蕾，有时茎叶也会发病。初期外层花瓣边缘出现淡褐色水渍状斑，后期病菌扩展迅速使多片花瓣纠缠在一起，直至腐烂。花蕾上发病时呈水渍状不规则斑，发软腐烂，整个花不能开放。在潮湿条件下，受害部位出现灰色粉状霉层。当湿度降低时，病部变为褐色干腐状，易脆裂。叶片染病，多在叶尖或叶缘处出现褐色水渍状斑，呈“V”字形向内扩展，湿度高时也生灰霉。

8. 香石竹根结线虫病由什么引起？该线虫有何特征？

香石竹根结线虫病（root-knot nematode）由爪哇根结线虫（*Meloidogyne javanica* Treub.）引起。爪哇根结线虫雌雄异型，雄虫线形，雌虫成熟后膨大呈洋梨形或柠檬形，腹尾部膨大透明，可见其内生殖系统和已成熟的卵。卵排出肛门外成胶体状的卵囊，卵囊内有近100个卵，会阴处花纹近圆形，背弓稍扁平，其两侧多数有明显的侧沟。

9. 简述百合疫病的主要症状。

百合疫病（phytophthora blight of lily）亦称脚腐病。病菌可以侵害茎、叶、花和鳞片。茎部染病，先出现水渍状淡褐色病斑，后逐渐上、下扩展，造成茎部腐烂。茎基被害，病部水渍状，缢束，导致全株枯萎，折倒死亡。叶片发病，初为水渍状小斑，后扩展成不规则形淡褐色的大斑。发病严重时，花、鳞片均可受害，造成病部变色腐败。在天气潮湿时，病部产生稀疏的白色霉层，即病菌的孢囊梗和孢子囊。

10. 百合枯萎病由哪些病原侵染引起？其症状特征有哪些？

百合枯萎病（lily fusarium wilt）可由尖孢镰刀菌（*Fusarium oxysporum* Schlecht.）、串珠镰刀菌（*F. moniliforme* Sheldon）和茄镰刀菌［*F. solani*（Mart.）Sacc.］等侵染所致，以尖孢镰刀菌为主，其次为串珠镰刀菌和茄镰刀菌。

枯萎病又称基腐病，是危害百合的重要病害，导致全株枯死，或鳞茎腐烂。该病在花蕾期及开花期发病重，也危害储库中的鳞茎。病株生长较慢，下部叶片失去光泽、发黄变紫脱落，最后株顶剩少量叶片或无叶片，植株萎蔫干枯，病株明显矮小。病株茎部维管束组织变褐，茎与鳞茎交界处缢缩失水；根部从根尖开始变褐、死亡，引起鳞茎、根部腐烂。储藏期鳞茎被害时，鳞片上有褐色、不规则的病斑，染病鳞片常从基盘上脱落。

11. 简述百合灰霉病的症状特点。

百合灰霉病（lily gray mold）又称叶枯病，主要危害地上部分，造成叶片枯萎，花蕾腐烂，植株提早枯死，进而影响鳞茎产量。病害主要发生在叶和花上，叶片发病时，病斑圆形或椭圆形，黄褐色或红褐色，病斑中心浅黄色或浅褐色，边缘为紫红色或淡红色；天气潮湿时病部产生灰色霉层（即病菌的分生孢子梗和分生孢子），干燥时病斑变薄而脆，半透明、浅灰色；病斑扩展后与其他病斑相连，叶片枯死。花蕾染病，初生褐色小斑点，扩展后引起花蕾腐烂，常很多花蕾黏在一起腐烂。茎部受害，被害部变褐色和缢缩，并可倒折。个别鳞茎染病，引致腐烂。幼株受害，则顶部嫩芽变褐腐烂，致使生长点死亡，严重时似火烧状。

12. 目前生产上常见的百合病毒病主要有哪几种病毒引起？这些病毒侵染百合后产生的症状有何异同？

百合病毒病（lily virus disease）种类很多，国内外报道的百合病毒及类病毒有10多种，其中发生范围最广、危害最严重的有百合斑驳病毒（lily mottle virus，LMoV）、百合无症病毒（lily symptomless virus，LSV）和黄瓜花叶病毒（cucumber mosaic virus，CMV）。

LMoV侵染百合后，叶片出现深绿与浅绿相间的花叶，有时形成坏死斑，感病叶片变窄或扭曲；感病植株矮缩，花变形或出现碎色，甚至花蕾不开放。LMoV和LSV常发生复合侵染，往往加重发病症状，叶片细长、严重花叶、出现坏死条斑，鳞片也出现褐环斑，种球变小。

LSV单独侵染百合一般不会产生明显症状，在自然情况下，LSV多与其他病毒复合侵染，如与CMV、LMoV复合侵染引起叶片严重花叶、扭曲、坏死条斑等，与郁金香碎锦病毒（tulip breaking virus，TBV）复合侵染引起叶片出现条纹斑驳，鳞茎上出现褐色环斑。

CMV能侵染大多数百合，引起非常严重的花叶病，特别是在和其他病毒复合侵染时。感染CMV的百合植株叶片的叶脉周围会出现亮绿色或黄化，叶片花叶，出现环状黄褐色坏死斑点；叶片卷曲或黄化，过早脱落；染病植株花芽扭曲、畸形；某些品种的百合植株染病后表现为碎色花。

13. 影响月季生产的病害有哪些？

月季病害种类繁多，分布广泛。现在已知全球月季病害共 80 种左右，国内约 40 种，包括黑斑病（black spot）、白粉病（powdery mildew）、灰霉病（gray mold）、霜霉病（downy mildew）、根癌病（crown gall）、炭疽病（anthracnose）、锈病（rust）、花叶病（mosaic）、枝枯病（branch blight）、绿瓣病（phytoplasma disease）、根结线虫病（root-knot nematode）等，而黑斑病、白粉病为全球性的月季严重病害。

14. 简述月季黑斑病的症状特点。

月季黑斑病（black spot）主要危害月季的叶片，也危害嫩梢、叶柄、花蕾等部位。发病初期，叶片正面出现直径 1.5mm 左右的褐色小斑点，逐渐扩展成为圆形、近圆形或不规则形病斑，直径达 2～12mm，黑色或深褐色，常有黄色晕圈包围。病叶后期变黄，病斑中央组织变为灰白色，其上着生许多黑色凸起小点，为病原菌的分生孢子盘。病斑之间相互连片使叶片变黄、脱落。叶柄及嫩枝上病斑呈长条状。发病严重时，病叶皱缩不平，叶片向叶背卷曲，植株中、下部叶片全脱落，仅留顶端数片绿叶，嫩枝向下弯曲或枯死，花蕾不能正常展开。

15. 简述月季黑斑病的发生规律。

月季黑斑病菌［*Actinonema rosae*（Lib.）Fr.］以菌丝体和分生孢子盘在病枝或病叶上越冬。来年春季温、湿度适宜时，产生分生孢子，借风雨和灌溉水传播。在叶面上有水滴、温度 22～25℃的条件下，孢子萌发并穿透角质层侵入寄主，在寄主细胞组织内吸取养分，产生大量新的孢子再侵染。由于病菌多次重复侵染，故生长季节可多次发病。带病的苗木、植株和切花是病害远程传播的媒介。

16. 简述月季白粉病的症状特点。

白粉病（powdery mildew）主要侵染月季的绿色器官，叶片、花器、嫩梢发病重。初期叶片上出现褪绿黄斑，逐渐扩大，边缘不太明显，随后病斑处着生一层白色粉状物，逐渐扩大为圆形或不规则形的白粉斑，严重时白粉斑相互联结成片，叶片上下两面都出现白粉层。嫩叶染病后，叶片易反卷、皱缩、变厚，逐渐干枯死亡。叶柄及嫩梢染病时，被害部位稍膨大，节间缩短，病梢有干枯现象。花蕾染病后，表面布满白粉，花姿畸形，不开花或开花不正常。植株严重感病时，病斑连成片，全部长满白粉。老叶比较抗病，嫩梢和叶柄发病时病斑略肿大，节间缩短，病梢有回枯现象。叶柄及皮刺上的白粉层很厚，难剥离。花蕾披满白粉层，萎缩干枯，病轻的花蕾开出畸形花朵。

17. 月季白粉病的防治措施有哪些？

防治月季白粉病应采用预防为主、药剂防治为辅的原则。①加强栽培管理。注意土壤湿度，及时浇水；温室注意通风透光，避免高温；合理施肥，氮肥不宜过多，应适当增施钾、钙肥，以增强植株长势，提高抗病力。适时修剪整形，去掉病梢、病叶，改善植株间通风、透光条件，并及时清除病枝叶上的越冬菌源。②选择抗病品种。如索尼亚、金奖章、红衣主教等。③药剂防治。早春发芽前喷 3～5 波美度的石硫合剂处理地面落叶和枝干，消灭越冬菌源。生长期发病可喷 70％甲基托布津 1000～1500 倍液，或 15％粉锈宁可湿性粉剂 1500 倍液，或 50％的代森锰锌 800 倍液，或 50％硫悬浮剂 500 倍液，或 50％多菌灵 800 倍液，均有良好的防治效果，但注意交替用药。

18. 如何区别月季霜霉病和月季灰霉病的危害症状？

月季霜霉病（downy mildew）主要危害叶片、嫩枝、新梢和花器，以嫩叶为重。初期病叶出现不规则的淡绿色斑纹，扩大后呈黄褐色和暗紫色，最后为灰褐色、棕色，边缘色较深，渐次扩大蔓延到健康组织，在潮湿天气下，病叶背面可见稀疏的灰白色霜霉层。新梢和花器感染时，病斑与病叶上的相似，但梢上病斑略显凹陷。严重时，叶萎缩脱落，新梢腐败死亡。

月季灰霉病（gray mold）也主要危害月季的花、叶和嫩茎。花蕾发病时向一侧歪斜，病斑灰黑色，可扩大至整个花蕾，最后病蕾无法开放、变褐枯死；花瓣染病时，初期产生水渍状小斑点，病斑颜色因品种不同而异，白色品种形成红褐色病斑，粉色及红色品种形成浅灰色病斑；在叶缘和叶尖发生时，起初为水渍状淡褐色斑点，稍下陷，后变褐、皱缩，幼嫩病叶下垂，以后病斑逐渐扩大，多个病斑相连形成不规则大病斑，颜色逐渐变为褐色，腐烂、萎蔫、枯萎；嫩枝遭侵染时，茎节中间形成黑褐色、凹陷病斑，严重时其上部枝条萎蔫枯死。在温暖潮湿的环境下，病组织表面密生灰色霉层，它们是病菌的分生孢子梗和分生孢子。

19. 已报道的月季病毒病的种类有哪些？主要分布在哪些地区？

有关月季病毒病（viral disease）的病原报道较多，其中李属坏死环斑病毒（prunus necrotic ringspot virus，PNRSV）是引起欧洲很多国家月季花叶病的主要病毒。澳大利亚和新西兰主要检测到苹果花叶病毒（apple mosaic virus，ApMV）。在美国，月季花叶病一般由 PNRSV 或 ApMV 引起，偶尔由烟草线条病毒（tobacco streak virus，TSV）引起。TSV 可导致月季产生严重的症状。在英国主要检测到线虫传多面体病毒属（nepovirus）的南芥菜花叶病毒（arabis mosaic virus，ArMV）和草莓潜隐环斑病毒（strawberry latent ringspot virus，SLRSV）。国内目前关于月季病毒病的病原报道较少，主要有等轴不稳环斑病毒属的李属坏死环斑病毒（PNRSV）和苹果花叶病毒（ApMV）。

第二十七章 种子病害

【习题】

一、名词解释

1. 种子病理学；2. 种子健康状况；3. 病害的种子侵染；4. 种传病害；5. 种子伴随性污染；6. 种传病原物的寿命；7. 种子带病检验；8. 种子处理；9. 种衣剂

二、问答及论述题

1. 种子病害和种传病害有哪些区别?
2. 病原物侵染和污染种子的部位有哪些?
3. 外来病原菌侵染种子的通道有哪些?
4. 保尔·尼尔高根据种子带病的方式与病原物在作物生长过程中扩展情况，将种子病害划分为哪几种类型?
5. 保尔·尼尔高将种传病原分为哪 6 种类型?
6. 菌物性种子病害的侵染和传播包括哪些基本类型?
7. 种传菌物病害对种子的直接影响有哪些?
8. 种子传播植物病原线虫的方式有哪些?
9. 种苗传带病害的类型有哪些?
10. 影响种传病害发生的环境因素有哪些?
11. 如何利用栽培措施控制种传病害?
12. 种传接种体的量可用的表示法有哪些?
13. 种子健康检验的作用有哪些?
14. 国际种子检验协会（ISTA）规程中水稻稻瘟病吸水纸检测方法是什么?
15. 小麦散黑穗病的侵染过程有哪些?
16. 种子处理种传病害的优点有哪些?
17. 种子化学药剂处理的主要防病作用有哪些?

三、判断及改错题

1. 小麦开花时，颖片开张的品种较颖片闭合的品种抗散黑穗病的能力强。
2. 病原细菌侵染种子后只能引起种子发育不良和变色。
3. 种子感染是指种子表面黏附有真菌的营养体、繁殖体、细菌个体以及病毒粒子等现象。
4. 种子可以通过种子外部和种胚外部携带病毒。

5. 种传真菌的寿命与其孢子成熟度有关，未成熟的孢子较完全成熟的孢子存活期长。
6. 种传病害的吸水纸检测法中用0.1%～0.2% 2,4-D水溶液代替纯水，可起到促进种子萌发的作用。
7. 玉米丝黑穗病（maize head smut）的传染源是带菌土壤。
8. 种传病害的肉眼检验方法只适用于感病后有明显症状的种子。
9. 在尼尔高的种子病害分类中，胚内感染后局部侵染是指种胚被病原物感染后，种子萌发时病菌变为活跃状态，进入植株茎部或紧随植物生长点向上扩展。
10. 种子传病的效应包括植物病原的致病效应和流行效应。

【解答】

一、名词解释

1. 种子病理学（seed pathology）：是研究农作物种子、苗木所传播病害的症状、发生发展规律及其防治原理与技术，从而提高农作物产量和品质的一门科学。它是植物病理学、植物检疫学和种子科学的交叉学科，是植物病理学的一个重要分支学科。

2. 种子健康状况（seed health）：是指种子是否健康、是否携带有病原物（如真菌、细菌及病毒）以及有害动物（如线虫及害虫）。缺乏微量元素等生理健康状况也可包括在种子健康状况之内。

3. 病害的种子侵染（infection of seed disease）：是指不同病原物侵入不同种子的方式及其在种子内外潜存的情况。

4. 种传病害（seed-borne disease）：是指病原物附着或寄生或存在于种子外部、内部或种子之间，以种子作为载体或媒介进行传播，并能引起新生植物体局部或整体发病的病害。

5. 种子伴随性污染（concomitant seed pollution）：是指种子中夹杂着病株残体，混有病菌的组织体，黏附病毒病的果肉组织等污染物。

6. 种传病原物的寿命（longevity of seed-borne pathogen）：是指在一定环境条件下，种子内外病原物保存生活力的时间。

7. 种子带病检验（testing of seed-borne pathogen）：是指在室内外采用植物病理学专用手段或其他手段，检查种子内外携带病原的情况，并根据检查结果提出处理意见。

8. 种子处理（seed treatment）是指在种子加工过程中或临近播种前，用机械、物理、化学和生物等手段杀死、汰除或抑制潜存于种子内外的病原物，以达到消除病原物隐患的目的。

9. 种衣剂（seed coating agent）：是指由杀菌剂、杀虫剂、营养元素、生长调节剂、成膜剂、分散剂和助剂等加工而成，并形成具有一定强度和通透性的可直接包裹于种子表面的活性悬浮剂。

二、问答及论述题

1. 种子病害和种传病害有哪些区别？

种子病害（seed disease）是指危害农作物种子的病害。病原物能在种子上营寄生生活并进行繁殖，从而引起种子发病，如种子表面有病斑。种子感病后病原物就存在于种子的内部或表面，种子成为病原体栖居场所，病原体随种子成熟转入休眠或休止活动，此时种子病害便告终止。下一过程是种子上的病原物侵染新生植物体，转为种传病害。

种传病害（seed-borne disease）是由种子传播的病害。病原物只是机械地附着在种子表面，或混杂于种子之间，通常处于休眠状态，并不在其上营寄生生活；有的病原体虽可进入种子内部或颖下，但并不在其中繁殖，也不产生症状。病原物并不直接侵害种子，只是通过种子传播，当环境条件适宜时才直接侵染幼苗。

2. 病原物侵染和污染种子的部位有哪些？

病原物能以不同的方式从种子的不同部位侵入，因此种子的任何部位都可传带病原物。种子常被病原物侵染和污染的部位有：①胚珠受侵；②胚受侵（包括子叶及禾本科的盾片、胚芽、胚轴和胚根）；③胚乳受侵；④种皮受侵；⑤果皮受侵；⑥种皮和果皮的污染；⑦苞片受侵；⑧种子中混杂物的污染。

3. 外来病原菌侵染种子的通道有哪些？

外来病原菌侵染种子的通道常有以下几点。

（1）柱头。柱头作为侵染通道有两种情况，一是通过柱头的胚内侵染：通过柱头和花柱，造成胚受侵，如小麦散黑穗病。二是通过柱头的胚外侵染：可侵染花柱并到达子房和胚珠，但不侵害胚，侵染只限于种子的其他部分（如种皮），如燕麦散黑穗病。

（2）蜜腺。梨树火疫病的病原菌通过蜜腺侵染子房和嫩枝。棉花铃腐病的病原菌通过蜜腺进入棉铃。

（3）子房壁、果皮和种皮的珠被。大麦和小麦的散黑穗病菌可从子房壁侵入；立枯丝核菌从辣椒的果皮进入胎座，进而通过株柄进入胚和胚乳。

（4）花和果柄。亚麻炭疽病和亚麻褐腐病的病菌可侵害寄主垂死花瓣和成熟蒴果，穿入蒴果壁和株柄，进入种皮。

4. 保尔·尼尔高根据种子带病的方式与病原物在作物生长过程中扩展情况，将种子病害划分为哪几种类型？

保尔·尼尔高（Paul Neergaard）将种子病害分为 8 种类型，具体为：①胚内感染系统侵染；②胚内感染局部侵染；③胚外感染系统侵染；④胚外感染局部侵染；⑤种子污染系统侵染；⑥种子污染，体外腐生或休眠后局部侵染；⑦种子污染，体外腐生后系统侵染；⑧种子污染，行一段体外非寄生生活后器官专化性侵染。

5. 保尔·尼尔高将种传病原分为哪 6 种类型？

保尔·尼尔高（Paul Neergaard）将种传病原归纳为 6 种类型，具体是：①病原完全依赖种子或几乎完全依靠种子传递；②病原存在于土壤或植物残体上，轮作是必要的措施之一；③由介体传带病原为主；④病原有性世代是十分有效的气传接种体；⑤病原高度依赖气候条件流行传播，并常常借助少量种带病原体即能传递；⑥病原在寄主上常呈完全的系统侵染，通常无症状表现。

6. 菌物性种子病害的侵染和传播包括哪些基本类型？

（1）病原物混于种子间，如菌核、麦角等。

(2) 病原物附着于种子表面，如冬孢子、分生孢子、卵孢子和菌核等。侵染过程有幼苗侵入系统侵染和幼苗侵入局部侵染。

(3) 病原物潜伏于颖或种皮内，侵染过程有直接侵入生长点系统侵染和不侵入生长点局部侵染。

(4) 病原物潜伏于种皮组织中。

(5) 病原物潜伏于种胚内。

7. 种传菌物病害对种子的直接影响有哪些？

种传菌物病害对种子的直接影响有：①种子不育；②种子萎缩和变小；③种子腐烂；④种子变成菌核或子座；⑤种子坏死；⑥种子变色；⑦种子萌发能力降低或消失；⑧种子内的生理变化。

8. 种子传播植物病原线虫的方式有哪些？

种子传播植物病原线虫有：①以幼虫潜伏于颖壳内外（禾本科、牧草）或种子的微小凹陷处，特别是种脐部位或在种子损伤处；②线虫通过感染母株而引起种子传带；③以虫瘿混于种子间或带有线虫胞囊的土壤混于种子间。

9. 种苗传带病害的类型有哪些？

种苗传带病害的类型有：①病原体潜存于苗木的包装材料和根部附带的泥土中；②病原体黏附于苗木的外部；③病原体潜存于苗木的组织内部。

10. 影响种传病害发生的环境因素有哪些？

影响种传病害发生的环境因素有：①温度（土温、气温）；②湿度（土壤湿度、空气湿度）；③土壤 pH；④光照强度；⑤光质；⑥光周期。

11. 如何利用栽培措施控制种传病害？

栽培措施控制种传病害的方法有：①选用抗病品种；②使用无病种子；③播种前进行种子药剂处理；④合理轮作；⑤种子田远离潜在的传染源；⑥合理施肥；⑦对大田或种子田进行病害的药剂防治；⑧人工拔除感病植株；⑨避免有利于病害发生发展的大水漫灌或喷灌；⑩对昆虫传毒介体进行化学防治或生物防治。

12. 种传接种体的量可用的表示法有哪些？

种传接种体的量可用的表示法有以下几种。

(1) 受侵染的或被污染的种子百分率。

(2) 病原的绝对量，如①一定种子量中菌核的重量；②一定种子量中病原个体的数量；③单个种子上洗下的悬浮液中所含孢子数。

(3) 侵染的严重程度，测定时要用标准程序，记载时要用一种统一规格。

(4) 接种体的活力，如孢子的发芽力、病原的寿命等。

13. 种子健康检验的作用有哪些？

种子健康检验的作用有：①了解种子携带病原物的种类和数量，明确种子处理的对象、用药的种类和剂量；②了解病原物的潜藏部位，为选择处理方法提供依据。

14. 国际种子检验协会（ISTA）规程中水稻稻瘟病吸水纸检测方法是什么？

国际种子检验协会（International seed testing association，ISTA）规程中水稻稻

瘟病吸水纸检测方法有以下几种。

（1）试验样品。400 粒种子。

（2）方法。①取耐热能透紫外光的 9.5cm 培养皿或清洁塑料盆 16 只，然后每个培养皿里铺垫上 2 或 3 层经无菌水充分吸湿的吸水纸，备用。②播入水稻试样种子，每皿播 25 粒种子，加盖保湿。③培养：将已播好种子的培养皿移到培养箱放在 22℃下培养，并每天以 12h/12h 光照/黑暗交替周期培养 7d，如有必要，其中 12h 光照改为紫外光照，以促进孢子的形成。

（3）检查。在 12～50 倍扩大镜下检查每粒种子上稻瘟病的分生孢子。一般这种真菌会在颖片上产生小形的、不明显的灰色至绿色的分生孢子。这种分生孢子密集地着生在短而细的分生孢子梗的顶端，很少覆盖整粒种子。如有怀疑，可在 200 倍显微镜下检查分生孢子加以核实。典型的分生孢子是倒梨形，透明、基部较短具有短齿，分两隔，通常具有尖锐的顶端，大小为 $(20\sim25)\mu m\times(9\sim12)\mu m$。

15. 小麦散黑穗病的侵染过程有哪些？

散黑穗病（loose kernel smut）是花器侵染病害，一年只侵染 1 次。带菌种子是病害传播的唯一途径。小麦散黑穗病的侵染过程为：病菌以休眠菌丝体潜伏在种胚内。病粒与健粒在外表上并无差异。当带菌种子萌发时，潜伏的菌丝也开始萌发并随小麦生长点向上扩展，侵入幼嫩茎节。麦苗发育到 2、3 节时，菌丝体侵入穗原基。小麦孕穗时，菌丝体在小穗内迅速发展，破坏花器，形成厚垣孢子。

小麦扬花期，厚垣孢子随风落在健穗的羽状柱头、花柱和子房壁上，经 1d，孢子萌发生成先菌丝，先菌丝产生 4 个细胞分别生出丝状结合管，异性结合后形成双核侵染菌丝。侵入菌丝通过子房下部和珠心刷状末端表皮的任何部分，直接穿入子房壁。在 2d 内菌丝体即可进入表皮细胞层，继续穿入果皮的薄壁组织，并向着珠被伸展，大约经 11d，菌丝体随珠被的瓦解，越过珠被进入珠心组织，再经过约 18d 后即可穿入珠心到达胚部并潜伏其中（孢子萌发至菌丝体到达胚的时间为 3～4 周）。在麦粒背面，病菌由种皮、珠心和糊粉层长到盾片（子叶），进而侵入胚芽生长点。种子成熟时，菌丝体变成厚壁、肿胀的休眠菌丝体。病粒当年不表现症状，次年发病，侵染第二年的种子，完成侵染循环。

16. 种子处理种传病害的优点有哪些？

种子处理具有以下优点。

（1）种子处理的对象是处于休眠状态的种子，对药剂和热的抗性强。

（2）病菌集中在种子上，种子处理容易将病原物消灭在危害之前。

（3）种子处理在室内完成，条件容易控制。

（4）种子形态基本一致、体积小，利于机械化操作和大量处理，成本低。

17. 种子化学药剂处理的主要防病作用有哪些？

种子化学药剂处理的主要防病作用有以下几点。

（1）杀死或抑制种子外部附着的病菌以及潜伏于种子内部的病菌。

（2）保护种子及幼芽免受土壤中病菌的侵害。

(3) 通过种子吸收药剂并输导给植株地上部分免受某些病菌（如白粉菌、锈菌）的侵害。

不同药剂的防病作用类型和强度不一致，只有内吸性杀菌剂兼有上述3种作用。此外，一些杀菌剂还有刺激种子发芽和幼苗生长的作用。

三、判断及改错题

1. 小麦开花时，颖片开张的品种较颖片闭合的品种抗散黑穗病的能力强。
   错误。
   改正：小麦开花时，颖片开张的品种较颖片闭合的品种抗散黑穗病的能力弱。
2. 病原细菌侵染种子后只能引起种子发育不良和变色。
   错误。
   改正：病原细菌侵染种子后可引起种子发育不良、变色和腐烂。
3. 种子感染是指种子表面黏附有真菌的营养体、繁殖体、细菌个体以及病毒粒子等现象。
   错误。
   改正：种子污染黏附是指种子表面黏附有真菌的营养体、繁殖体，细菌个体以及病毒粒子等现象。
4. 种子可以通过种子外部和种胚外部携带病毒。
   错误。
   改正：种子可以通过种子外部、胚外部和种胚内部携带病毒。
5. 种传真菌的寿命与其孢子成熟度有关，未成熟的孢子较完全成熟的孢子存活期长。
   错误。
   改正：种传真菌的寿命与其孢子成熟度有关，完全成熟的孢子较未成熟的孢子存活期长。
6. 种传病害的吸水纸检测法中用0.1%～0.2% 2,4-D水溶液代替纯水，可起到促进种子萌发的作用。
   错误。
   改正：种传病害的吸水纸检测法中用0.1%～0.2% 2,4-D水溶液代替纯水来推迟或抑制检测种子的萌发。
7. 玉米丝黑穗病（maize head smut）的传染源是带菌土壤。
   错误。
   改正：玉米丝黑穗病（maize head smut）的传染源是带菌种子和带菌土壤。
8. 种传病害的肉眼检验方法只适用于感病后有明显症状的种子。
   错误。
   改正：种传病害的肉眼检验方法除适用于感病后有明显症状的种子外，还适用于检测混杂在种子间的病原物和污染病菌孢子量多的种子。
9. 在尼尔高的种子病害分类中，胚内感染后局部侵染是指种胚被病原物感染后，种子萌发时病菌变为活跃状态，进入植株茎部或紧随植物生长点向上扩展。
   错误。

改正：胚内感染系统侵染是指种胚被病原物感染后，种子萌发时病菌变为活跃状态，进入植株茎部或紧随植物生长点向上扩展。

10. 种子传病的效应包括植物病原的致病效应和流行效应。

错误。

改正：种子传病的效应包括植物病原的扩展效应、致病效应和流行效应。

主要参考文献

白雪亮，王金菊，周维等．2007．水稻条纹叶枯病的研究进展．生物学通报，42（8）：4-6

岑枯鑫，李宝聚，石延霞等．2007．基于彩色图像颜色统计特征的黄瓜炭疽病和褐斑病的识别研究．园艺学报，34（6）：1425-1430

陈利锋，徐敬友．2001．农业植物病理学（南方本，面向21世纪课程教材）．北京：中国农业出版社

陈利锋，梁继农，季伯衡等．1996．农业植物病理学．南京：江苏科学技术出版社

崔东亚，杨美玲．2007．植物病毒病传播与防治机制研究进展．安徽农业科学，35（8）：2318-2319

丁晓敏，刘绍艳．2006．大豆根腐病的发生及防治技术．现代化农业，3：13-14

方中达．1996．中国农业植物病害．第2版．北京：中国农业出版社

冯翠萍，李艳琼，纳玲洁等．2007．玉溪市百合病害种类的调查与鉴定．福建林业科技，34（1）：126-127

谷维．2008．油菜菌核病的发生原因及综合防治对策．黑龙江农业科学，5：75-77

郭伟旗．2008．花生常见病的防治方法．河南农业，19：35-36

郭小丁，李玉侠．1998．甘薯病毒病的主要种类．世界农业，10：30-32

韩召军．2001．植物保护学通论．北京：高等教育出版社

赫尔 R．2007．马修斯植物病毒学．第4版．范在丰，李怀方，韩成贵，等译，北京：科学出版社

何月秋，李顺德，杨绍聪．2009．毛叶枣（台湾青枣）的有害生物及其防治．北京：中国农业出版社

洪健，李德葆，周雪平．2001．植物病毒分类图谱．北京：科学出版社

洪健，周雪平．2005．ICTV第八次报告的最新植物病毒分类系统．植物病理学报，35（6）：1-9

黄看治．2008．花生青枯病的危害与综合防治．福建农业，8：15-16

黄丽华，刘铎，邹志云等．1995．烟草气候斑病病因探讨．植物病理学报，25（3）：285-288

姬广海，何月秋，张世光．2005．云南水稻白叶枯病菌遗传多样性初析．华南农业大学学报，26（2）：26-30

蒋军喜，李桂新，周雪平．2002．玉米矮花叶病毒研究进展．微生物学通报，5：71-81

蒋卫宁，李萌．2001．油菜白锈病的发生与防治措施．农技服务，1：15

孔宝华，蔡红，陈海如等．2003．花卉病毒病及防治．北京：中国农业出版社

库克 B M，加雷斯·琼斯 D，凯 B．2008．植物病害流行学．王海光，马占鸿译．北京：科学出版社

赖传雅．2008．农业植物病理学（华南本）．北京：科学出版社

李凡，陈海如．2009．鲜切花主要病害及防治．昆明：云南科学技术出版社

李广存，金黎平，谢开云等．2004．马铃薯青枯病研究进展．中国马铃薯，18（6）：350-354

李明远．2004．十字花科蔬菜霜霉病的发生与防治．当代蔬菜，8：38-39

李万先，刘卫华．1990．马铃薯青枯病的综合防治．中国马铃薯，4（2）：113-114

李晓晨．2006．切花百合的病虫害防治．广西植保，19（4）：26-28

梁克恭，吴小菲．1993．我国玉米锈病的发生与危害情况．植物保护，19（5）：34

刘春梅．2007．大豆胞囊线虫病症状及其防治．现代农业，5：15

刘峰．2003．香石竹主要病害识别及防治．湖北植保，4：25

刘华山，张玉丰，韩锦峰等．2005．烟草花叶病防治研究进展．安徽农业科学，33（8）：1482-1483

刘霞，杨艳丽．2007．云南马铃薯粉痂病病原研究．植物保护，33 (1)：105-108
刘新晶，许艳丽．2007．大豆菟丝子的识别与综合防治．大豆通报，1：17-18
刘忠玲，王自力．2008．徐州地区甘薯茎线虫病发生特点与综防技术．陕西农业科学，4：114-115
柳建林．2008．花生根结线虫病的发生与防治．现代农业科技，16：122-123
卢灿华，吴景芝，马荣等．2010．昆明地区玉米灰斑病病斑的扩展规律．华中农业大学学报，29 (4)：431-435
陆家云．1997．植物病害诊断．第2版．北京：中国农业出版社
吕佩珂，李明远，吴钜文等．1992．中国蔬菜病虫原色图谱．北京：农业出版社
吕佩珂，高振江，张宝棣等．1999．中国粮食作物、经济作物、药用植物病虫原色图谱（上、下)．内蒙古：远方出版社
吕佩珂，李明远．1998．中国蔬菜病虫原色图谱．北京：中国农业出版社
马荣，吴景芝，吴毅歆等．2009．云南省区试玉米新品种对4种叶斑病的抗性鉴定．种子，28 (3)：64-67
马占鸿．2010．植病流行学．北京：科学出版社
牛颖英，刘建新．2007．大豆胞囊线虫病的防治方法．杂粮作物，2：135
钱志恒，任明．2006．油菜病毒病的综合防治．现代农业科技，1：47
卿励．2001．万州区香石竹病害的发生与防治．四川农业科技，9：32
邱并生，王敏．2004．植物病毒学的研究进展．中国病毒学，19 (3)：309-312
裘维番．1984．植物病毒学（修订版)．北京：农业出版社
任明政．2006．香石竹病毒病发生与防治．农业科技与信息，12：32
史明武，华小平．2007．甘薯茎线虫病药剂防治筛选试验．现代农业科技，13，66-70
司凤举，司越．2005．十字花科蔬菜霜霉病的识别与防治．长江蔬菜，9：37
司军，肖崇刚．2001．十字花科蔬菜根肿病及其综合防治．西南园艺，1：24-25
司丽丽，曹克强，刘佳鹏．2006．基于地理信息系统的全国主要粮食作物病虫害实时监测预警系统的研制，植物保护学报，33 (3)：282-286
孙玉秋，许艳丽．2007．大豆胞囊线虫病的识别与综合防治．大豆通报，2：21-22
谈文，吴元华．2003．烟草病理学．北京：中国农业出版社
谭鹏，夏兴雷，王彦庆．2006．月季主要病害的发生与防治．西北林学院学报，21 (1)：114-117
汤怀升．2008．大豆霜霉病的识别与综合防治技术．中国农村小康科技，5：58
唐祥宁，游春平，刘福秀等．1997．江西百合病害调查与鉴定．江西农业学报，9 (4)：1-8
唐旭兵，杨艳丽．2006．马铃薯晚疫病药剂防治试验．中国食用菌，140 (25) 增刊：131-133
涂永海，沙本才，何月秋．2007．凤庆县玉米灰斑病发生规律初步研究．云南农业大学学报，22 (4)：604-607
汪澈，何月秋，张永庆．2005．枯草芽孢杆菌B9601—Y2抑菌蛋白活性及产生条件的研究．植物病理学报，35 (1)：30-36
王海燕，杜一新．2008．十字花科蔬菜根肿病综合治理技术．中国蔬菜，2：60
王利智，康志钰，吴景芝等．2010．云南省玉米小斑病菌生理小种初步鉴定．云南大学学报（自然科学版)，32 (3)：352-357
王四喜，桑景拴．2007．月季常见病的发生及防治．现代园艺，9：34-36
王向东，梁秀凤．2006．大豆根腐病的识别与防治技术．大豆通报，1：22-24
王永锋，裴桂英．2007．大豆菟丝子防除研究．杂草科学，1：50-51
吴辉忠．2006．花生青枯病的综合防治技术．现代种业，4：47-48

吴景芝，刘世建，沙本才等．2009．利用 F2 代建立玉米灰斑病的分级标准．植物保护学报，36（5）：479-480
吴景芝，魏永田，李自萍等．2009．玉米丝黑穗病菌冬孢子萌发湿度及云南玉米新品种抗性鉴定研究．中国农学通报，19：186-189
吴微微．2004．花生叶斑病的发生规律及药剂防治新技术的研究与应用．杂粮作物，1：20-25
吴文明．2007．福建省甘薯病毒病发生现状与对策．现代农业科技，15：84-88
吴文君，罗万春．2008．农药学．北京：中国农业出版社
夏开宝，曾荣，吴德喜．2007．烟草病虫害防治与识别图册．昆明：云南科学技术出版社
向阳．2006．月季常见病害及防治．农村实用技术，12：47-48
肖悦岩，季伯衡，杨之为等．1998．植物病害流行与预测．北京：中国农业大学出版社
谢联辉．2008．普通植物病理学．北京：科学出版社
谢联辉，林奇英，吴祖建．2009．植物病毒：病理学与分子生物学（农业科学技术理论研究丛书），北京：科学出版社
辛丰．2006．油菜白锈病的防与治．农化新世纪，5：33
徐树云，徐国淦，袁锋．2001．中国烟草害虫防治．北京：科学出版社
许泽永，张宗义，陈坤荣等．2004．花生病毒病发生规律和防治研究．湖北植保，5：37-39
许志刚．2000．普通植物病理学．第 2 版．北京：中国农业出版社
严桂华，曹萍．2007．月季主要病虫害及其防治．现代农业科技，22：94
杨洪元，廖旭辉．2004．植物病毒病防治策略的研究进展．安徽农学通报，12（3）：74-76
杨艳丽．2003．云南马铃薯种薯生产面临的病害问题及其防治．云南农业科技，增刊：142-144
杨艳丽，刘霞．2006．云南马铃薯粉痂病发生情况初步研究．植物保护，32（3）：63-67
杨艳丽，王利亚，刘霞等．2007．马铃薯粉痂病综合防治技术初探．植物保护，33（3）：118-121
俞华根．2008．十字花科蔬菜根肿病的实用防治技术与方法．蔬菜，2：20-21
云南省烟草科学研究所．2001．中国烟草害虫防治．北京：科学出版社
曾士迈．1994．植保系统工程导论．北京：北京农业大学出版社
曾士迈．2005．宏观植物病理学．北京：中国农业出版社
张文斌，安德荣，任向辉．2009．中国小麦黄矮病的发生及综合防控研究进展．麦类作物学报，29（2）：361-364
张文省．2008．甘薯黑斑病的防治．河北农业科技，15：25
张玉强．2007．甘薯黑斑病的发生及防治．现代农业科技，17：106
张中义．1992．观赏植物真菌病害．成都：四川科学技术出版社
赵兰枝，蒋学杰，孙丽等．2005．新乡地区香石竹病害调查与病原鉴定．山东林业科技，1：33-34
赵同芝．2008．大豆花叶病发生原因与防治对策．中国农村小康科技，5：55-56
赵玉霞，王克如，白中英等．2007．贝叶斯方法在玉米叶部病害图像识别中的应用．计算机工程与应用，43（5）：193-195
郑建秋．2004．现代蔬菜病虫鉴别与防治手册．北京：中国农业出版社
郑秀艳．2007．大豆根腐病和灰斑病的危害及防治．现代农业科技，22：88
《中国农作物病虫图谱》编绘组．1984．中国农作物病虫图谱：第一、二、九分册．北京：农业出版社
中国农业科学院果树研究所，中科院柑橘所．1994．中国果树病虫害志．第 2 版．北京：中国农业出版社
中国农业科学院植物保护研究所．1995．中国农作物病虫害（上、下册）．北京：中国农业出版社
周茂繁．1998．中国药用植物病虫图谱．武汉：湖北科学技术出版社

周晓燕. 2002. 百合主要病害及其防治. 植物保护，28 (1)：57-58

朱贤朝，王彦亭，王智发. 2002. 中烟草病害. 北京：中国农业出版社

Ainsworth G C，Sparrow F K，Sussman A S. 1973. The Fungi and Advanced Treatise. Vol. IV A. New York：Academic Press

Gans P T. 2000. Summary of the session on symptom range and disease assessment. *In*：Merz U，Lees A K. Proceedings of the First European Powdery Scab Workshop，Aberdeen，Scottland：20-22，27-28

Hawksworth D L，Kirk P M，Suttom B C et al. 1995. Ainsworth & Bisby's Dictionary of the Fungi. 8th ed. Oxon：CABI publishing

Merz U，Martinez V，Schwärzel R. 2004. The potential for the rapid screening of potato cultivars (*Solanum tuberosum*) for resistance to powdery scab (*Spongospora subterranea*) using a laboratory bioassay. European Journal of Plant Pathology，110：71-77

Niimi Y，Han D S，Mori S et al. 2003. Detection of *Cucumber Mosaic Virus*，*Lily Symptomless Virus* and *Lily Mottle Virus* in *Lilium* Species by RT-PCR Technique. Scientia Horticulturae，97 (1)：57-63，67

Wastie R L，Caligari P D S. Wale S J. 1988. Assessing the resistance of potatoes to powdery scab (*Spongospora subterranean* (Wallr.) Lagerh.). Potato Research，(31)：167-171

附录Ⅰ　常考植物病害病原拉丁学名及病毒英文名

一、重要植物病原菌物

*Absidia*梨头霉属
*Achlya*绵霉属
*Albugo*白锈属
*Alternaria*链格孢属
*Ascochyta*壳二孢属
*Aspergillus*曲霉属
*Bipolaris*离蠕孢属
*Blumeria*布氏白粉菌属
*Botrytis*葡萄孢属
*Bremia*盘梗霉属
*Ceratocystis*长喙壳属
*Cercospora*尾孢属
*Choanephora*笄霉属
*Cladosporium*芽枝霉属
*Claviceps*麦角菌属
*Cochliobolus*旋孢腔菌属
*Colletotrichum*炭疽菌属
*Cordyceps*虫草属
*Curvularia*弯孢属
*Cylindrosporium*柱盘孢属
*Cytospora*壳囊孢属
*Diplodia*色二孢属
*Doassansia*实球黑粉菌属
*Drechslera*凹脐蠕孢属（德氏霉属）
*Elsinoe*痂囊腔菌属
*Entyloma*叶黑粉菌属
*Erysiphe*白粉菌属
*Eurotium*散囊菌属
*Exobasidium*外担菌属
*Exserohilum*凸脐蠕孢属
*Fusarium*镰孢霉属
*Fusicladium*黑星孢属
*Gibberella*赤霉属
*Glomerella*小丛壳属
*Guignardia*球座菌属
*Gymnosporangium*胶锈菌属
*Macrophoma*大茎点菌属
*Marssonina*盘二孢属
*Melampsora*栅锈菌属
*Meliola*小煤炱属
*Microsphaera*叉丝壳属
*Monilia*丛梗孢属
*Mucor*毛霉属
*Mycosphaerella*球腔菌属
*Neovossia*尾孢黑粉菌属
*Oidium*粉孢属
*Penicillium*青霉属
*Peronophythora*霜疫霉属
*Peronospora*霜霉属
*Pestalotiopsis*拟盘多毛孢属
*Phakopsora*层锈菌属
*Phoma*茎点霉属
*Phomopsis*拟茎点霉属
*Phragmidium*多胞锈菌属
*Phyllachora*黑痣菌属
*Phyllactinia*球针壳属
*Phyllosticta*叶点霉属
*Physoderma*节壶菌属
*Phytophthora*疫霉属
*Plasmodiophora*根肿菌属
*Plasmopara*单轴霉属
*Pleospora*格孢腔菌属
*Podosphaera*叉丝单囊壳属
*Polymyxa*多黏菌属
*Pseudoperonospora*假霜霉属
*Pseudopeziza*拟盘菌属
*Puccinia*柄锈菌属
*Pyrenophora*核腔菌属
*Pyricularia*梨形孢属
*Pythium*腐霉属

Ramularia 柱隔孢属
Rhizoctonia 丝核菌属
Rhizopus 根霉属
Sclerotinia 核盘菌属
Sclerotium 小核菌属
Septobasidium 隔担耳属
Septoria 壳针孢属
Slerospora 指梗霉属
Sphaceloma 痂圆孢属
Sphacelotheca 轴黑粉菌属
Sphaerotheca 单丝壳属
Spongospora 粉痂菌属
Taphrina 外囊菌属
Thanatephorus 亡革菌属
Tilletia 腥黑粉菌属
Tranzschelia 疣双胞锈菌属
Uncinulasis 拟钩丝壳属
Uncinula 钩丝壳属
Urocystis 条黑粉菌属
Uromyces 单胞锈菌属
Ustilaginoidea 绿核菌属
Ustilago 黑粉菌属
Valsa 黑腐皮壳属
Venturia 黑星菌属
Verticillium 轮枝孢属

二、重要植物病原原核生物

Agrobacterium 土壤杆菌属
Arthrobacter 节杆菌属
Bacillus 芽孢杆菌属
Burkholderia 布克氏菌属
Clavibacter 棒形杆菌属
Curtobacterium 短杆菌属
Erwinia 欧文氏菌属
Liberobacter 韧皮部杆菌属
Phytoplasma 植原体属
Pseudomonas 假单胞菌属
Rhodococcus 红球菌属
Spiroplasma 螺原体属
Streptomyces 链霉菌属
Xanthomonas 黄单胞菌属
Xylophilus 嗜木质菌属

三、重要植物病原线虫属

Anguina 粒线虫属
Aphelenchoides 滑刃线虫属
Belonolaimus 刺线虫属
Bursaphelenchus 伞滑刃属
Ditylenchus 茎线虫属
Globodera 球形胞囊线虫属
Helicotylenchus 螺旋线虫属
Heterodera 胞囊线虫属
Hirschmanniella 潜根线虫属
Scutellonema 盾线虫属
Hoplolaimus 纽带线虫属
Longidorus 长针线虫属
Meloidgyne 根结线虫属
Nacobbus 珍珠线虫属
Paratrichodorus 拟毛刺线虫属
Paratylenchus 针刺线虫属
Pratylenchus 根腐线虫属（短体线虫）
Radopholus 穿孔线虫属
Rhadinaphelenchus 细杆滑刃属
Rotylenchulus 肾形线虫属
Subanguina 亚粒线虫属
Trichodorus 毛刺线虫属
Tylenchorhynchus 矮化线虫属
Tylenchulus 半穿刺线虫属
Xiphinema 剑线虫属

四、重要植物病毒属及代表病毒

barley yellow dwarf virus（BYDV）大麦黄矮病毒
cucumber mosaic virus（CMV）黄瓜花叶病毒
potato potyvirus Y（PVY）PVY 马铃薯 Y 病毒
rice dwarf virus（RDV）水稻矮缩病毒
southern bean mosaic virus（SBMV）南方菜豆花叶病毒
tobacco leaf curl virus（TRCV）烟草曲叶病毒
tobacco mosaic virus（TMV）烟草花叶病毒
tobacco ringspot virus（TRSV）烟草环斑病毒
wheat soil-borne mosaic virus（SBWMV）小麦土传花叶病毒

五、重要寄生性植物及藻类

Cephaleuros 头孢藻
Cuscuta 菟丝子属
Loranthus parasitica 桑寄生
Loranthus yadoriki 樟寄生
Orobanche 列当属
Rhodochytrium 红点藻属
Striga 独脚金
Viscum coloratum 槲寄生

附录Ⅱ　常考植物病害病原图

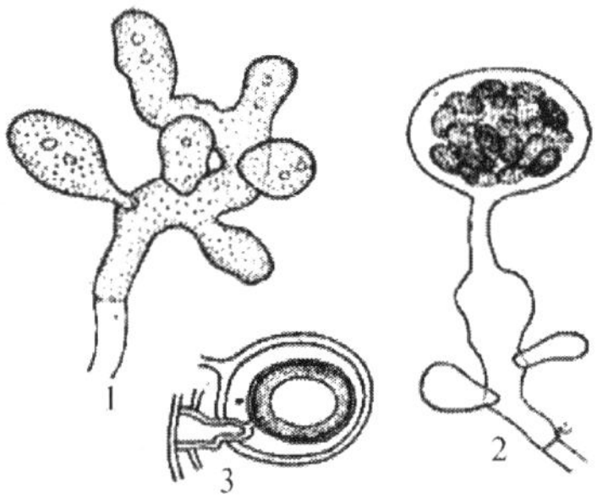

Pythium 腐霉属

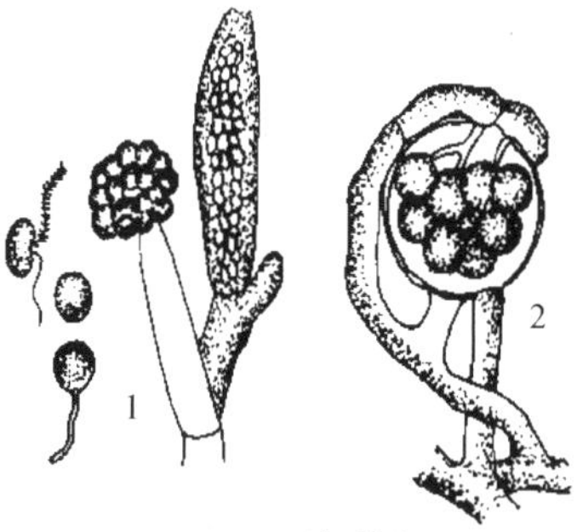

Achlya 绵霉属

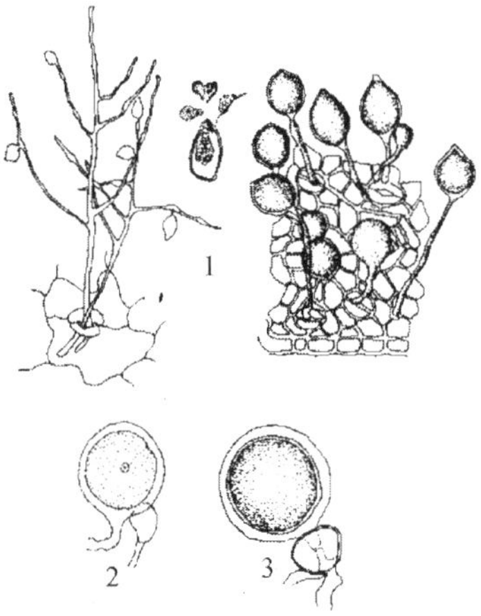

Phytophthora 疫霉属

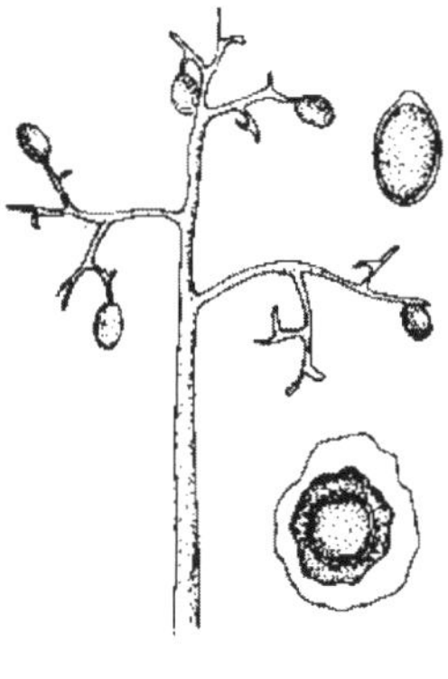

Pseudoperonospora 假霜霉属

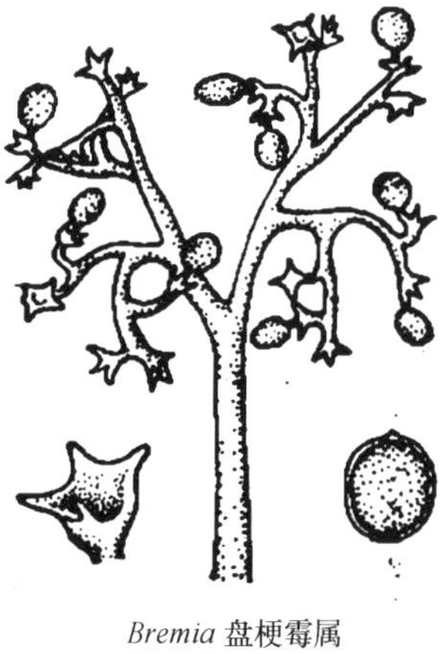

Bremia 盘梗霉属

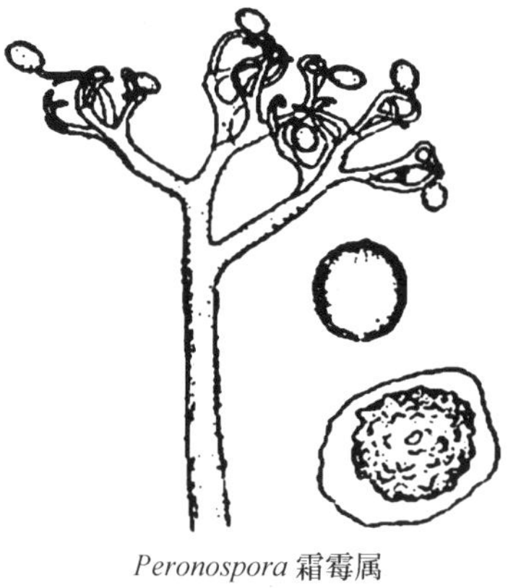

Peronospora 霜霉属

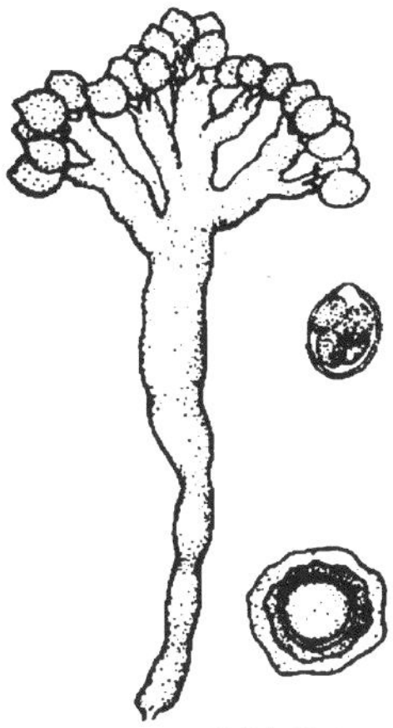

Slerospora 指梗霉属

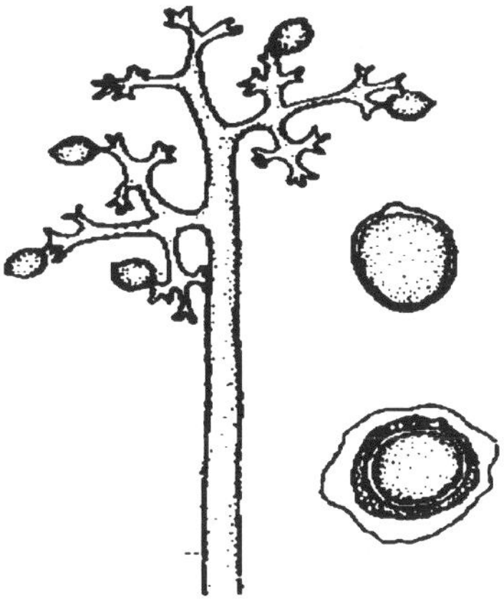

Plasmopara 单轴霉属

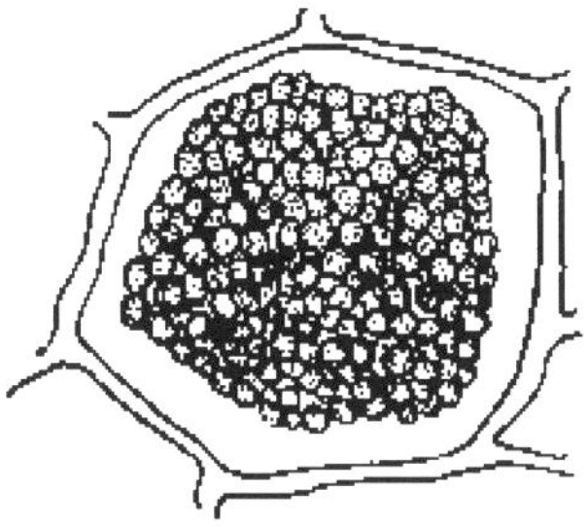

Plasmodiophora 根肿菌属

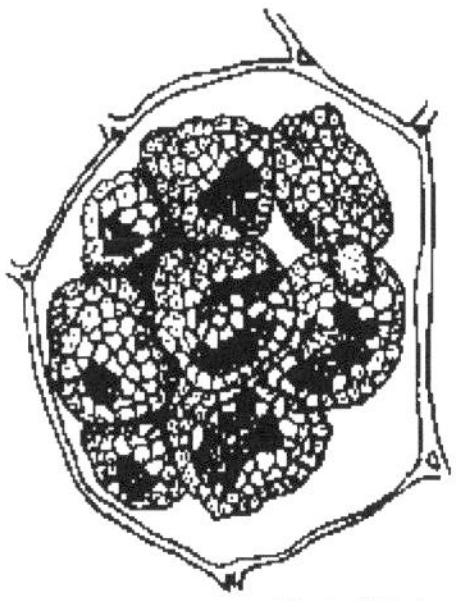

Spongospora 粉痂菌属

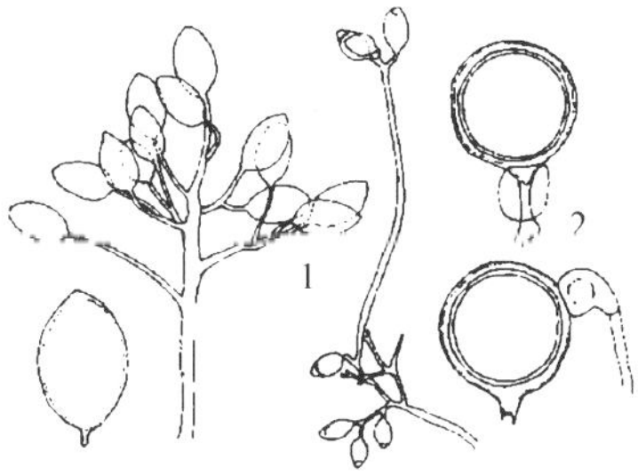

Peronophythora 霜疫霉属

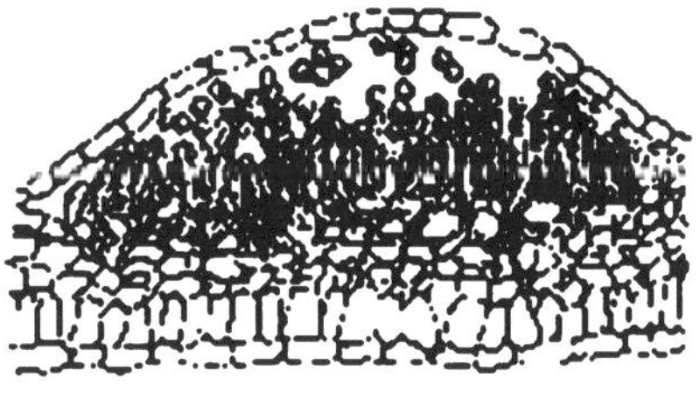

Albugo 白锈属

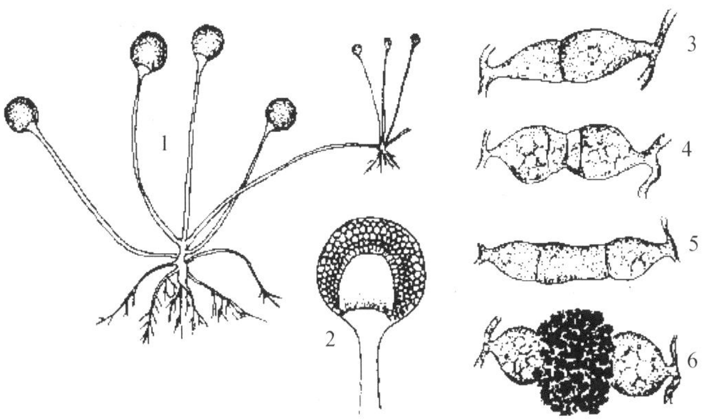

Rhizopus 根霉属

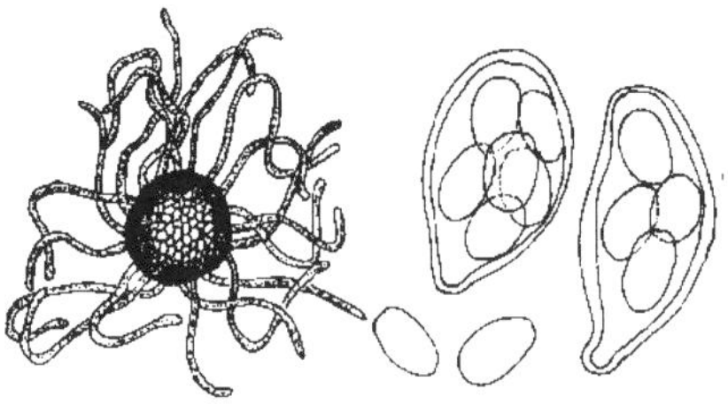

Erysiphe 白粉菌属

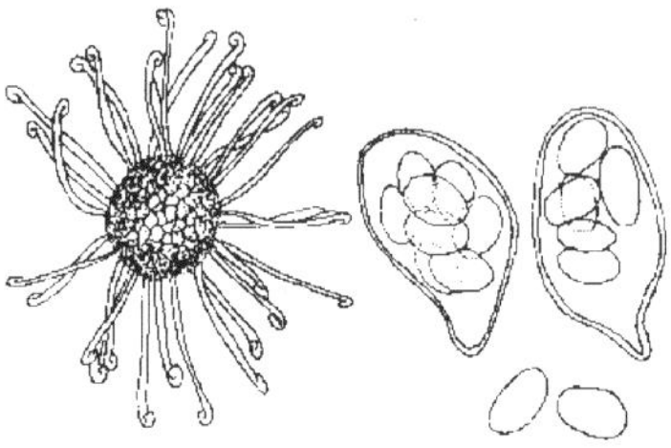

Uncinula 钩丝壳属

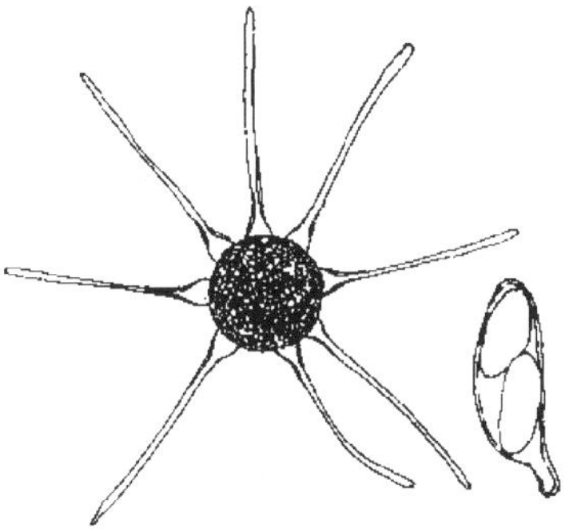

Phyllactinia 球针壳属

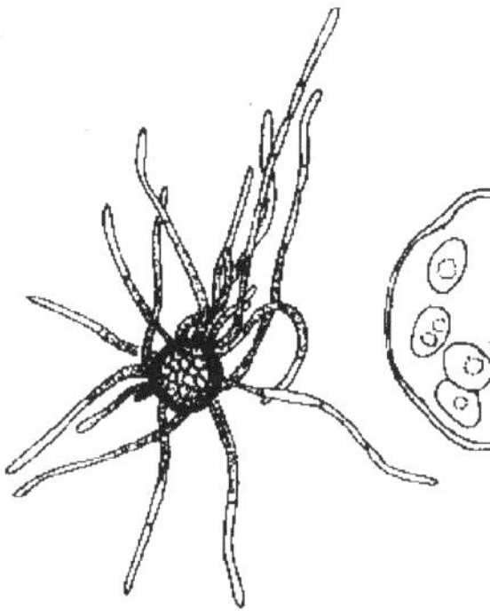

Sphaerotheca 单丝壳属

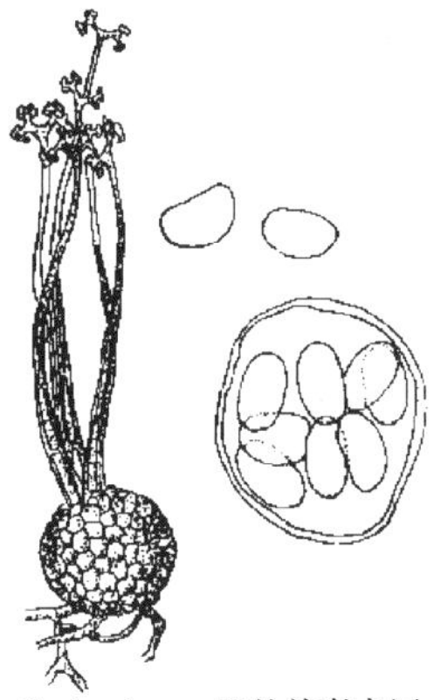

Podosphaera 叉丝单囊壳属

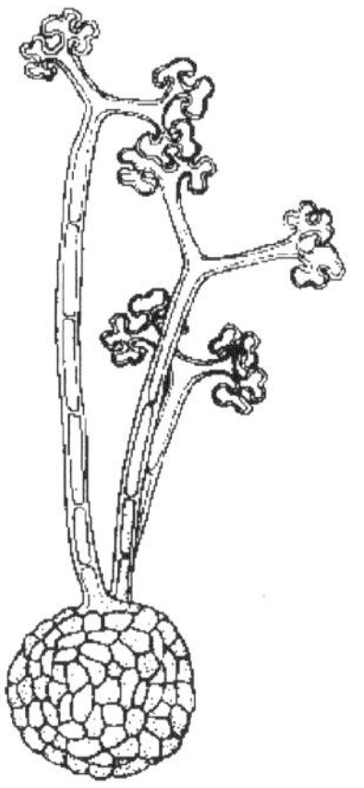

Microsphaera 叉丝壳属

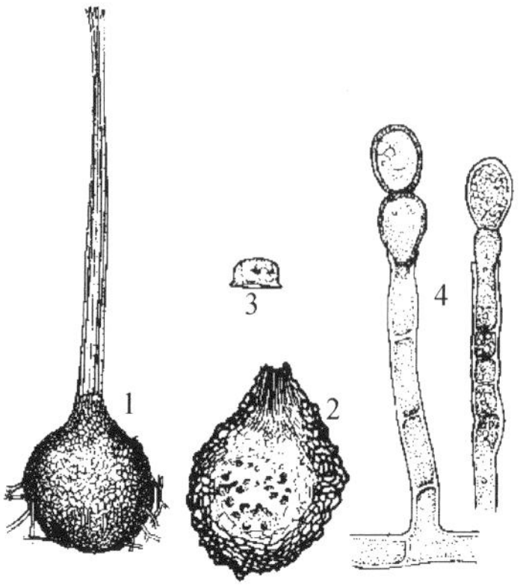

Ceratocystis 长喙壳属

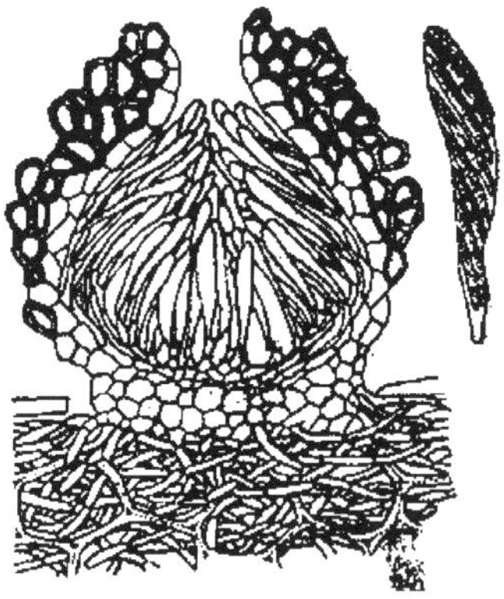

Gibberella 赤霉属

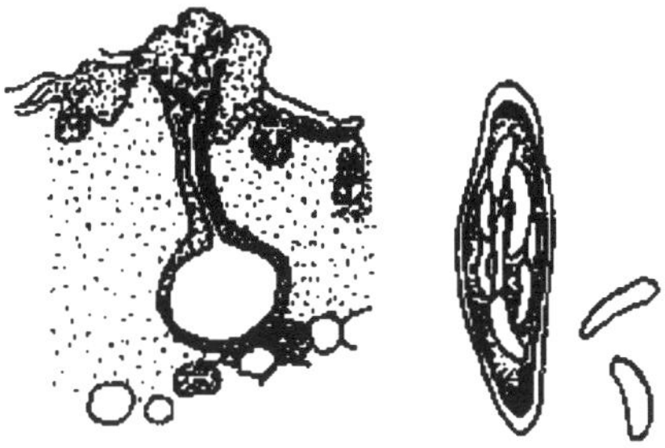

Valsa 黑腐皮壳属

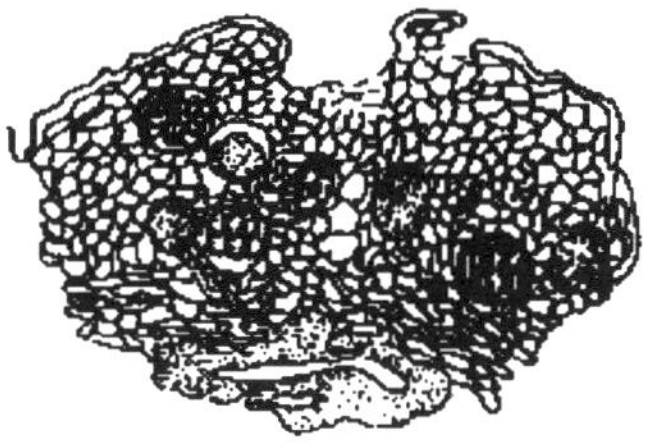

Elsinoe 痂囊腔菌属

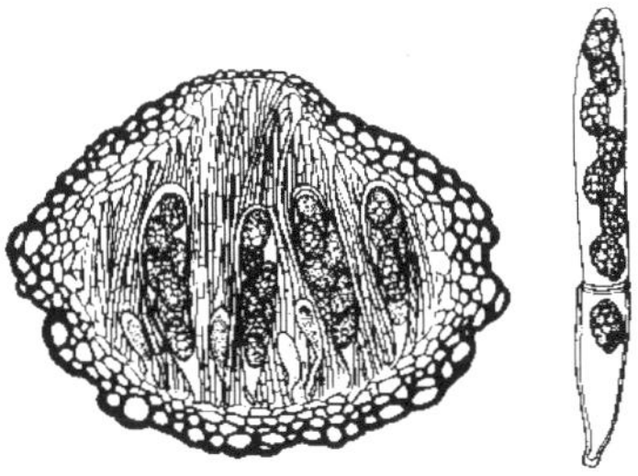

Pleospora 格孢腔菌属

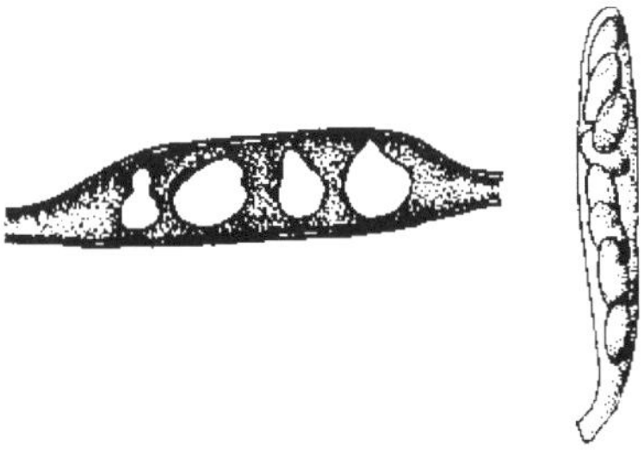

Phyllachora 黑痣菌属

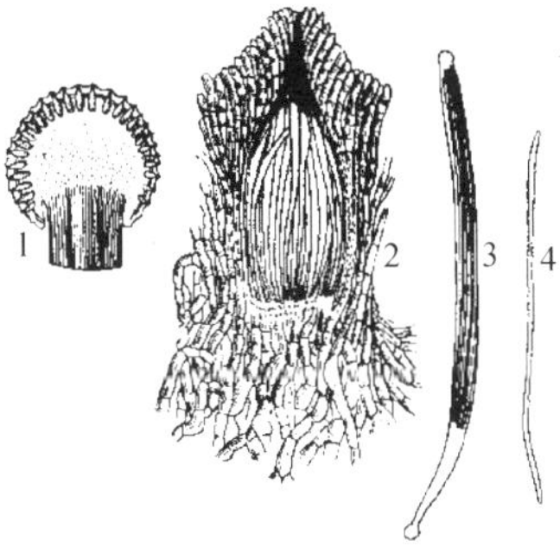

Claviceps 麦角菌属

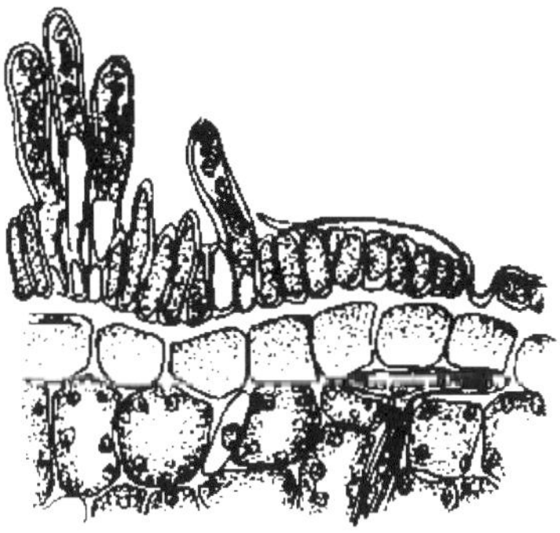

Taphrina 外囊菌属

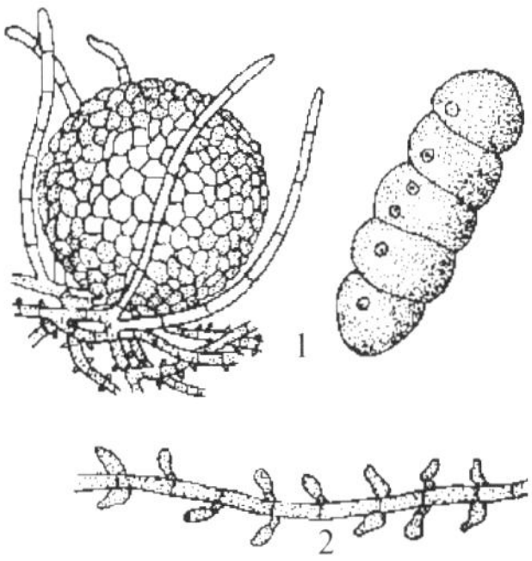

Meliola 小煤炱属

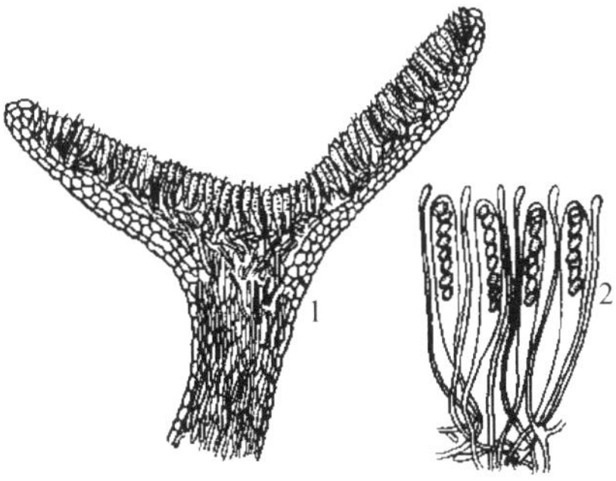

Sclerotinia 核盘菌属

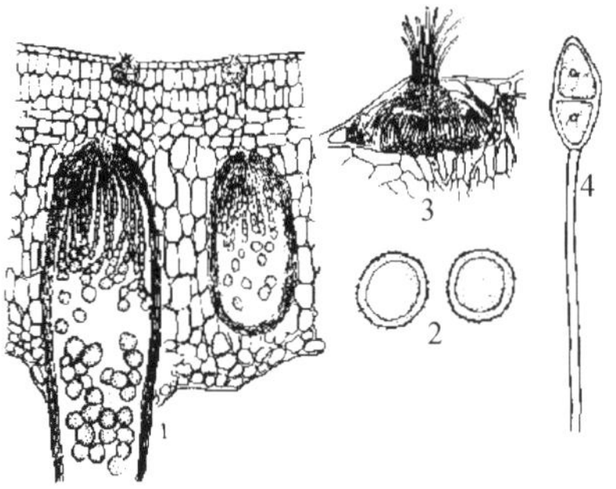

Gymnosporangium 胶锈菌属

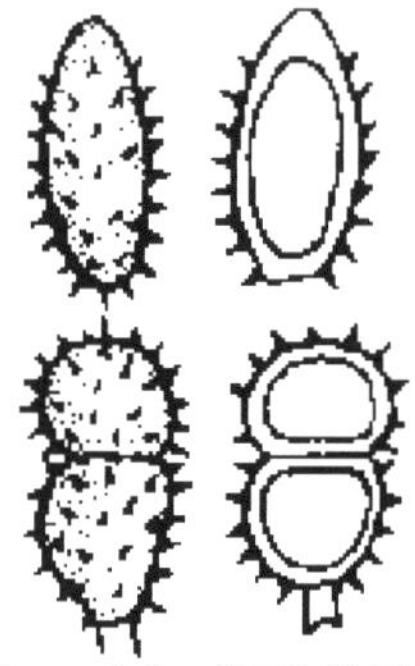

Tranzschelia 疣双胞锈菌属

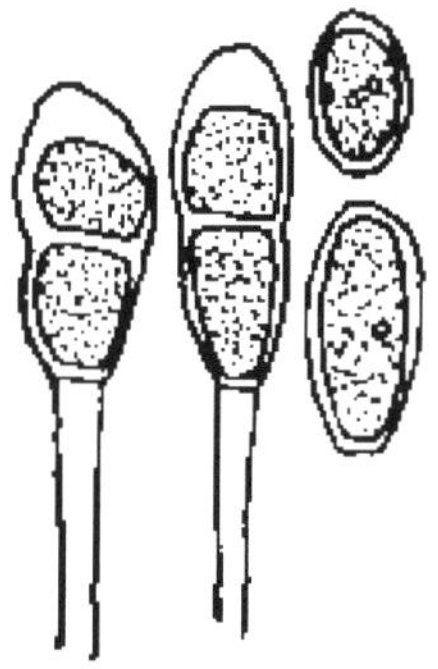

Puccinia 柄锈菌属

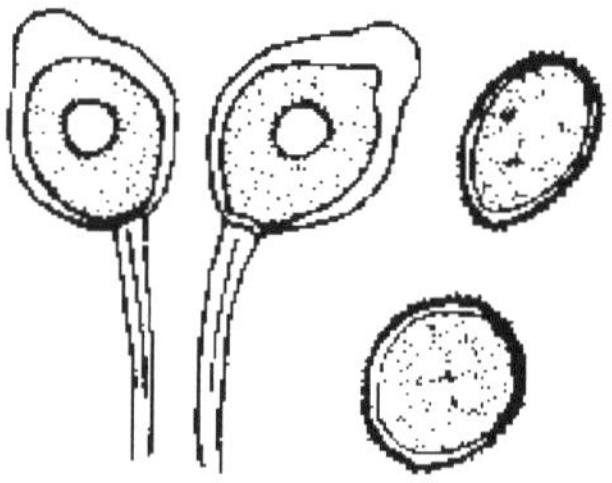

Uromyces 单胞锈菌属

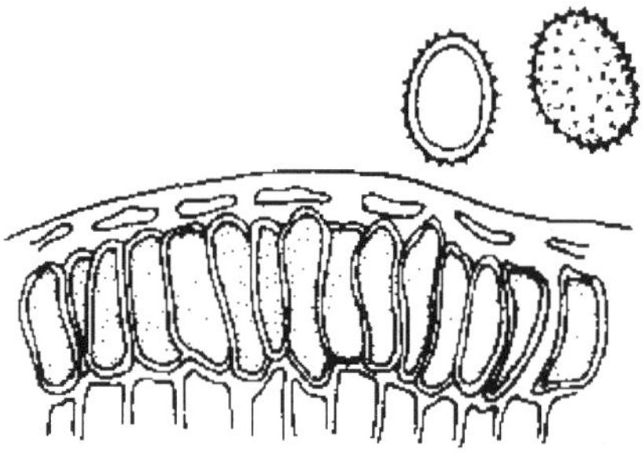

Melampsora 栅锈菌属

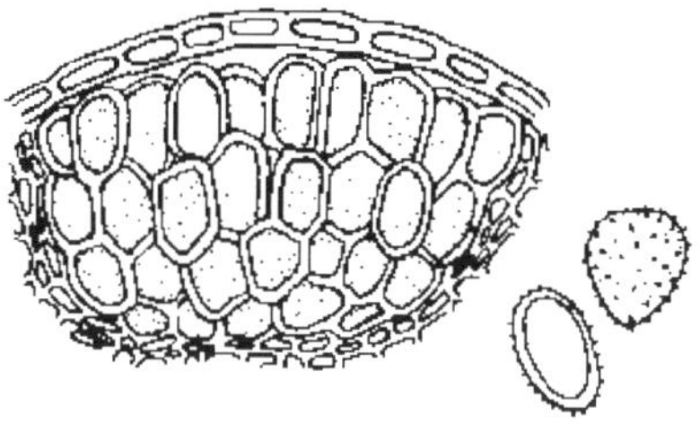

Phakopsora 层锈菌属

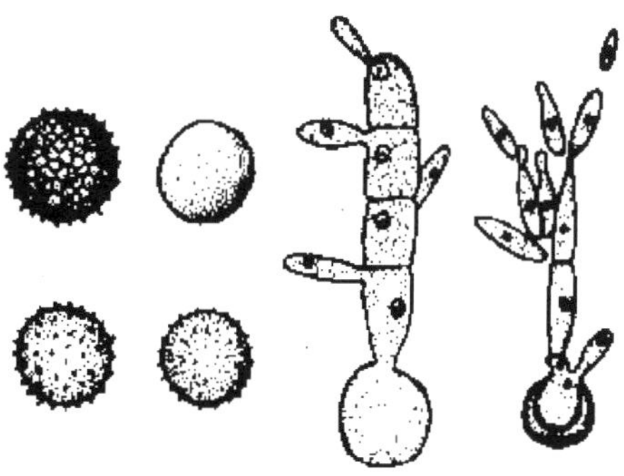

Ustilago 黑粉菌属

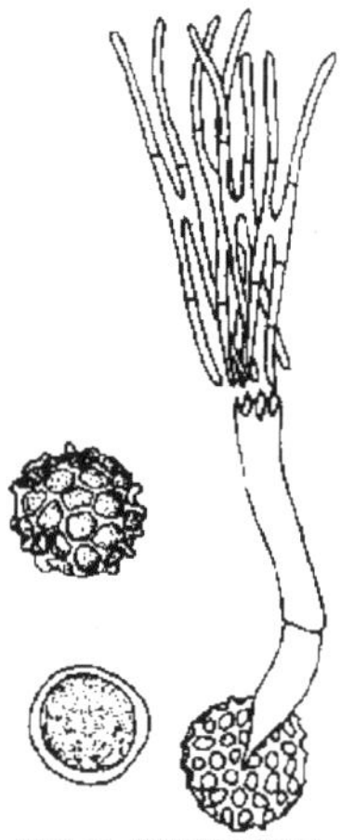

Tilletia 腥黑粉菌属

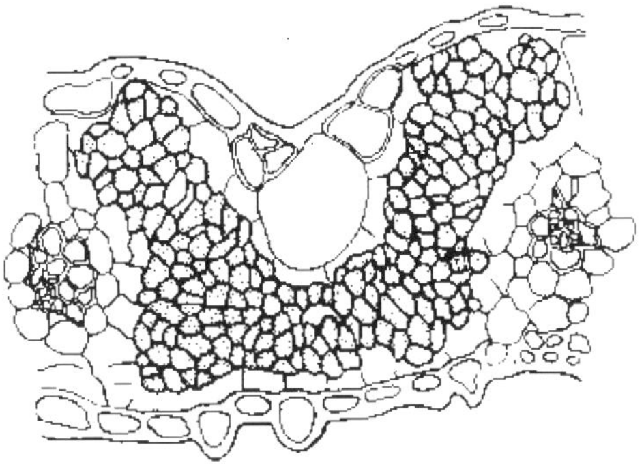

Entyloma 叶黑粉菌属

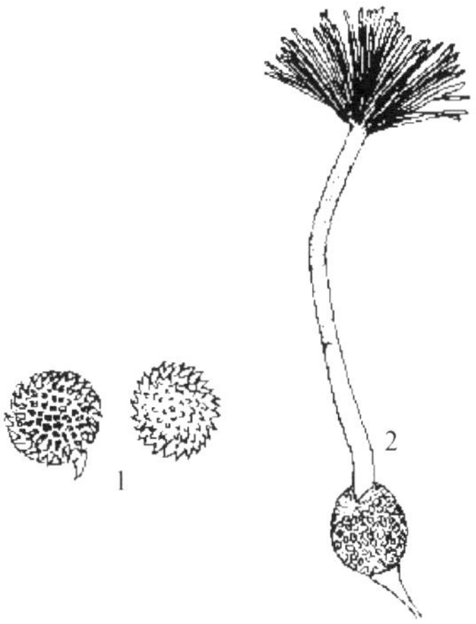

Neovossia 尾孢黑粉菌属

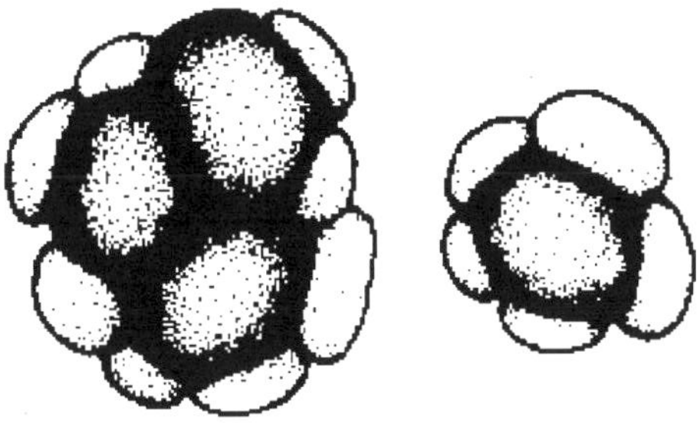

Urocystis 条黑粉菌属

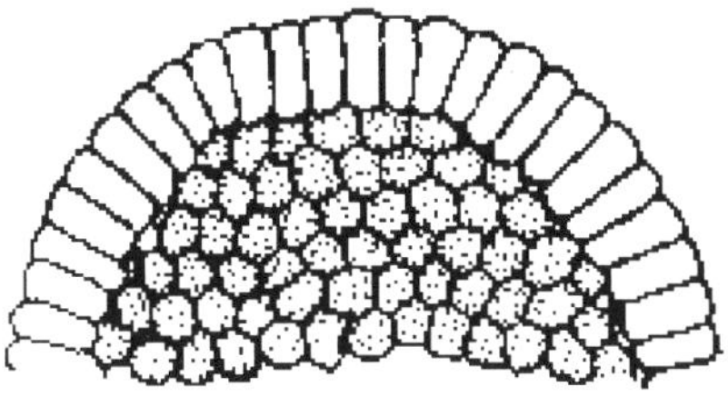

Doassansia 实球黑粉菌属

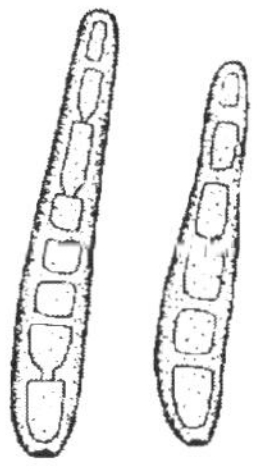

Bipolaris 平脐蠕孢

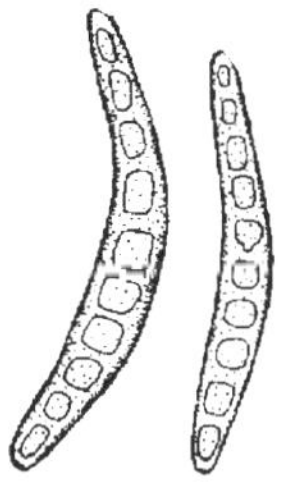

Drechslera 凹脐蠕孢属(德氏霉属)

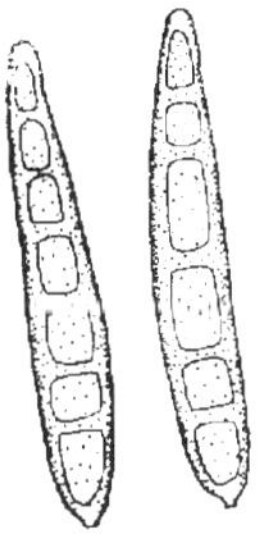

Exserohilum 凸脐蠕孢属

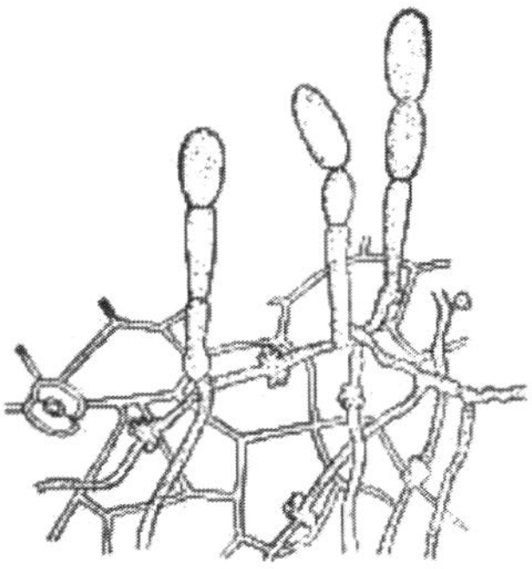

Oidium 粉孢属

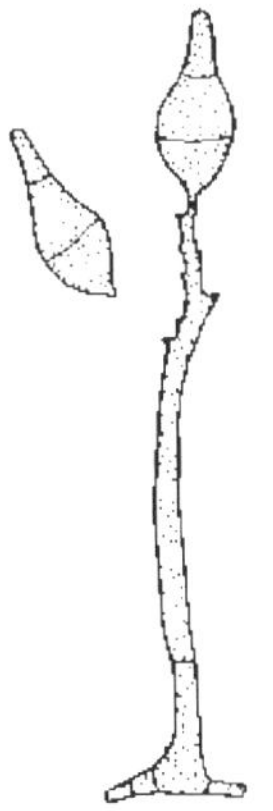

Pyricularia 梨形孢属

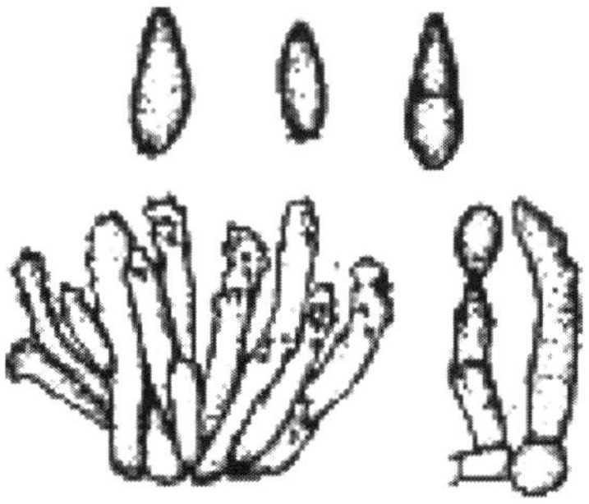

Fusicladium 黑星孢属

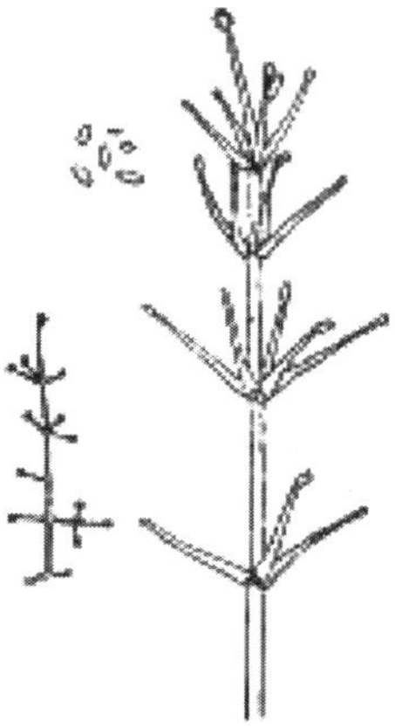

Verticillium 轮枝孢属

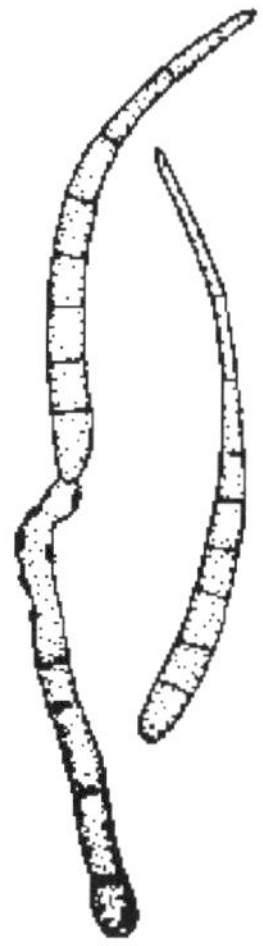

Cercospora 尾孢属

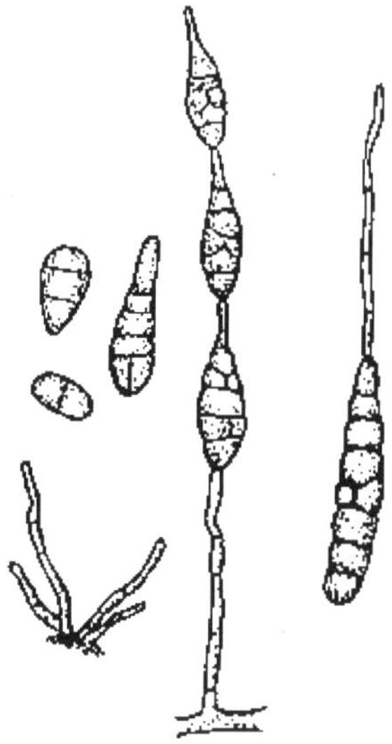

Alternaria 链格孢属

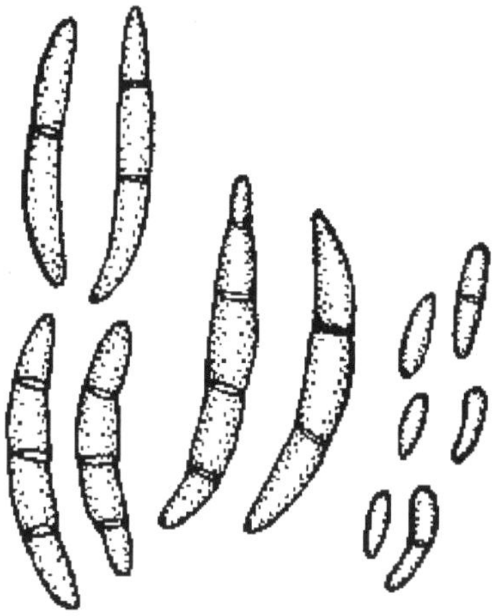

Fusarium 镰孢霉属

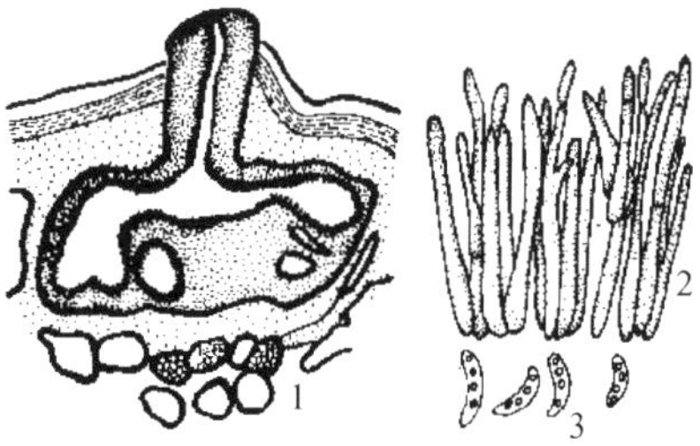

Cytospora 壳囊孢属

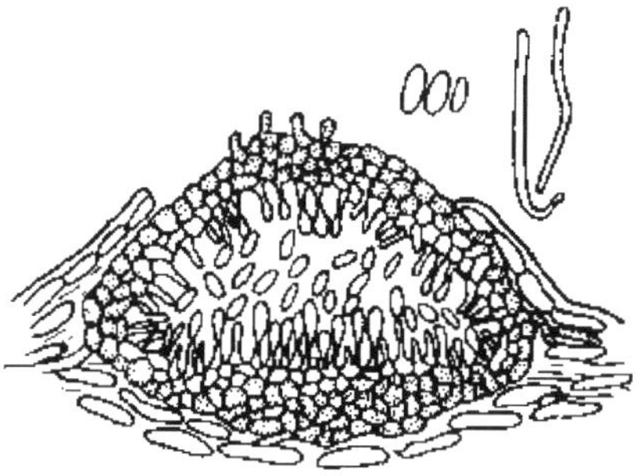

Phomopsis 拟茎点霉属

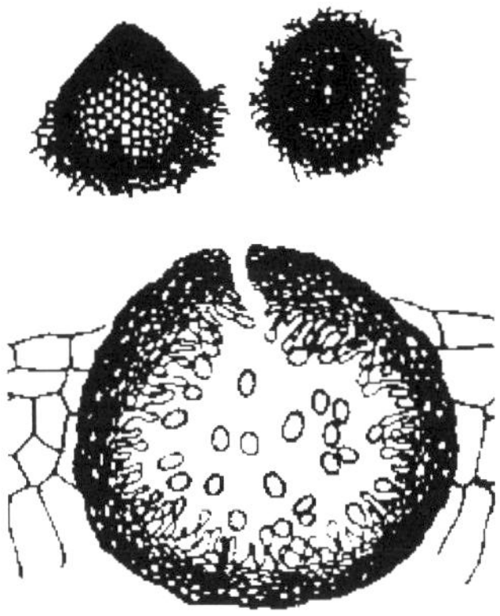

Phoma 茎点霉属

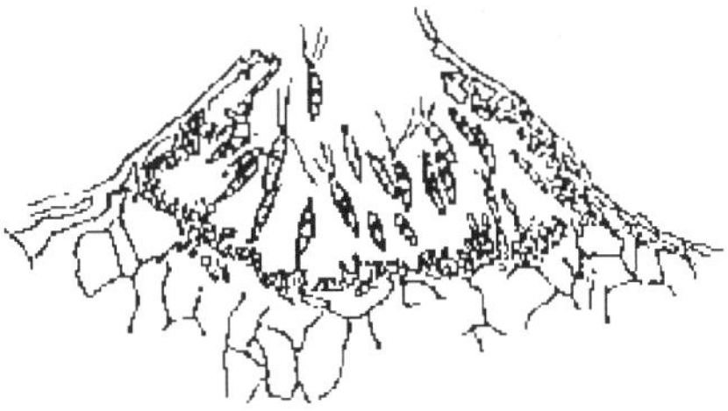

Pestalotiopsis 拟盘多毛孢属

Marssonina 盘二孢属

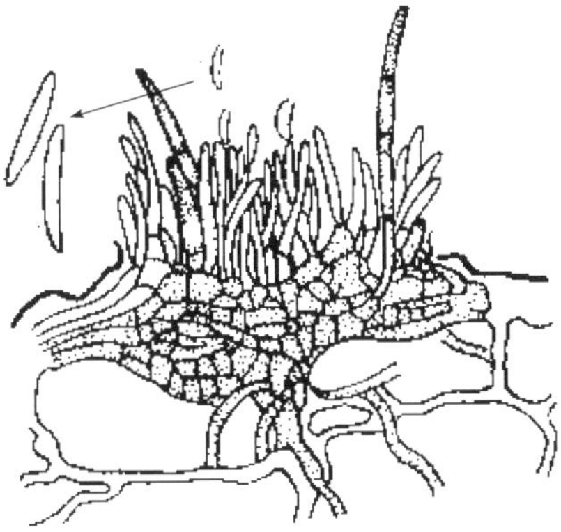

Colletotrichum 炭疽菌属

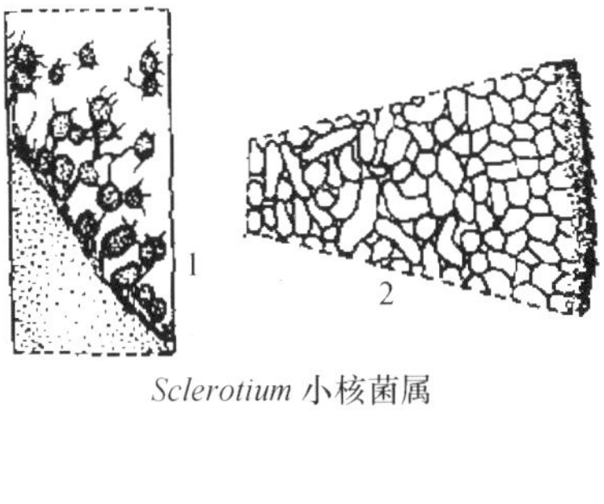

Sclerotium 小核菌属

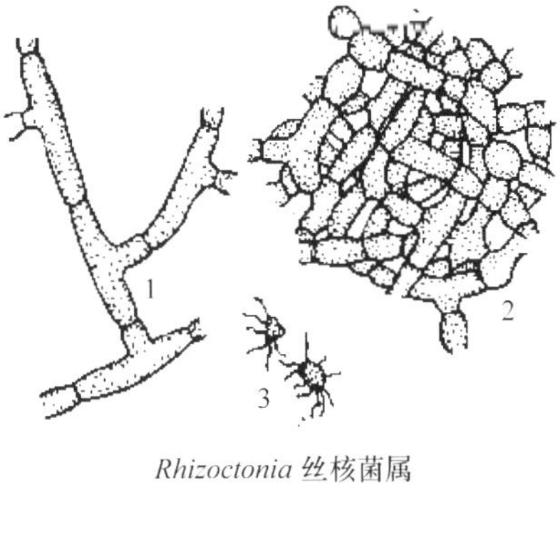

Rhizoctonia 丝核菌属